Faça-os ler!

MICHEL DESMURGET

Faça-os ler!

Para não criar cretinos digitais

2ª reimpressão

TRADUÇÃO Julia da Rosa Simões

VESTÍGIO

Copyright © Éditions du Seuil, 2023
Copyright desta edição © 2023 Editora Vestígio

Obra publicada sob a responsabilidade de Catherine Allais

Título original: *Faites-les lire!*

Todos os direitos reservados pela Editora Vestígio. Nenhuma parte desta publicação poderá ser reproduzida, seja por meios mecânicos, eletrônicos, seja via cópia xerográfica, sem a autorização prévia da Editora.

DIREÇÃO EDITORIAL
Arnaud Vin

EDITOR RESPONSÁVEL
Eduardo Soares

PREPARAÇÃO DE TEXTO
Eduardo Soares

REVISÃO
Aline Sobreira

DIAGRAMAÇÃO
Guilherme Fagundes

CAPA
Diogo Droschi
(sobre imagem de
Radekcho/Adobe Stock)

Dados Internacionais de Catalogação na Publicação (CIP)
Câmara Brasileira do Livro, SP, Brasil

Desmurget, Michel
  Faça-os ler! : para não criar cretinos digitais /Michel Desmurget ; tradução Julia da Rosa Simões. -- 1ed. ; 2. reimp. -- São Paulo, SP : Vestígio Editora, 2024.

  Título original: Faites-les lire!.
  Bibliografia
  ISBN 978-85-54126-83-4

  1. Criança - Desenvolvimento 2. Crianças, adolescentes, jovens - Livros e leitura 3. Incentivo à leitura 4. Leitura - Desenvolvimento 5. Leitura I. Título.

23-173707   CDD-028

Índices para catálogo sistemático:
1. Leitura e livros   028

Tábata Alves da Silva - Bibliotecária - CRB-8/9253

A **VESTÍGIO** É UMA EDITORA DO **GRUPO AUTÊNTICA**

São Paulo
Av. Paulista, 2.073 . Conjunto Nacional,
Horsa I, Salas 404-406 . Bela Vista
01311-940 . São Paulo . SP
Tel.: (55 11) 3034 4468

Belo Horizonte
Rua Carlos Turner, 420
Silveira . 31140-520
Belo Horizonte . MG
Tel.: (55 31) 3465 4500

www.editoravestigio.com.br
SAC: atendimentoleitor@grupoautentica.com.br

Por muito tempo fui para a cama feliz, com meus livros e minha lanterna. Assim que eu acendia a luz, os personagens saíam para fora das páginas. Em grande quantidade. Vizinhos, cavalos, pássaros, marcianos ambidestros, heróis assustados, vilões, super-heróis, traidores, personagens anódinos, enfeitiçados, injustamente condenados, invisíveis, angelicais, princesas a serem resgatadas. Ninguém jamais saberá quantos éramos embaixo das cobertas.

Claude Ponti,
autor e ilustrador de literatura juvenil,
Blaise et le château d'Anne Hiversère
[Blaise e o castelo de Anne Hiversère]
(Paris: L'École des Loisirs, 2004)

SUMÁRIO

APRESENTAÇÃO – LER POR PRAZER *11*

■ PRIMEIRA PARTE
A LENTA AGONIA DA LEITURA *21*

1. Livros antes de saber ler *25*

As crianças gostam de que leiam histórias para elas *26*
Uma prática efêmera, distribuída de forma desigual *27*
Um "elefante digital" onipresente *29*
A leitura compartilhada alimenta a leitura individual *30*
Para resumir *31*

2. A criança leitora *33*

Crianças e adolescentes dizem que gostam de ler *33*
Crianças e adolescentes leem (muito) pouco *35*
O "elefante digital" (sempre) onipresente *38*
Quadrinhos, mangás, revistas e... alguns livros *41*
Uma realidade absurdamente contestada *43*
Um declínio histórico e duradouro *45*
Os não leitores de hoje serão os professores de amanhã *49*
Para resumir *51*

3. Desempenhos alarmantes *52*

80% de leitores eficazes e outras histórias para boi dormir *52*
10% de "verdadeiros" leitores
e outras realidades preocupantes *57*

PISA ou a encarnação do desastre 60

O momento Sputnik 67

Uma perda de linguagem 73

Leitores cada vez menos proficientes 78

Para resumir 82

■ SEGUNDA PARTE
A ARTE DE LER 85

4. "Nosso cérebro não foi feito para a leitura" 89

Linguagem: redes cerebrais preexistentes 89

Leitura: redes cerebrais a serem construídas 90

Compreensão: o gigante esquecido 95

Para resumir 99

5. Nosso cérebro foi feito para aprender 102

Desempenhos espetaculares 103

Decodificar para começar 109

Ler é compreender 125

Para resumir 159

■ TERCEIRA PARTE
AS RAÍZES DA LEITURA 161

6. Preparar o cérebro 165

Compreender os mundos escritos 165

Brincar com as letras 170

Brincar com os sons 178

Para resumir 188

7. Construir as bases verbais 189

Falar, frequentemente e bastante 190

Ler histórias: começar cedo e terminar tarde 195

A escola não pode compensar as deficiências do ambiente *208*

Para resumir *215*

QUARTA PARTE
UM MUNDO SEM LIVROS *217*

8. O que a humanidade deve aos livros *221*

Nascimento da modernidade *222*

Quando os livros queimam *224*

Para resumir *227*

9. O potencial único do livro *228*

O livro é decididamente melhor que a internet *229*

A escrita é decididamente melhor que a fala *233*

O papel é decididamente melhor que a tela *236*

Para resumir *249*

QUINTA PARTE
MÚLTIPLOS E DURADOUROS BENEFÍCIOS *251*

10. Construir o pensamento *255*

Aumentar a inteligência *255*

Enriquecer a linguagem *257*

Acumular conhecimento *274*

Estimular a criatividade *277*

Para resumir *279*

11. Desenvolver habilidades emocionais e sociais *281*

Viver mil vidas *282*

Compreender os outros *287*

Entender o inaceitável *292*

Para resumir *294*

12. Construir o futuro 295

A leitura não é hereditária 295
O tempo dedicado à leitura é que forma os leitores 305
Um poderoso remédio contra o fracasso escolar 314
Para resumir 317

EPÍLOGO – FAZER DA CRIANÇA UM LEITOR 319

Anexos 329
Agradecimentos 337
Bibliografia 339

APRESENTAÇÃO
LER POR PRAZER

> *Um livro é um convite à hospitalidade [...].*
> *Uma oportunidade, desde a mais tenra idade,*
> *de erigir casas de palavras, de interpor entre o*
> *mundo real e si mesmo todo um tecido de palavras,*
> *conhecimentos, histórias, imagens, fantasias, sem os*
> *quais o mundo sem dúvida seria inabitável.[1]*
>
> Michèle Petit,
> antropóloga

Recentemente, fui convidado para a reunião de início de ano escolar de duas grandes editoras de livros infantojuvenis. A apresentação durou mais de quatro horas. No entanto, nem por um segundo me senti entediado. Além do entusiasmo dos responsáveis pelas coleções, descobri como os livros nasciam e amadureciam. Ouvi autores e ilustradores falarem com paixão de seus trabalhos. Cada um tinha seu público-alvo: para alguns, os bem pequenos, que mal sabiam caminhar; para outros, os quase adultos, que tentavam ordenar o terremoto de suas adolescências. Cada um também tinha sua forma de expressão, escolhida com a mais exigente minúcia, para oferecer ao pensamento criativo um suporte ideal: álbum, livro de imagens, *pop-up*, livro-jogo, *graphic novel*, documentário, romance, ficção, conto, poesia, dicionário ilustrado etc. Apesar do peso dos anos e das lembranças distantes de uma juventude há muito perdida, confesso que mergulhei de cabeça nesse turbilhão de palavras, desenhos e histórias. Amei cada momento!

No fim, acendeu-se a luz e todos se dirigiram para a saída. E então a magia se desfez. Atento às palavras trocadas, tive a sensação de sair do país das maravilhas e entrar em um velório. Editores preocupados, livreiros desanimados, autores e ilustradores pauperizados; a "queda da leitura" era lembrada por todos, com uma espécie de derrotismo próprio ao irremediável. Eu deveria ter sentido compaixão por esse mundo em perigo. Mas não tive tempo. Meus pensamentos se voltaram instintivamente para todas as crianças que já não leem, ou que não leem o suficiente. Pois são elas, afinal, as principais vítimas do desastre.

Como demonstrei em *A fábrica de cretinos digitais*,[2] os executivos do entretenimento digital têm conduzido intensas campanhas publicitárias e de *lobby* para promover os benefícios ilusórios de seus produtos sobre o cérebro de nossas crianças. Os editores de livros infantis e demais profissionais do livro, por outro lado, mantêm-se em silêncio, como se a qualidade, com frequência notável, de sua prolífica produção bastasse por si só; como se, no fundo, os benefícios da leitura fossem evidentes e, por isso, não necessitassem de divulgação ou promoção. É verdade que existem vários depoimentos de autores, jornalistas e filósofos clamando que a leitura os "salvou",[3-5] "construiu",[6] "tornou livres";[7] que ela os protegeu "do desespero, da estupidez, da covardia, do tédio"[8] e lhes permitiu viver em uma hora "todas as venturas e todas as desgraças possíveis, algumas das quais levaríamos anos para conhecer na vida".[9] "Sinceramente", explicou a romancista Amélie Nothomb em entrevista recente, "sem todos os livros que li desde a adolescência, tenho certeza de que estaria morta".[10] Também existem inúmeras obras de ficção que celebram a maravilhosa riqueza dos livros;[11-21] e uma montanha de obras científicas que falam com enorme erudição sobre as contribuições da literatura.[1,22-30] Milhares de páginas cheias de reflexões profundas e sentimentos íntimos. Páginas das quais emerge a ideia de que os livros nos tornam melhores por sua capacidade de cultivar a mente, fertilizar a imaginação, reparar a psique, dissipar a solidão, derrubar o obscurantismo, fecundar a linguagem, preservar as memórias coletivas etc.

No âmago de todos esses textos cheios de humanismo e belasletras, trata-se muito mais de experiências pessoais e especulações intelectuais do que de demonstrações factuais. Vendo de longe, portanto, pode ser tentador acreditar que a leitura seja essencialmente uma experiência esotérica e seletiva, cujos benefícios potenciais são, se não especulativos, pelo menos reservados a uma pequena casta de supostos letrados ou, pior ainda, de tristes "intelectuais"; palavra que, para nossas crianças, tornou-se quase um insulto.[31-33] Uma evolução cuja inevitabilidade Ray Bradbury, autor do mítico *Fahrenheit 451*, já pressentia desde o início dos anos 1950, quando fez um de seus personagens dizer: "Por que aprender alguma coisa além de apertar botões, acionar interruptores, ajustar parafusos e porcas? [...] Com a escola formando mais corredores, saltadores, fundistas, remendadores, agarradores, detetives, aviadores e nadadores em lugar de examinadores, críticos, conhecedores e criadores imaginativos, a palavra 'intelectual', é claro, tornou-se o palavrão que merecia ser".[11]

É a essa desistência que este trabalho se dirige. Chegou a hora, por assim dizer, de recolocar o livro em seu devido lugar e demonstrar que a leitura "por prazer"* de maneira alguma constitui uma prática elitista, reservada a alguns privilegiados eruditos, mas sim uma necessidade urgente de desenvolvimento para nossas crianças. Essa realidade foi percebida por Marius Roustan, professor de letras e ministro da Instrução Pública francês, no início do século XX. Assim escreveu ele, em 1906, em um brilhante manuscrito dedicado à "arte de escrever": "Razão, sensibilidade, imaginação, a leitura desenvolve todas essas faculdades e, ao mesmo tempo, aguça-as; ela lhes confere ao mesmo tempo mais amplitude e mais sutileza. Devemos a ela tesouros incalculáveis. [...] Leiam, leiam muito, vocês nunca lerão demais. [...] É preciso ler quando se é jovem. É preciso ler quando se envelhece".[35]

Nos dias de hoje, todos esses postulados estão firmemente estabelecidos. Stephen Krashen já os enfatizava quase 30 anos atrás, com base em uma síntese abrangente da literatura científica existente na época. Para esse linguista, "quando as crianças leem por prazer, quando se tornam 'viciadas em livros', elas adquirem, involuntariamente e sem esforço consciente, quase todas as chamadas habilidades linguísticas que tanto preocupam as pessoas: elas se tornam leitoras eficazes, adquirem um amplo vocabulário, desenvolvem a capacidade de compreender e usar construções gramaticais complexas, desenvolvem um bom estilo de escrita e se tornam boas em ortografia (mas não necessariamente perfeitas). Embora a leitura livre e voluntária por si só não garanta os níveis mais altos de alfabetização, ela garante, no mínimo, um nível aceitável. Ela também fornece as habilidades necessárias para abordar textos exigentes. Sem ela, suspeito de que as crianças simplesmente não tenham nenhuma chance".[36] Desde que isso foi dito, pouco mudou. Como indica um texto muito mais recente, "as crianças

---

* O conceito de "leitura por prazer" define uma leitura pessoal, realizada durante o tempo de lazer, fora de qualquer atribuição escolar, com o único objetivo de satisfazer um desejo próprio.[34] Ao longo do restante desta obra, por uma questão de simplificação, salvo indicação em contrário, o termo "leitura" será utilizado como sinônimo de "leitura por prazer".

precisam ser encorajadas a ler por prazer. Isso é importante no plano social, pois as crianças que leem por prazer simplesmente têm um desempenho melhor na vida. Elas têm um maior senso de bem-estar. Elas alcançam níveis mais elevados de sucesso em todas as áreas. Nutrindo o conhecimento e a imaginação e despertando a empatia, a leitura gradualmente alimenta a humanidade das crianças. O que está em jogo são as oportunidades das crianças na vida, nada menos que isso".[37]

A partir dessas observações, não se trata aqui de produzir uma síntese acadêmica tediosa e complexa, mas de popularizar os principais conhecimentos científicos acumulados nos últimos 50 anos; ou seja, literalmente "torná-los acessíveis ao público em geral".[38] Nas páginas seguintes, portanto, não haverá verborragias grandiloquentes ou argumentações obscuras. Apenas explicações, exemplos e fatos. Obviamente, alguns rigorosos guardiões do templo literário não deixarão de criticar essa abordagem, com o argumento de que ela apresenta uma visão materialista e rebaixada da leitura. Ouço esses defensores da bela palavra afirmarem que "ler não serve para nada [e que] por isso é uma grande coisa".[27] Ouço-os explicar que devemos "parar de ver a leitura como um investimento para um futuro mais rentável, [porque] sempre destacar uma abordagem utilitarista e ansiosa do que poderia ser uma festa transformou a leitura em *pensum*".[*1] O que não ouço é a validação desses protestos. Quando uma criança lê por prazer, ela de fato obtém automaticamente, como terei a oportunidade de demonstrar ao longo deste trabalho, benefícios sólidos e concretos. Em outras palavras, não é porque a leitura é "um espaço para viver um presente mais amplo, mais intenso, onde se sintonizar com o mundo e com os outros"[1] que ela não pode representar, também, um investimento rentável no futuro escolar, intelectual, emocional e social da criança. Isso é ainda mais verdadeiro, como também voltarei a enfatizar, porque o prazer de ler amplifica a prática e,

---

* Essa palavra designa um "trabalho tedioso, feito a contragosto".[39]

portanto, no fim das contas, a magnitude dos benefícios obtidos. Além disso, existe uma vasta coleção de estudos mostrando que a promoção de objetivos utilitários (do tipo "é bom para a escola", "melhora o vocabulário" etc.) tem impactos significativamente menos positivos na aprendizagem e na motivação do que a valorização do simples prazer de ler;[40-44] mas, mais uma vez, dar prioridade ao prazer não impede de comemorar os benefícios colhidos no processo. Chamemos isso, como propôs o filósofo italiano Nuccio Ordine, "a útil inutilidade da literatura".[45] A biologia humana faz a mesma coisa quando recorre aos prazeres do jogo para cumprir seus objetivos de desenvolvimento mais utilitários. E também, sejamos honestos: quando vejo minha filha adolescente lendo, fico maravilhado... não apenas porque ela gosta de ler, mas porque sei que a leitura nutre sua vida, suas emoções, sua imaginação, sua criatividade e sua inteligência. Eu certamente ficaria menos feliz se a visse absorvida em telas recreativas, mesmo que elas proporcionassem o prazer mais vívido.

De certa forma, esta obra representa uma declaração da utilidade pública dos benefícios da leitura por prazer. Ela tem como objetivo explicar, da maneira mais simples possível, o que o livro faz ao cérebro das crianças e por que é fundamental que elas leiam desde a mais tenra idade. Isso nos levará a ignorar os espaços subjetivos do testemunho pessoal e da especulação filosófica para nos concentrarmos em contribuições científicas validadas. Chegaremos a uma conclusão clara cuja mensagem pode ser resumida da seguinte forma: desde o surgimento da linguagem, a humanidade não inventou nada melhor que a leitura para estruturar o pensamento, organizar o desenvolvimento do cérebro e civilizar nossa relação com o mundo; o livro literalmente constrói a criança em sua tripla dimensão intelectual, emocional e social. Portanto, o brusco declínio dessa atividade nas novas gerações constitui um verdadeiro desastre para a fertilidade coletiva de nossa sociedade; e isso é ainda mais verdadeiro porque o desaparecimento da leitura ocorre em prol de uma cultura digital recreativa, certamente muito lucrativa para seus diversos atores industriais, mas cuja natureza embrutecedora é hoje definitivamente comprovada por um vasto conjunto de estudos científicos, com influências negativas comprovadas, entre outros exemplos, na linguagem, na concentração, na impulsividade, na obesidade, no sono, na ansiedade e no desempenho escolar.[2,46-50]

Em última análise, no que toca à leitura, o problema aqui colocado se concentra em uma palavra: apetência. Como despertar nas crianças o gosto pela leitura? Pois é evidente que esse gosto não é inato. Ele é incutido e transmitido lentamente. Para os pais, ele é um legado; para as crianças, uma herança. No entanto, como indicado por uma pesquisa recente, "sabemos que muitos pais não leem com seus filhos porque não estão cientes da necessidade de fazê-lo. Eles não estão cientes dos enormes benefícios e do prazer que isso proporciona. Também sabemos que os especialistas em leitura temem que dizer isso aos pais os faça se sentirem culpados por não lerem o suficiente com seus filhos. É por isso que abordagens mais indiretas, mais próximas do incentivo, tendem a ser privilegiadas com os pais".[37] Esse tipo de pudor parece incompreensível. Não é porque a realidade é desagradável que devemos silenciá-la ou minimizá-la. Nenhum pai é perfeito, sem dúvida, mas todos tentam agir da melhor maneira possível; da melhor forma possibilitada por seus recursos, sua disponibilidade e seus conhecimentos. Criar uma criança tem algo de prodigioso. É um trabalho de equilibrista. Constantemente, é preciso equilibrar entre o desejável e o possível. No entanto, dentro das necessárias restrições da vida cotidiana, sempre há margem para manobra. É lá, no coração desta última, que se inscrevem as linhas deste livro.

Ao afirmar a importância essencial da leitura para o desenvolvimento da criança e destacar o quanto esta precisa de uma base familiar sólida para se tornar uma leitora, não se trata de estigmatizar os pais, muito menos de criticá-los, culpá-los ou dizer como eles devem criar seus filhos. Trata-se apenas de fornecer elementos de escolha e, ao fazê-lo, nutrir sua liberdade educacional. Estudos mostram que adultos que possuem um conhecimento geral sobre os mecanismos de desenvolvimento da linguagem agem de maneira mais eficaz e benéfica.[51-54] Claro que a tarefa é mais simples quando a criança é pequena. Claro que alguns pais podem se arrepender de não ter feito o suficiente porque não sabiam ou, mais comumente, não podiam. Todos carregamos essas amarguras. Mas, felizmente, no reino dos livros, nada está realmente perdido: não importa a idade, o sexo, as possíveis resistências ou as dificuldades escolares, o acesso aos benefícios (e prazeres) da leitura está sempre aberto; mesmo para supostos leitores esporádicos. A título de exemplo, um número. Um aluno "médio" da segunda metade do ensino fundamental lê cerca de 145 palavras por minuto.[55] Ao longo de um ano, com 20 minutos por dia, isso representa mais de um milhão de palavras; ou seja, mais ou menos o equivalente aos sete volumes, 199 capítulos e quase 3.500 páginas de *Harry Potter*.[56-57] Nada irrelevante!

Em 2019, quando *A fábrica de cretinos digitais*[2] foi publicado, as pessoas me criticaram por "uma análise desprovida de soluções".[58] Após cada palestra, a mesma pergunta sempre voltava: todo mundo concorda com o diagnóstico, diziam-me, mas o que fazer? Este novo livro responde à pergunta. Vasculhei a literatura científica em todas as direções e não encontrei um antídoto melhor para a estupidificação das mentes do que a leitura. Ela é uma verdadeira máquina para moldar a inteligência em sua dimensão cognitiva (aquela que permite pensar, refletir e raciocinar), mas também, de maneira mais ampla, socioemocional (aquela que permite entender a si mesmo e aos outros, para benefício das relações sociais). O leitor é o anticretino digital! Para demonstrar isso, este livro se divide em cinco grandes partes. A primeira ("A lenta agonia da leitura") ilustra o inexorável declínio do livro nas novas gerações e suas consequências no desempenho escolar. A segunda ("A arte de ler") mostra que a leitura é uma habilidade complexa, construída lentamente, voltada para a compreensão, e cuja decodificação – definida como a capacidade de identificar palavras a partir das letras: *p/a/p/a → papa* – é um pilar certamente necessário, mas muito insuficiente. A terceira ("As raízes da leitura") detalha a importância fundamental das experiências precoces para a construção dessa habilidade e, ao fazê-lo, destaca tanto o papel insubstituível do ambiente familiar quanto a incapacidade orgânica da escola de compensar as deficiências de um ambiente pouco estimulante. A quarta ("Um mundo sem livros") destaca a habilidade única dos livros de estruturar o pensamento, nutrir a memória e facilitar a apropriação de conhecimentos complexos. A quinta ("Múltiplos e duradouros benefícios") expõe os benefícios cientificamente documentados da leitura para o desenvolvimento intelectual, emocional e social de nossos filhos, com um impacto significativo no desempenho escolar. O epílogo ("Fazer da criança um leitor") aborda de maneira mais prática os principais elementos capazes de enraizar a leitura no âmago dos hábitos da criança.

PRIMEIRA PARTE

A LENTA AGONIA DA LEITURA

Você talvez tenha percebido, ou melhor, talvez não tenha percebido, a presença de um elefante na sala. E não qualquer elefante. Um animal gigantesco, perigosamente acessível, sedutor e traiçoeiro, de múltiplas facetas e totalmente hipnotizante. Estamos falando, é claro, das telas em nossas vidas [...] que estão em todos os lugares para onde você olhe. Elas também estão em todos os lugares para onde seu filho olhe — mesmo que você se abstenha de dar a ele esses tentadores pequenos objetos.[1]

Pamela Paul e Maria Russo,
autoras e editoras da *New York Times Book Review*

Há mais de 50 anos, nos quatro cantos do mundo, os hábitos de leitura das gerações mais jovens são intensamente examinados e dissecados. Uma quase obsessão que prova, se ainda houvesse necessidade, que o assunto é preocupante. Em toda parte, as mesmas perguntas se impõem: as crianças gostam de ler, elas estão lendo, o que elas estão lendo, elas realmente estão lendo cada vez menos, o número de leitores "frágeis" está realmente aumentando etc.? Do vasto corpo científico já constituído até o momento, poderíamos esperar uma frustrante confusão de respostas discrepantes. Mas não é o que acontece. Seja qual for o protocolo utilizado, o veredicto é quase sempre o mesmo, pelo menos no que diz respeito aos ditos países desenvolvidos. É isso que a presente parte se propõe a estabelecer.

Por questões de clareza, a argumentação é dividida em três capítulos. O primeiro trata dos mecanismos precoces de impregnação. Ele examina os hábitos familiares de leitura compartilhada[*] e analisa como crianças pequenas (bebês e crianças em idade pré-escolar) são ativamente aculturadas pelo livro[**] muito antes de saberem ler. O segundo aborda as práticas autônomas. Ele considera crianças e adolescentes em idade escolar, supostamente capazes de ler sozinhos, e confirma a contínua diminuição, ao longo das últimas décadas, do tempo de lazer dedicado à leitura. O terceiro, por fim, mostra que esse declínio não deixa de ter impacto na qualidade da linguagem, no domínio da ortografia, na compreensão do texto e, de maneira mais ampla, no desempenho escolar das novas gerações.

---

[*] A maioria esmagadora das pesquisas de hábito considera o conceito de "leitura compartilhada" em seu sentido mais amplo. Faremos o mesmo aqui e chamaremos de leitura compartilhada qualquer episódio de interação em que pais leem um livro com seu filho; não importa a natureza do livro (texto, livro de imagens etc.) e as condições de compartilhamento (leitura simples, perguntas ativas etc.). O papel desses fatores será abordado na terceira parte, dedicada às raízes da leitura.

[**] No sentido de um lento processo de impregnação pelo qual a criança pequena absorve e incorpora "a cultura do livro".

1
Livros antes de saber ler

A maioria das crianças entra em contato com os livros muito antes de saber ler. As maneiras de isso acontecer são múltiplas. Elas incluem, entre outras, a leitura compartilhada, a brincadeira simbólica (a criança finge que está lendo)* e/ou a manipulação de obras gráficas (livros de figuras, álbuns sem textos etc.).** Esses encontros têm, como discutiremos na terceira parte deste livro, um impacto duradouro e profundo no desenvolvimento da criança. Primeiro, eles estabelecem as bases para futuros usos, inserindo o livro e a leitura no âmbito dos hábitos cotidianos. Além disso, eles preparam o cérebro para as exigências das futuras aprendizagens formais, familiarizando a máquina neural com as complexidades e singularidades do mundo escrito.

Portanto, para compreender como a criança se torna (ou não!) leitora, é imperativo questionar a natureza e a extensão de sua exposição precoce aos livros. Isso, concretamente, significa investigar como essa exposição varia de acordo com as características familiares

---

* Isso é particularmente frequente no caso de obras conhecidas, já vistas (e revistas!) com um adulto, durante episódios de leitura compartilhada.

** A história é contada sem palavras, na forma de uma sequência de imagens. Esse tipo de obra permite que a criança pequena "leia" sozinha. Também pode ser usado em um contexto de leitura compartilhada para estimular a fala da criança e promover a interação verbal com o adulto.

(nível socioeconômico, educação dos pais etc.) e individuais (gênero, idade, posição na família etc.). Esse é o objetivo deste capítulo.

As crianças gostam de que leiam histórias para elas

Tudo começa com uma ótima notícia: não importa a idade ou o país, nossas crianças adoram que leiamos histórias para elas.[2-6] Pelo menos é o que elas afirmam, em sua esmagadora maioria (85-95%), ecoando a impressão de seus pais. Até mesmo os adolescentes apreciam essa prática em proporções surpreendentes, tipicamente acima de 75%.

Esse gosto genérico pela leitura compartilhada tem duas raízes.[2-5] A primeira, de natureza emocional, diz respeito às crianças. Ela está relacionada à sensação de um momento "especial", cheio de alegria compartilhada, risadas, palavras, calor humano e cumplicidade. A segunda, mais utilitária, remete aos pais. Ela aponta vários benefícios concretos, como o desenvolvimento da linguagem, o enriquecimento da imaginação, a introdução à leitura e a melhoria dos resultados escolares. Essas crenças parentais evoluem com a idade das crianças.[7] Elas permanecem fortes até o final dos anos iniciais da escola, quando (teoricamente) é concluída a aprendizagem formal do código escrito e a criança se torna (supostamente) capaz de ler sozinha. Depois, elas desaparecem rapidamente. Assim, enquanto a criança tem menos de 6-7 anos, quase todos os pais (cerca de 90%) consideram a leitura compartilhada "essencial" ou "importante". A porcentagem se aproxima da paridade para as idades de 8 a 10 anos (55%), antes de se tornar claramente minoritária entre os 11 e 13 anos (25%). Em consonância com essas tendências, os pais também explicam retrospectivamente que pararam de ler histórias para seus filhos principalmente porque eles tinham "crescido o suficiente para ler sozinhos" (cerca de 70%) e porque a interrupção favorecia a "leitura autônoma" (cerca de 40%).[2-5] Em muitos casos, essa busca por "autonomização" assume a forma de um claro desengajamento. Assim, quando deixam de fazer leituras compartilhadas, muitos pais também deixam de supervisionar e incentivar as atividades literárias de seus filhos.[8] Uma dupla penalização que muitas crianças parecem lamentar. A parcela de desapontados que teriam "gostado de que isso continuasse" é de fato substancial tanto entre os menores (6-8 anos; cerca de 50%) quanto entre os pré-adolescentes (9-11 anos; cerca de 30%) e mesmo, de forma mais inesperada, entre os adolescentes (12-17 anos; cerca de 20%).

Uma prática efêmera, distribuída de forma desigual

À luz desses dados, poderíamos presumir que a leitura compartilhada esteja amplamente difundida, em especial entre as crianças em idade pré-escolar. Não é o que acontece. Em média, na faixa etária de 0 a 5 anos, o número de crianças expostas a essa prática "todos os dias ou quase todos os dias" mal ultrapassa o limite majoritário (cerca de 55%). Como mostra a Figura 1, essa porcentagem cai rapidamente até se tornar minoritária (6-8 anos, 42%), e depois marginal (9-11 anos, 20%; 12-14 anos, 11%).

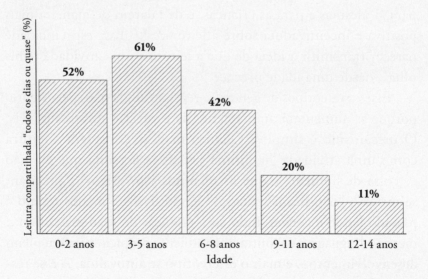

Figura 1. Porcentagens de crianças expostas todos os dias ou quase todos os dias à leitura compartilhada, de acordo com a idade. Valores médios de um painel de estudos representativos.[2-5,7,9-11]

Essa primazia do digital sobre a leitura se revela, é claro, na análise do tempo de uso diário. Entre 0 e 5 anos, as telas recreativas consomem quatro vezes mais tempo do que os livros.[9] No entanto, a diferença média varia com a idade dos indivíduos. Nos mais jovens, ela chega perto de meia hora (0-1 ano; 49 minutos de tela contra 26 minutos de leitura compartilhada). Nos mais velhos, facilmente ultrapassa 2 horas (2-4 anos; 2h30 contra 28 minutos). A mensagem é clara: o uso recreativo de dispositivos digitais reduz significativamente o tempo de leitura compartilhada.

A leitura compartilhada alimenta a leitura individual

Como acabamos de ver, muitos pais dizem que pararam de ler histórias para seus filhos para promover sua autonomia e estimular a prática da leitura individual. No entanto, dados mostram que esse argumento não se sustenta, ainda que ele possa parecer sensato. Na verdade, longe de se excluírem, os hábitos de leitura solitária e compartilhada tendem a se fortalecer e se somar. Em outras palavras, quanto mais uma criança é exposta à leitura compartilhada, mais ela tende a ler sozinha, independentemente da idade.[5,7,17] Por exemplo, como ilustrado na Figura 2, entre as idades de 5 e 7 anos, a porcentagem de leitores solitários aumenta de 4% para 33% quando a frequência da leitura compartilhada passa de "rara" (menos de uma vez por semana) para "diária" (todos os dias ou quase todos os dias). Para os pré-adolescentes (8-13 anos), esses valores são de 25% e 63%, respectivamente. Até mesmo as crianças de 0 a 4 anos, que obviamente ainda não sabem ler, têm mais probabilidade de pegar álbuns ou livros ilustrados para folhear sozinhas, como se estivessem lendo, quando são expostas à leitura compartilhada diariamente (33%) em comparação com raramente (4%). Conclusão: se você deseja que seus filhos leiam sozinhos, leia histórias para eles, independentemente de sua idade; e mesmo quando eles se aproximarem da adolescência!

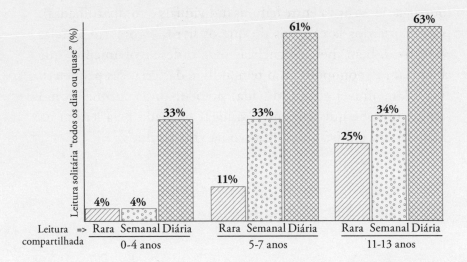

Figura 2. Porcentagem de crianças que leem sozinhas (eixo vertical) em função de sua exposição à leitura compartilhada (eixo horizontal). "Rara": menos de uma vez por semana; "Semanal": pelo menos uma vez por semana; "Diária": todos os dias ou quase todos os dias. Baseado em EGMONT, 2020.[7]

Para resumir

Este capítulo mostra que os pais reconhecem, quase que unanimemente, a contribuição essencial da leitura compartilhada. Apesar disso, apenas uma pequena maioria de crianças pequenas é exposta diariamente ou quase diariamente a essa atividade, com uma forte inclinação a favor das meninas (significativamente mais expostas do que os meninos). Essa pequena maioria se torna minoria logo no início do ensino fundamental (primeiro ano),* uma etapa que marca o início de um afastamento significativo da família, sob a justificativa, conforme relatam os pais, de que

---

* Cada país nomeia de forma diferente a sucessão das classes (por exemplo, de 1 a 12 nos Estados Unidos). Por questões de clareza, ao longo deste livro, utilizaremos o modelo brasileiro, independentemente da origem dos estudos: do primeiro ano do ensino fundamental ao terceiro ano do ensino médio.

a criança precisa praticar a leitura sozinha (visão contradita pela forte ligação positiva entre leituras individuais e compartilhadas). Na maioria dos lares, mais do que os livros, agora são as telas recreativas, bem menos benéficas para o desenvolvimento, que colonizam e monopolizam o tempo livre das crianças pequenas. Isso é lamentável e, sem dúvida, preocupante, porque, como resume uma pesquisa recente, "o lugar ocupado pela leitura na infância tem um peso significativo na vida adulta".[33]

2

A criança leitora

Vamos agora voltar nossa atenção para as crianças em idade escolar, ou seja, a partir dos 6 anos, que são capazes de ler por conta própria (mesmo que de forma ainda incipiente, no caso dos mais jovens). Quais são, em média, a extensão, a natureza e a evolução de suas práticas de leitura? Os estudos de uso conduzidos sobre o assunto baseiam-se, em sua quase totalidade – deixemos isso bem claro, para esclarecer e evitar ambiguidades –, em uma visão extremamente ampla dos conteúdos (livros clássicos,* histórias em quadrinhos, jornais, revistas, blogs etc.) e das plataformas (papel, computador, smartphone, tablet, leitor de e-books etc.) escolhidas. Em outras palavras, quando se referem à "leitura", a maioria das pesquisas disponíveis avalia um conjunto abrangente de práticas heterogêneas, das quais o livro está longe de ser o único elemento.

Crianças e adolescentes dizem que gostam de ler

Aqui também, tudo parece começar com uma ótima notícia: nossas crianças gostam de ler. De qualquer forma, é o que

---

* O livro clássico é definido aqui como um volume impresso e encadernado, composto essencialmente por texto. Isso inclui romances, ensaios, biografias etc. Ao longo deste trabalho, o uso isolado da palavra "livro" remeterá, salvo indicação em contrário, a essa definição "clássica".

várias pesquisas recentes conduzidas ao redor do mundo indicam. Conforme a Figura 3, a proporção de jovens de 6 a 17 anos que gostam de ler "muito" ou "imensamente" varia entre 60% (Austrália) e 84% (França). Se incluirmos os entrevistados pouco entusiasmados, mas que ainda assim afirmam gostar de ler "um pouco", esses valores aumentam de 15% a 20%, atingindo um máximo impressionante de 99% na China. Em resumo, ninguém pode contestar o apetite das gerações jovens pela leitura.

Com base nesse tipo de observações, é fácil condenar o irritante grupo de críticos pessimistas e explicar, como fez uma jornalista do *Huffington Post*, que "a leitura está no centro da vida das crianças! [...] Contrariando alguns, as crianças gostam de ler e veem a leitura como uma atividade completa".[34] A declaração é reconfortante; exatamente o que faltava para tranquilizar os pais. Infelizmente, também é enganosa e omite uma realidade fundamental: muitas vezes há um grande abismo entre o desejo e seu consumo.

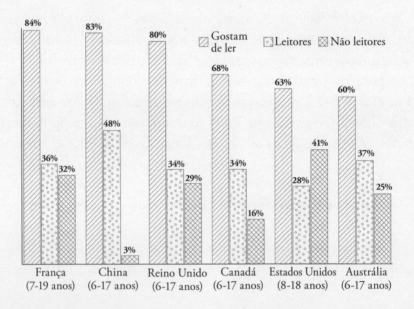

Figura 3. Porcentagem de crianças que gostam imensamente ou muito de ler ("Gostam de ler"); leem todos os dias ou quase todos os dias ("Leitores"); leem uma vez por semana ou menos ("Não leitores"). Dados para seis países: França,[6] China,[3] Reino Unido,[4] Canadá,[5] Estados Unidos[37] e Austrália.[2]

Em outras palavras, o fato de as crianças gostarem de ler não significa necessariamente que elas leiam de fato.

Vamos considerar a pesquisa que serve de base para os entusiasmados comentários de nossa jornalista. Ela mostra, sem dúvida, que a esmagadora maioria dos estudantes franceses gosta de ler (84%; 7-11 anos).[35] No entanto, ela também indica que essa atividade está longe de ser a preferida dos entrevistados. Para eles, os livros vêm depois da televisão e dos jogos eletrônicos. Essa primazia das telas não tem nada de surpreendente. Ela está solidamente estabelecida.[27] Em uma pesquisa francesa, por exemplo, crianças e adolescentes (6-17 anos) foram questionados sobre por que não liam mais: 59% disseram que preferiam se dedicar a outras atividades; 36% afirmaram que não tinham tempo.[24] Conclusão dos autores: "Mais do que a falta de interesse, a concorrência de outras atividades e a falta de tempo que ela gera são obstáculos significativos para a leitura dos jovens". Esses resultados são compatíveis com os dados de outro estudo mais recente, que mostram que, "para todos os jovens [franceses], a preferência por outras atividades é o principal obstáculo à leitura".[6] Essa tendência, evidentemente, não é exclusiva da França. A partir dos 3 anos, a maioria das crianças britânicas prefere telas a livros; uma tendência que aumenta com a idade, chegando a quase 75% entre os 8 e os 17 anos.[17] Esses números são expressivos, e sua magnitude se torna ainda mais impressionante quando deixamos o campo das declarações e passamos para o das ações concretas. Em um estudo norte-americano, mais de 500 estudantes (9-10 anos) foram questionados. O resultado dispensa comentários: "Todas as crianças preferem assistir [à televisão] a ler".[36]

Crianças e adolescentes leem (muito) pouco

Vamos observar novamente a Figura 3. Ao comparar as duas primeiras barras de cada um dos gráficos, é fácil perceber, para o conjunto dos países considerados, que o número de crianças que "gostam de ler" supera em muito o pequeno contingente de crianças que leem de fato. Em média, a porcentagem de "leitores" (todos os dias ou quase todos os dias) oscila penosamente entre um quarto e um terço, o que significa que a maioria das crianças que gosta de ler... não lê. A China é a única exceção, com uma taxa de "leitores" de aproximadamente 50%. O grupo dos "não leitores" (uma vez por semana ou menos) é mais variável. Novamente, a China se destaca com modestos 3%, contrastando com França e Estados Unidos, que se posicionam respectivamente em 32% e 41%.

Essas tendências médias ocultam a existência de fatores sistemáticos de diferenciação. Três parecem ser particularmente robustos: gênero, nível socioeconômico e idade. Esse último parâmetro é o mais marcante: como mostra a Figura 4, quanto mais as crianças crescem, menos elas leem. O contingente de "leitores", em média, diminui de 50% entre os alunos do ensino fundamental para 20% entre os alunos do ensino médio, sem diferenças significativas entre os países considerados; com exceção da China. Mais uma vez, a China se diferencia por sua capacidade de manter um alto nível de leitores. Enquanto outras nações exibem, ao longo do tempo, uma queda maciça e unânime na porcentagem de leitores, o Império do Meio apresenta uma curva muito mais estável.

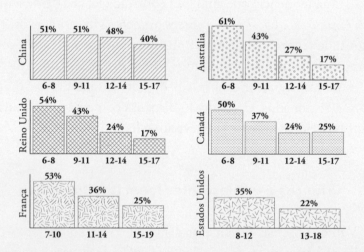

Figura 4. Evolução da porcentagem de "leitores" (que leem todos os dias ou quase todos os dias) de acordo com a idade em seis países: China,[3] Austrália,[2] Reino Unido,[4] Canadá,[5] França,[6] Estados Unidos.[37]

A influência do gênero é menor, mas ainda significativa, a favor das meninas: o contingente de leitores costuma ser maior entre elas do que entre os meninos. Em média, a diferença está na faixa de 5% a 15%. O Reino Unido, por exemplo, tem 41% de leitoras para 27% de leitores.[4] Nos Estados Unidos, os números são de 30% e 25%.[37] Na França, esses valores são 35% e 27%, respectivamente. Novamente, é interessante observar que uma tendência oposta é observada no consumo de telas recreativas, que, como confirmam alguns estudos recentes, tende a ser mais alto entre os meninos do que entre as meninas.[9,37] O peso do gênero, no entanto, não é inexorável. Como vimos, ele reflete uma diferenciação precoce dos comportamentos familiares, estimulada pela existência de um estereótipo de gênero (largamente inconsciente) segundo o qual a leitura seria "coisa de menina". Inicialmente, os pais passam mais tempo lendo e contando histórias quando a criança é do sexo feminino. Depois, eles perpetuam essa dinâmica, incentivando mais as meninas a ler, mesmo que sejam os meninos que, em média, apresentem os menores tempos de uso e os maiores níveis de dificuldade.[38]

A condição socioeconômica também desempenha um papel considerável. Assim, sem grande surpresa, encontramos mais leitores em ambientes mais favorecidos. Nesse caso, o diferencial parece ser mais o capital cultural do que o patrimônio econômico (embora essas duas dimensões geralmente estejam correlacionadas). Os Estados Unidos fornecem, através da pesquisa Common Sense, as observações mais precisas sobre o assunto.[37] A proporção de leitores parece diminuir sensivelmente em função do nível educacional dos pais (universitário: 34%, secundário: 20%). A tendência é semelhante na França, embora menos acentuada, com 36% de leitores entre as ditas categorias socioprofissionais superiores (CSP+), contra 29% para os meios desfavorecidos (CSP-).[6] Uma dinâmica oposta é identificada nas práticas digitais recreativas, cuja amplitude aumenta significativamente com a pobreza sociocultural do lar.[27,37] Nesse sentido, vários estudos recentes mostraram que a supervisão rigorosa das práticas digitais recreativas, em prol de atividades extracurriculares consideradas intelectualmente mais "enriquecedoras", principalmente a leitura, é um traço distintivo importante de famílias mais favorecidas.[39-41]

O "elefante digital" (sempre) onipresente

Além dos percentuais de leitores "diários ou quase diários", algumas pesquisas, na França e nos Estados Unidos,[6,37] interessaram-se pelas durações diárias de leitura. Para esses dois países, a média é respectivamente de 28 e 29 minutos na faixa que vai do ensino fundamental até o ensino médio.[*] Esses valores obviamente estão sujeitos às características socioeconômicas mencionadas anteriormente. O tempo de leitura é maior entre as meninas e dentro de famílias culturalmente privilegiadas. Em ambos os casos, o impacto gira em torno de cinco a 10 minutos por dia. Ao contrário do que poderíamos imaginar, dada a redução gradual do número de leitores nas populações de ensino fundamental e médio (ver a Figura 4 à p. 36), a idade não afeta,[37] e inclusive aumenta ligeiramente (9 minutos por dia entre o ensino fundamental e o ensino médio[6]) o tempo médio diário de leitura. Esse fenômeno, no entanto, é bastante fácil de explicar. Ele revela um simples mecanismo de vasos comunicantes: os leitores se tornam menos numerosos, mas, ao crescer, cada "sobrevivente" passa mais tempo lendo.

Alguns certamente acharão que 30 minutos diários de leitura não são tão ruins, afinal. Infelizmente, essa ideia é enganadora, como mostram novamente os dados detalhados do estudo norte-americano Common Sense.[37] Se retirarmos da equação a minoria dos "leitores" (28%, ver a Figura 3 à p. 34), o investimento diário médio cai para menos de 10 minutos. O número não é surpreendente. Ele simplesmente reflete a baixa porcentagem de indivíduos que se dedicam à leitura diariamente: 44% entre as idades de 8 e 12 anos e 30% entre as idades de 13 e 17 anos.[**] Em outras palavras, diariamente, seis pré-adolescentes e sete adolescentes em cada 10

---

[*] 7-19 anos para o estudo francês;[6] 8-18 anos para o estudo norte-americano.[37]

[**] As porcentagens são maiores do que para os meros "leitores" (aqueles que leem todos os dias ou quase todos os dias; ver a Figura 3, à página 34) porque eles incluem um número de leitores ocasionais (aqueles que leem de vez em quando).

não leem praticamente nada! Uma indigência chocante, que é tentador contrastar com a onipresença do digital. Fica claro que o livro perdeu a batalha do entretenimento. Esmagado pelo poder das telas recreativas, ele está morrendo no beco sem saída das escolhas periféricas. A Figura 5, na página seguinte, ilustra a magnitude dessa catástrofe. Adolescentes dedicam 14 vezes mais tempo a seus brinquedinhos digitais do que à leitura; para os pré-adolescentes, a diferença chega a quase 10 vezes. Diariamente, crianças de 8 a 12 anos são expostas a conteúdos audiovisuais (*reality shows*, videoclipes, séries, filmes, vídeos etc.) quase o dobro do tempo que dedicam à leitura (84% contra 44%). A disparidade é ainda maior entre os jovens de 13 a 17 anos (86% contra 30%). A cada ano, as telas recreativas consomem 112 dias da vida de um estudante do ensino médio, o equivalente a 3,7 meses e quase 2.690 horas; o que corresponde a três anos letivos. A leitura ocupa apenas sete dias, ou 168 horas; o equivalente a 0,2 ano letivo.

Poderíamos continuar essa enumeração. Mas isso não mudaria muito o quadro: em pleno desenvolvimento intelectual, moral, social e emocional, as novas gerações já não frequentam Victor Hugo, Thomas Mann, Stefan Zweig, John Steinbeck, Marguerite Duras, Virginia Woolf ou Simone de Beauvoir, e sim Cyril Hanouna, *Dr. House*, *Grand Theft Auto*, *Koh Lanta* e TikTok.* Sem dúvida, sempre haverá algumas almas bondosas para contestar esse tipo de comparação e explicar que é perfeitamente possível usar a tecnologia para ler *Guerra e paz* em sua versão eletrônica, explorar a Wikipédia ou assistir a vídeos educativos dedicados à resolução de equações diferenciais.[42-44] É verdade... na teoria. Na realidade, esses usos potencialmente positivos são uma anomalia estatística, pois estão submersos em um oceano de práticas recreativas mais prejudiciais.[27,37,45]

---

* Por ordem de citação: apresentador de *talk show*, título de série audiovisual, videogame entre os mais vendidos (também conhecido pelo acrônimo GTA), programa de *reality show* e rede social especialmente popular entre os adolescentes.

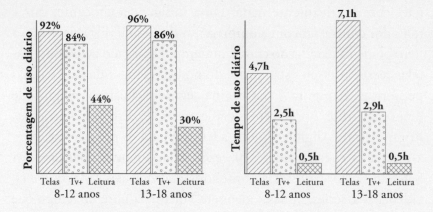

Figura 5. Ilustração da predominância do digital recreativo sobre a leitura. Gráfico à esquerda: comparação do percentual de pré-adolescentes (8-12 anos) e adolescentes (13-18 anos) que usam pelo menos uma tela recreativa por dia ("Telas"), assistem a conteúdos audiovisuais ("TV+") e leem ("Leitura": livros físicos ou eletrônicos, revistas impressas ou online, blogs etc.). Gráfico à direita: mesmas convenções, mas para o tempo de uso diário. Baseado em RIDEOUT, 2019.[37]

O impacto prejudicial das telas recreativas no tempo de leitura foi estabelecido há quase 50 anos.[27-28] Em 1972, um relatório publicado pelo serviço de saúde pública dos Estados Unidos observou, em adultos, que a compra de uma televisão resultava em uma queda imediata no tempo dedicado à leitura de livros (cerca de 40%).[46] Alguns anos depois, em 1980, um estudo experimental estendeu essa observação para crianças, indicando que alunos do ensino fundamental submetidos a uma restrição no consumo de mídia audiovisual passavam menos tempo assistindo a televisão do que seus colegas não restringidos (50 minutos por dia contra 1 hora e 40 minutos), resultando em um aumento significativo no tempo de leitura (1 hora e 10 minutos para os primeiros contra 35 minutos para os segundos).[47] Essa conclusão foi apoiada pelos dados de uma pesquisa frequentemente citada, publicada no final dos anos 1990.[48] Essa pesquisa revelou duas coisas. Primeiro, independentemente da idade, que a porcentagem de tempo de lazer dedicado à leitura caiu drasticamente entre 1955 e 1995; para a população de 12 a 17 anos (a mais jovem estudada), ela caiu de 21% para 5%. Segundo, que a trajetória desse declínio estava inversamente correlacionada à penetração da televisão nos lares. A conclusão dos autores foi que "a concorrência da televisão se revelou a causa mais óbvia do declínio da leitura". Mais recentemente, uma pesquisa envolvendo indivíduos de 10 a 19 anos confirmou esse processo de "captação" do tempo recreativo, identificando uma diminuição de 30% no tempo de leitura (livros, revistas, jornais) para cada hora gasta com jogos eletrônicos.[49] Esse resultado foi corroborado por outro estudo, realizado com uma ampla população de alunos de 8 a 12 anos, que observou que "a frequência de leitura diminui quando as crianças têm um acesso aumentado a dispositivos digitais, mesmo quando esses dispositivos têm funções de *e-Reading* [ou seja, funções dedicadas à leitura de livros eletrônicos – leitores digitais, tablets, computadores, smartphones etc.]".[50]

Trabalhos desse tipo existem em profusão.[51-59] Poderíamos mencioná-los quase infinitamente, mas isso não mudaria a conclusão geral: as telas recreativas são um inimigo feroz e ancestral da leitura.

Quadrinhos, mangás, revistas e... alguns livros

Considerados em conjunto, esses dados são ainda mais impressionantes porque se baseiam, lembremos, em uma visão extremamente ampla da leitura, tanto em termos de conteúdo (livros, histórias em quadrinhos, jornais, revistas, blogs etc.) quanto em termos de formatos (impresso, digital e até mesmo em áudio – em computadores, smartphones, tablets, leitores eletrônicos). Em outras palavras, quando se diz que um jovem lê, isso não necessariamente indica que ele esteja lendo livros no sentido clássico da palavra. Pode simplesmente significar que ele esteja navegando por blogs em busca de "dicas de cuidados e inspirações para penteados"[60] ou que ele goste de folhear várias revistas de fofocas dedicadas às escapadas sexuais e morais de nossas "celebridades". Daí a pergunta: o que exatamente nossos filhos estão lendo?

Curiosamente, há relativamente poucos dados sobre esse assunto. No entanto, os estudos disponíveis confirmam de maneira bastante consensual que é importante não confundir leitura com livros. Na maioria dos casos, o livro está longe de ser a escolha dominante. Quando perguntamos a alunos do ensino fundamental nos Estados Unidos (10-14 anos) sobre o que gostam de ler, 72% citam revistas (especialmente de esportes, moda, beleza, videogames ou música), 44% mencionam histórias em quadrinhos e 30% citam livros.[61] Da mesma forma, quando pré-adolescentes do mesmo país respondem sobre o que leram na semana anterior, 87% mencionam revistas ou histórias em quadrinhos, 54% mencionam romances e 33% mencionam livros de não ficção.[62] Outras estimativas internacionais vêm do programa de avaliação PISA.* Elas mostram que 26% dos adolescentes leem revistas, 13% leem romances, 6% leem livros de não ficção e 10% leem quadrinhos "várias vezes por semana".[64] Na França, uma pesquisa recente perguntou a uma amostra representativa de indivíduos de 7 a 19 anos sobre que tipos de livros eles liam "com mais frequência". Os quadrinhos ficaram em primeiro lugar (55%), seguidos por romances (46%) e mangás (40%).** Como apontam os autores do estudo, houve diferenças significativas de acordo com gênero e idade: "As meninas e os alunos do ensino médio leem mais romances, enquanto os meninos e os alunos do ensino fundamental preferem quadrinhos e mangás". Assim, entre as meninas, o ranking ficava: romances (58%), quadrinhos (52%) e mangás (31%); entre os meninos, quadrinhos (59%), mangás (49%) e romances (34%). O mesmo acontecia com a idade. Os alunos do ensino fundamental, por exemplo, colocavam

---

*   Os estudos PISA (Programme for International Student Assessment, Programa Internacional de Avaliação de Alunos) são estudos internacionais realizados sob os auspícios da OCDE (Organização para a Cooperação e Desenvolvimento Econômico). A cada três anos (com uma interrupção em 2021 devido à pandemia de covid-19), eles comparam, por meio de testes padronizados, o desempenho escolar de alunos (15 anos) de diferentes países em matemática, leitura e ciências. A primeira pesquisa foi realizada em 2000; a última data de 2018, quando 79 países participaram[63] (a pesquisa de 2022, envolvendo 85 países, será publicada, a princípio, no final de 2023).

**   O total é superior a 100% porque respostas múltiplas eram possíveis.

quadrinhos (70%) à frente de mangás (54%) e romances (45%); já os alunos do ensino médio mencionavam romances (67%), seguidos por mangás (51%) e quadrinhos (46%). Essas observações são coerentes com outro estudo francês, que mostrou que mais da metade (54%) dos livros lidos por crianças de 7 a 15 anos ao longo do ano são histórias em quadrinhos.[65]

Em última análise, podemos afirmar que nossas crianças leem pouco e, quando leem, suas preferências tendem a se voltar para revistas, mangás ou quadrinhos, em vez de livros. Dizer isso não é estabelecer uma hierarquia de valores entre essas atividades; cada um lê o que quiser. É apenas ressaltar que esses conteúdos não têm as mesmas características nem os mesmos impactos: os potenciais benefícios de um romance, uma revista de moda ou um mangá são estruturalmente diferentes. Muitos estudos, que discutiremos nas duas últimas partes, demonstraram que os livros (especialmente de ficção) têm influências muito mais significativas e positivas no desenvolvimento intelectual e linguístico da criança do que outros tipos de conteúdo (revistas, quadrinhos, blogs etc.).[64,66-67]

Uma realidade absurdamente contestada

Com base nas informações apresentadas até agora, podemos afirmar sem muita hesitação, que a leitura se encontra entre as práticas em declínio. Esse ponto parece irrefutável. Mas ele ainda é contestado. Apesar da amplitude e da coerência das observações disponíveis, ainda existe um notável fluxo de declarações discordantes nos principais meios de comunicação. "Cada época tem seus clichês", podemos ler, por exemplo, em um artigo recente. "Um dos clichês dos dias atuais é que os 'jovens' não leem mais."[68] Para muitos, a questão parece requentada. Ela seria, no máximo, uma velha "cantiga declinista entoada há séculos [...]. Na Antiguidade, Sêneca acusava as viagens de afastar os jovens da leitura".[69]

Às vezes, essas alegações se baseiam em estudos quantitativos. Descobrimos, por exemplo, que: "Sim, os jovens franceses leem. E até 13 livros por ano! [...] O resultado vai contra muitas ideias preconcebidas";[70] "Os jovens gostam de ler e continuam lendo livros em papel. 86% dos jovens de 15 a 25 anos leram pelo menos um livro nos últimos 12 meses e, em média, quase 13 livros no ano";[71] "86% dos jovens de 15 a 25 anos abriram um livro recentemente, de acordo com um estudo. O formato em papel ainda é dominante, mas 35% dos jovens leitores também devoram livros em tablet ou smartphone"[72] etc.

Diante desse tipo de entusiasmo midiático,* é interessante voltar ao conteúdo efetivo do estudo de referência,[75] realizado em 2018 pelo Instituto Ipsos para o Centre National du Livre (CNL), uma "entidade pública administrativa do Ministério da Cultura [...] a serviço do livro e da leitura".[76] Apresentada em epígrafe aos resultados do relatório, a constatação é indiscutível: "86% dos leitores", ou seja, quase toda a população, exceto os analfabetos ou aqueles com grandes dificuldades de leitura.[77] Em outras palavras, qualquer jovem que não seja analfabeto (ou quase) é considerado um leitor; uma simplificação que, no entanto, pressupõe que a proporção de leitores-analfabetos seja insignificante (pois o analfabeto** que "lê" livros em áudio se torna, de acordo com a definição adotada, um leitor). Nesse ponto, sentimos que algo está errado. E, claramente, que esse algo é a definição do que é (ou não é) um "leitor". Para a maioria das pessoas, um leitor é alguém que lê assiduamente livros clássicos. Para os pesquisadores, porém, um leitor é alguém que lê algo, com qualquer frequência, em qualquer formato. O estudo aqui tomado como exemplo explica isso de maneira explícita, especificando que os leitores de livros são definidos "independentemente da maneira como eles leram os livros: integralmente, em parte ou

---

* Impulsionados por formulações às vezes muito semelhantes, o que sugere que muitos meios de comunicação apenas repetem comunicados de agências, sem se dar ao trabalho de ler, por conta própria, a pesquisa em questão. Esse tipo de prática está longe de ser raro.[27,73-74]

** Não se trata, obviamente, de estigmatizar ou zombar do analfabetismo, cujas causas são múltiplas, e as consequências, dramáticas. Trata-se apenas de identificar o que, para a maioria dos pesquisadores, constitui um leitor.

apenas para consulta. Independentemente do gênero. Independentemente do formato: papel, digital, áudio. Seja para lazer, estudo ou trabalho".[75] Em outras palavras, praticamente todo mundo, sobretudo considerando a variedade de gêneros apresentados (romances, quadrinhos, dicionários, receitas de culinária, guias de trabalhos manuais e turismo etc.). Nesse contexto, o adolescente que consulta um dicionário em seu smartphone uma vez por ano para procurar uma palavra desconhecida ou uma receita de culinária em seu tablet para descobrir o tempo de cozimento de um ovo mole milagrosamente adquire o status de "leitor que leu pelo menos um livro nos últimos 12 meses". Da mesma forma, qualquer aluno do ensino médio ou universitário obrigado a analisar um livro ou capítulo de um livro como parte de seus estudos (o que parece ser o mínimo, sugerindo que qualquer jovem que não tenha saído do sistema escolar esteja automaticamente na categoria de leitor). Dito isso, o panorama muda drasticamente quando deixamos de lado o marketing e nos aprofundamos nos detalhes da pesquisa. Descobrimos então que a fração de indivíduos que leem "todos os dias ou quase todos os dias para fins de lazer" é de 18%. Uma proporção francamente pequena, muito distante das declarações ruidosas citadas no início desta seção.

Em resumo, se basta abrir um livro de receitas ou um dicionário uma vez por ano para ser considerado um "leitor", então de fato podemos estimar que os jovens são todos (ou quase todos) leitores. Em contrapartida, se dissermos que um leitor é alguém que lê assiduamente (mesmo de forma ampla: livros, quadrinhos, revistas etc.), então precisamos admitir que a porcentagem de adeptos é extremamente minoritária nas novas gerações. Dizer isso não é um clichê "declinista", é uma realidade trágica.

Um declínio histórico e duradouro

Quando não é a própria situação que se vê contestada, a novidade do problema é que é questionada. A ideia é bastante simples:

está bem, os jovens leem pouco, mas isso não é uma novidade nem um colapso; seus predecessores eram iguais. Na maioria das vezes, infelizmente, os argumentos apresentados em apoio a essa tese carecem seriamente de substância. Um artigo recente, já mencionado, oferece um bom exemplo.[68] O autor, acadêmico e romancista, escreve: "Quando se alega que os 'jovens' não leem mais, a insinuação é que antigamente eles liam. O que obviamente é uma ilusão". A afirmação, infelizmente – bastante característica desse tipo de argumento –, não se baseia em nenhum elemento tangível. Isso é problemático, pois o argumento é contradito por um grande número de dados quantitativos, pelo menos no que diz respeito aos países ocidentais, ditos "desenvolvidos".

Na França, faz 50 anos que o Estado avalia os hábitos culturais de seus cidadãos. O último relatório do Ministério da Cultura, publicado em 2020, destaca que "a leitura – tanto de livros quanto de quadrinhos – é uma prática que continua a diminuir na população. Movimento antigo, observável desde as gerações que sucederam aos *baby-boomers*, e que hoje se traduz em um público leitor que se tornou particularmente raro nas gerações mais jovens".[78] Entre 15 e 28 anos, 84% das pessoas nascidas entre 1945 e 1954 liam pelo menos um livro por ano (exceto quadrinhos). Esse percentual caiu para 58% entre os agora chamados *millenials* (nascidos entre 1995 e 2004). Para os quadrinhos, esses números foram 59%[*] e 39%, respectivamente. No que diz respeito aos leitores assíduos (pelo menos 20 livros por ano, menos HQs), a proporção caiu de 35% para 11%, com uma queda significativamente mais acentuada entre os meninos (de 38% para 8%) do que entre as meninas (de 33% para 14%) e entre os mais jovens do que entre os mais velhos. Nesse último ponto, parece que, em 1973, a proporção de leitores assíduos era duas vezes maior entre os jovens de 15 a 24 anos do que entre os com 60 anos ou mais; em 2018, ela era quase duas vezes menor. Podemos considerar, é claro, como me disse um estudante

---

[*] Essa porcentagem se refere a indivíduos nascidos entre 1955 e 1964. Os dados não estão disponíveis para as gerações anteriores.

de mestrado em psicologia, que 20 livros por ano é "muuuuuito!".
No entanto, isso representa apenas de 20 a 30 minutos de leitura diária, se tomarmos como referência obras de tamanho médio como *Bel-Ami** ou *Admirável mundo novo*.** Isso significa que, se nossos adolescentes dedicassem metade do tempo que gastam com seus jogos eletrônicos e conteúdos audiovisuais (*reality shows*, séries, filmes etc.)[37] à leitura diária, eles poderiam ler cerca de 120 romances médios por ano ou 50 obras extensas como *Germinal, O capitão Fracasso* ou *Notre-Dame de Paris*.***

Essa tendência de abandono progressivo da leitura também é observada nos Estados Unidos. Entre 1976 e 2016, a porcentagem de alunos do ensino médio que não leram nenhum livro "por prazer" no ano anterior aumentou de 11% para 34%.[58] Ao mesmo tempo, a proporção de leitores diários (livros ou revistas) caiu de 60% para 16%. Ao contrário do que foi relatado para a França, o declínio

---

* Este clássico de Guy de Maupassant contém aproximadamente 110 mil palavras (de acordo com a versão em PDF disponível em gallica.bnf.fr). A uma taxa média de 230 palavras por minuto,[79] um adolescente "competente" em leitura (o que ele provavelmente será se ler regularmente) precisará de 458 minutos para ler a obra, ou seja, 1 minuto e 19 segundos por dia ao longo de um ano. O equivalente a 26 minutos por dia para 20 obras. Chegamos a um resultado semelhante ao considerar a versão em áudio do texto (10 horas e 23 minutos; texto disponível em audible.fr). A leitura em voz alta é mais lenta do que a leitura silenciosa (em média 1,4 vezes mais lenta[80]). Isso nos leva a uma estimativa de 24 minutos por dia para 20 obras. Se refizermos os cálculos com base na velocidade de leitura de um adolescente "razoavelmente competente" (170 palavras por minuto), chegaremos a 35 minutos por dia de leitura para 20 obras por ano.

** Com base nesse clássico de Aldous Huxley, usando a mesma abordagem que em *Bel-Ami*, podemos estimar que um adolescente "competente" em leitura precisará investir 18 minutos diários, e um adolescente "razoavelmente competente", 24 minutos diários para ler 20 livros por ano.

*** Esses números se referem a um leitor "competente" (230 palavras por minuto). Para um leitor "razoável" (170 palavras por minuto), eles se estabelecem em torno de 90 romances médios e 40 "calhamaços" por ano. No entanto, um aluno do ensino fundamental ou médio que lesse várias dezenas de romances por ano teria poucas chances de permanecer por muito tempo na categoria de leitores "razoáveis".

ocorreu de maneira semelhante entre meninos (de 58% para 12%) e meninas (de 62% para 18%).

Uma dinâmica parecida é observada na Grã-Bretanha, no âmbito de um estudo abrangente sobre o tipo de leitura. Entre 2005 e 2021, o número de alunos (8 a 18 anos) que liam "algo em papel ou tela" diariamente (livros, revistas, letras de músicas, quadrinhos, blogs etc.) caiu de 38% para 30%.[81] O mesmo ocorreu nos Países Baixos. Nesse país, entre os adolescentes (12 a 17 anos), a proporção do tempo de lazer dedicado à leitura foi dividida por quatro entre 1955 e 1995.[48] Mais uma vez, o impacto foi mais pronunciado entre os meninos (de 22% para 3%) do que entre as meninas (de 20% para 6%).

Recentemente, um estudo norueguês investigou não mais a porcentagem de usuários, mas o tempo diário dedicado à leitura.[59] Dois grupos foram examinados. Para o grupo mais jovem (9 a 18 anos), os dados identificaram uma queda de 45% entre 1991 (51 minutos por dia) e 2004 (28 minutos por dia). Para o grupo mais velho (16 a 24 anos), a queda foi de 65% entre 1970 (35 minutos) e 2010 (12 minutos).

A todos esses elementos podemos acrescentar os dados mais recentes e absolutamente chocantes do programa PISA. Em 2018, 49% dos alunos da OCDE afirmaram que liam "apenas quando eram obrigados", um aumento de 8% em relação a 2009. Pior ainda, mais de um quarto (28%) achava que "ler é uma perda de tempo", um aumento de 5% em relação a 2009.[63]

Em suma, o declínio na leitura não tem nada de um conto alarmista e tudo de uma realidade comprovada. Mas como isso poderia surpreender alguém? O tempo é um recurso limitado. Foi necessário compensar o crescimento vertiginoso do entretenimento digital. Todas as horas dedicadas a Netflix, *Fortnite* e TikTok não surgiram do nada. Elas foram retiradas de outras atividades, incluindo o sono, as interações familiares, as tarefas escolares e, naturalmente, como discutimos anteriormente, a leitura.[27-28] O que teria sido um milagre é se a leitura emergisse ilesa da lavadora digital que nos últimos 30 anos tem consumido uma parte cada vez maior da vida de nossos filhos.

Os não leitores de hoje serão
os professores de amanhã

Esse recuo generalizado da leitura é sentido de forma mais marcante pelo meio universitário. Como indicou uma pesquisa recente, "os estudantes sabem que é importante ler, eles sabem que o professor espera que eles leiam e sabem que isso terá um impacto em suas notas, mas, apesar disso, a maioria não lê seus manuais".[82] Isso é especialmente verdadeiro para as leituras obrigatórias, que 70% a 80% dos estudantes ignoram em parte ou totalmente.[67,83] Mais uma vez, a mudança é marcante. No início dos anos 1980, a taxa era de apenas 20%, ou seja, havia quatro vezes menos alunos resistentes do que hoje.[84] Embora a queda seja menos acentuada para leituras pessoais, ela ainda é impressionante. Entre 1994 e 2015, a porcentagem de estudantes ingressando no ensino superior que declararam não ter lido "por prazer" no ano anterior aumentou de 22% para 33%.[85-86] Ao mesmo tempo, a taxa de leitores assíduos (mais de seis horas por semana) caiu de 12% para 8%. Naturalmente, o sistema acadêmico precisou se adaptar a essas quedas.[67] Nos Estados Unidos, em uma universidade de elite privada, nos últimos cinco a 10 anos, 49% dos professores reduziram o volume de leituras obrigatórias; 20% reduziram sua complexidade porque os estudantes "não estavam entendendo o que estavam lendo"; 32% passaram mais vídeos para compensar essas mudanças. Tendências globalmente semelhantes foram identificadas na Noruega, em uma instituição pública menos seletiva. As porcentagens chegaram a 41% para a redução no volume de leitura, 56% para a redução na complexidade das obras e 24% para o uso substitutivo de vídeos.[67]

E é aqui que a porca torce o rabo, porque os estudantes de hoje serão os professores de amanhã. Em outras palavras, como destacam os autores de um artigo científico sobre o assunto, "o cenário mais alarmante que emerge da pesquisa talvez se refira à possibilidade de um ciclo vicioso de ensino, produzindo um grande número de estudantes sem inspiração, muitos dos quais se tornarão professores que lutam para despertar nos alunos um amor pela leitura que eles [os professores] nunca conheceram".[87] Em consonância com esse receio, foi demonstrado que os professores que mais valorizam a literatura também são os mais capazes de ensiná-la e transmitir o gosto pela leitura aos alunos.[88-90] Além disso, foi estabelecido que o declínio geracional na leitura também afetou a esfera educacional.[91] Para confirmar isso, os pesquisadores compararam os hábitos de dois grupos de professores titulares (com idade média de 40 anos) e estagiários (com idade média de 25 anos). Os resultados indicaram que os professores titulares haviam lido 1,3 vezes mais livros infantojuvenis e 2,7 vezes mais romances de ficção do que seus colegas estagiários. Entre esses últimos, 30% afirmaram não gostar de ler. Esse percentual era 15 vezes menor entre os professores titulares (2%).

O desempenho dos estudantes franceses no concurso de recrutamento de professores escolares confirma essas tendências preocupantes. Embora as análises ainda sejam qualitativas, as sínteses dos diferentes júris de avaliação do concurso de 2022 são contundentes. O relatório publicado pela Academia de Lille ilustra bem a tendência geral.[92] Em relação à prova escrita de francês, ele menciona "palavras infantis ou relacionadas a conversas entre amigos, histórias de vida, que marcam a ausência de reflexão ou de uma visão mais ampla que vá além da evocação de relações familiares pessoais. Muito poucos candidatos citam fontes que poderiam demonstrar uma cultura pessoal. Alguns o fazem citando um autor errado, citando um programa de *reality show* ou desenhos animados da Disney. Uma pequena minoria é capaz de citar algumas leituras pessoais. No âmbito da forma, muitos avaliadores ainda se surpreendem com a falta de domínio da língua francesa, apontam muitos erros ortográficos (concordâncias básicas), erros de sintaxe e expressões coloquiais".[92] Em termos lexicais, "pouquíssimos candidatos são capazes de explicar a palavra '*chancelants*',* para grande surpresa dos avaliadores, já que o contexto ajuda bastante. A maioria dos candidatos explicava essa palavra associando-a ao radical '*chance*' [sorte] ou '*chant*' [canto].

---

* "*Chancelant*" pode ser traduzido para o português como "instável, vacilante, inseguro". (N.T.)

Isso significaria que crianças '*chancelants*' seriam crianças sortudas, felizes, inocentes, despreocupadas". Esse último ponto é ainda mais chocante, pois "*chanceler*" não é de forma alguma um termo raro em francês. Em média, na escrita, ele aparece uma vez a cada 130 mil palavras, ou seja, uma vez a cada um ou dois livros.[93] Ele pode ser encontrado várias vezes, de uma forma ou de outra ("*chanceler*", "*chancela*", "*chancelait*", "*chancelèrent*", "*chancelant*" etc.), em todas as obras mencionadas anteriormente, com exceção de *Bel-Ami*: *Notre-Dame de Paris* (13 vezes), *Germinal* (nove vezes), *O capitão Fracasso* (oito vezes), *Admirável mundo novo* (duas vezes). Nada disso inspira tranquilidade se considerarmos, talvez não seja inútil lembrar, que os dados aqui apresentados se referem a graduados do ensino superior, aos quais o Estado está prestes a confiar a educação de nossos filhos.

Para resumir

Este capítulo mostra que crianças e adolescentes gostam de ler por prazer. No entanto, na prática, eles não apenas leem muito pouco como também leem muito menos do que as gerações anteriores. Essa dinâmica resulta principalmente da concorrência inabalável das telas recreativas. Além disso, os usos atuais se concentram menos em livros clássicos e mais em revistas, mangás e quadrinhos. Esse abandono da leitura é tão pronunciado que ecoa até o topo da pirâmide escolar. Até mesmo os estudantes universitários estão lendo menos; a ponto de seus professores estarem cada vez mais inclinados a substituir materiais de aprendizagem escritos por conteúdos de áudio e vídeo. Uma espiral sombria, considerando que os estudantes de hoje se tornarão os professores que, amanhã, terão de transmitir a arte e o gosto da leitura a nossos filhos.

Para as obras francesas, os números provêm dos textos digitais baixados no formato PDF no site da TV5 Monde;[94] para *Admirável mundo novo*, o valor é extraído do livro físico digitalizado (tradução de Jules Castier[95]).

3

Desempenhos alarmantes

Para aprender a ler, é preciso ler. Mais precisamente, como veremos em detalhes na segunda parte deste livro, para aprender a ler, é necessário ir muito além das obrigações escolares. Uma criança que não lê em casa, durante seu tempo livre, nunca se tornará um verdadeiro leitor. Ela eventualmente dominará a decodificação e a compreensão dos textos mais comuns, mas permanecerá irrevogavelmente incapaz de penetrar na imensa fertilidade dos conteúdos complexos. Esse "deficiente linguístico", como o chama Fanny Capel, professora de letras modernas, "nunca será capaz de desenvolver plenamente sua inteligência".[96] Como acabamos de ver em detalhe, nossos filhos e filhas leem pouco. O que nos propomos a demonstrar aqui é que esse desinteresse não deixa de causar impacto. Ele é um desastre pessoal para a criança e uma catástrofe social para a comunidade.

80% de leitores eficazes e outras histórias para boi dormir

Na França, de acordo com os números oficiais da DEPP,* 21% dos jovens (16-25 anos) têm dificuldades de leitura, dos quais 10%

---

* DEPP: Direction de l'Évaluation, de la Prospective et de la Performance (Direção de Avaliação, Prospectiva e Desempenho). Um organismo que, de acordo com

estão em estado de quase analfabetismo.[*,77] Esse último percentual chega a 44% entre os alunos do ensino médio que deixaram a escola após a conclusão de sua educação obrigatória (aos 16 anos completos na França). Em outras palavras, um jovem pode passar mais de uma década no sistema educacional francês, chegar ao ensino médio e revelar-se incapaz de compreender os textos mais simples. O pior é que esse diagnóstico está longe de ser o mais preocupante. Os territórios ultramarinos apresentam um quadro ainda mais dramático. A taxa de quase analfabetismo atinge níveis perfeitamente indignos de uma nação supostamente desenvolvida: Ilhas Reunião, 25%; Guadalupe e Martinica, 28%; Guiana, 47%; Mayotte, 71%. Mas isso não é tudo. Os números também mostram que 28% dos jovens com diplomas de CAP ou BEP[**] pertencem ao grupo de quase analfabetos. Essa taxa sobe para 16% nos alunos com diploma de ensino médio profissionalizante e 4% nos com diplomas de ensino médio geral e tecnológico. Um artigo do *Le Monde* deveria dar aos mais céticos algumas razões para acreditar na validade dessas observações.[99] O autor começa explicando que os titulares de diplomas de ensino médio profissionalizante geralmente são excluídos de cursos seletivos como os BTS ou os IUT,[***] o que os leva a se orientar para a universidade "por falta de escolha". Vanessa, citada no artigo em questão, é um bom exemplo. Ela queria ser profissional de vendas. Mas acabou cursando letras modernas, "embora eu não

---

suas próprias palavras, "exerce suas competências de avaliação e medição de desempenho nos campos da educação e formação. Ela contribui para a avaliação das políticas conduzidas pelo Ministério da Educação Nacional".[97]

[*] Conceito aqui utilizado em seu sentido mais geral: "Que é incapaz de ler um texto simples e compreendê-lo".[98]

[**] CAP (Certificat d'Aptitude Professionnelle, ou Certificado de Aptidão Profissional) e BEP (Brevet d'Études Professionnelles, ou Brevê de Estudos Profissionais): formações profissionalizantes que costumam ter uma duração menor (dois anos) que o ensino médio regular na França (três anos). (N.T.)

[***] BTS (Brevet de Technicien Supérieur, ou Brevê de Técnico Superior) e IUT (Institut Universitaire de Technologie, ou Instituto Universitário de Tecnologia): instituições de ensino técnico de nível superior na França, com formações que costumam durar dois anos. (N.T.)

goste muito de francês, de escrita. [...] Ler não é minha praia, menos a revista *Closer*. Mas nem sempre fazemos o que gostamos na vida [...] Uma dissertação, não sei direito o que é". E as aulas? "Elas melhoram... Como se diz? Elas melhoram a maneira como eu me expresso." Enfim, na França, é possível acabar cursando letras sem ler, com uma sintaxe no mínimo peculiar e sem nunca ter escrito uma dissertação.

É claro que o objetivo aqui não é zombar de Vanessa ou sugerir que ela represente todos os estudantes de letras, mas destacar, através de seu caso, como conhecimentos e formações andam desconectados. Como explica François Dubet, sociólogo e especialista em questões educacionais, é preciso evitar confundir "o nível dos diplomas e sua utilidade".[96] Em outras palavras, não é porque a população está cada vez mais diplomada que os jovens estão cada vez mais proficientes, especialmente em questões linguísticas. Uma realidade bem resumida por Emmanuel Todd em uma entrevista recente. Para esse antropólogo, "estamos assistindo a uma verdadeira dissociação entre diplomas e habilidades intelectuais". Portanto, o constante aumento do número de títulos concedidos pelas instituições de ensino superior não indica de forma alguma que nossos filhos estejam se tornando cada vez mais educados; ele apenas mostra que "a taxa de cretinos diplomados não para de crescer".[100] A esse respeito, é importante observar que a proporção de alunos que obtêm o diploma do ensino médio dentro de uma geração aumentou de 4% em 1946 para 87% em 2020, ou seja, ficou 22 vezes maior.[101] Embora o aumento seja menor para os diplomas gerais, ele ainda é significativo: 4% em 1946 (os diplomas tecnológicos e profissionalizantes ainda não existiam) para 46% em 2020. Claro que esse aumento insano também afetou a taxa de menções.* Essa taxa passou de 24% em 1997 para 47% em 2019.[102] Uma expansão que não poupou os diplomas gerais, que hoje concedem 53% de menções, contra 23% há pouco mais de 20 anos. Nesses 20 anos, apenas as menções "Muito Bom" aumentaram 10 vezes (1% em 1997; 12% em 2019). Essa mudança pode ser

---

* Menções (ou distinções) são atribuídas aos alunos com base em seu desempenho nos exames finais de ensino médio na França: quanto maior a nota, melhor a menção. (N.T.)

abordada de um ponto de vista psicométrico. Se 87% da população obtém o diploma do ensino médio, isso significa que o Quociente de Inteligência (QI)* necessário para obter o diploma é inferior a 85,** ou seja, abaixo do limiar tipicamente usado na literatura científica para caracterizar indivíduos com "inteligência baixa".[107-110] Recentemente, um médico midiático, cofundador do site Doctissimo, escreveu sobre o assunto em uma revista nacional: em 1950, "era necessário ter um QI acima de 125 para obter o diploma do ensino médio. Hoje, você obtém o diploma com um QI de 80, o que não permite o domínio do raciocínio hipotético-dedutivo".[111] A segunda parte da afirmação é um pouco abrupta, mas globalmente aceitável. A primeira, por outro lado, é enganosa, pois se baseia na hipótese, totalmente improvável, de que, 70 anos atrás, o diploma do ensino médio era concedido apenas aos 5% de indivíduos com os QIs mais altos. Ninguém contesta que esse último fator seja um importante elemento de previsão do sucesso acadêmico,[103-104] mas ele não é o único. O esforço, a disciplina pessoal, o trabalho individual, as habilidades sociais e emocionais, o tamanho da conta bancária dos pais (para financiar possíveis aulas de reforço e atividades culturais) etc., também desempenham um papel fundamental.[27,112-119] Além disso, um estudo recente realizado por dois pesquisadores da DEPP confirma que, para uma dada idade e um dado nível educacional, "as gerações mais antigas têm os melhores desempenhos [em compreensão de leitura e cálculo]"; dados que "sugerem uma certa

---

* O QI é, para dizer de maneira simples, um teste de desempenho intelectual. Ele mede nossas capacidades de raciocínio e resolução de problemas. Esse teste será amplamente abordado ao longo deste livro. É preciso deixar claro, portanto, para evitar mal-entendidos, que o QI oferece uma medida restritiva da inteligência humana e não a qualifica por si só. Não se trata aqui de reduzir o ser humano (especialmente a criança) a seu QI. Dito isso, essa medida não é desprovida de valor. Mesmo que não revele tudo, ela oferece um número significativo de informações importantes. Sua capacidade de prever o sucesso escolar, a saúde e o bem-estar, em particular, é substancial.[103-106]

** O QI médio é 100. 13% da população tem um QI inferior a 83, o que significa, considerando uma proporção de 87% de diplomados no ensino médio, que 83 é o limite inferior do QI na população desses diplomados (na realidade, esse limite provavelmente é ainda mais baixo, pois nem todas as crianças com QI acima de 83 concluem o ensino médio).

desvalorização dos diplomas".[120] Ah, como essas coisas são expressas em termos galantes!, exclamaria Philinte sob a pena de Molière, em uma versão contemporânea de *O misantropo*.[121]

Obviamente, essas mudanças não são específicas da França. Elas concernem à maioria dos países ocidentais, como os Estados Unidos. Na terra do Tio Sam, muitos estudos têm destacado um forte movimento de "inflação de notas",[122-123] juntamente a uma diminuição do tempo dedicado ao estudo[124] e a uma queda nos reais desempenhos intelectuais dos alunos (medidos a partir de testes padronizados).[125-126] Esse movimento levou a políticas "anti-inflação" em algumas instituições de elite;[127] o que não é surpreendente para quem considera que o aumento artificial das notas leva a uma redução no esforço acadêmico, por parte tanto dos alunos quanto dos professores.[128]

Guiados pelo otimismo, poderíamos considerar que as coisas não estejam tão ruins. Afinal, se 21% dos jovens (16-25 anos) têm dificuldades em relação à leitura, ficamos com quase 80% em boas condições. Isso é o que insinua o estudo anteriormente descrito da DEPP, que destaca, logo em seu resumo, que "cerca de oito em cada 10 jovens são leitores eficazes".[77] Infelizmente, mais uma vez, o diabo está nos detalhes, e o adjetivo "eficaz" parece ser usado de maneira questionável à luz de sua definição: "Que produz o efeito esperado; exitoso".[129] Na verdade, há uma grande diferença entre não ter dificuldades e ser eficaz. Os resultados detalhados do estudo deixam isso bem claro. Considere a tarefa de decodificação usada para medir a automação da leitura. A prova é simples o suficiente para ser superada por uma parcela substancial de leitores com deficiência ("capacidades muito baixas": 43%; "dificuldades graves": 28%), ao mesmo tempo em que é complexa demais para ser realizada por uma grande proporção de "leitores eficazes" (20%). Em outras palavras, um leitor pode ser considerado eficaz "apesar [de uma] má automação dos mecanismos básicos de leitura (decodificação, identificação de palavras)".[77] Tudo isso parece bastante curioso, para não dizer absurdo.

Em resumo, os elementos aqui apresentados levam a três conclusões. Primeira, o número de jovens com dificuldades expressivas na leitura é significativo na França continental e totalmente alarmante nos territórios ultramarinos. Segunda, não se pode julgar as habilidades linguísticas (ou intelectuais) de um indivíduo com base nos diplomas que ele possui: um jovem pode estar em situação de quase analfabetismo e ainda assim conseguir um diploma de ensino médio, profissionalizante ou técnico. Terceira, nada nos dados aqui apresentados permite determinar a proporção de leitores verdadeiramente "eficazes", e é completamente extravagante afirmar que essa proporção seja de 80%.

10% de "verdadeiros" leitores
e outras realidades preocupantes

À luz das informações anteriores, todos terão entendido que o número de leitores eficazes (em comparação com aqueles com dificuldades) pode variar amplamente dependendo das escalas de medida utilizadas. Há alguns anos, Diane Ravitch, especialista norte-americana em questões educacionais, destacou-o de forma vívida no *The New York Times*.[130] Os testes locais, ela afirmava, fornecem avaliações muito mais positivas aos estudantes do que os testes federais.[131] Por exemplo, no quarto ano do ensino fundamental, "a Geórgia afirma que 87% de seus alunos são proficientes em leitura, mas apenas 26% atingiram esse nível no exame nacional. O Alabama diz que 83% de seus alunos são proficientes, mas apenas 22% atingem o padrão federal".[130] Da mesma forma, no oitavo ano, "o Texas afirma que 83% dos alunos atingiram o padrão estadual, mas o teste federal indica que apenas 26% deles são proficientes. Tennessee e Carolina do Norte afirmam que 88% dos alunos são leitores proficientes, enquanto apenas 26% e 27%, respectivamente, atingem esse nível no teste federal". Por mais impressionantes que sejam, essas discrepâncias são bastante fáceis de entender: a instituição federal de avaliação é imune às vicissitudes políticas; os políticos locais, ao contrário, são duramente punidos por seus eleitores se o sistema educacional de seu estado se revelar muito deficientemente. Um risco que leva nossos corajosos políticos a não serem muito rigorosos na avaliação. É muito mais fácil (e mais barato) adulterar um teste do que construir um sistema educacional eficaz.

Desde o artigo de 2005 de Diane Ravitch, pouca coisa mudou. Para o quarto ano do ensino fundamental, as avaliações federais mostram que apenas 35% dos estudantes norte-americanos atingem o nível de proficiência.[*,132] Com base nos dados do programa internacional PIRLS[**] para o quarto ano[133] e do programa nacional CEDRE[***] para o quinto ano,[134] os estudantes franceses navegam nas mesmas águas, com uma taxa média de alunos proficientes de cerca de 30%.[****] Proporções globalmente similares às observadas no final do ensino fundamental. Nos Estados Unidos, as avaliações nacionais identificam 34% dos alunos como proficientes.[*****,132] Na França, o estudo CEDRE registra 26%.[******,135] Isso não implica, é claro, que de dois terços a três quartos dos estudantes do ensino fundamental sejam analfabetos. Significa que, para a maioria dos alunos, a proficiência se limita ao processamento de declarações relativamente simples, concretas e explícitas. Na França, por exemplo, 74% dos adolescentes no nono ano do ensino fundamental sabem "extrair uma ou mais informações explícitas de uma pergunta aberta [...], identificar o narrador, os personagens de um texto [...], identificar o gênero ou o propósito principal de um texto e justificar sua opinião

---

[*] Soma dos níveis "proficiente" (*proficient*) e "avançado" (*advanced*). Os níveis "básico" (*basic*) e "abaixo do básico" (*below basic*) foram excluídos.

[**] PIRLS, Progress in International Reading Literacy Study, ou Estudo Internacional de Progresso em Leitura. Esse programa avalia as habilidades de leitura dos alunos de quarto ano (9 anos) em diferentes países (57 no último, em 2021[133]). O estudo é conduzido a cada cinco anos desde 2001, sob os auspícios de um consórcio internacional (IEA, International Association for the Evaluation of Educational Achievement, Associação Internacional para a Avaliação do Desempenho Educacional).

[***] CEDRE: Cycle des Évaluations Disciplinaires Réalisées sur Échantillon, Ciclo de Avaliações Disciplinares Realizadas em Amostra.

[****] PIRLS: Soma dos níveis "alto" (*high*) e "elevado" (*advanced*). Os níveis "intermediário" (*intermediate*) e "baixo" (*low*) estão excluídos. CEDRE: Soma dos dois níveis mais elevados (4 e 5).

[*****] Soma dos níveis "proficiente" (*proficient*) e "avançado" (*advanced*). Os níveis "básico" (*basic*) e "abaixo do básico" (*below basic*) foram excluídos.

[******] Soma dos dois níveis mais elevados (4 e 5).

pessoal a partir de textos que abordam situações do cotidiano". Esses jovens também são "capazes de interpretar uma tabela e fazer uma dedução simples".[135] No entanto, é apenas nos níveis superiores, aqui chamados de "proficientes", que os estudantes do ensino fundamental "são capazes de extrair informações não imediatamente identificáveis, explicar as ideias principais de um texto ao responder a uma pergunta aberta, deduzir o significado de uma palavra rara ou especializada em um contexto literário ou científico [...], argumentar seu ponto de vista sobre um texto [...], formular uma hipótese a partir de uma tabela e de um gráfico e compreender um método experimental". Uma descrição interessante, mas, deve-se dizer, pouco tranquilizadora em sua capacidade de mostrar que os leitores ditos "proficientes" na verdade não são tão proficientes assim. Os leitores realmente proficientes são aqueles que "detectam e compreendem elementos implícitos de um texto. Eles percebem a organização lógica e temporal de um texto e sabem identificar as etapas de um raciocínio ou uma narrativa. Eles são capazes de resumir ou sintetizar um texto, inclusive na forma de um mapa mental, e de propor uma continuação ou consequência". Na França, apenas 10% dos alunos das últimas etapas do ensino fundamental se enquadram nessa categoria.[135]

Em resumo, para três quartos dos adolescentes, a leitura se limita a um exercício de comunicação pragmática. Essa função utilitária é certamente importante; mas como não se preocupar quando sua hegemonia beira o monopólio? Ler também serve, especialmente (!), para refletir e pensar, descobrir e imaginar, compreender e explicar. Nesse sentido, a maioria de nossas crianças são, para citar o título de uma obra magnífica do filósofo François-Xavier Bellamy, "deserdadas".[136] Elas ainda são capazes, como a Vanessa citada anteriormente, de absorver as revistas *Closer* ou *Paris Match*. Elas têm uma base mínima para expressar indignação no Twitter em 280 caracteres, com espaços, para ler o cardápio de um restaurante ou entender as grandes linhas do "corporatês anglo-francês", tão em voga no mundo empresarial. Mas elas são incapazes de acessar a complexidade de conteúdos mais ricos. Para elas, a leitura já não é uma jornada, mas uma tarefa. Elas são as "gama" de *Admirável* *mundo novo;*[*] uma casta moldável de executantes diligentes, com mentalidade árida, saturados de entretenimento, felizes com seu destino, balbuciando uma penosa novilíngua gerencial e adulando os deuses do consumismo. Como não lembrar das palavras, sempre tão atuais, de Ray Bradbury, visionário autor de *Fahrenheit 451*[137]: "Você não precisa queimar livros para destruir uma cultura, basta as pessoas pararem de lê-los".[138]

PISA ou a encarnação do desastre

No campo da avaliação escolar, o programa PISA é de longe o mais abrangente e completo. No que diz respeito à leitura, ele se baseia em uma escala de seis níveis.[63] Para evitar sobrecarregar o leitor com uma quantidade excessiva de detalhes secundários, esse número foi simplificado aqui para quatro: o grupo "fraco" corresponde aos níveis 1 e 2; o grupo "básico", ao nível 3; o grupo "proficiente", ao nível 4, e o grupo "avançado", aos níveis 5 e 6.

Não é surpresa que os dados do PISA confirmem, com maior precisão, as conclusões dos programas nacionais apresentados anteriormente. Em outras palavras, os números não são bons. Como mostra a Figura 6 na página seguinte, a França tem muitos leitores fracos (44%) e poucos leitores avançados (9%). Entre esses extremos, apresenta 27% de leitores básicos e 21% de leitores proficientes. Proporções comparáveis foram encontradas nos Estados Unidos e na média dos países da OCDE.

O problema, para muitos observadores, é que não é fácil representar com precisão as habilidades específicas associadas a cada um dos níveis PISA. Para superar essa dificuldade, o mais simples é responder por conta própria a algumas perguntas representativas desses níveis.[**] Vamos

---

[*] Nesse famoso romance de antecipação já mencionado de Aldous Huxley,[95] a sociedade está dividida em castas, criadas por um sofisticado sistema de manipulação mental e engenharia genética.

[**] Uma lista de perguntas típicas para os diferentes níveis PISA está disponível em várias línguas no site da OCDE (www.oecd.org/pisa/test/; acesso em junho de 2023).

considerar, para começar, a Pergunta 2 do quadro às páginas 63-64. "No último parágrafo do blog, a professora escreve: 'No entanto, outro mistério permanece'. De que mistério ela está falando?". A resposta aparece, conforme indicado, de maneira bastante clara: "No entanto, outro mistério permanece. O que aconteceu com as plantas e as grandes árvores usadas para mover os moais?". Essa pergunta se enquadra no nível 3. É um nível que os leitores "básicos" conseguem alcançar, mas não os leitores "fracos". Em outras palavras, 44% dos alunos das etapas finais do ensino fundamental na França têm um nível insuficiente para responder a esse tipo de pergunta; praticamente um em cada dois!

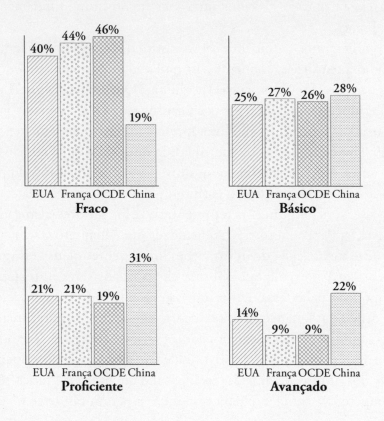

Figura 6. Resultados das avaliações PISA para leitura, de 2018. O gráfico representa, para França, Estados Unidos (EUA), OCDE (média dos países) e China, a porcentagem de alunos do fim do ensino fundamental (15 anos), de acordo com o nível de competência: "Fraco" (níveis PISA 1 e 2); "Básico" (nível PISA 3); "Proficiente" (nível PISA 4); "Avançado" (níveis PISA 5 e 6). De acordo com OECD, 2019.[63] Detalhes adicionais no texto.

Passemos à Pergunta 1 do quadro nas páginas seguintes. Os participantes precisam dizer quando a professora começou seu trabalho de campo. Mais uma vez, a resposta aparece no início do texto (segundo parágrafo): "Mais tarde, ainda hoje, darei um passeio pelas colinas para me despedir dos moais que estudei nos últimos nove meses". Essa pergunta é considerada mais difícil do que a anterior, devido, segundo os autores, à "existência de outras informações temporais no blog, como a data em que ele foi publicado e o período em que o primeiro mistério dos moais foi resolvido (década de 1990)". Isso coloca a pergunta no nível 4; um nível abaixo do qual se encontram 71% dos alunos do fim do ensino fundamental na França.

A Pergunta 4 também é característica dos leitores proficientes. Embora reutilize exatamente a formulação do texto de referência, ela não parece ser insuperável (pergunta: "Que evidência Carl Lipo e Terry Hunt apresentam para apoiar sua teoria [...]?"; texto: "Para apoiar sua teoria, Lipo e Hunt apresentam restos de sementes de palmeira com marcas de mordidas de ratos"). Mesma conclusão de antes: a pergunta está em um nível superior ao alcançado por 71% dos alunos do fim do ensino fundamental na França.

Resta a Pergunta 3, representativa dos leitores avançados (nível 5). Para os autores, "a dificuldade deste item provavelmente se deve à existência de informações interferentes plausíveis (mas incorretas) no parágrafo sobre a chegada dos seres humanos". Em outras palavras, o leitor precisa entender que a controvérsia científica aqui mencionada se refere às causas do desaparecimento das grandes árvores e que, no contexto dessa controvérsia, todos concordam que as grandes árvores de fato desapareceram. Apenas 9% dos alunos do fim do ensino fundamental na França têm competência suficiente para responder a perguntas desse nível.

O blog da professora

Olhando pela janela esta manhã, vejo a paisagem que aprendi a amar aqui em Rapa Nui, também conhecida como Ilha de Páscoa. A grama e os arbustos estão verdes, o céu está azul e os antigos vulcões, agora extintos, erguem-se ao fundo.

Estou um pouco triste com a ideia de que esta é a minha última semana na ilha. Terminei meu trabalho de campo e vou voltar para casa. Mais tarde, ainda hoje, darei um passeio pelas colinas para me despedir dos moais que estudei nos últimos nove meses. Aqui está uma foto de algumas dessas imponentes estátuas.

Se você acompanhou meu blog este ano, sabe que os habitantes da Ilha de Páscoa esculpiram esses moais há centenas de anos. Essas impressionantes estátuas foram esculpidas em uma única pedreira na região leste da ilha. Alguns pesam toneladas e, no entanto, os habitantes da Ilha de Páscoa conseguiram movê-los para locais muito distantes da pedreira, sem guindastes ou outro equipamento pesado. Por anos, os arqueólogos se perguntaram como essas imponentes estátuas puderam ser movidas. O mistério permaneceu sem solução até a década de 1990, quando uma equipe de arqueólogos e habitantes da Ilha de Páscoa demonstrou que os moais puderam ser transportados e erguidos por meio de cordas feitas de plantas, toras de madeira e rampas construídas com grandes árvores, que antigamente eram abundantes na ilha. O mistério dos moais estava resolvido.

No entanto, outro mistério permanece. O que aconteceu com as plantas e as grandes árvores usadas para mover os moais? Como já mencionei, olhando pela janela, vejo grama e arbustos, uma ou duas moitas, mas nada que pudesse ter sido usado para transportar essas imensas estátuas. Esse é um enigma fascinante que examinarei em futuros artigos e palestras. Enquanto isso, você pode conduzir sua própria investigação sobre esse mistério. Sugiro que comece pelo livro de Jared Diamond intitulado *Colapso*. Esta crítica a *Colapso* é um bom ponto de partida [hiperlink para o documento].

Pergunta 1

Leia o blog da professora, acima. Para responder à pergunta, clique em uma das opções de resposta.
De acordo com o blog, quando a professora começou seu trabalho de campo?

O Na década de 1990.

O Há nove meses.

O Há um ano.

O No início do mês de maio.

Resposta: Há nove meses (parágrafo 2).
Nível: 4, proficiente.

Pergunta 2

Leia o blog da professora, acima. Escreva sua resposta à pergunta.
No último parágrafo do blog, a professora escreve: "No entanto, outro mistério permanece".
De que mistério ela está falando?

Resposta: Qualquer resposta que mencione o desaparecimento dos elementos utilizados para mover as estátuas é considerada válida.

Exemplos:
- O que aconteceu com as plantas e as grandes árvores usadas para mover os moais? (Citação literal)
- Onde estão as grandes árvores?
- Onde estão as plantas?
- Onde foram parar os recursos?
- O que aconteceu com os recursos necessários para o transporte das estátuas?
- Não existem mais grandes árvores que poderiam mover os moais.
- Etc.

Nível: 3, básico.

NOVIDADES CIENTÍFICAS

Os ratos polinésios destruíram as árvores da Ilha de Páscoa?

Por Michaël Kacem, jornalista científico

Em 2005, Jared Diamond publicou *Colapso*. Nesse livro, ele descreve a colonização de Rapa Nui (também conhecida como Ilha de Páscoa) pelo homem.

Esse livro gerou uma grande polêmica logo após sua publicação. Muitos cientistas questionaram a teoria de Diamond sobre o que aconteceu na Ilha de Páscoa. Eles reconheciam que as imensas árvores da ilha já haviam desaparecido quando os europeus chegaram, no século XVIII, mas não concordavam com a teoria de Jared Diamond sobre a causa desse desaparecimento.

Dois cientistas, Carl Lipo e Terry Hunt, acabaram de publicar uma nova teoria. Eles acreditam que ratos polinésios comeram as sementes das árvores, impedindo, assim, que novas árvores crescessem. Segundo eles, essa espécie de rato teria sido trazida, de maneira acidental ou intencional, nas canoas dos primeiros colonos da Ilha de Páscoa.

Estudos mostram que uma população de ratos pode dobrar a cada 47 dias. Isso significa muitos ratos para alimentar. Para apoiar sua teoria, Lipo e Hunt apresentam restos de sementes de palmeira com marcas de mordidas de ratos. Eles também reconhecem que o homem desempenhou um papel na destruição das florestas da Ilha de Páscoa, é claro. No entanto, eles acreditam que o rato polinésio seja um culpado ainda maior, entre os vários fatores envolvidos.

Pergunta 3

Leia o artigo "Os ratos polinésios destruíram as árvores da Ilha de Páscoa?", acima. Para responder à pergunta, clique em uma das opções de resposta.

Sobre o que os cientistas citados no artigo e Jared Diamond estão de acordo?

- ○ Os homens colonizaram a Ilha de Páscoa há centenas de anos.
- ○ As grandes árvores desapareceram da Ilha de Páscoa.
- ○ Os ratos polinésios comeram as sementes das grandes árvores da Ilha de Páscoa.
- ○ Os europeus chegaram à Ilha de Páscoa no século XVIII.

Resposta: As grandes árvores desapareceram da Ilha de Páscoa (parágrafo 2).
Nível: 5, avançado.

Pergunta 4

Leia o artigo "Os ratos polinésios destruíram as árvores da Ilha de Páscoa?", acima. Para responder à pergunta, clique em uma das opções de resposta.

Que evidência Carl Lipo e Terry Hunt apresentam para apoiar sua teoria sobre a causa do desaparecimento das grandes árvores da Ilha de Páscoa?

- ○ Os ratos chegaram à ilha nas canoas dos colonos.
- ○ Os ratos podem ter sido trazidos intencionalmente pelos colonizadores.
- ○ Uma população de ratos pode dobrar a cada 47 dias.
- ○ Restos de sementes de palmeira apresentam marcas de mordidas de ratos.

Resposta: Restos de sementes de palmeira apresentam marcas de mordidas de ratos (último parágrafo).
Nível: 4, proficiente.

Quadro. Perguntas representativas feitas aos estudantes do fim do ensino médio durante as avaliações PISA, para três níveis de referência (3, 4 e 5). De acordo com OCDE.[139] Ver detalhes no texto.

No final, portanto, torna-se evidente que mais de 70% dos estudantes do fim do ensino médio na França têm um nível fraco em leitura, entre os quais 44% têm um nível tristemente baixo. Podemos encontrar consolo dizendo que essas taxas são grosseiramente comparáveis às dos jovens norte-americanos e até um pouco melhores que a média dos países da OCDE. No entanto, também podemos nos preocupar com as consequências culturais, cívicas e econômicas dessas incapacidades. Sabe-se, por exemplo, que as habilidades intelectuais da população têm um impacto positivo e significativo na saúde econômica de um país.[140-142] Como indicado recentemente em um artigo de síntese: "O crescimento econômico é fortemente afetado pelo capital de conhecimento dos trabalhadores".[143] Uma conclusão bastante preocupante à luz do triste desempenho de muitos países ocidentais... especialmente quando comparados à concorrência de algumas nações asiáticas, lideradas pela China.

O momento Sputnik

Em 1957, a União Soviética lançou o primeiro satélite: *Sputnik I*. Esse acontecimento foi um verdadeiro trauma para os Estados Unidos. Como explicado em um relatório parlamentar, "até aquele momento, os norte-americanos se sentiam protegidos por sua superioridade tecnológica. De repente, a nação se viu atrás dos russos na corrida espacial, e os norte-americanos ficaram preocupados com o fato de seu sistema educacional não estar produzindo cientistas e engenheiros suficientes".[144] A reação foi organizada segundo dois eixos. Primeiro, com o aumento maciço dos fundos alocados ao programa espacial norte-americano, incluindo a criação da *National Aeronautics and Space Administration* (a famosa NASA).[145] Segundo, com o abandono das oposições políticas ao financiamento federal do ensino superior; um projeto que foi por muito tempo rejeitado pelos partidos conservadores sob a alegação de ser muito "socialista".[144] O impacto desse segundo eixo foi significativo. Todo o sistema norte-americano de pesquisa e formação foi aprimorado, especialmente no campo das ciências e da matemática.

Em 2009, vários países asiáticos aderiram ao programa PISA. O choque foi tão brutal que muitos especialistas mencionaram um novo "momento Sputnik para o sistema educacional norte-americano".[146-147] É preciso dizer que a comparação não favoreceu o Tio Sam à época.

Em leitura, por exemplo, a taxa de estudantes "fracos" era de 17% na China, em comparação com 42% nos Estados Unidos (na França estava em 41%).[148] Em contrapartida, a proporção de leitores "avançados" era de 20% e 10%, respectivamente (9% para a França). Infelizmente, à época desse segundo momento Sputnik, os líderes que presidiam os destinos da América do Norte (e da França) claramente não tinham a mesma envergadura de seus antecessores. Promessas e gritos de alarme rapidamente fracassaram no cemitério de boas intenções. Desde 2009, pouca coisa mudou realmente (veja a Figura 6, na página 61). A China continua a liderar insolentemente a classificação PISA, enquanto a França e os Estados Unidos se arrastam no atoleiro da mediocridade, não muito longe da média dos países da OCDE.[63]

Para nossos políticos e supostos especialistas em educação, é mais fácil lançar dúvidas sobre a validade desses dados do que enfrentar o desastre que eles revelam. Uma das refutações mais comuns é que a China trapaceia ao apresentar apenas seus alunos mais favorecidos e avançados. O argumento poderia ter sido válido em 2009, quando apenas os alunos da cidade relativamente próspera de Xangai foram avaliados. Isso já não acontece. Como explicou Andreas Schleicher, iniciador e supervisor do programa PISA, as quatro províncias envolvidas na última onda de avaliação "estão longe de representar a China como um todo, mas têm um tamanho comparável ao de um país típico da OCDE, e suas populações combinadas somam mais de 180 milhões de habitantes. O que torna seu desempenho ainda mais notável é que o nível de renda dessas quatro regiões chinesas é muito inferior à média da OCDE".[149] Além disso, é importante acrescentar que o viés de seleção atribuído à China não se aplica a outras nações asiáticas, como Singapura. Esse pequeno país tem uma população e um Produto Interno Bruto (PIB) *per capita* mais ou menos comparáveis aos da Irlanda.[150-151] No entanto, esse último país exibe, como a média dos Estados membros da OCDE, resultados muito inferiores aos de seu homólogo asiático. A porcentagem de leitores fracos é de 25% em Singapura contra 34% na Irlanda e 46% na OCDE. Quanto aos leitores avançados, esses números são respectivamente 26%, 12% e 9%. Em resumo, atribuir a superioridade das nações asiáticas mais recentemente incorporadas ao programa PISA a um único viés de amostragem parece um pouco falacioso.

A mediocridade dos estudantes da OCDE (e a futilidade dos argumentos contrários à supremacia chinesa) torna-se ainda mais evidente quando o fator socioeconômico é considerado no modelo explicativo. Observa-se então que os 10% de estudantes chineses menos favorecidos obtêm melhores resultados em leitura do que as crianças de classe média na maioria dos países ocidentais (França, Estados Unidos, Inglaterra, Alemanha, Suécia, Noruega, Suíça, média dos países da OCDE etc.).[149] Da mesma forma, constata-se que os estudantes da classe média chinesa têm desempenho igual ou superior aos 10% de alunos mais privilegiados da maioria dos países da OCDE (por exemplo, igual desempenho: Bélgica, França, Estados Unidos; desempenho superior: Itália, Suécia, Inglaterra, Canadá). No que diz respeito às desigualdades sociais, enquanto a Europa se vangloria de palavras vazias, indignações grandiosas e boas intenções, a China age. Nesse país, o impacto da pobreza no desempenho escolar é consideravelmente menor do que no Velho Continente. A pontuação dos 10% de estudantes chineses mais pobres no fim do ensino fundamental representa 92% da pontuação média nacional (511/555). Um percentual muito superior ao da França (79%; 389/493), da Alemanha (81%; 404/498), da Itália (81%; 387/476) ou da média dos países da OCDE (82%; 400/487).

Conclui-se dessas observações que as habilidades de leitura de nossos adolescentes são não apenas de uma fraqueza esmagadora, mas também de um nível muito inferior ao dos alunos do Império do Meio (ou de Singapura). Podemos fingir nos afligir com isso, mas certamente não podemos pregar o inesperado. Nos últimos 40 anos, as nações ocidentais têm se voltado lentamente para uma economia de lazer, bem-estar, imagem e consumo.[152-153] Nossas crianças, como mencionamos, estão lendo cada vez menos, enquanto passam cada vez mais tempo se entretendo com telas. Isso tem consequências significativas, repetimos, em suas habilidades de linguagem, atenção e, portanto, em seu desempenho escolar.[27] A natureza calamitosa dos resultados das avaliações PISA aqui descritos apenas corrobora essa realidade.

No polo oposto de nosso enfraquecimento, a China parece ter mantido a direção da disciplina e do rigor. Muitas observações transculturais confirmam que a exigência de desempenho acadêmico e intelectual é hoje muito maior nesse país, e de forma mais ampla na Ásia, do que em nossas nações ocidentais, lideradas pela França e pelos Estados Unidos.[112,154-157] Um especialista em educação da OCDE recentemente indicou que "em muitos países asiáticos, a educação das crianças é a prioridade número um, os professores recebem treinamento de qualidade e há investimento em escolas que passam por dificuldades".[158] Isso é confirmado pelos dados do PISA, que mostram que, "ao contrário do que geralmente se supõe, os sistemas educacionais de alto desempenho não têm um privilégio natural decorrente de um respeito tradicional pelos professores; eles também construíram a força do ensino de alta qualidade por meio de escolhas políticas deliberadas, cuidadosamente implementadas ao longo do tempo".[159] Escolhas, aliás, que não se limitam estritamente ao sistema escolar, mas se estendem às políticas gerais de saúde pública. Da mesma forma como os países ocidentais tomam medidas restritivas para limitar, por exemplo, o tabagismo e o consumo de álcool por menores de idade porque esses produtos são prejudiciais à saúde, a China promulgou (assim como outros países asiáticos, como Taiwan) medidas rigorosas de restrição ao acesso a dispositivos digitais recreativos considerados (com razão!) prejudiciais à saúde e ao desempenho escolar das crianças.[27,160-163]

Apesar de tudo, seria errôneo acreditar que a hegemonia acadêmica da China esteja ligada apenas às características de sua doutrina escolar e/ou à natureza totalitária de seu regime político. Como brilhantemente demonstrou Amy Chua, professora de direito na Universidade Yale, o problema é, acima de tudo, cultural. Ao contrário de seus colegas ocidentais, os pais chineses desde cedo incutem nos filhos valores pessoais exigentes, voltados para a disciplina, o trabalho, a autodisciplina e a excelência.[112,154] Isso explica, em particular, por que as crianças do Império do Meio leem mais do que nossos filhos ocidentais (veja as Figuras 1 e 2, respectivamente nas páginas 27 e 31). Isso também sustenta a supremacia escolar maciça das crianças que imigram da China para vários países, especialmente anglo-saxões, e, mais amplamente, de todas as nações asiáticas do programa PISA[154,164] Por exemplo, um estudo conduzido na Austrália revela que, "embora tenham nascido e crescido em um país ocidental com um sistema educacional 'médio', as crianças australianas de origem asiática* obtêm resultados comparáveis aos dos países mais bem classificados nos testes PISA".[164] Em outras palavras, independentemente do regime político e da estrutura acadêmica, crianças asiáticas criadas segundo padrões familiares de exigência, disciplina e autodisciplina superam amplamente a concorrência ocidental.

Assim, para resumir, nem a insolente superioridade dos alunos chineses (ou de Singapura), nem a assustadora incompetência de nossas próprias crianças são uma surpresa. Dado o ambiente de hiperlazer em que as sociedades ocidentais estão imersas, o milagre seria se nossos alunos pudessem fazer melhor do que sua lamentável produção atual. Mas fiquemos tranquilos, aparentemente a extensão do naufrágio merece ser "matizada". De fato, como explicou recentemente uma professora de economia da Universidade Paris-Dauphine, no modelo chinês "é o suor, e não o talento, que é recompensado".[158] Glória ao Pai de todas as coisas: nossos pequenos exibem desempenhos lamentáveis, mas carregam em si o talento natural das grandes mentes... para além das conotações racistas bastante óbvias desse tipo de comentário,** é lamentável que o suor seja o ingrediente essencial sobre o

---

* Trata-se aqui de crianças imigrantes de segunda geração, ou seja, crianças cujos pais não nasceram na Austrália.

** No fundo, essa frase não passa de uma versão ligeiramente melhorada do antigo axioma econômico que moldou boa parte de minha juventude, que dizia que os japoneses, e depois os chineses, não representavam uma ameaça para nossas indústrias, porque eles só sabiam copiar. Inteligência e criatividade estavam reservadas para nós, ocidentais, obviamente. Ao que tudo indica, a história não se desenrolou como previsto e, em muitas áreas, o esforço parece estar gradualmente enterrando o suposto talento.[165-167] E, para aqueles que duvidam da natureza amargamente racista das declarações relatadas, sugerimos substituir "chineses" por "negros", "árabes", "judeus" ou mesmo "mulheres" (se é para ser imbecil, também vale ser sexista).

qual o suposto "talento" se constrói.[114-115,168-170] Um ingrediente que parece faltar a muitas de nossas crianças, se acreditarmos no testemunho de um professor da Universidade da Bretanha, cujo e-mail irritado recentemente mencionou estudantes "quase débeis, que não conseguem entender o significado de um texto simples e balbuciam ao ler".[171] O rapaz definitivamente levou uma bronca séria de seus superiores e das associações estudantis! O comentário pode parecer grosseiro e desajeitado, sem dúvida. Mas a realidade é que ouço o tempo todo esse tipo de coisa da boca de colegas universitários ou pesquisadores (às vezes em formas ainda mais cruas). O fenômeno não é novo. Faz anos que os professores, da pré-escola até o ensino superior, têm soado o alarme. Nem todos são reacionários perigosos e frustrados. Muitos são benevolentes e preocupados com o futuro dos alunos. Se eles estão indignados, hoje, não é por desprezo, mas por preocupação, porque ninguém quer lhes dar ouvidos. Esses profissionais conhecem os dados aqui apresentados, pelo menos em suas implicações cotidianas, ainda que não em seus detalhes estatísticos. O nível de leitura de nossas crianças é realmente "débil", se dermos ao termo seu significado original: "Que não tem força".[172]

Já se passaram quase 15 anos desde que os sistemas educacionais ocidentais viveram seu momento Sputnik. Mas nada mudou. Entre denegação e operações midiáticas, a ação política expirou antes mesmo de nascer. O desempenho de nossas crianças é alarmante, mas nada muda. Em vez de cuidar da construção de suas inteligências, oferecemos a elas diplomas desvalorizados, para manter nossa ilusão. Pior ainda, cristalizamos o desastre em uma espécie de armadilha inexorável que vê uma geração inteira de leitores deficientes se tornarem professores.

Mas será que antes era de fato melhor? Será que é verdade que, como costumamos ouvir, "o nível está caindo"? Responder a essas perguntas exige ir além da constatação atual, para compreender a dinâmica da devastação. Em outras palavras, esta última revela uma situação crônica ou recente?

Uma perda de linguagem

O programa PISA fornece um primeiro elemento de resposta às perguntas anteriores, através da identificação de uma evolução globalmente negativa no desempenho dos alunos. Para a França, os dados mostram um declínio de 14 pontos entre 2000 (pontuação: 505) e 2018 (493); um pouco mais do que a média da OCDE, que perdeu sete pontos no mesmo período (de 500 para 493).* Recentemente, uma pesquisa ampliou esses dados, agregando-lhes as principais pesquisas realizadas nos últimos 50 anos sobre a leitura dos alunos dos anos finais do ensino fundamental.[173-174] As análises indicam uma melhoria significativa entre 1970 e 1990-1995, antes do surgimento gradual de uma inversão dessa tendência, especialmente visível nos últimos 20 anos. Durante esse período, a queda no desempenho dos alunos franceses atingiu o equivalente a um ano de progresso escolar (ou seja, os alunos de 15 anos em 2020 tiveram resultados equivalentes aos alunos de 14 anos em 2000). Um declínio comparável ao observado na média da OCDE. Outros trabalhos produziram resultados semelhantes para populações de estudantes mais velhos. Por exemplo, a pontuação no SAT (Scholastic Aptitude Test, Teste de Aptidão Escolar), um dos principais exames de admissão universitárias nos Estados Unidos, caiu de 508 para 494 entre 2005 e 2016 (último ano antes de uma reforma profunda no exame), representando uma queda de 14 pontos.[175] Ao mesmo tempo, o ACT (American College Testing, Teste Universitário Americano), outro importante teste de admissão, mostrou que a porcentagem de estudantes com níveis adequados de leitura para enfrentar as expectativas universitárias caiu 8% entre 2009 (53%) e 2019 (45%).[176]

---

* Resultado que envolve apenas os 23 países que participaram do primeiro ciclo do PISA (em 2000) e cuja interpretação permanece delicada, visto que a média apresentada reflete, em parte, a grande melhoria de alguns sistemas escolares, cujo desempenho inicial era particularmente baixo (exemplo: Polônia, +33 pontos; Letônia, +21; Portugal, +22).

Além dos testes padronizados, o conteúdo dos livros didáticos oferece outra perspectiva interessante. A lógica é indireta, mas plausível. Ela sugere que os sistemas escolares se adaptam à deterioração do nível dos alunos, diminuindo seu nível de exigência, o que leva a uma simplificação dos manuais encomendados aos editores; e, em última análise, a uma intensificação do declínio original. Essa espiral negativa foi particularmente denunciada pelos defensores da iniciativa Common Core,[*] que agora governa os sistemas educacionais de mais de 40 estados norte-americanos.[177] Lançada em 2010, a iniciativa tinha como objetivo definir o que os alunos do ensino fundamental e médio deveriam saber em inglês, matemática e ciências. Em relação à leitura, os autores escreveram: "Nos últimos 50 anos aproximadamente, os textos escolares, do jardim de infância ao ensino médio, tornaram-se menos exigentes. Essa constatação está na origem da ênfase no aumento da complexidade dos textos como uma necessidade chave para a leitura". Sem invalidar essas declarações, várias pesquisas recentes sugeriram que elas deviam ser matizadas, no sentido de que o movimento de simplificação dos textos não afetaria o ensino primário,[178-179] mas principalmente o ensino secundário, particularmente o ensino médio;[180-181] ou seja, o último elo da cadeia educacional (aquele que reflete a eficiência acumulada de todo o sistema escolar).

De forma previsível, um lento processo de declínio na linguagem também foi relatado em livros infantojuvenis não escolares.[180] Embora a representatividade dessa observação possa ser discutida devido à natureza relativamente limitada das amostras textuais utilizadas, é impossível não relacioná-la com a recente reescrita, na França, de algumas obras emblemáticas, como o famoso *Os cinco*.[182] Como mostrei em um livro anterior, o mínimo que se pode dizer é que o editor fez todo o possível para não sobrecarregar o leitor.[27] Um capítulo escolhido aleatoriamente de *Os cinco na Ilha do Tesouro* viu seu uso do passado simples

---

[*] Que poderíamos traduzir como "Núcleo Comum".

desaparecer em favor do presente, enquanto as frases encurtavam 15% e o vocabulário encolhia 40%. Esse é apenas um exemplo. Enquanto uma das primeiras páginas da versão original em francês, publicada em 1962, dizia: "Não fique triste antecipadamente. Com certeza encontraremos outro lugar para onde enviá-lo e onde você se divertirá tanto quanto";[183] a versão de 2006 dizia tolamente: "Não faça essa cara".[184] O mais intrigante nesse caso é que os romances da britânica Enid Blyton eram, como explicou Donald Hayes, professor de sociologia na Universidade Cornell, "fortemente odiados" pelos professores dos anos 1960, devido à sua pobreza linguística.[180] Observações semelhantes foram relatadas por Maryanne Wolf, acadêmica norte-americana especializada em leitura, com base em um pequeno número de *best-sellers* recentes escolhidos aleatoriamente e comparados a romances da primeira metade do século XX. Os resultados mostraram que as frases atuais eram em média duas vezes mais curtas, "com uma considerável redução no número de pronomes relativos e orações por frase".[185] Nada de conclusivo por si só, por certo, mas uma peça a mais em um quebra-cabeça que, quando considerado em conjunto, acaba se revelando desesperadamente coerente.

Isso é ainda mais verdadeiro quando se acrescenta à equação a proliferação de versões abreviadas em comparação com as versões originais. Os livros de bolso para jovens, por exemplo, entraram nesse nicho em 2012. Uma escolha que "responde diretamente a uma demanda dos professores, em conformidade com as Diretrizes Oficiais do Ministério da Educação, que penam para motivar seus alunos. Isso permite, entre outras coisas, não intimidar os alunos que leem menos com volumes muito grandes".[186] Felizmente, nossos pobres aprendizes da leitura são menos impressionáveis quando se trata de enfrentar a onda inesgotável de séries da Netflix, vídeos do TikTok, *reality shows* ou jogos Multijogador Massivo Online.* Mais um esforço e todas as grandes obras, como *O conde de Monte Cristo*,

---

* Os famosos MMOs, *Massively Multiplayer Online Games*. Jogos que permitem que um grande número de participantes jogue simultaneamente pela internet.

Orgulho e preconceito ou *Os miseráveis* estarão em breve disponíveis no formato original do Twitter: 140 caracteres, tudo incluído. No caso da imensa obra-prima de Victor Hugo, poderia ser algo como: "Valjean rouba um pão para sua irmã faminta, vai para a prisão, escapa, enriquece, redime-se, salva uma criança e a educa, ama-a, casa-a e morre". Está tudo aí, a conta fecha. Por que perder tempo lendo os dois volumes intermináveis da edição completa? Para os que acharem o ataque um pouco exagerado, seria aconselhável saber que, no momento em que estas linhas estão sendo escritas, monumentos inestimáveis da literatura mundial já não estão mais disponíveis em versão completa. Na França, por exemplo, apenas uma edição resumida de *Arquipélago Gulag* vem sendo comercializada.[187] Em 1985, Alexander Soljenítsin já lamentava a ideia de ver seu texto esquartejado sob o pretexto de que o volume original, publicado 12 anos antes, tornara-se inacessível aos estudantes. "O que você quer?", dizia ele à sua filha. "Mas se eles não conseguem chegar ao fim, que ao menos tenham este."[187] O problema é que "este" agora se tornou o único! Será necessário lembrar que não estamos falando de um texto secundário, mas de uma das obras mais fundamentais do século XX?

Sem surpresa, a castração dos textos aqui descrita ultrapassou amplamente as fronteiras do espaço literário. Ela também afetou, por exemplo, o campo musical. Entre 1958 e 2016, as músicas mais bem classificadas nas paradas norte-americanas passaram por um grande movimento de simplificação.[188] Algumas obras atingiram um nível lexical tão empobrecido que um jornalista da revista *Time* decidiu escrever uma carta aberta para Rihanna intitulada "Por favor, use mais palavras".[189] É preciso dizer que os dois últimos sucessos da cantora, "Diamonds" e "Where Have You Been", tinham 67 e 40 palavras, respectivamente. No entanto, como mostram diversos estudos recentes, a *Time* poderia ter enviado o mesmo tipo de pedido a nossos governantes. Nas últimas seis décadas, de fato, os discursos políticos nos Estados Unidos, especialmente os presidenciais, tornaram-se progressivamente menos complexos e mais caricatos,[190-192] chegando ao trágico Donald Trump, cuja linguagem é acessível a estudantes do quarto e quinto anos,[193] um pouco pior que seus adversários na campanha presidencial de 2016, cuja retórica era de nono ano. Tendências semelhantes às observadas inicialmente na França por Louis-Jean Calvet e Jean Véronis. Há cerca de 15 anos, esses dois professores de linguística analisaram os discursos dos presidentes da Quinta República, de Charles de Gaulle a Nicolas Sarkozy.[194] Os resultados revelaram uma diminuição progressiva na riqueza lexical e no tamanho das frases, bem como uma explosão de construções egocêntricas centradas no "eu". Nada surpreendente se considerarmos esta desconcertante declaração de Jean-François Copé, político de destaque, prefeito, deputado, ministro, que estava em campanha para a presidência de seu partido político: "Não vamos nos aprofundar em sutilezas com frases tão longas que já não se entende mais o que está sendo dito. Para mim, é um sujeito, um verbo, um complemento".[195] Algumas décadas antes, Georges Pompidou, futuro presidente da República, publicava uma magnífica *Antologia da poesia france-sa*.[196] Um declínio e tanto! Joseph de Maistre talvez estivesse certo quando escreveu, em 1810, ao conde Razumovsky, ministro russo da Educação Pública, que "a experiência prova, da maneira mais evidente, que toda nação tem o governo que merece".[197]

Considerados em conjunto, esses dados destacam a existência, nos últimos 50 a 60 anos, de um movimento generalizado de simplificação de textos em manuais escolares do ensino médio, livros para jovens, letras de músicas e discursos políticos. A explicação mais plausível vê essa evolução como o resultado mecânico de um longo processo de empobrecimento da linguagem, revelado pelo programa PISA. No entanto, este último está longe de ser perfeito, uma vez que seus protocolos de avaliação e pontuação variam de uma pesquisa para outra. Isso requer a implementação de procedimentos estatísticos de correção, que podem afetar significativamente a magnitude dos efeitos relatados.[63] Essa fragilidade não é compartilhada por outros dados baseados em medidas de eficiência rigorosamente padronizadas, facilmente quantificáveis e consistentes ao longo do tempo.

Leitores cada vez menos proficientes

Há décadas os cientistas se interessam pela fluidez dos comportamentos de leitura silenciosa. Muitas variáveis podem ser medidas (duração e distribuição das fixações oculares, frequência de retrocessos etc.). O número de palavras lidas por minuto oferece a visão mais abrangente. Tecnicamente, esse parâmetro é calculado no contexto de uma compreensão correta do texto lido. Quantitativamente, ele aumenta com a idade e o nível de competência.[79] Em média, um aluno de último ano do ensino médio lê 1,2 vezes mais rápido do que um aluno do sexto ano do ensino fundamental (192 contra 165 palavras por minuto). Ao mesmo tempo, um quarto dos alunos de último ano do ensino médio mais proficientes leem duas vezes mais rápido do que o um quarto menos aptos (277 contra 129 palavras por minuto). De forma impressionante, a velocidade de leitura diminuiu consideravelmente nos últimos 50 anos.[79] O efeito se revelou particularmente notável no ensino médio. Em média, um aluno de último ano do ensino médio lia 192 palavras por minuto em 2011, ou 45 palavras a menos do que seu homólogo de 1960 (237): uma queda de 19%. O fenômeno é ainda mais significativo porque a fluidez de leitura é um indicador global da compreensão de textos,[198-201] do sucesso acadêmico[202] e do nível de educação.[203] A hipótese mais provável sugere que o declínio aqui registrado é uma consequência direta da diminuição do tempo de leitura nas gerações mais jovens.[79]

Outra observação relevante é fornecida pela DEPP. No contexto do estudo CEDRE, do qual já falamos, esse órgão realizou um mesmo ditado para alunos do quinto ano de diferentes gerações.[204] O mínimo que se pode dizer é que os resultados se revelaram tristemente preocupantes, especialmente se considerarmos a natureza bastante básica do texto proposto: "A noite caía. Papai e mamãe, preocupados, perguntavam-se por que seus quatro filhos não tinham voltado. As crianças certamente se perderam, disse mamãe. Se ainda não encontraram o caminho de volta, nós os veremos chegar em casa muito cansados. Por que não telefonar para Martine? Ela talvez os tenha visto! Dito e feito! Nesse momento, o cachorro começou a latir".

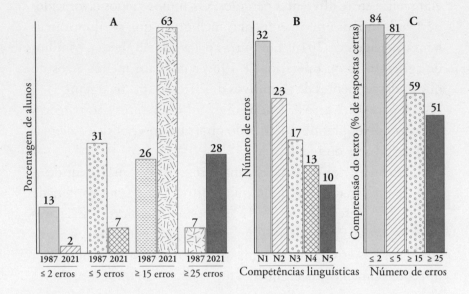

Figura 7. Evolução das habilidades ortográficas dos alunos de quinto ano entre 1987 e 2021. **(A)** Distribuição dos alunos de acordo com o número de erros. **(B)** Relações entre habilidades linguísticas (5 níveis, N1 sendo o mais fraco e N5 o mais alto) e desempenho ortográfico (número de erros). **(C)** Relações entre compreensão da escrita (nota de 0 a 100) e desempenho ortográfico (número de erros). Painéis A e B baseados em ETEVE, 2022";[204] painel C baseado em ANDREU, 2016.[205] Ver detalhes no texto.

Entre 1987 e 2021, o número médio de erros aumentou mais de 80% (10,7 para 19,4). Ao mesmo tempo, o número de resultados excelentes (dois erros ou menos) caiu bruscamente, passando de 12,9% para 1,9%. Em contraste, o número de produções péssimas (25 erros ou mais) explodiu, representando 27,5% dos ditados contra 6,9% anteriormente, quase quadruplicando. Em 2021, 63% dos alunos cometeram mais de 15 erros. Eram apenas 26,2% em 1987 (ver a Figura 7A). Como se poderia esperar, independentemente do período, as crianças socialmente privilegiadas superavam em muito seus colegas menos favorecidos. Essa é uma questão que o relatório de avaliação de 1987-2015 abordou com mais detalhes.[205] As análises realizadas na época mostraram, de maneira bastante surpreendente, devo dizer, que a superioridade dos alunos privilegiados desaparecia quando as comparações eram feitas entre diferentes períodos. Os alunos menos favorecidos de 1987 tinham um desempenho melhor do que os alunos mais bem colocados de 2015! Em outras palavras, em média, os filhos de agricultores ou operários de 1987 cometiam menos erros do que os descendentes de executivos de 2015 (respectivamente 10,8 e 12,6 para 13,2 erros). Dados que, curiosamente, não parecem alarmar nossos grandes mestres do oportunismo político e demais propagandistas do inevitável.

É frequente ouvir as boas almas progressistas zombarem desse tipo de observação, alegando que a ortografia é uma habilidade "elitista",[206] "discriminatória"[207] e até mesmo "tirânica".[208] Exércitos de *grammar nazis* ("nazistas da gramática" [*sic*]) percorreriam a web em busca dos erros mais benignos.[209] E por que se preocupar com um conhecimento tão antiquado, numa época em que os corretores digitais estão se tornando tão eficientes? Portanto, sejamos claros. Não se trata aqui de sacralizar a ortografia ou de se indignar com uma letra maiúscula esquecida, uma concordância falha ou um erro lexical. Esse tipo de erro é comum e, sem dúvida alguma, benigno. No entanto, o problema muda de dimensão quando um famoso rapper tuíta *"je tenez a mescuser"* [algo como "eu queiram desculparme (*sic*)][210] ou quando um estudante explica em uma mensagem eletrônica que *"la venir dirat si j'est raison"* [algo como "o futuro dirá si eu tem razão" (*sic*)]. Nada muito pior do que podemos encontrar em teses de mestrado (ou seja, quatro anos de pós-graduação): *"On a 4 condition presque pareil, grouper par pères. Il faut les mélanger au hasar sinon on ai pas sur que ça marche"* [algo como "Temo 4 condição quase ingual, agrupada porpar. Precisa misturá ao acaso sinão não tem serteza qui funciona" (*sic*)]; ou *"Gale,* il a eu faut, sa vision d'effets était pas juste"* [algo como "Gale, ele teve erros, sua visão defeitos não estava certa" (*sic*)]. Esses erros, cometidos por indivíduos que têm o francês como língua materna, não refletem uma desordem superficial

---

* Na verdade, "Franz Joseph Gall", considerado o pai fundador da frenologia, teoria do século XIX que propunha determinar o caráter das pessoas a partir das protuberâncias e dos relevos de seus crânios.

da ortografia, mas sim uma "incapacidade lógica grave".[96] Eles são o sinal de um defeito estrutural significativo. Na verdade, é o cerne sintático da língua que se encontra comprometido. Em outras palavras, a ortografia massacrada perde sua condição de capricho estético para se tornar o sintoma anunciador de problemas mais profundos.

Em consonância com essas observações, muitos estudos mostram que há uma forte correlação entre habilidades de ortografia e compreensão de texto.[211-216] Isso se deve a várias razões, algumas das quais são bastante óbvias. Por um lado, essas duas habilidades evoluem em conjunto. Quando a criança lê, ela constrói as duas.[215] Por outro, uma é a base da outra, no sentido de que um domínio sólido da ortografia é necessário para uma leitura fluente.[215] Nos leitores experientes, a maioria das palavras não é identificada indiretamente através da conversão fonológica (aquela que transforma os sinais em sons, como *p/a/p/a → papa*), mas sim "reconhecida" diretamente através de uma via chamada "lexical" (a sequência de letras que a palavra forma é associada a seu significado, sem passar pelos sons).[216-218] Maissi vossê aenda credi taki aortu grafi aé um mamoda munda na, tentin tendê es safrasi [Mas se você ainda acredita que a ortografia é uma moda mundana, tente entender essa frase.]

Voltaremos a detalhar esses elementos no capítulo 5 da segunda parte. Por enquanto, é importante destacar que o colapso das habilidades ortográficas dos alunos ao longo dos últimos 35 anos não é de forma alguma insignificante. Ele reflete um comprometimento geral das competências linguísticas. O trabalho da DEPP citado anteriormente mostra que os erros dos alunos são principalmente de natureza gramatical.[204-205] Ele também indica, de maneira mais explícita, que as "habilidades de ortografia estão relacionadas ao nível geral de domínio da língua".[204] Uma primeira confirmação é baseada na interseção, dentro do relatório de 1987-2021,[204] das avaliações linguísticas e dos desempenhos em ditado. Percebe-se que, quanto mais as habilidades linguísticas aumentam, melhores são os desempenhos em ortografia (ver a Figura 7B, p. 79). Uma segunda confirmação vem do exame comparativo, no relatório de 1987-2015, mencionado anteriormente, de uma mesma tarefa de compreensão de texto.[205] Em 1987, a taxa média de sucesso nas perguntas era de 65,1%, para 71,3% em 2015. Esses valores sugerem que esse teste de compreensão provavelmente era pouco exigente* e, de todo modo, menos discriminativo do que o exercício de ditado. Mas isso não importa. O que realmente importa aqui é a observação de que "os alunos com pior ortografia em ditado também são aqueles que têm pior desempenho em leitura, independentemente do ano considerado". Em 2015, a taxa de sucesso na compreensão era de 84,2% entre os alunos que cometeram menos de dois erros no ditado. Entre os desfavorecidos em ortografia que cometeram mais de 25 erros, a porcentagem permanecia em 50,8% (ver a Figura 7C, p. 79). Dados compatíveis, confirmam os autores, com "muitos estudos [que] sugerem a existência de uma contribuição específica das habilidades ortográficas para a compreensão da escrita".

Assim, quanto mais competente é um leitor, mais rápida é sua velocidade de leitura e mais confiável é sua ortografia. No entanto, ao longo das últimas décadas, essas variáveis, mensuráveis com facilidade e precisão, tiveram uma evolução muito negativa. Em média, nossos filhos leem mais devagar e cometem mais erros de ortografia do que seus predecessores. Esses dados claramente sustentam a tese de uma queda nos níveis de língua e leitura ao longo dos últimos 30 a 50 anos.

Para resumir

O capítulo anterior mostrou que nossas crianças e adolescentes estão lendo cada vez menos. Este capítulo indica, e esta é uma consequência inevitável do primeiro ponto, que elas também estão lendo cada vez pior. Nos últimos cinquenta anos, o nível de leitura de nossos filhos tem incontestavelmente diminuído, chegando a um ponto alarmante nos dias de hoje. A sociedade se adaptou, reduzindo

---

* À luz dos dados PISA e PIRLS previamente citados, uma taxa de sucesso de 65% nos coloca, na melhor das hipóteses, em um nível "básico" (consulte especialmente a Figura 6 na página 61).

as expectativas escolares, a complexidade dos manuais e a riqueza vocabular dos livros infantojuvenis. Também foram implementados paliativos semânticos para disfarçar a destruição, nomeando, por exemplo, como "eficaz" qualquer leitor que não se enquadre na categoria de quase analfabeto. Essas observações valem para todos os países da OCDE. Algumas nações, incluindo a China, estão se saindo muito melhor. Avaliação após avaliação, os estudantes do Império do Meio ridicularizam seus colegas não asiáticos de maneira espantosa. Essa superioridade reflete, por um lado, a existência de escolhas políticas fortes e autoritárias (como a regulamentação rigorosa do uso recreativo de dispositivos eletrônicos) e, por outro lado, como demonstra a manutenção de um alto nível de desempenho entre as crianças chinesas que emigraram para outros países, a persistência de valores culturais firmemente enraizados na disciplina, na excelência, no trabalho e no sucesso escolar. Valores cada vez mais distantes de nossos estilos de vida ocidentais, hoje voltados para o lazer, o consumo e o lucro (se necessário, em detrimento das crianças e de seu desenvolvimento). Será tarde demais? Será que perdemos definitivamente a batalha da inteligência? Sinceramente, não sei. Mas uma coisa é certa: essa tendência nunca poderá ser revertida se não conseguirmos, em primeiro lugar, fazer recuar a atual orgia de telas recreativas, que destroem à saturação a inteligência de nossas crianças, e, em segundo lugar, reabilitar a leitura, cujos benefícios educacionais são tão profundos quanto insubstituíveis. Esse é o objetivo da quinta parte, que busca estabelecer esse segundo ponto. O primeiro já foi abordado anteriormente.[27-28]

SEGUNDA PARTE

A ARTE DE LER

Não podemos nos tornar bons em algo se não praticarmos abundantemente. Você não pode se tornar um bom músico se só tocar durante a sua aula semanal, quando alguém está observando e fazendo você praticar. Ninguém nunca se tornou um bom atleta sem treinar regularmente. Da mesma forma, as crianças que só leem quando não têm escolha não se tornarão bons leitores.[1]

Pat Cunningham,
professora de Ciências da Educação

Há quase 50 anos, já (!), Richard Allington, professor de ciências da educação na Universidade de Nova York, perguntava-se sobre o impacto decepcionante dos diversos programas de apoio, facilitação e/ou remediação desenvolvidos para acelerar o aprendizado da leitura em alunos com dificuldades.* Olhando para o esforço investido, ele se perguntava: "por que um grande número de leitores fracos permanecem leitores fracos?".[3] Segundo ele, não era preciso procurar muito longe para encontrar a resposta. Na maioria das escolas, escreveu ele, "o ensino de habilidades isoladas** se tornou o principal objetivo das aulas", de modo que, mesmo que o trabalho realizado não seja necessariamente inútil, "os alunos leem muito pouco". No entanto, "para se tornar um leitor competente, é necessário ter a oportunidade de ler". Formulado dessa maneira, o fato parece trivial... No entanto, ele permanece fortemente ignorado. Se nossos alunos apresentam desempenhos tão ruins em leitura, é comum nos dizerem que isso se deve a um sistema escolar desigual, a um corpo docente insuficientemente envolvido, à indisciplina crônica nas salas de aula e/ou a métodos de avaliação ansiogênicos centrados na punição.[4-6] Esses elementos são importantes, mas, ainda assim, não poderíamos reconhecer às vezes que o desastre também provém (essencialmente!) de um nível insuficiente de comprometimento pessoal? Não poderíamos admitir que o melhor dos professores, equipado com as pedagogias mais afiadas, não poderá fazer muita coisa se o aluno nunca abrir um livro em casa? Não poderíamos, por um tempo, parar de culpar os professores e mobilizar e informar os pais?

---

* Estamos falando de crianças que não sofrem de nenhum transtorno psiquiátrico, neurológico ou de desenvolvimento. Esse esclarecimento não será mais fornecido posteriormente, mas que fique claro que, quando escrevermos "crianças", entenderemos (a menos que indicado explicitamente o contrário) "crianças neurotípicas", ou seja, sem quaisquer condições clínicas que possam dificultar a aprendizagem da leitura. Os indivíduos com tais condições (como a dislexia)[2] estão fora do escopo deste trabalho.

** Por exemplo, identificar as vogais em uma palavra, preencher espaços em branco com a letra correta para completar uma palavra ou produzir uma rima, identificar uma palavra entre várias em um cartão de jogo etc.

Esta segunda parte aborda essas questões. Seu objetivo é simples: demonstrar que, para se tornar um leitor proficiente, é necessário ler; e é necessário ler muito. Nesse campo, milagres não existem, e é inútil esperar que essa habilidade caia subitamente na cabeça da criança, como o Espírito Santo caiu um dia sobre a dos apóstolos. Para comprovar esse ponto, dois grandes capítulos são apresentados. O primeiro estabelece a complexidade biológica do problema, destacando, nas palavras de Stanislas Dehaene, professor de psicologia experimental, que "nosso cérebro não foi feito para a leitura".[7] O segundo capítulo detalha os atributos de um bom leitor e mostra que eles não podem ser alcançados sem uma prática extensiva. A conclusão geral é muito simples: uma criança que não lê além das tarefas escolares obrigatórias nunca ultrapassará o estágio de compreensões "básicas", necessariamente pouco remunerador* do ponto de vista escolar, intelectual e humano. Isso talvez seja lamentável, triste e insuportável para os defensores do igualitarismo doutrinário, mas assim é. A biologia não se importa com emoções bem-intencionadas.

---

* Esse termo deve ser considerado em seu sentido mais amplo, não monetário: "aquilo que recompensa".[8]

4

"Nosso cérebro não foi
feito para a leitura"

Na Europa Ocidental ou na América do Norte, é fácil se deslocar de carro. Toda a infraestrutura de transporte está disponível. Isso não acontece no coração da floresta virgem. Lá, nada está pronto. Para desenvolver o automóvel, seria necessário abrir estradas, perfurar túneis, construir viadutos, instalar postos de gasolina etc. A tarefa seria imensa e exigiria um tempo considerável.

As aprendizagens precoces compartilham dessa assimetria. Com efeito, nem todas as produções humanas (andar, agarrar, desenhar, tocar violino, matemática etc.) se beneficiam das mesmas facilidades. Algumas habilidades, inscritas no âmago de nosso patrimônio genético pela evolução, podem depender de uma organização neural preestabelecida. Outras, mais novas, não foram previstas e precisam abrir caminho entre as ramificações de uma complexa arborescência cerebral. Nesse segundo caso, obviamente, o processo de aquisição é mais demorado, mais difícil e mais aleatório. Essa disparidade nas condições biológicas iniciais explica, por exemplo, por que as crianças aprendem a andar com tanta facilidade e têm tanta dificuldade para tocar violino.

Linguagem: redes cerebrais preexistentes

A linguagem faz parte de nossa herança milenar. Como indicado por uma síntese recente, ela "não tem nenhum outro equivalente no reino animal" e apenas "os recém-nascidos humanos têm uma predisposição inata para a aquisição da linguagem".[9] Essa observação é respaldada, especialmente, por um grande número de estudos de neuroimagem que mostram que o processamento da linguagem pelo cérebro envolve redes cerebrais* amplamente similares em adultos e bebês,[10-13] inclusive em casos de grande prematuridade.**,[14] Em outras palavras, mesmo que precisem ser estimuladas para se expressarem plenamente, voltaremos a isso em detalhe na próxima parte, as bases cerebrais da linguagem estão, resumidamente, "presentes" desde o nascimento.[15-19] Isso é ainda mais verdadeiro porque as línguas gradualmente adaptaram suas características às restrições do funcionamento neuronal.[20] Uma espécie de casamento perfeito, como resumiu Thomas Schoenemann, professor de antropologia: "A linguagem se adaptou ao cérebro humano (evolução cultural), enquanto o cérebro humano se adaptava para melhor servir à linguagem (evolução biológica)".[21] No fim das contas, essa dinâmica explica a impressionante facilidade com que as crianças aprendem a falar, inclusive várias línguas;[22] desde que, é claro, seus cérebros estejam isentos de problemas neurológicos,[23] e seu ambiente, desprovido de carências prejudiciais.[24]

Leitura: redes cerebrais a serem construídas

A leitura não foi tão bem-sucedida quanto a linguagem. Ela surgiu há pouco mais de 5 mil anos, com o advento da escrita.[25-26]

---

* Os comportamentos humanos dependem da atividade coordenada de um conjunto de áreas cerebrais especializadas, distintas, conectadas por feixes de fibras. Esse conjunto é geralmente chamado de rede cerebral, rede neuronal ou rede de neurônios. Tarefas diferentes (ler, contar, desenhar, jogar tênis etc.) envolvem redes diferentes, mesmo que haja sobreposições quando uma mesma região tem várias funções ou quando dois comportamentos requerem processamentos comuns (por exemplo, controlar com precisão o movimento da mão para segurar uma caneta ou usar um garfo).

** Fala-se então de nascimentos ocorridos entre a 28ª e a 32ª semana de gestação (aproximadamente três meses antes do prazo "normal"). Nessa fase, o cérebro da criança ainda está muito imaturo.

O objetivo era claro: estabelecer as bases para uma memória física que nem o tempo nem a morte pudessem comprometer. Vários códigos gráficos foram imaginados para representar, sob uma forma visual materialmente duradoura, a linguagem falada, necessariamente efêmera. Sem dúvida, como explica a linguista Amalia Gnanadesikan, foi uma virada decisiva na história da humanidade. A escrita é "uma das invenções humanas mais importantes de todos os tempos. [...] Um mundo sem escrita teria pouca semelhança com este em que vivemos hoje".[26] No início, as necessidades eram pragmáticas. Elas visavam principalmente à administração dos Estados, ao desenvolvimento do comércio e à preservação dos dogmas religiosos. "A literatura, que hoje tendemos a considerar como a essência da linguagem escrita, desenvolveu-se muito mais tarde", sob a forma de narrativas épicas e históricas.[26] As mais antigas, gravadas em tabuletas de argila,* remontariam a quase 4 mil anos.[27]

Na escala evolutiva da vida, 5 mil anos é pouco; muito pouco para provocar uma adaptação genética (ainda mais considerando que, até um passado muito recente, apenas uma fração ínfima da humanidade dominava o código escrito).[28] A maioria dos especialistas admite que "os seres humanos não nasceram para ler"[29] e que é "logicamente impossível que regiões do cérebro humano tenham evoluído especificamente para permitir a leitura".[30] O que significa que as redes neurais que sustentam a leitura precisam ser abertas, a facão, dentro da estrutura existente. O objetivo aqui não é apresentar os detalhes anatômicos e funcionais desse desbravamento, que se baseia na incrível plasticidade do cérebro (ou seja, sua capacidade de remodelar constantemente sua organização e suas conexões, conforme a aprendizagem e as experiências de vida).[31-32] Por um lado, isso ultrapassaria o escopo deste trabalho; por outro,

---

* Como *A epopeia de Gilgamesh*, narrativa escrita em caracteres cuneiformes em tabuletas de argila datadas do século XVIII ao século XVII a.C. [SIN-LÉQI-UNNÍNNI. *Ele que o abismo viu: Epopeia de Gilgámesh*. Tradução de Jacyntho Lins Brandão. Belo Horizonte: Autêntica, 2017].

não seria de muito interesse, já que existem muitos trabalhos de divulgação científica dedicados a esse assunto.[7,33-35] A questão aqui, neste capítulo e nos seguintes, é reafirmar a magnitude do desafio biológico imposto à criança pela leitura, destacando a extrema complexidade das reorganizações que o domínio do código escrito impõe à organização neural.[36-39]

Esse reconhecimento, é verdade, não combina com a imagem um tanto mágica que cientistas e jornalistas frequentemente atribuem ao conceito de plasticidade cerebral nos meios de comunicação para o grande público. Tipicamente, os artigos mencionam, em termos bastante gerais, que "o cérebro está em constante evolução ao longo da vida",[40] que "está em constante reorganização"[41] ou que "as conexões neurais se modificam e é possível desenvolver novos conhecimentos e habilidades".[42] Tudo isso é verdade, mas omite um aspecto fundamental do problema: o custo! Claro, quando a tarefa é fácil, esse custo é modesto. O malabarismo com três bolas, amplamente estudado por sua simplicidade,[43-44] é um bom exemplo. Em poucas semanas, a maioria das pessoas inexperientes atinge um nível satisfatório de habilidade, o que demonstra uma rápida e eficaz adaptação neural das áreas visuais e motoras.[45-46] No entanto, certamente não surpreenderemos muita gente ao dizer que conquistas desse tipo não costumam ser as mais gratificantes nem as mais significativas. Uma realidade que o filósofo jesuíta Baltasar Gracián conseguiu capturar com palavras concisas, há quase cinco séculos: "O que custa pouco não vale muito".[47]

Essa frase simples esconde um princípio fundamental da plasticidade cerebral: quanto mais complexa for a aprendizagem, maior será a energia necessária para esculpir as redes neurais. Aprender a fazer malabarismo com três bolas, a se locomover em uma cidade grande sem GPS[48] ou a jogar *Super Mario* no videogame[49] modela pontualmente o cérebro, mas não transforma uma vida; aprender a ler, sim! No entanto, isso não acontece em poucos meses. Para criar um leitor, são necessários anos de treinamento paciente e assíduo.[39] Um artigo escrito em uma revista científica de destaque por dois professores de psicologia da Universidade de Stanford recentemente reafirmou isso ao confirmar que "as crianças aprendem a ler ao custo de milhares de horas de instrução e prática".[36] Como se surpreender? Do ponto de vista fisiológico, de fato, não estamos falando de modificar marginalmente alguns circuitos restritos às áreas cerebrais motoras, visuais ou de memória, mas de moldar profundamente uma ampla rede neural, que se estende das áreas visuais posteriores mais primitivas às estruturas cognitivas anteriores mais sofisticadas.[36-38]

Para dar conta desse gigantesco trabalho de reorganização, os especialistas frequentemente se referem à criação de "rede(s) de leitura".[50-52] A expressão é conveniente. No entanto, é preciso ter cuidado com seu aspecto enganoso. Na verdade, essas supostas "redes de leitura" abrangem essencialmente as redes de linguagem. A única diferença entre o oral e o escrito é a porta de entrada. No primeiro caso, as palavras entram pelo ouvido, no segundo, pela retina; mas, uma vez ultrapassada a etapa sensorial, todas acabam gerando respostas comparáveis nos mesmos circuitos neurais.[36,53-54] Como o linguista Alain Bentolila escreveu em um relatório ministerial, "aprender a ler não é aprender uma nova língua: é aprender a codificar de maneira diferente uma língua que já conhecemos".[55] Portanto, poderíamos pensar que aprender a ler não é tão complicado. Afinal, aparentemente, trata-se apenas de adicionar uma entrada visual à via auditiva já existente. Infelizmente, na prática, essa integração oculta uma dificuldade infernal.

Um primeiro obstáculo, de natureza biológica, envolve a extrema complexidade do módulo de decodificação a ser desenvolvido. Um leitor experiente é capaz de identificar com segurança, em menos de um quarto de segundo,[56] um elemento específico de seu dicionário mental, que pode conter dezenas de milhares de elementos;[57-59] independentemente da tipografia usada (por exemplo, brando, *brando*, brando, **brando**, **BRANDO**) e da existência frequente de palavras semelhantes, mas com significados diferentes* (comprimento/cum-

---

* Falamos então em parônimos.[60]

primento, expiar/espiar, tráfego/tráfico), homônimos[*] (assento/ acento, cela/sela, serrar/cerrar), homógrafos[**] (eu almoço o almoço) ou com várias ortografias (veredicto/veredito, catorze/quatorze).

Mas isso não é tudo; e, para deixar bem claro, provavelmente esse não seja nem mesmo o aspecto principal, visto que, para além da decodificação, surge o problema essencial, frequentemente negligenciado, da compreensão. Os livros apresentam, como veremos em detalhe logo mais, uma riqueza lexical e sintática infinitamente maior do que a maioria dos repertórios orais, especialmente audiovisuais.[39,59,63-65] Progressivamente, com a prática, o leitor assíduo injeta essa riqueza nas estruturas cerebrais da linguagem. Em outras palavras, na pessoa letrada, o texto escrito não é apenas uma alternativa às vias auditivas. Ele é quase uma segunda língua a ser adquirida; uma língua mais rica, sutil, potente, reflexiva e precisa. Uma de minhas amigas fonoaudiólogas costumava dizer que sua filha era "bilíngue, oral-escrito". À primeira vista, a piada parece boba. Na verdade, ela é brilhante em sua capacidade de significar que um leitor não é apenas um decodificador. Um leitor é, acima de tudo, alguém que adquiriu vocabulário e conhecimento suficientes para poder acessar, com fruição, uma ampla gama de livros, textos e artigos escritos para o "homem honesto".[***,67-69] Certamente, não se espera que um cidadão comum seja capaz, a menos que ele seja um especialista, de ler estudos científicos de astrofísica ou neurofarmacologia. Em contrapartida, espera-se que ele possua habilidades linguísticas e culturais suficientes para entender um editorial do *Le Figaro*, uma coluna do *Le Monde*, um ensaio político ou o último ganhador do Prêmio Goncourt.[****] Como disse de maneira elegante Daniel Willingham, professor de psicologia

---

[*] Palavras de pronúncia idêntica e significados diferentes.[61]

[**] Palavras homônimas ou não que têm a mesma forma escrita.[62]

[***] Essa expressão, "desde a época clássica, refere-se àquele que une à distinção da cultura e do espírito a polidez das maneiras".[66]

[****] Trata-se do prêmio literário mais cobiçado na França. (N.E.)

da Universidade da Virgínia, os pais "não pedem aos filhos que leiam revistas especializadas para colecionadores de borboletas, mas esperam que eles sejam capazes de ler o *New York Times*, a *National Geographic* ou outros textos escritos para não especialistas instruídos. Um redator do *New York Times* não presumirá um conhecimento profundo da geografia africana ou dos dramaturgos elisabetanos,* mas sim certo conhecimento sobre cada um desses assuntos. Para ser um bom leitor generalista, seu filho precisa ter um conhecimento do mundo com um milhão de quilômetros de largura e poucos centímetros de profundidade".[70] Mas o cérebro só pode adquirir essa bagagem ao ser lenta e pacientemente confrontado ao mundo escrito.

Compreensão: o gigante esquecido

Aparentemente pouco conscientes dessas realidades, muitos pais parecem considerar que uma criança sabe ler quando ela consegue decodificar, ou seja, quando ela consegue transformar uma sequência de símbolos alfabéticos arbitrários (*p/a/p/a*) em palavras (papa), como mencionamos. Outro dia, no ônibus, ouvi uma mãe explicando para quem quisesse ouvir que seu filho havia "aprendido a ler sozinho aos 3 anos". Esse tipo de ideia é ainda mais difundido devido a seu amplo eco midiático, em frases como: "O aprendizado da leitura ocorre no primeiro ano do ensino fundamental",[71] "O aprendizado da leitura começa no início do primeiro ano e continua no segundo ano"[72] ou "os alunos com maiores dificuldades precisam de 35 horas de engajamento individual para aprender a ler".[73] Essas simplificações são enganosas. A decodificação competente não garante de forma alguma um acesso à compreensão

---

* Os autores do teatro elisabetano (William Shakespeare é o mais conhecido) fazem parte da bagagem literária padrão dos estudantes norte-americanos e ingleses, da mesma forma como os autores do teatro clássico (Corneille, Racine ou Molière) fazem parte da bagagem literária padrão dos estudantes franceses.

precisa,[39,67-68,74] como ilustra o comentário de uma professora em um registro escolar de uma criança do quinto ano: "Lê com fluência, mas não entende o que lê".[75] Poucos enfatizaram essa verdade mais vigorosamente do que o filósofo alemão Hans-Georg Gadamer. "Ler", ele declarou em uma entrevista, "é compreender; aquele que não compreende não lê".[76]

De resto, se deixarmos a esfera das considerações teóricas e nos voltarmos para os impactos concretos, confundir leitura com decodificação não é apenas enganoso; é prejudicial. Isso leva os pais a superestimar a habilidade de seus filhos e a acreditar que a criança sabe ler quando, na verdade, está apenas arranhando os rudimentos do bê-á-bá. Esse sentimento de qualificação leva muitas famílias a diminuir seus esforços de auxílio, acreditando, por exemplo, como mencionamos na primeira parte, que a leitura compartilhada se torne desnecessária a partir do primário, porque supostamente a criança já lê sozinha. A Sra. X é um bom exemplo disso. Ela veio recentemente me procurar após uma palestra sobre o impacto das telas, para me explicar que seu filho de 8 anos estava com dificuldades na escola, especialmente em leitura. Ela percebia que ele estava passando muito tempo no videogame e planejava resolver isso. No entanto, ela não entendia como essa fragilidade podia explicar o problema. A criança não havia mudado seus hábitos e tudo havia corrido bem até o início do quarto ano; ele até estava um ano à frente.

O que essa mãe não sabia é que sua experiência estava longe de ser uma exceção. Educadores norte-americanos até deram um nome a isso: *the fourth-grade slump*, que poderíamos traduzir como "degringolada do quarto ano". O princípio é o seguinte: muitos alunos, principalmente aqueles de meios menos privilegiados, têm níveis de leitura razoavelmente satisfatórios e adequados às expectativas até o terceiro ano do ensino fundamental; então, de repente, as coisas saem dos trilhos, e essas crianças começam a demonstrar atrasos significativos que só aumentam com o tempo.[67-68,77] A explicação mais comum sugere que os primeiros anos escolares são dedicados à aprendizagem da decodificação, enquanto os anos seguintes se concentram cada vez mais na compreensão. Isso significa que, no início, as palavras utilizadas são propositalmente simples, apresentadas isoladamente ou em frases curtas. Depois, aos poucos, as coisas se tornam mais desafiadoras, o vocabulário deixa o campo comum, as frases ficam mais longas e as declarações se tornam mais complexas.[78] No quarto ano, o desafio se torna maior, e as crianças de meios desfavorecidos não têm mais os pré-requisitos culturais e linguísticos necessários para se sair bem. É nesse momento que suas dificuldades se tornam evidentes. Jeanne Chall e Vicki Jacobs, a quem devemos a popularização do conceito de *fourth-grade slump*,[79] descrevem o fenômeno da seguinte forma: "As palavras usadas a partir do quarto ano são menos familiares. Embora sua linguagem parecesse suficiente para os primeiros três anos, as crianças não estavam preparadas para lidar com o desafio do número maior de palavras abstratas, técnicas e literárias características dos materiais de leitura do quarto ano e posteriores".[77]

A constatação é coerente com os resultados de várias pesquisas que mostram que, no início do ensino fundamental, quando o foco está na maestria da decodificação, os resultados do aluno dependem relativamente pouco das habilidades lexicais e de compreensão oral.[78,80-83] Isso muda com o passar do tempo. Quanto mais a criança avança em sua educação, mais sua compreensão depende das habilidades linguísticas e culturais adquiridas, o que abordaremos amplamente no próximo capítulo. No final do ensino fundamental, a ligação entre compreensão escrita e decodificação tende a zerar; não porque a decodificação tenha subitamente se tornado irrelevante para a leitura, mas porque todos os alunos sabem mais ou menos decifrar as palavras (embora, em alguns casos, de forma penosa) e porque o limite de compreensão passa para outro ponto, o nível de conhecimento adquirido.[70] Foi demonstrado, nesse sentido, que a contribuição da decodificação para a compreensão diminui de 27% no segundo ano para 13% no quarto ano e 2% no oitavo ano.[84] O peso das habilidades de compreensão oral segue uma dinâmica inversa, com 6% no segundo ano, 21% no quarto ano e 36% no oitavo ano.

É tentador (e muitos fazem isso) resumir esses dados usando uma famosa máxima: primeiro aprender a ler, depois ler para aprender.* A frase é bonita. No entanto, é imprópria. Mais uma vez, não é porque uma criança consegue decodificar que ela sabe ler.[85-87] É falso afirmar que um aluno do primeiro ano do ensino fundamental que aprende a decodificar está aprendendo a ler, porque, no fim, não importa que ele consiga decifrar "o som de uma palavra"; o que importa é que ele encontre vestígios desse "som" em seu cérebro, dentro das estruturas da linguagem.[55] Se a "entrada" visual de decodificação leva a um deserto lexical e cultural, ela se revelará tão útil quanto uma lâmpada para um cego. Parece imperativo, portanto, desde a mais tenra idade, estimular abundantemente as redes da linguagem para prepará-las para as especificidades do mundo escrito.[37,64] É necessário manter essas redes literalmente conectadas e abastecê-las massivamente, por meio da via auditiva das comunicações orais. É preciso (repitamos) ler para a criança, contar-lhe histórias, acompanhá-la quando ela começa a ler sozinha. É somente assim, como abordaremos extensivamente na terceira parte, que nossos filhos poderão, gradualmente e sem prejuízo, tornar-se autônomos. Se esse trabalho não for realizado, o fracasso a longo prazo é garantido. Não existe método melhor para afastar uma criança dos benefícios da leitura do que desencorajá-la precocemente,[88-89] por exemplo, confrontando-a com textos muito complicados ou demasiadamente infantis para ela.

Um aluno do quinto ano, que lê pouco fora das obrigações escolares, certamente será capaz de compreender livros menos exigentes, como *Jojo Lapin* [Joãozinho Coelho],[90] *L'Ogre de la librairie* [O ogro da livraria][91] ou *Le Journal d'un chat assassin* [O diário de um gato assassino][92] (todos recomendados a partir dos 6 anos); mas é pouco provável que esse tipo de literatura entusiasme uma criança de 10 anos e desperte nela um amor incondicional pela leitura. Ao mesmo tempo, esse aluno terá dificuldades de penetrar em textos mais complexos, adaptados às curiosidades e preocupações de sua

---

* Em eco a uma famosa máxima anglo-saxã: *first learning to read; then reading to learn.*

idade. Em outras palavras, o que precisa ser compreendido aqui é que qualquer obra de interesse corre o risco de ser complexa demais para uma criança que não tenha sido previamente exposta, por meio de experiências de leitura compartilhada, às convenções e dificuldades específicas da linguagem escrita.[59,93-94] Há pouco tempo, enquanto esperava um trem, percorri a livraria da estação de Genebra. Uma mulher procurava um livro "bacana" para seu sobrinho, que "não gostava de ler". Ela se deparou com um clássico: *Leão branco*, de Michael Morpurgo, acessível "a partir dos 9 anos" e que, segundo o vendedor, o menino iria adorar.[95] É verdade que o texto é excelente... mas cheio de expressões obscuras, estranhas ao *corpus* oral padrão e nas quais uma criança não leitora certamente tropeçará.* Se o objetivo é despertar o gosto pela leitura em uma criança relutante, temo que o remédio só reforce o problema.

Tudo isso, enfim, é para dizer que a escrita é uma linguagem à parte, mais rica, diversificada e sutil do que a oral. O aprendizado inicial da decodificação tipicamente se baseia em conteúdos muito simples e familiares, para permitir a apropriação dessa linguagem. Para atingir esse objetivo, é necessário multiplicar os episódios de leitura compartilhada. É aqui que entra o ambiente familiar. Se ele não fomentar as experiências necessárias, não construir os pré-requisitos linguísticos necessários para a leitura pessoal e não estimular amplamente as estruturas neurais competentes, então a criança terá grandes dificuldades de se sair bem. Porque, infelizmente, as escolas não têm tempo nem recursos para realizar adequadamente esse trabalho formativo, paciente, massivo e cumulativo. Os professores se ocupam da decodificação e costumam fazê-lo muito bem... quanto ao resto, ou os pais entram em ação ou a criança fica desamparada. A escola sabe formar decodificadores. Mas é a família, em grande parte, que forma leitores.

---

* O primeiro capítulo de *Leão branco*, por exemplo, com cerca de 600 palavras, contém uma infinidade de termos pouco comuns, como "radioso", "cambiante", "definhar", "empanturrado", "*cross-country*", "enregelado", "*pudding*", "nostálgico", "persecutório", "irrevogável", "eclipsar", "matilha", "brecha", "abobadado", "acostamento", "fuças", "presas" etc.[95]

Para resumir

Este capítulo defende uma ideia simples, mas essencial: se aprender a ler é demorado e difícil, isso se deve em grande parte ao fato de que a evolução humana não teve tempo suficiente para incorporar a leitura ao núcleo duro de transmissões hereditárias. Para remodelar seus padrões neuronais e construir redes adaptadas, o cérebro precisa absorver quantidades industriais de dados.[64,96-97] Aqueles que duvidam disso precisam entender que não estamos falando de uma tarefa trivial. É toda a organização cerebral que precisa ser modificada, desde as regiões primitivas da decodificação até as áreas superiores da compreensão.[98-99] E isso é apenas o começo. De fato, as informações não permanecem confinadas por muito tempo a suas redes específicas. Elas irrigam quase instantaneamente todo o cérebro, desde as áreas emocionais[100-103] até as regiões da inteligência social,[104-105] passando pelas áreas sensoriais[106-107] e de controle motor;[108-110] isso ocorre porque os livros, especialmente de ficção, mergulham o leitor na história e, assim, permitem que ele experimente uma variedade de sentimentos (empatia, raiva, alegria etc.), estimulando áreas cerebrais que seriam ativadas se ele estivesse confrontando essas situações na "vida real". Um estudo inglês mostrou, por exemplo, que a leitura de palavras simples como "*lick*" (lamber), "*pick*" (pegar) ou "*kick*" (chutar) ativava especificamente, sem que o sujeito estivesse consciente disso, as áreas motoras envolvidas na realização efetiva dessas ações.[109] Abordaremos esses pontos em detalhe na quinta parte deste livro.

Neste mundo, para o bem ou para o mal, tudo ou quase tudo pode ser comprado*: amigos, filhos, vagas universitárias, cidadania, *prêtes-plumes*,** licenças para matar animais protegidos, permissão

---

* Afirmação sem dúvida surpreendente, mas solidamente embasada por Michael Sandel, professor de filosofia política na Universidade Harvard, em sua notável obra *O que o dinheiro não compra*.[111]

** Palavra hoje padrão na França,[112] recomendada especialmente pelo Ministério da Cultura para se referir àqueles que eram anteriormente chamados de "negros

para poluir etc.;[111,114-115] mas não a leitura. Ela precisa ser conquistada. Essa regra fundamental não admite exceções, dispensas ou atalhos. "Em última análise, para citar os termos de uma recente síntese científica, são a extensão, a variedade e a riqueza das experiências de leitura das crianças que, sem dúvida alguma, desempenham o papel mais importante em sua transição para a *expertise*".[39] Não existem atalhos possíveis, o que não constitui uma surpresa. O mesmo vale para todas as nossas heranças culturais complexas, desde a maestria do violino até o aprendizado de matemática, escultura, beisebol ou xadrez. Em todos esses campos, como Anders Ericsson, professor de psicologia da Universidade da Flórida, habilmente demonstrou, a aquisição de um alto nível de competência depende menos da existência de um suposto talento do que do volume, da qualidade e da diversidade das experiências acumuladas.[116] Isso não significa que Mozart, para citar apenas um exemplo, não tenha se beneficiado, para além de uma imensa quantidade de trabalho,[116] de um solo genético excepcionalmente fértil. Isso significa que um patrimônio genético "comum" permite, com muito trabalho e determinação, alcançar níveis notáveis de especialização em muitos campos.[117-118]

---

literários";[113] profissão assim definida, nas palavras marcantes de Bruno Tessarech, ele próprio um "escritor-fantasma" (outra formulação comum): "Consiste em fornecer ideias aos tolos e estilo aos impotentes".[114]

5

Nosso cérebro foi feito para aprender

Assim, a evolução humana não pôde antecipar todas as nossas eclosões culturais. Mas, no fundo, isso não é tão grave, pois de certa forma ela previu sua própria falta de previsão. Nosso cérebro não foi feito para ler, tocar piano, pintar a Mona Lisa ou acertar uma bola de tênis; mas ele foi feito para aprender. Não em qualquer condição, é claro. Para se desenvolver, ele precisa das abundâncias de um ambiente favorável. Em outras palavras, a plasticidade cerebral só pode expressar seu potencial total se a criança estiver imersa em um mundo favorável. Se ela for colocada em um ambiente insuficientemente estimulante, ou mesmo tóxico, ela nunca alcançará a expressão completa de suas capacidades.[116,119-120]

A leitura é um exemplo claro dessa lei intangível. É fácil esquecer isso quando se atinge um nível significativo de *expertise*, quando tudo se tornou automatizado e tudo parece simples. A decodificação já não é uma guerra constante e, exceto por alguns textos particularmente herméticos ou hiperespecializados, a compreensão emerge naturalmente. Para o leitor experiente, resta apenas uma sensação subjetiva de fluidez e inteligibilidade. Gradualmente, ele perde de vista o esforço atencional dos primeiros passos e a lentidão das aquisições linguísticas. Torna-se fácil subestimar o progresso da criança e interpretar como desinteresse algo que, para alguns, é claramente uma dificuldade. Isso é problemático, pois cria tensões recorrentes que não são propícias para a manutenção de uma motivação positiva. No entanto, sem motivação, tudo emperra; o prazer desaparece, a leitura se torna um castigo e a rejeição se instala de forma duradoura. Para evitar o surgimento dessa cadeia destrutiva e ajudar a criança no caminho do sucesso, é imperativo que cada pai tenha uma ideia geral do que é um leitor e de como a habilidade se desenvolve ao longo do tempo.[121-123]

Desempenhos espetaculares

No discurso oral, as palavras são emitidas de forma sucessiva. O ouvinte não filtra nada; ele se adapta ao fluxo de entrada e decifra o discurso na hora, uma palavra após a outra. Isso não é mais verdade quando a informação é apresentada por escrito. Nesse caso, a mensagem aparece de repente na página, e centenas de palavras, simultaneamente, atingem a retina. Absorver essa totalidade é impossível. Para sair dessa situação, o leitor não tem outra escolha a não ser dividir o texto, a fim de reproduzir a sequência da exposição oral. Esse trabalho é realizado pelos olhos, não percorrendo continuamente o enunciado, mas realizando uma sucessão de pequenos saltos rápidos chamados de sacada ocular.[33,56,124] No início, a abordagem é hesitante, mas gradualmente o cérebro aprende onde pousar o olhar de maneira a otimizar a coleta de informações, minimizando a quantidade de movimentos produzidos.[125-126] Nesse estágio, o problema está essencialmente relacionado à estrutura anatômica do olho. Quanto mais nos afastamos de sua parte central (a fóvea), menor é a acuidade visual. Quando ele se fixa em um ponto, o sensor visual distingue apenas um número muito pequeno de letras, entre sete e nove, para ser preciso (de três a quatro à esquerda e de quatro a cinco à direita[*]).[33,36-56,124] Todo o resto é nebuloso, embora não seja inútil, pois os dados adquiridos permitem localizar o limite das próximas palavras e, ao fazer isso,

---

[*] A origem dessa assimetria ainda é mal compreendida, mas parece estar relacionada à lateralização dos processos linguísticos, que são conduzidos pelo hemisfério esquerdo do cérebro.[36]

antecipar a resposta ocular. Tipicamente, cada sacada ocular dura cerca de 30 milissegundos e move o olhar por uma distância aproximadamente igual à janela de acuidade foveal (sete a nove letras). Isso explica por que muitas palavras curtas (duas a três letras) são puladas quando são lidas, enquanto muitas palavras longas (oito letras ou mais) precisam ser fixadas várias vezes.[56,124] Depois que o olho se fixa no alvo, o sistema leva entre um quinto e um quarto de segundo para analisar a informação. Em outras palavras, o leitor experiente move seu olhar entre 240 e 300 vezes por minuto. Em ocasiões raras (10 a 15% das vezes), o movimento sobe pelo texto em vez de descer, seja porque uma sacada ocular anterior foi mal calibrada, seja porque um elemento não foi compreendido. Nesse caso, a regressão é tipicamente direcionada para a palavra anterior; embora regressos mais distantes possam ser observados, especialmente para conteúdos complexos.[56,124]

▶ 280 palavras por minuto... mas não mais

Com base nesses dados, não se deve pensar que a velocidade de leitura seja restringida pelas limitações funcionais do gerador dos movimentos de sacada ocular. O olho poderia facilmente aumentar sua cadência de movimento, mas a compreensão seria drasticamente afetada. Como várias pesquisas em tela mostraram, quando a palavra processada é apagada após 60-70 milissegundos, a duração da fixação visual permanece inalterada, e a leitura continua quase normalmente.[56,124] Isso significa que o que leva mais tempo não é capturar e enxergar a palavra, mas decodificá-la e acessar seu significado. O limite é esse e, infelizmente, ele é intransponível; nem o leitor mais apto pode ir além de 280 a 300 palavras por minuto.* Eu sei que

---

* Tomando 300 sacadas oculares por minuto, das quais 263 (cerca de 87,5%) para a frente do texto e 37 (cerca de 12,5%) para trás, obtemos: (263 sacadas × 8 letras por sacada ÷ 6 caracteres por palavra [em média, cinco mais um espaço]) − (37 sacadas × 8 letras por sacada ÷ 6 caracteres por palavra) = 301 palavras. Usando

essa faixa é persistentemente questionada pelo florescente negócio da leitura dinâmica. O cérebro pode fazer melhor, proclamam os vendedores da área. Para eles, tudo é uma questão de método, e, uma vez livres dos maus hábitos, nossos neurônios seriam facilmente capazes de atingir velocidades de mil, 1.500 ou mesmo 10 mil palavras por minuto. Todas as pesquisas conduzidas com seriedade demonstram o absurdo dessas afirmações.[33,56] Alguns leitores altamente eficientes, capazes de distinguir um maior número de letras por vez, sem dúvida podem alcançar 350-400 palavras por minuto,[127] mas não mais; acima dessa marca, o nível de compreensão desaba irremediavelmente.[33,56] A única coisa que se pode esperar com esse tipo de abordagem é captar o tema central e o tom geral de um enunciado pouco exigente. Realidade maravilhosamente resumida pelo cineasta e roteirista norte-americano Woody Allen: "Fiz um curso de leitura dinâmica e consegui ler *Guerra e paz* em 20 minutos. Tem a ver com a Rússia".[128]

O limiar teórico mencionado anteriormente, de 280 a 300 palavras por minuto, está bastante próximo dos valores medidos experimentalmente.[127,129] Uma síntese recente estabelece, por exemplo, que a velocidade de leitura das populações adultas instruídas é, em média, de 260 palavras por minuto para obras de ficção (romances, contos etc.) e 240 para textos explicativos (ensaios, artigos de jornal etc.).[130] No entanto, esse ponto ótimo não é gratuito.[129] Ele leva anos para ser construído e, no fim das contas, é alcançado por uma minoria de indivíduos. Para demonstrar isso, os pesquisadores sistematicamente dividiram seus dados em quartis, ou seja, em fatias de 25%. Assim, eles foram capazes de estabelecer, como ilustra a Figura 8, que apenas os estudantes mais competentes do quarto quartil (Q4) conseguiram, ao fim de sua jornada escolar, chegar perto das 280 palavras por minuto (exatamente 277 palavras por

---

uma lógica semelhante (240 sacadas por minuto, sete letras por fixação, cinco letras por palavra mais um espaço), mas sem levar em conta as sacadas regressivas, Mark Seidenberg, professor de neurociências cognitivas da Universidade de Wisconsin-Madison, obtém uma velocidade comparável de 280 palavras por minuto.[33]

minuto; em indivíduos que de fato entenderam o texto, talvez seja útil lembrar). Os outros três grupos permaneceram muito aquém desse resultado esperado, com velocidades finais de 201 (Q3), 164 (Q2) e 129 (Q1) palavras por minuto, respectivamente. Sem surpresa, essas diferenças de eficiência já estavam presentes no início do ensino fundamental. O problema é que elas só aumentaram com o tempo. Entre o segundo ano do ensino fundamental e o último ano do ensino médio, o quarto quartil aumentou sua velocidade de leitura em 107 palavras por minuto. O primeiro atingiu apenas 56, o segundo, 67, e o terceiro, 79. Mais uma vez se confirma o provérbio ancestral de que somente os ricos conseguem empréstimos. Voltaremos a isso. Por enquanto, observemos que essas observações estão bastante alinhadas com os dados apresentados na primeira parte deste livro, segundo os quais apenas um quarto dos alunos franceses (e mais amplamente da OCDE) ultrapassam o nível básico de leitura.

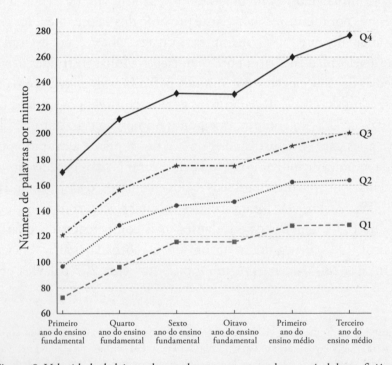

Figura 8. Velocidade de leitura de acordo com o ano escolar e o nível de proficiência (os dados estão divididos em quartis – Q1 a Q4 –, ou seja, em fatias de 25%). Ver detalhes no texto. Adaptado de acordo com SPICHTIG, 2016.[129]

▶ Ler, uma habilidade irrefreável

Duzentos e oitenta palavras por minuto! É preciso reconhecer essa proeza. Para o cérebro, é um feito impressionante. A esse ritmo, leva-se menos de um segundo para ler e compreender frases como "A inteligência é invencível"[131] ou "O ódio é sagrado".[132] Também se leva menos tempo para ler uma palavra como "preto" do que para nomear a cor de uma imagem visual preta (um círculo, um quadrado, uma mancha ou qualquer outra coisa); menos tempo para ler a palavra "triângulo" (ou qualquer outra forma) do que para nomear uma imagem dessa figura geométrica; menos tempo para ler o nome de um objeto (chave, gato, casa etc.) do que para nomear um desenho ou uma foto representando o objeto em questão.[133-136] Uma vez moldado, o sistema cerebral se torna tão eficiente que acaba funcionando automaticamente, sem que percebamos. Foi demonstrado, por exemplo, que a exposição subliminar a palavras escritas (ou seja, apresentadas brevemente demais para serem percebidas conscientemente) ativava as estruturas neurais de decodificação[137] e podia afetar tanto nossas emoções quanto nossos comportamentos.[138-139] Em um estudo frequentemente citado, os participantes deveriam apertar uma alavanca quando o verbo "apertar" aparecesse em uma tela. O truque consistia em apresentar muito brevemente, logo antes da aparição dessa instrução, uma palavra neutra (branco, tela etc.) ou significativa (forte, vigoroso etc.). Nessa segunda situação, os indivíduos aumentavam a força do aperto sem perceber.[140] Outros estudos confirmaram esse fenômeno, estabelecendo a existência de um processamento involuntário de palavras escritas. Em um experimento pioneiro, estudantes tinham de agarrar paralelepípedos perfeitamente idênticos, colocados no mesmo lugar e nos quais os adjetivos "longe" ou "perto" haviam sido impressos.[108] A velocidade do movimento foi maior na primeira condição do que na segunda, como acontece quando a amplitude do movimento aumenta de fato.*

---

* Imagine que sua mão esteja colocada sobre a mesa bem na sua frente e que você tenha a intenção de pegar um objeto (por exemplo, um paralelepípedo).

As palavras não apenas tinham sido lidas, para além de qualquer necessidade ou instrução explícita, mas também haviam "contaminado" o processo cerebral de planejamento do comando motor.

No entanto, isso não é o mais impressionante. Há mais de 100 anos, dezenas de pesquisas provaram que as redes neurais da leitura não funcionam apenas inconscientemente; elas também operam contra a nossa vontade.[142] O efeito Stroop (nomeado em homenagem a seu descobridor)[143] oferece uma excelente ilustração disso. A tarefa mais típica consiste em nomear, o mais rápido possível, a cor de uma palavra escrita, sem se importar com seu significado. O truque está na introdução de uma incoerência entre a palavra e sua cor, como escrever a palavra "preto" em vermelho. A identificação é então retardada em relação a uma situação de controle na qual a palavra tem a cor correta (a palavra "preto" escrita em preto) ou é substituída por uma sequência de símbolos não alfabéticos (por exemplo, cruzes pretas ou vermelhas). Esse tipo de confusão obviamente não se limita às associações palavras-cores. Ele foi observado em muitas outras situações envolvendo, principalmente, incongruências entre palavras e imagens (por exemplo, quando a palavra "maçã" é escrita sobre o desenho de uma pera).[144] Todos esses dados confirmam que, uma vez moldado pelo hábito, o cérebro simplesmente não consegue deixar de ler as palavras que encontra, inclusive em situações inesperadas. Recentemente, um estudo analisou o substrato cerebral dessa automaticidade em uma população de alunos (7 a 12 anos).[145] A idade se revelou sem importância, uma vez considerado o nível de habilidade. Os resultados indicaram que a apresentação de uma palavra provocava, nos bons leitores, uma forte ativação das áreas de linguagem do córtex temporal, mesmo quando a atenção do sujeito estava distraída por alguma perturbação.* Essa ativação não ocorreu em leitores com dificuldades.

A velocidade e a duração do seu movimento serão maiores se esse objeto estiver mais distante da sua mão (por exemplo, se estiver a 30 cm em vez de 15).[141]

* Uma palavra e um pequeno círculo colorido eram apresentados simultaneamente no centro de uma tela. O sujeito via então algo como "ab•le". Ele recebia a

Em resumo, embora os seres humanos não tenham sido naturalmente feitos para a leitura, eles são capazes de atingir um nível espetacular de habilidade. Isso levanta a questão dos mecanismos envolvidos nesse processo. Em outras palavras, como nosso cérebro consegue ler 280 palavras por minuto com total compreensão de seu significado e, especialmente, como esse estado de especialização se desenvolve?

Decodificar para começar

Como dissemos, ler é compreender. Mas, para compreender, primeiro é necessário decodificar, ou seja, converter os sinais alfabéticos em uma linguagem compreensível. Essa etapa não é suficiente, por certo, mas é necessária.[39] Ninguém pode apreender um texto se não distinguir os elementos que o compõem ou, mais comumente, se precisar lutar com cada termo do enunciado. Sem uma decodificação eficiente, a atenção inevitavelmente se concentra na extração das palavras, em vez de na análise do significado, condenando qualquer possibilidade de leitura competente.[146-147] O problema, como também dissemos, é que esse problema não foi previsto pela evolução. Nenhuma interface de decodificação está integrada à arquitetura cerebral do recém-nascido. Então o que fazer? A resposta é simples: "hackear", dentro do labirinto neural existente, uma rede já formada. Por sorte, não apenas essa rede existe, como também ela é funcional desde cedo. Basta observar uma criança para perceber isso. A partir dos 16-18 meses, ela consegue reconhecer e nomear diversos objetos ou rostos de seu ambiente.[148-150] Embora a fala ainda não seja perfeita nessa idade, isso demonstra que uma área de reconhecimento de formas existe e se intercala entre as regiões cerebrais visuais e linguísticas. É exatamente do que a leitura precisa e é exatamente esse o filão sobre o qual ela se desenvolverá.[151-152]

---

instrução de fixar o círculo e pressionar o mais rápido possível um pequeno interruptor quando este se tornasse vermelho.

Em outras palavras, dentro da área cerebral de reconhecimento de formas, a leitura começa colonizando um subterritório específico, fortemente interconectado com as redes visuais e linguísticas;[153] a seguir, ela transforma esse subterritório em uma área de reconhecimento de letras e palavras.[38,154] Comumente referida por sua sigla em inglês VWFA (Visual Word Form Area), essa área tem sido amplamente estudada ao longo dos últimos 25 anos, e suas principais propriedades são hoje bem conhecidas.[7,36,38,50] Em leitores experientes, a VWFA: (1) ocupa, independentemente do idioma e do contexto cultural, uma posição localizada exatamente na parte inferior e posterior do hemisfério cerebral esquerdo* (uma região chamada de córtex occipitotemporal ventral por especialistas); (2) reage seletivamente aos enunciados escritos (mas não responde à linguagem oral**); (3) é significativamente mais sensível a palavras reais ("mesa", "vermelho") e palavras falsas*** ("birat", "forise") do que a não palavras ("rxshqt", "pmzh"); (4) decodifica palavras extremamente rápido (menos de 200 milissegundos) independentemente das variações de tipografia**** e comprimento.*****

---

* Na maioria das pessoas, os processamentos linguísticos são lateralizados no hemisfério esquerdo, que é, de fato, considerado "dominante" para a linguagem.

** Exceto em situações específicas que exigem a ativação da representação das letras (para decidir, por exemplo, se uma palavra contém letras com "pernas" abaixo da linha – g, j, q, p ou y).

*** Também chamadas de pseudopalavras. Elas são construídas a partir de sílabas plausíveis e podem parecer palavras reais; no entanto, não têm sentido algum; elas não existem.

**** Não importam o tamanho, a caixa-alta e a forma exata dos caracteres (RAIVA, RaiVa, raiva, raiVa): desde que as fontes não sejam excessivamente estilizadas (e, portanto, pouco reconhecíveis, **raiva**, *raiva*), a velocidade de reconhecimento permanece constante.

***** Em condições de leitura "normais", palavras familiares de comprimento padrão (cerca de três a oito letras: por exemplo, "azul", "possível", "passo", "cozinha" etc.) exigem um tempo de leitura comparável. Esse tempo aumenta significativamente para palavras longas (mais de oito letras), raras ("zoilo", "analepse" etc.), apresentadas de forma degradada (baixo contraste, caracteres pouco legíveis, orientação não horizontal etc.) e/ou em visão periférica.

Esse último ponto não indica, deixemos isso claro para evitar ambiguidades, a existência de um processamento conjunto da cadeia alfabética, como acreditaram os fundadores do método de aprendizado chamado "global". Isso reflete a implementação de um processo paralelo que, na fase inicial da decodificação, analisa todas as letras simultaneamente.[7,36]

> ### Big data e o caminho das palavras

Esses atributos neurais certamente não surgem do nada. Eles são fruto de treinamento constante, durante o qual a VWFA se lateraliza,[155] enquanto aprende a otimizar sua rede de conexões[156-158] e sua capacidade de reconhecimento de letras e palavras.[53,159] Não devemos nos deixar enganar pela precocidade das primeiras adaptações cerebrais nas crianças.[153,160-161] Entre os sinais iniciais de plasticidade e o estabelecimento de uma leitura especializada, necessariamente decorrem anos de prática perseverante.[39,151,162] Essa afirmação pode parecer irracional, mas nem por isso é menos palpável ou compatível com a complexidade dos mecanismos envolvidos. Para entender isso, é preciso perceber que as habilidades de decodificação resultam direta e exclusivamente da experiência. Decodificar não é gerar conhecimento, é reconhecê-lo. Portanto, cada encontro com o mundo escrito melhora o desempenho, permitindo que a VWFA enriqueça seu algoritmo de identificação de palavras. No fundo, como destaca Mark Seidenberg, professor de neurociência cognitiva na Universidade de Wisconsin-Madison, tudo isso se resume a um simples problema de *big data*.[33] É mais ou menos como as inteligências artificiais treinadas para diagnosticar tumores em mamografias ou tomografias cerebrais. O princípio é simples. Primeiro, acostumamos o sistema a reconhecer determinados contrastes patológicos, saturando-o de imagens já interpretadas; depois, apresentamos novas imagens. Estas são então "decodificadas" com o uso de dados previamente aprendidos. Com a leitura, o processo é semelhante, com a diferença de que o que está sendo analisado não são variações de luminosidade, mas configurações ortográficas, ou seja, regularidades na "maneira de escrever as palavras".[163] Estas se referem, para citar os elementos mais comumente mencionados, a letras isoladas ("a", "t", "l" etc.), fonemas* ([p] "pato", "sapo"; [o] "tolo", "rota", "voo" etc.), dígrafos** ("qu", "rr", "sc" etc.), sílabas ("ma", "to", "pri" etc.), morfemas*** ("im-", "-zinho", "-nte" etc.) e, por fim, palavras ("um", "chapéu", "casa", "riso" etc.).[7,33,167-172]

Obviamente, nada disso seria possível se a ortografia não constituísse, apesar de suas singularidades locais, uma instância altamente previsível, cheia de redundâncias.[173] Nessa instância, algumas letras e sequências de caracteres são frequentes ("*e*", "*a*", "*re*", "*les*", "*ent*", "*tre*")****, outras são mais raras ("*k*", "*y*", "*xc*", "*bom*", "*cum*"), e outras são totalmente inusitadas ("*xk*", "*jn*", "*vbm*", "*zpq*"). Da mesma forma, alguns padrões são mais comuns no início das palavras ("*dé*", "*pré*", "*cha*", "*imp*"), outros no meio ("*ll*", "*rr*", "*ei*", "*ia*"), e outros no final ("*eau*", "*ette*", "*ais*", "*ment*"). Essas regularidades são sutis; extraí-las não é tarefa fácil. É por isso que a VWFA precisa absorver uma enorme quantidade de textos diferentes. Quanto mais abrangente for a base de dados, mais afiado será o modelo estatístico e mais aguçada será a habilidade de identificação. Em

---

* Fonema: "A menor unidade sonora de uma língua [...]. O francês tem 36 fonemas [...]. A palavra '*houx*' possui um único fonema, [u], '*les*' possui dois, [l] e [e], '*coulent*' possui três, [k], [u] e [l]. Os mesmos fonemas são usados para pronunciar as palavras '*mère*', '*maire*' e '*mer*'".[164]

** Dígrafo: "Um grupo de duas letras usado para transcrever um único som. O '*au*' em '*aubépine*', o '*eu*' em '*fleur*', o '*ch*' em '*cheval*' são dígrafos".[165]

*** Morfema: "Elemento da língua que não pode ser dividido em unidades de significado menores".[166] Em outras palavras, o morfema é a menor unidade de significado contida em uma palavra. Costumamos distinguir os morfemas flexionais (prefixos e sufixos) dos morfemas lexicais (gênero, número, conjugação). Por exemplo, a palavra *antiroyalistes* possui quatro morfemas: "*anti*" prefixo) + "*royal*" (radical) + "*iste*" (sufixo) + "*s*" (plural).

**** Os exemplos são do francês, mas a lógica se aplica a todos os sistemas alfabéticos. Além disso, mesmo que os padrões de regularidade sejam diferentes em inglês, espanhol, italiano, polonês, português, alemão, finlandês ou francês, eles são inevitavelmente detectáveis em cada uma dessas línguas.

conformidade com essa constatação, hoje está estabelecido que a velocidade e a precisão da decodificação dependem intimamente do volume de leitura.[56] Mesmo entre estudantes supostamente alfabetizados, o impacto é notável: os leitores ávidos decodificam palavras significativamente mais rapidamente do que seus colegas menos assíduos.[174-176] Portanto, podemos concluir que "a lista de benefícios cognitivos atribuíveis à leitura compreende não apenas o aumento do vocabulário e do conhecimento geral [...], mas também a melhoria dos processos de reconhecimento de palavras".[176]

Na prática, os processamentos estatísticos aqui descritos são ainda mais importantes porque fornecem um contrapeso fundamental às limitações de nossa acuidade visual. Para o cérebro, é fácil confundir um "c" com um "e" e um "on" com um "no", principalmente quando o sinal não vem do centro do olho, mas das áreas periféricas, e a duração das fixações oculares não ultrapassa 200 a 250 milissegundos.[173,177] Portanto, no início do processamento, a palavra "*mastication*" (mastigação) é tão provável quanto suas formas degradadas "*mastieation*", "*mastieatino*" ou "*masticatjom*". No entanto, leitores experientes nunca "veem" essas versões falsas. Mais precisamente, eles nunca as veem no caso de palavras reais (como "cadete"); no entanto, as relatam com frequência no caso de palavras falsas (como "ajtdc").[173,178-180] Essa diferença pode ser facilmente interpretada se supusermos que termos familiares são automaticamente reordenados sobre uma base estatística, ao contrário de sequências aleatórias, que, devido à ausência de regularidades formais, tornam-se incorrigíveis. Tome a seguinte frase: "Segundo uam pesquisa recnete, parece que os prédis *vcrmclhos têm vma aparência estronha*". Ela seria completamente ilegível se a VWFA não tivesse um modelo preditivo eficiente. De fato, algumas letras estão invertidas, outras ausentes, e outras são ambivalentes (a letra "e" é alternadamente representada como "e" (*estronha*) ou "c" (*vcrmclhos*), a letra "u" como "u" (uam) ou "v" (*vma*), e a letra "a" como "a" (*aparência*) ou "o" (*estronha*). No entanto, a decodificação é realizada com facilidade. Isso confirma que os erros no texto são automaticamente corrigidos com base nos conhecimentos ortográficos internalizados. O par "vm" e, em maior medida, o quádruplo "mclh", por exemplo, não correspondem a nada conhecido, ao contrário de seus equivalentes "um" e "melh", que, portanto, são escolhidos; isso acontece mais facilmente porque o resultado final (vermelho) evoca um termo existente. Esse tipo de arbitragem explica por que temos muita dificuldade, ao ler ou reler um texto, em identificar pequenos erros de digitação. Na verdade, quando encontra um erro, o sistema não sabe se o problema é devido às suas insuficiências perceqtivas ou ao texto. Portanto, ele opta automaticamente pela resposta mais plausível (quantos leitores notaram aqui que a palavra "perceqtivas" está mal grafada?).

O que devemos destacar dessas observações é que a qualidade da decodificação depende da riqueza do modelo estatístico disponível, riqueza que, por sua vez, resulta do volume de prática. Nesse sentido, podemos considerar a VWFA como uma espécie de grande caixa de correio, construída pacientemente, onde estão armazenados todos os nossos conhecimentos adquiridos sobre os caracteres e suas possíveis combinações ortográficas. Isso permite otimizar a velocidade e a precisão do processo de reconhecimento visual de palavras. Mas isso não é tudo. Com a experiência, a VWFA não apenas aperfeiçoa seu modo operatório como também o transforma, adicionando um novo caminho à sua arquitetura inicial. O leitor qualificado não apenas decodifica as palavras mais rapidamente que o iniciante, ele em grande parte também as decodifica de maneira diferente. Para ilustrá-lo, vamos traçar brevemente o caminho que leva a criança da iniciação à proficiência.

Tudo começa com a via "fonológica", que, como o nome sugere, permite passar dos sinais (*p/a/p/a/i*) para os sons (papai).˙ Essa via dos sons é a via primordial da aprendizagem, por duas razões. Primeiro, ela é o único canal de identificação de palavras desconhecidas (todas são desconhecidas para o novato) e, ao fazer isso, representa o único caminho para a entrada na leitura.[7,33,39] Segundo, ela é a base para o desenvolvimento da *expertise*, sustentando

---

˙ Os especialistas costumam afirmar que a via fonológica converte os grafemas (letras) em fonemas (sons).

a construção de um segundo eixo de decodificação, mais rápido, chamado de "lexical".[181-183] Esse eixo conecta diretamente a palavra a seu significado, sem passar pela pronúncia (oral ou mental). As características anatômicas da VWFA desempenham um papel fundamental nisso. De maneira (muito) simplificada, essa estrutura possui dois grandes feixes de saída. O primeiro sustenta a via dos sons. Ele parte da VWFA, passa pelas regiões fonológicas (que extraem o som das palavras) antes de chegar às áreas semânticas (que identificam o significado das palavras). O segundo feixe, mais curto, serve como suporte para a via lexical. Ele parte da VWFA e se conecta diretamente às áreas semânticas.

Vamos imaginar que crianças se deparem, pela primeira vez, com a palavra "lebre". Nesse estágio, elas só podem contar com as complexidades da via fonológica. Esta começa por extrair a ordem e a identidade das letras e, em seguida, converte em sons a sequência de caracteres (*l/e/b/r/e → le/bre → lebre*) antes de, finalmente, verificar se ela corresponde a uma palavra conhecida. Se corresponder, uma ligação direta se estabelece, através da via lexical, entre a forma visual da palavra (ou seja, sua ortografia) e seu significado. Quanto mais esse encontro se repete, mais essa ligação se fortalece. Dessa forma se cria, a longo prazo, uma associação estável entre as representações ortográficas (armazenadas no segmento anterior da VWFA)[184-186] e semânticas* das palavras.

Com o tempo, o caminho lexical progressivamente aumenta sua influência, até se tornar predominante.[39,146,188] Isso não quer dizer que o caminho fonológico desapareça. Significa apenas que, na maioria dos casos, a via lexical é mais rápida do que a dos sons (mesmo que os processos de conversão fonológica se automatizem e acelerem consideravelmente com a prática). Mais uma vez, tudo começa na VWFA. Quando ela decodifica uma palavra, essa região não seleciona uma saída em detrimento da outra. Ela envia o sinal para ambas. As duas vias, lexical e fonológica, competem

---

* Ou seja, as representações "que dizem respeito ao sentido, ao significado dos elementos da língua".[187]

então entre si, e a mais rápida prevalece.[7,56,67] No caso padrão de palavras familiares, a vantagem claramente favorece a lebre lexical. Por outro lado, para palavras novas, termos incomuns, pseudopalavras e neologismos, a tartaruga fonológica é que toma a dianteira; desde que a ortografia seja regular, é claro. De fato, quando a correspondência entre grafemas* e fonemas não é segura, a via dos sons torna-se inoperante. Palavras em francês como "*femme*" (mulher), "*ville*" (cidade), "*paon*" (pavão), "*monsieur*" (senhor), "*second*" (segundo) ou "*clef*" (chave) precisam ser reconhecidas antes de serem nomeadas. Portanto, elas só podem ser decodificadas pelo caminho lexical das palavras familiares. Se a sequência ortográfica não tiver sido armazenada, a palavra não poderá ser lida, mesmo que seja conhecida.

▷ A ortografia, bode expiatório ideal

Considerados como um todo, esses resultados parecem bastante tranquilizadores. Eles de fato demonstram, como enfatiza Anne Cunningham, professora de psicologia do desenvolvimento na Universidade da Califórnia, que o cérebro dispõe, através da via fonológica, de um mecanismo de "autoaprendizagem", graças ao qual, "em última análise, tudo que o leitor precisa fazer, ou quase tudo, [para alcançar a *expertise*], é ler".[146] O problema, como vimos na primeira parte deste trabalho, é que nossas crianças não apenas leem muito pouco, mas também estão lendo cada vez menos. Isso explica a queda significativa na velocidade de leitura dos alunos dos ensinos fundamental e médio nos últimos 50 anos.[129] Entre os alunos de último ano do ensino médio, por exemplo, entre 1960 e 2011, essa velocidade diminuiu quase 20%, passando de 237 para 192 palavras por minuto em média. Naturalmente, esse

---

* Grafema: "Sinal gráfico, composto por uma ou várias letras, que transcreve um fonema ou fornece uma indicação morfológica ou etimológica. Em francês, os grafemas '*c*', '*k*', '*qu*' podem representar o mesmo fonema".[189]

tipo de constatação não agrada aos progressistas fervorosos. Para essas almas bem-intencionadas, a compaixão de fachada costuma substituir o pensamento crítico. Impensável mencionar, mesmo que a contragosto, a exuberante influência do digital e a apatia intelectual de nossas crianças. Não, o culpado está em outro lugar. Nem as crianças nem os adultos podem ser responsabilizados por coisa alguma. Nesse contexto, a ortografia emerge como um bode expiatório ideal. Ela se torna um "jogo cruel [e] arcaico", cuja aquisição "causa anos de sofrimento a nossas crianças".[7] A isso pode-se responder que o sofrimento muitas vezes resulta de um déficit de uso e que, na realidade, os traumatizados pelo carrasco ortográfico não parecem ser tão numerosos. De acordo com uma pesquisa da Harris Interactive, apenas 12% dos franceses afirmam ter tido dificuldades significativas com a ortografia durante sua escolaridade, e 82% são contra a implementação de uma reforma simplificadora.[190] Esses números sugerem que nossos compatriotas valorizam sua língua e veem em sua complexidade histórica não um fardo a ser descartado, mas uma riqueza a ser preservada. Para além das convicções ideológicas e dos falsos pretextos políticos, a ciência parece lhes dar razão. É um pouco como o violino: podemos criticar a dureza quase sádica das exigências do aprendizado imposto às nossas pobres crianças e exigir a remoção de um par de cordas para simplificar o trabalho; ou, ao contrário, podemos considerar as dificuldades do instrumento como um fator crucial de fecundidade artística. Será um acaso que a França seja o país com o maior número de prêmios Nobel de Literatura (16 dos 119 prêmios concedidos até hoje)?[191] Será um acaso que ela seja seguida pelos Estados Unidos e pelo Reino Unido (13 vencedores cada), dois países que também possuem uma ortografia bastante imprevisível? Talvez. Mas está longe de ser uma certeza, como mostram os elementos expostos abaixo.

O italiano, o grego, o finlandês, entre outros exemplos, são línguas transparentes, o que significa que cada fonema (cada som elementar) corresponde a um único grafema (uma maneira única de formular o som). Por outro lado, o inglês, o dinamarquês e o francês são idiomas opacos, devido à sua propensão à irregularidade. O problema se expressa em dois níveis.[192-193] Primeiro, a mesma letra ou sequência de letras pode representar sons diferentes (por exemplo, "*er*": "*fer*", "*manger*"), às vezes dentro da mesma palavra (por exemplo, "*ent*": "ils *entrent*"). Em segundo lugar, um mesmo som pode ser transcrito de várias maneiras distintas (por exemplo, [ɛ]: "*gèle*", "*seigle*", "*met*", "*mais*", "*merci*", "*volley*", "*crayon*", "*est*"), também possivelmente em uma mesma palavra (por exemplo, [o]: "*roseau*"). É evidente que essas particularidades complicam a aprendizagem.[194] Como indicado na tabela da página seguinte, no final do primeiro ano do ensino fundamental, as crianças italianas, gregas e finlandesas decodificam quase perfeitamente letras, palavras comuns e pseudopalavras, ao contrário de seus colegas franceses, dinamarqueses e britânicos, que apresentam desempenho medíocre. Os alunos na França, por exemplo, identificam menos de 80% das palavras comuns apresentadas a eles. Mais do que os pequenos britânicos, que nem sequer atingem 35%. Os finlandeses se destacam com 98%.

Essas desigualdades são certamente frustrantes para os perdedores dessa loteria ortográfica transnacional. No entanto, elas não têm nada de dramático. Um ano adicional permite que as crianças francesas alcancem o desempenho dos pequenos finlandeses, gregos e italianos do primeiro ano (veja a tabela). Os dinamarqueses e britânicos têm menos sorte. Eles precisam de 24 a 30 meses para recuperar o atraso.[194] Após esse período, as ortografias "transparentes" deixam de ter um efeito facilitador sobre o desempenho dos alunos, como mostram as avaliações internacionais realizadas no final do ensino primário e fundamental (veja a tabela). As médias nas avaliações PISA da Grécia e da Itália, por exemplo, são significativamente inferiores às da Dinamarca e de muitos países de língua francesa (França, Quebec) ou inglesa (Estados Unidos, Inglaterra, Irlanda, Canadá, Austrália). A Finlândia se destaca, sem dúvida, mas não mais do que a Irlanda ou o Quebec.

Línguas	Ortografia	PRIMÁRIO 1º ano			PRIMÁRIO 2º ano			País	PIRLS Fim do primário	PISA Fim do ensino fundamental
		Letras	Palavras	Pseudo-palavras	Letras	Palavras	Pseudo-palavras			
Francês	Opaca	91%	79%	85%	98%	99%	97%	França Canadá (Quebec)	514 551	493 519
Dinamarquês	Opaca	95%	71%	54%	98%	93%	81%	Dinamarca	539	501
Inglês	Opaca	94%	34%	29%	96%	76%	64%	Estados Unidos Inglaterra Irlanda Austrália Canadá (Alberta)	548 558 577 540 539	505 505 518 503 532
Finlandês	Transparente	94%	98%	95%	Dados indisponíveis			Finlândia	549	520
Grego	Transparente	96%	98%	92%				Grécia	-	457
Italiano	Transparente	95%	95%	95%				Itália	537	476

Tabela. Resultados de crianças de diferentes idades em testes padronizados de leitura: letras individuais ("a", "b", "c" etc.), palavras comuns (por exemplo, em francês: "*heure*" (hora), "*monsieur*" (senhor), "*avec*" (com), "*image*" (imagem) etc.) e pseudopalavras mono ou dissilábicas (por exemplo, em francês: "*ur*", "*ja*", "*nita*", "*apuf*", "*jotu*" etc.). As porcentagens indicam a taxa de respostas corretas. Comparadas às línguas "opacas", as línguas "transparentes", em matéria de ortografia, têm um efeito favorável na capacidade de decodificação de estudantes do primeiro e do segundo ano do ensino fundamental. Segundo SEYMOUR, 2003.[194] Os dados PIRLS e PISA mostram que esse efeito facilitador desaparece até o final do ensino primário. Segundo IEA, 2023[195] e OECD, 2019.[196]

Infelizmente, a partir desses dados, é difícil chegar a conclusões definitivas. Na verdade, as médias das avaliações PIRLS e PISA não dependem apenas das línguas praticadas. Elas também variam com as características socioeconômicas e educacionais dos países envolvidos. Portanto, tudo o que podemos dizer é que a opacidade ortográfica não é um obstáculo insuperável a longo prazo;[67] o que, por si só, já constitui uma excelente notícia. Para superar essa relativa indeterminação, seria necessário comparar a evolução do desempenho de leitura de duas populações de alunos vivendo no mesmo país, frequentando o mesmo sistema educacional, com a mesma idade, mas não falando a mesma língua. Foi exatamente o que os pesquisadores britânicos fizeram no início dos anos 2000. "Em certas regiões do País de Gales", escrevem eles, "as crianças podem frequentar escolas primárias em galês ou em inglês. Se as crianças frequentam uma escola em galês [geralmente crianças cuja língua materna é o galês], elas aprendem a ler em galês [língua com ortografia altamente transparente]. Se elas frequentam uma escola em inglês [geralmente crianças cuja língua materna é o inglês], elas aprendem a ler em inglês [língua com ortografia bastante opaca]. As crianças que falavam galês e inglês envolvidas nessa pesquisa viviam na mesma região do norte do País de Gales, começaram a aprender a ler na mesma idade e receberam métodos de ensino semelhantes".[197-198] Os primeiros resultados foram conforme o esperado. No início do primeiro ano do ensino fundamental,* todas as crianças mostraram, por assim dizer, o mesmo nível de incompetência.[197] Depois, rapidamente, as crianças que falavam galês começaram a superar seus colegas anglófonos, tanto na leitura de palavras quanto na de pseudopalavras. A diferença atingiu seu pico no final do segundo ano, antes de começar a diminuir gradualmente e desaparecer no quinto ano.[199-200] Nesse ponto, apenas as palavras irregulares raras continuavam a ser problemáticas para os anglófonos, o que parece

---

* Lembremos que, ao longo deste livro, as classes são nomeadas de acordo com o sistema brasileiro, desde o primeiro ano (do ensino fundamental) até o terceiro ano (do ensino médio). Veja a nota de rodapé à p. 31.

bastante normal, uma vez que estamos falando exatamente do tipo de palavras que, devido às suas peculiaridades ortográficas, só podem ser decodificadas corretamente se já forem conhecidas. No entanto, esse não é o ponto mais interessante. No contexto da avaliação final realizada no quinto ano, os autores decidiram adicionar um teste de compreensão. O desempenho dos falantes de galês foi duplamente inferior ao dos falantes de inglês: não apenas estes últimos cometeram menos erros nas questões de compreensão (20% contra 28%) como também leram os textos propostos mais rapidamente (98 palavras por minuto contra 83).

À primeira vista, essa inversão pode parecer surpreendente. No entanto, ela é bastante fácil de explicar. A complexidade das ortografias opacas não é estéril. Ela encapsula todo tipo de informações linguísticas que as ortografias mais transparentes não contêm.[33,200] Inicialmente, essas informações tornam a aquisição da decodificação mais difícil; no entanto, depois de assimiladas, elas facilitam significativamente o processo de compreensão. Os homófonos (isto é, palavras com a mesma pronúncia, mas ortografia diferente) oferecem um bom exemplo disso. Se tivéssemos apenas uma versão do som "*so*", por exemplo, a decodificação certamente seria facilitada, mas a compreensão seria profundamente prejudicada: "*le so à côté du so qui prépare un so porte un so étrange* [o *so* ao lado do *so* que prepara um *so* carrega um *so* estranho]" é muito mais difícil de interpretar do que "*le seau à côté du sot qui prépare un saut porte un sceau étrange* [o balde (*seau*) ao lado do tolo (*sot*) que prepara um salto (*saut*) carrega um selo (*sceau*) estranho]". O mesmo vale para os acentos circunflexos frequentemente criticados por sua natureza "elitista e estéril";[201] na verdade, eles são muito úteis em francês: "*le charpentier est entouré de forets* [o carpinteiro está rodeado de brocas]" não é o mesmo que "*le charpentier est entouré de forêts* [o carpinteiro está rodeado de florestas]"; o mesmo vale para "*c'est un beau matin gris* [é uma linda manhã cinza]" e "*c'est un beau mâtin gris* [é um belo mastim cinza]"; ou "*quel joli rot* [que belo arroto]" e "*quel joli rôt* [que belo assado]". Ao suprimir o acento, introduzimos automaticamente uma complexidade, pois se torna necessário procurar no contexto da frase o significado apropriado da palavra. Línguas transparentes como o italiano têm poucos homófonos, justamente para limitar as incertezas contextuais. A ambiguidade dos "*so*", por exemplo, é resolvida em italiano usando uma palavra diferente para cada conceito: "*Il secchio (seau/*balde) *accanto al pazzo (sot/*tolo) *che si prepara a saltare (saut/*salto) *reca uno strano sigillo (sceau/*selo)". Mas isso nem sempre acontece, e a transparência ortográfica torna mais difícil a compreensão de frases como "*È una pesca molto buona*", porque é necessário depender do contexto para saber se estamos falando de uma excelente *pescaria* ou de *pêssegos*. A opacidade ortográfica resolve imediatamente essa incerteza.

No entanto, vamos supor que seja necessário tornar o francês transparente. Como fazê-lo? Devemos tornar a leitura um inferno absoluto, transcrevendo foneticamente todos os homófonos, o que provavelmente não será fácil: é uma questão d'*èr* (*air/aire/ère* – ar/ área/era); é um *konte* ordinário (*conte/comte/compte* – conto/conde/ conta); ela ama o seu papel de *mèr* (*mère/maire* – mãe/prefeita) etc.? Ou devemos criar uma série de novas palavras para eliminar os homófonos (o que para "*so*" poderia ser: "*Le sil à côté du sotus qui prépare un salt porte un map étrange* [O *sil* ao lado do *sotus* que prepara um *salt* carrega um *map* estranho]"? Mas, se fizéssemos isso, todo o nosso patrimônio literário se tornaria ilegível, a menos que reescrevêssemos todas as obras publicadas. Além disso, o processo autoritário de apagar as palavras antigas e integrar novos termos à língua comum pode não ser simples de organizar. Enfim, simplificar a ortografia não é apenas uma questão complicada. Quando pensamos seriamente sobre isso, é nada menos que impossível; porque, para consegui-lo, seria necessário modificar a língua como um todo. Os "progressistas", é claro, sempre podem exaltar as virtudes do corretor ortográfico e exigir a abolição da regra de concordância do particípio passado com o verbo auxiliar "ter"...[202] mas não tenho certeza de que isso mude muito, pois, mais uma vez, o problema não está no infeliz esquecimento de uma concordância, mas na íntima ligação da ortografia com a língua e a leitura. Tendemos demais a esquecer que a ortografia não serve apenas aos escritores; ela também é indispensável aos leitores. Portanto, se ela precisar evoluir, isso não acontecerá por meio de um ditame artificial simplificador, mas como resposta às mudanças da língua, como sempre foi o caso.

Essas observações também se aplicam aos indicadores morfológicos. O francês e o inglês priorizam a transparência dos radicais* à estabilidade dos sons. Isso pode ser incômodo para o iniciante, mas é benéfico para o leitor experiente, pois permite materializar comunidades semânticas que, de outra forma, permaneceriam invisíveis. Se "*femme*" [mulher] fosse escrito com um "*a*", o vínculo com outros membros da família ("*féminin*" [feminino], "*féministe*" [feminista], "*féminicide*" [feminicídio] etc.) seria perdido. Esse tipo de semelhança fornece informações valiosas sobre o sentido das palavras, como muitas letras mudas também fornecem, tão úteis para compreender expressões como "*Je viendrai/viendrais avec plaisir* [Eu virei/viria com prazer]" ou "*c'est un problème de foi/foie* [é um problema de fé/ fígado]". Tomemos a frase: "Laura Austerlitz prestou [...] um depoimento relacionado a um crime cometido em 1944 em uma "*rizerie*" [uma arrozeira]".[204] Esse último termo não é comum, e a frase não fornece nenhum contexto que possa esclarecer o leitor. No entanto, a ortografia complexa do francês facilita bastante a compreensão. De fato, *rizerie* é composto pelo radical "*riz*" (um vínculo indicado pelo "*z*" final, mudo) e pelo sufixo "*-erie*", usado comumente para formar "nomes que se referem a indústrias artesanais" ("*crêperie*", "*boiserie*", "*boucherie*", "*cimenterie*" etc.).**,[205] Portanto, podemos deduzir da estrutura da palavra que o crime provavelmente ocorreu em uma empresa envolvida no cultivo ou no beneficiamento de arroz. Esse tipo de inferência não é possível nas ortografias transparentes. Isso sem dúvida não funciona em todos os casos, como demonstra

---

* O radical é "o elemento comum a várias palavras de uma mesma família, a várias formas de um mesmo verbo, que podemos isolar ao remover os diferentes prefixos, sufixos, infixos e desinências desses termos. '*Livrer*', '*délivrer*' e '*livraison*' são formados a partir do radical '*livr-*'".[203]

** Em português, poderíamos fazer a mesma relação: arroz/arrozeira, madeira/ madeireira. (N.T.)

o triste exemplo, mencionado anteriormente, de nossos aspirantes a professores, que veem na palavra "*chancelant*" um derivado de "*chance*" ou "*chant*". Mas funciona muito bem quando a ortografia contém letras "inúteis" (*riz-rizerie; soie-soierie; quart-quartilage* etc.), porque essas irregularidades, mais uma vez, carregam informações.

Em suma, como Mark Seidenberg escreveu, "em questões ortográficas, nada é gratuito. A simplicidade em um campo é compensada pela dificuldade em outro".[33] As crianças francesas e inglesas levam anos para adquirir um domínio satisfatório da decodificação. Mas, ao contrário do que sugerem todos os entusiastas do menor esforço, esse investimento não é inútil ou absurdo. Ele atesta uma riqueza ortográfica, por certo difícil de assimilar, mas portadora de indicadores estruturais que favorecem muito a compreensão de um texto. As pesquisas mais sólidas confirmam que as línguas opacas complicam a aquisição da decodificação a curto prazo, mas favorecem a fluência da leitura a longo prazo.[33,197-199] Na França, como em outros lugares, não podemos pedir o melhor dos dois mundos. Como disse Marie-Claude Blais, professora de ciência da educação: "Gostaríamos que as crianças adquirissem conhecimentos sem termos de ensiná-las".[206] Isso não é possível, tanto para aprender a ler quanto para tocar violino, tocar piano, jogar tênis ou estudar neuroanatomia. Mais uma vez, tudo é uma questão de prática e volume de leitura. Para aprender a decodificar corretamente, é preciso ler, e ler bastante, desde o primeiro ano do ensino fundamental até a universidade. Não se trata de uma postura reacionária, mas de um fato experimental!

Dito isso, é claro que não se trata de afirmar que os pais devam (caso tenham essa possibilidade) substituir os professores. O ensino do bê-á-bá cabe à escola, e isso será discutido mais amplamente na próxima parte. No entanto, as famílias podem ajudar. No início, elas podem apoiar a aquisição relendo os textos da escola com os alunos. Em seguida, assim que as primeiras bases forem estabelecidas, elas podem incentivar a criança a ler ou, melhor ainda, podem acompanhá-la na leitura. O caminho é longo, sem dúvida. Mas é crucial entender que isso não se deve a alguma estupidez intrínseca ou deficiência da criança. O problema decorre principalmente das complexidades da língua. É preciso tempo para que as crianças francesas e anglófonas assimilem essas complexidades; é preciso obrigatória e necessariamente tempo. Os pais precisam estar cientes disso e não se enganar sobre as dificuldades de seus filhos. Essas dificuldades são normais e esperadas. Paciência e apoio são, para citar a famosa expressão do duque de Sully,* os dois pilares do sucesso. No fundo, tudo isso pode ser resumido em algumas palavras muito simples: quanto mais a criança lê, mais suas habilidades de decodificação se desenvolvem e se automatizam (por meio sobretudo da consolidação de representações ortográficas); o que permite que os recursos cerebrais progressivamente se concentrem na compreensão e no prazer da leitura.

Ler é compreender

O problema é que, ao focar tanto na identificação das palavras, a escola acabou negligenciando a apreensão do sentido.[68,208] Mas isso realmente surpreende alguém que se dê ao trabalho de comparar essas duas necessidades? De um lado, há a decodificação: uma habilidade circunscrita, fácil de definir, cujo aprendizado segue uma progressão relativamente rápida e é fácil de aplicar em um ambiente escolar.[7,34] Do outro, temos a compreensão: uma capacidade difusa, desprovida de contornos evidentes,[39,209] cuja aquisição segue uma dinâmica tão incrivelmente paciente e demorada que a contribuição da escola só pode ser complementar.[64,68-69] No entanto, é a compreensão que, em última instância, decide tudo. Ela não é uma prioridade na leitura, ela é seu único objetivo. Ler, como já dissemos, não é apenas decodificar, é compreender; e, para compreender, dois elementos são particularmente importantes: a linguagem e o conhecimento. Na prática, é claro, esses pilares emergem de um lento processo circular.

---

* "Agricultura e pastagem são os dois pilares da França"[207] (1638).

As ferramentas que permitem a leitura emanam da própria leitura. Em outras palavras, quanto mais a criança lê, mais sua linguagem e seu conhecimento se expandem, e mais sua habilidade de lidar com textos diversos e desafiadores aumenta. Por uma questão de clareza, esse ciclo virtuoso é abordado aqui em duas etapas. A primeira ocupa as próximas linhas. Ela explora as complexidades linguísticas e culturais que se apresentam ao leitor competente; complexidades que ele geralmente resolve de maneira automática, sem tomar consciência delas. A segunda etapa se baseia nesses dados; ela será abordada no restante do livro e explora a construção da *expertise* sob o duplo prisma dos pré-requisitos (terceira parte) e dos benefícios (quarta e quinta partes) da leitura.

▶ Linguagem indispensável

A escrita necessita da linguagem. A questão é fácil de entender: sem palavras, não podem existir obras, autores ou leitores. O que é menos óbvio de perceber é a reversibilidade desse fenômeno: sem livros, a linguagem jamais teria alcançado o mesmo grau de refinamento e inteligibilidade.[210-212] A contribuição assumiu duas formas. A mais geral deu início a um necessário movimento de estabilização e normalização das línguas. O francês oferece um bom exemplo.[213] Como explicam nossos acadêmicos, "no início do século XVII, a língua ainda está em plena evolução, muito instável em alguns pontos: verbos passando de uma conjugação para outra (*recouvrer/recouvrir*), gênero das palavras não fixado, morfologia variável (*hirondelle, arondelle* ou *erondelle*), pronúncia variável. Se o século XVI tolerava essas variações e flutuações, a tendência no século XVII vai para a unificação em uma linguagem 'média', compreensível por todos os franceses e por todos os europeus que cada vez mais adotam o francês como língua comum. Esse objetivo, expresso pelo poeta Malherbe, é retomado por muitos gramáticos e literatos (Vaugelas), que se unem para trabalhar nessa direção".[214] Ao favorecer a padronização do vocabulário, da ortografia, das normas de expressão e das regras de gramática, o desenvolvimento da escrita (e mais especificamente da impressão) deu um forte apoio à concretização desse projeto.[28,210-211,213]

Mas isso não foi tudo. Para enriquecer a língua, a escrita também soube, por assim dizer, explorar suas limitações. Independentemente do que tente retratar, transmitir ou formular, ela só pode contar consigo mesma. Não importa a natureza da narrativa, não importa se o texto fala de paisagens, batalhas, sentimentos, emoções, intrigas, esportes, ciências ou vidas comuns, a transmissão só pode ocorrer através das palavras. Se estas estiverem ausentes ou carecerem de precisão, a narrativa se torna, no máximo, grosseira, e, no pior dos casos, impossível. Em outras palavras, para a escrita, a sutileza linguística, especialmente lexical, é uma necessidade vital. Imagine um desconhecido se dirigindo a você. Além das palavras faladas, sua aparência física e suas entonações fornecerão todo tipo de informações fundamentais: idade, sexo, humor, grau de instrução, condição social, ironia etc. Todas essas pistas escapam à escrita. Para capturá-las, o autor precisa transcrevê-las; e isso só é possível se ele tiver uma língua suficientemente rica, precisa e diversificada. O mesmo acontece com as paisagens. O que o olho, o ouvido e o olfato percebem espontaneamente (edifícios, panoramas, flores, estátuas, fragrâncias, sons, cores, luzes etc.), exige uma incrível quantidade de palavras para ser descrito detalhadamente, e para ser transmitido não apenas em seus elementos físicos, mas também em seus movimentos, suas emoções, sua vida. Uma necessidade ilustrada no quadro a seguir, através da riqueza linguística de um pequeno texto de Victor Hugo descrevendo um campo gramado comum e o mundo que ele abriga.

Todas essas palavras, sem as quais a transmissão escrita não poderia existir, foram pouco a pouco criadas pelas línguas, de várias maneiras: expandindo o léxico existente, resgatando expressões antigas que se tornaram obsoletas, recorrendo aos vizinhos (latim, grego, italiano, árabe etc.) ou cunhando novos termos.[212-213] Entre 1500 e 1650, o inglês, por exemplo, teria se enriquecido com mais de 10 mil palavras.[212]

"A grama em Guernesey é a grama de qualquer lugar, um pouco mais rica, no entanto; uma pradaria em Guernesey é quase o gramado de Cluges ou Géménos. Você encontra festucas e panascos, como em qualquer grama comum, mais o capim-de-burro e a glicéria-flutuante, mais o bromo-cevada com espigas fusiformes, mais o alpiste, a agróstis que dá um tingimento verde, o azevém, o tremoço-amarelo, o capim-lanudo com lã em seu caule, o feno-de-cheiro, o capim-treme-treme, a margarida-africana, o alho-selvagem cuja flor é tão doce e o cheiro tão acre, o rabo-de-gato, o capim-cauda-de-raposa cuja espiga parece uma pequena clava, o esparto próprio para fazer cestos, a aveia-brava útil para fixar as areias movediças. Isso é tudo? Não, ainda há o dáctilo cujas flores se enrolam, o painço e até mesmo, de acordo com alguns agrônomos locais, o andropógon. Há a barba-de-falcão com folhas de dente-de-leão, que marca a hora, e a serralha da Sibéria, que anuncia o tempo. Tudo isso é grama; mas não é qualquer um que tem essa grama; essa é a grama própria do arquipélago; é preciso o granito no subsolo e o oceano como regador. Agora, deixe mil insetos correrem e voarem por dentro e por cima dela, alguns horrendos, outros encantadores; embaixo da grama, os de longas antenas, longos narizes, as lagartas, as formigas ocupadas ordenhando suas vacas em busca de pulgões, os gafanhotos babantes, a joaninha, criatura do bom Deus, e o besouro do clique, criatura do diabo; sob a grama, no ar, a libélula, o himenóptero, a vespa, os besouros dourados, os zangões de veludo, os hemerobiídeos de renda, os crisidídeos de abdômen vermelho, as barulhentas moscas-das-flores, e você terá uma ideia do espetáculo cheio de imaginação que em junho, ao meio-dia, a encosta de Jerbourg ou Fermain-Bay oferece a um entomologista um pouco sonhador e a um poeta um pouco naturalista."

Victor Hugo, *Les Travailleurs de la mer. L'archipel de la Manche* [*Os trabalhadores do mar. O arquipélago do canal*], Capítulo IV.[131]

Quadro. É necessária uma grande quantidade de palavras para descrever um simples campo, tão fácil de contemplar, como ilustra esse texto de Victor Hugo, publicado em 1866.

Nas últimas três décadas, uma grande quantidade de estudos quantitativos comparou a complexidade dos conteúdos linguísticos em função da idade dos sujeitos (pré-escolar: 2 a 6 anos; escolar: 6 a 12 anos; adolescentes/adultos) e dos modos de expressão (impresso: livros, jornais, artigos científicos etc.; audiovisual: programas de TV, filmes, desenhos animados etc.; conversação: entre adultos, entre um adulto e uma criança, entre especialistas etc.; leitura compartilhada etc.).[39,63-65] Os resultados mostram, de maneira unânime e consensual, que a generosidade linguística dos mundos escritos supera significativamente a dos universos orais.[*,215] Essa primazia se aplica tanto à gramática[216-220] quanto ao vocabulário.[59,221-224] Comecemos por esse segundo ponto. A maioria das pesquisas se baseia em vastas listas de palavras classificadas por níveis de familiaridade, chamadas de dicionários de frequência.[**] Para criar essas listas, duas etapas são necessárias. Primeiro, é necessário agregar vastas bases de dados linguísticos (conversas, romances, jornais, filmes, desenhos animados etc.). Em seguida, as palavras dessas bases precisam ser ordenadas, desde as mais comuns até as mais raras. Em francês, "*le*" é a número 1 (ou seja, "*le*" é a palavra mais frequentemente usada), "*pour*" é a número 10, "*livre*" é a número 358, "*héros*" é a número 1.883, "*racisme*" é a número 4.044 etc.[225] Em inglês, "*the*" é a número 1, "*for*" é a número 13, "*book*" é a número 245, "*hero*" é o número 1.941, "*racism*" é a número 3.924 etc.[226]

Graças a esses inventários, vários índices de complexidade podem ser elaborados. O mais comumente citado mostra que, em média, durante uma conversa informal entre adultos educados (detentores de diplomas universitários), a proporção de termos que não fazem parte do repertório

---

* Muitas das pesquisas discutidas aqui são em língua inglesa. No entanto, a generalização para o francês não parece ser um problema, dadas a clareza e a aceitação da similaridade dos resultados obtidos para essas duas línguas.[59]

** Vamos esclarecer, para evitar qualquer ambiguidade, que o conceito de *palavra* é usado aqui no sentido restrito de *lema*. O *lema* representa a forma padrão de uma palavra variável, como o infinitivo de um verbo ou o masculino singular de um substantivo. De forma simples, podemos dizer que os lemas correspondem às entradas do dicionário.

básico de 5 mil palavras mais frequentemente utilizadas* atinge 6%. Uma taxa idêntica àquela observada em programas de televisão no horário nobre. Romances e jornais atingem 12% e 16%, respectivamente.[221] Dois percentuais que, à primeira vista, podem parecer bastante baixos. No entanto, quando relacionados ao número de termos de um livro padrão, eles se mostram colossais. Tomemos *Bel-Ami*, mencionado na parte anterior; 12% equivalem a mais de 12.500 palavras não básicas. Para *Germinal* ou *Notre-Dame de Paris*, também mencionados, a contagem ultrapassa 20 mil unidades. Em jornais, uma coluna padrão de meia página contém cerca de mil a 1.200 termos, resultando de 160 a 200 palavras que não fazem parte do repertório comum.

Esses resultados se aproximam bastante dos valores obtidos por outras análises que envolvem a posição da palavra mediana, isto é, a posição da palavra que divide a distribuição lexical em duas partes iguais: uma posição mediana igual a 100 significa que metade do enunciado é composto pelas 100 palavras mais comuns da língua, enquanto a outra metade é retirada além dessa fronteira. Esse parâmetro oferece uma estimativa quantitativa abrangente, por sua capacidade de capturar a complexidade média do *corpus* estudado. Durante uma conversa entre adultos educados, 50% das palavras provêm das 500 palavras mais frequentemente utilizadas (consulte a Figura 9, à p. 133). Um limiar idêntico ao exibido por programas de televisão no horário nobre. Para os livros, esse número ultrapassa mil, ou seja, uma base lexical duas vezes maior. Os jornais se aproximam de 1.700 (devido especialmente à alta prevalência de termos especializados em economia, esportes, geopolítica etc.).[221]

Esses marcadores gerais são interessantes de ser relacionados à distribuição de palavras ditas "raras", ou seja, palavras que se situam além do básico (as 5 mil palavras mais correntes) e do regular (entre 5 mil e 10 mil), e que estão incluídas no repertório das 10 mil palavras menos frequentes. Em média, conversas entre indivíduos educados contêm 17 palavras raras para cada mil termos. Programas de televisão no horário nobre contêm 23. Romances chegam a 54, enquanto jornais têm 68. Em

---

* Com o sentido de lemas (ver nota à p. 129). Esse ponto não será mais relembrado.

outras palavras, há entre duas e quatro vezes mais palavras raras nesses dois últimos suportes do que nos ambientes orais predominantes.[221] Para evitar qualquer ambiguidade, vale ressaltar que o adjetivo "raro" não se aplica apenas a palavras mundanas, anedóticas ou obsoletas. Além desses três adjetivos, o repertório francês de palavras estatisticamente "raras" inclui itens tão pouco acessórios quanto "barroco", "exação", "ladainha", "famélico", "drástico", "acamado", "latrina", "roldana", "aparte", "incongruente", "rústico", "franzino", "venial" ou "víveres". Vale ressaltar também que as palavras "raras" são geralmente menos raras na escrita do que na fala.[93] A tabela a seguir enumera alguns exemplos característicos. Apesar de sua raridade oral, todos esses exemplos foram encontrados nos quatro clássicos da literatura francesa mencionados na primeira parte deste livro: *Notre-Dame de Paris*, *Bel-Ami*, *Germinal* e *O capitão Fracasso*. Tome o adjetivo "*saillant*" [saliente]. Ele aparece nos quatro textos citados, apesar de sua quase ausência nos *corpus* verbais (menos de uma ocorrência a cada 5,5 milhões de palavras faladas).

Palavras	Frequência oral (inferior a...)	Frequência escrita (superior a...)	Presentes/ausentes
Pêle-mêle [confusamente]	1/50 milhões	8/1 milhão	*Notre-Dame de Paris* (10) *Bel-Ami* (2) *Germinal* (0) *O capitão Fracasso* (1)
Saillant [saliente]	1/5,5 milhões	10/1 milhão	*Notre-Dame de Paris* (1) *Bel-Ami* (3) *Germinal* (1) *O capitão Fracasso* (4)
Fagot [feixe]	1/5 milhões	10/1 milhão	*Notre-Dame de Paris* (11) *Bel-Ami* (0) *Germinal* (1) *O capitão Fracasso* (10)
Faïence [faiança]	1/3,5 milhões	9/1 milhão	*Notre-Dame de Paris* (2) *Bel-Ami* (3) *Germinal* (1) *O capitão Fracasso* (3)

Palavras	Frequência oral (inferior a...)	Frequência escrita (superior a...)	Presentes/ausentes
Laiteux [leitoso]	1/3 milhões	10/1 milhão	*Notre-Dame de Paris* (0) *Bel-Ami* (0) *Germinal* (1) *O capitão Fracasso* (4)
Rauque [rouco]	1/2 milhões	18/1 milhão	*Notre-Dame de Paris* (8) *Bel-Ami* (0) *Germinal* (7) *O capitão Fracasso* (4)
Hagard [desvairado]	1/2 milhões	13/1 milhão	*Notre-Dame de Paris* (10) *Bel-Ami* (1) *Germinal* (1) *O capitão Fracasso* (9)
Sérail [serralho]	1/2 milhões	13/1 milhão	*Notre-Dame de Paris* (1) *Bel-Ami* (0) *Germinal* (0) *O capitão Fracasso* (1)
Chanoine [cônego]	1/2 milhões	11/1 milhão	*Notre-Dame de Paris* (9) *Bel-Ami* (0) *Germinal* (0) *O capitão Fracasso* (1)
Âcre [acre]	1/2 milhões	11/1 milhão	*Notre-Dame de Paris* (1) *Bel-Ami* (4) *Germinal* (1) *O capitão Fracasso* (3)

Tabela. Alguns exemplos de palavras "raras" que estão mais presentes na escrita do que na fala. Segundo NEW, 2004.[227] A última coluna indica o número de ocorrências dessas palavras em quatro obras clássicas.

Sem surpresa, a supremacia linguística dos mundos escritos também se aplica à literatura infantojuvenil. Independentemente da faixa etária considerada, os livros apresentam um vocabulário mais rico e denso do que as composições verbais comuns. A análise da posição mediana das palavras o prova claramente, demonstrando que a complexidade lexical média dos livros para crianças (2-5 anos) é maior do que a dos principais suportes orais, sejam eles conversacionais ou audiovisuais, em todas as faixas etárias (consulte a Figura 9, adiante). Em outras palavras, e sucintamente, há mais riqueza linguística nos livros pré-escolares mais simples (2-5 anos) do que nas produções verbais mais predominantes. Essa supremacia, é claro, persiste para além dos primeiros anos escolares (6-12 anos).

A análise das palavras raras é especialmente impressionante nesse contexto. Elas são entre duas e quatro vezes mais frequentes em obras destinadas a alunos do ensino fundamental (31/1.000) do que em interações orais entre adultos (17/1.000), entre adultos e crianças em idade escolar (12/1.000) e entre adultos e crianças em idade pré-escolar (9/1.000). Vale ressaltar, por curiosidade, que o título de *corpus* mais carente vai para os programas audiovisuais "educativos", que, segundo mitos persistentes,[119] supostamente ensinam a linguagem às nossas crianças: duas palavras raras a cada mil termos (!); ou seja, oito vezes menos do que a média dos livros mais elementares (2-5 anos; 16/1.000).

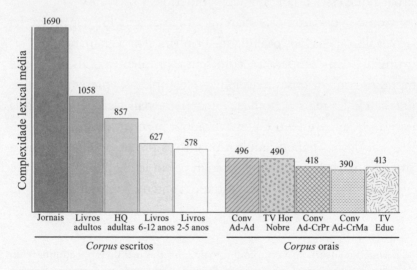

Figura 9. Complexidade lexical média (estimada a partir da posição da palavra mediana) para diferentes *corpus* linguísticos escritos (gráfico à esquerda) ou orais (gráfico à direita). "Conv": conversas; "TV": televisão; "Hor": horário; "Ad": adultos; "CrPr": crianças no primário (6 a 12 anos); "CrMa": crianças no maternal (2 a 5 anos); "Educ": programas educativos. Segundo HAYES, 1988.[221]

Recentemente, um estudo investigou os materiais de leitura compartilhada voltados para crianças.[222] Geralmente, esses textos são curtos e acompanhados de ilustrações gráficas. Por exemplo, em *C'est moi le plus fort* [O mais forte sou eu], um pequeno álbum acessível a partir dos 3 anos de idade, selecionado aleatoriamente nas prateleiras de uma livraria local e aberto ao acaso, aparece o seguinte texto, ao lado da imagem de um lobo caminhando na floresta: "'Eu adoro elogios, não me canso deles', celebra o lobo".[228] As análises indicam que esse tipo de obra, extremamente simples e destinada aos pequenos, contém uma riqueza lexical impressionante, muito superior à dos repertórios verbais comuns. Para demonstrá-lo, os autores se concentraram em palavras raras, definidas como aquelas que não fazem parte do léxico de 5 mil palavras mais frequentemente encontradas (e não das 10 mil, como mencionado anteriormente; o que explica que as médias obtidas sejam mais elevadas). Resultado: há mais palavras raras em álbuns ilustrados (64/1.000) do que em conversas entre adultos (39/1.000), palavras dirigidas por adultos a seus jovens filhos (27/1.000) e, de forma mais geral, na imersão verbal a que essas crianças estão submetidas (37/1.000).·

Como já destacamos, é claro, a supremacia da linguagem escrita não se aplica apenas ao vocabulário. Também afeta a gramática.[216-220,227] Em média, em comparação com seus equivalentes orais, os *corpus* impressos contêm frases mais longas e complexas, apresentam estruturas sintáticas mais elaboradas e recorrem mais facilmente à forma passiva. Esse fenômeno é generalizado e permeia tanto as criações mais sofisticadas para os adultos quanto as produções mais elementares destinadas às crianças. Para crianças em idade pré-escolar (2 a 4 anos), por exemplo, os álbuns ilustrados contêm, em comparação com

---

· Essa imersão inclui um amplo conjunto de conversas mantidas por adultos (pais, professores, babás etc.), na presença de crianças jovens (de 7 meses a 7,5 anos), direcionadas a elas ou não (por exemplo: conversas entre adultos na presença da criança), em várias situações (brincadeira livre, refeições em família etc.). O *corpus* utilizado contém mais de 2,5 milhões de palavras, para um total de 24.150 radicais.

as interações verbais interpessoais comuns (pai/criança), duas vezes mais frases simples organizadas de acordo com o modelo canônico "sujeito-verbo-complemento" ("eles subiram a encosta escarpada da montanha");[229] três vezes mais frases complexas ("quando bateram à porta, foi o pai, alegre, quem abriu para eles, pois a madrasta havia morrido algum tempo antes");[230] doze vezes mais orações principais expressas na voz passiva ("todos estão maravilhados com seu esplendor");[231] e sete vezes mais orações subordinadas relativas ("Ulisses mendiga junto aos presentes, que o insultam sem o reconhecer"[232]).[216,218]

Um estudo interessante resume bem esses dados. Seu título é sugestivo: "Da página à tela: quando um romance é interpretado no cinema, o que se perde na transferência?".[233] A resposta é bastante simples: "O filme usa menos palavras polissilábicas [...]. O filme usa estruturas frasais menos complexas [...]. O filme possui menos diversidade lexical [...]. O filme reduz a complexidade dos diálogos, da trama, dos personagens e do assunto". Novamente, isso não significa que a imagem esteja desprovida de riqueza e que o cinema seja uma arte secundária. Significa apenas que a transição da escrita para a tela empobrece consideravelmente a riqueza linguística das obras. Considere, por exemplo, *O morro dos ventos uivantes*, uma maravilha literária de Emily Brontë, publicada em 1847.[234] Por seu vocabulário, o livro é para o ensino médio (primeiro ano), enquanto sua adaptação cinematográfica de William Wyler (1939), nomeada oito vezes ao Oscar em seu lançamento,[235] classificada como patrimônio cultural do cinema norte-americano,[236] não ultrapassa o nível fundamental (quinto ano). Quanto à dificuldade lexical, a versão audiovisual contém 1,7 vezes mais palavras monossilábicas do que o romance. Uma relação inversa àquela medida para as formas plurais, que contêm duas ou mais sílabas. Em resumo, além de sua inventividade visual (que ninguém contesta), os filmes exibem, em relação à escrita, uma notável estreiteza linguística.

A todas essas diferenças, o francês ainda acrescenta sua ampla gama de tempos narrativos,* alguns dos quais são quase exclusivos

---

* Que definem os tempos verbais utilizados pelo autor para contar a história (presente do indicativo [eu leio], mais-que-perfeito do subjuntivo [que eu tivesse lido] etc.).

de produções escritas. O passado simples e o passado anterior, o imperfeito e o mais-que-perfeito do subjuntivo, por exemplo, estão representados de forma desproporcional nos *corpus* impressos.[227] Considere o verbo "*pencher*" [inclinar] na terceira pessoa do passado simples: "*il/elle pencha*". Embora praticamente ausente do universo oral (cerca de 1 ocorrência a cada 10 milhões de palavras), ele é relativamente comum nos contextos literários (cerca de 1/30 mil), incluindo os livros infantis ("*elle se pencha dans l'ouverture pour regarder*" [ela se inclinou na abertura para olhar]).[237] Da mesma forma, o verbo auxiliar "*être*" [ser] no mais-que-perfeito do subjuntivo, terceira pessoa do plural: "*ils/elles eussent*". A forma é muito rara na fala (cerca de 1 para 10 milhões), mas relativamente comum na escrita (cerca de 1 para 50 mil), incluindo em obras infantojuvenis ("*pas de bibliothèque, pas de livres, qui eussent été sans utilité pour M. Fogg*" [não havia biblioteca, não havia livro, o que não teria sido de qualquer utilidade para o Sr. Fogg]).[238] O mesmo vale para os "*fissent*", "*sentisse*", "*voulussent*" ou "*dormîmes*" do imperfeito do subjuntivo, todos significativamente mais presentes na escrita (mais de 1/3 milhões) do que na fala (menos de 1/100 mil).

Apesar de eloquentes, esses dados às vezes penam para vencer as objeções dos pais. Recentemente, uma mãe de família, professora, explicou-me ao fim de uma conferência, que essas observações lhe pareciam "bastante alarmistas" (expressão-fetiche das denegações vazias). Ela estava "convencida" de que uma exposição verbal abundante, composta por conversas diversificadas e programas audiovisuais variados, forneceria bases suficientes para garantir uma compreensão adequada das obras comuns; pelo menos em crianças. E então, ela afirmava, "algumas palavras desconhecidas não impedem a compreensão de uma história; as palavras que a criança não conhece ela deduz facilmente a partir do contexto". O argumento é interessante, e várias pesquisas questionaram sua validade. Os resultados infelizmente confirmam que "algumas palavras desconhecidas" são suficientes para prejudicar significativamente o sistema. Mais especificamente, se o leitor desconhecer de 3% a 4% das palavras de um enunciado, a compreensão desse enunciado será significativamente prejudicada; e é claro que, quanto maior a taxa de desconhecimento, mais aleatório se torna o acesso ao significado.[67,239-241] Embora possa parecer surpreendente à primeira vista, o número dessas porcentagens é bastante fácil de entender. Depois de remover pronomes ("ele", "você" etc.), artigos ("um", "a" etc.), conjunções ("e", "mas" etc.), preposições ("em", "para" etc.), verbos auxiliares ("ter" e "ser"), além de verbos, substantivos, advérbios e adjetivos comuns ("mostrar", "senhor", "pouco", "grande" etc.), as palavras raras são aquelas que concentram o espírito e o pensamento do texto. Isso explica seu impacto desproporcional na compreensão. O quadro a seguir mostra isso. Ele reproduz as primeiras 206 palavras [do original em francês] do livro *Les Contes*, de Charles Perrault, datado do final do século XVII.[242] Três versões são sugeridas. A primeira falsifica oito termos (substituídos por pseudopalavras, o que equivale a introduzir artificialmente 3,9% de palavras desconhecidas); a segunda modifica quatro termos (1,9% de palavras desconhecidas); a terceira, nenhum.

Oito palavras substituídas por pseudopalavras
(menos de 4% do total)

Permitam-me, a propósito de cuxes, narrar aqui uma pequena história. Meu amigo Jacques entrou um dia em uma pijmanyre para comprar um murc bem pequeno que havia despertado sua vontade. Ele comprou esse murc para uma criança que havia perdido o ifrage e que só conseguia rafir um pouco quando estava sendo entretida. Pareceu-lhe que um murc tão bonito poderia tentar até mesmo um ripire. Enquanto esperava pelo troco, um garotinho de 6 ou 8 anos, vestido modestamente, mas limpo, entrou na pijmanyre. "Senhora", disse ele à pijmanyra, "mamãe me mandou buscar um pão...". A pijmanyra subiu em seu balcão (a cena acontecia em uma cidade do interior), tirou da prateleira dos grouns de quatro libras o mais bonito que pôde encontrar e o colocou nos braços do garotinho. Meu amigo Jacques notou então a aparência ruitite e pensativa do pequeno comprador. Ela contrastava com a aparência ampla e roliça do grande murc que ele parecia carregar com toda responsabilidade. "Você tem dinheiro?", perguntou a pijmanyra para a criança. Os olhos do menininho se entristeceram. "Não, senhora", respondeu ele, apertando mais forte o grouns contra a roupa.

Quatro palavras substituídas por pseudopalavras (menos de 2% do total)

Permitam-me, a propósito de cuxes, narrar aqui uma pequena história. Meu amigo Jacques entrou um dia em uma pijmanyre para comprar um pãozinho bem pequeno que havia despertado sua vontade. Ele comprou esse pão para uma criança que havia perdido o ifrage e que só conseguia comer um pouco quando estava sendo entretida. Pareceu-lhe que um pão tão bonito poderia tentar até mesmo um doente. Enquanto esperava pelo troco, um garotinho de 6 ou 8 anos, vestido modestamente, mas limpo, entrou na pijmanyre. "Senhora", disse ele à pijmanyra, "mamãe me mandou buscar um pão...". A pijmanyra subiu em seu balcão (a cena acontecia em uma cidade do interior), tirou da prateleira dos grouns de quatro libras o mais bonito que pôde encontrar e o colocou nos braços do garotinho. Meu amigo Jacques notou então a aparência magra e pensativa do pequeno comprador. Ela contrastava com a aparência ampla e roliça do grande pão que ele parecia carregar com toda responsabilidade. "Você tem dinheiro?", perguntou a pijmanyra para a criança. Os olhos do menininho se entristeceram. "Não, senhora", respondeu ele, apertando mais forte o grouns contra a roupa.

Versão original

Permitam-me, a propósito de contos, narrar aqui uma pequena história. Meu amigo Jacques entrou um dia em uma padaria para comprar um pãozinho bem pequeno que havia despertado sua vontade. Ele comprou esse pão para uma criança que havia perdido o apetite e que só conseguia comer um pouco quando estava sendo entretida. Pareceu-lhe que um pão tão bonito poderia tentar até mesmo um doente. Enquanto esperava pelo troco, um garotinho de 6 ou 8 anos, vestido modestamente, mas limpo, entrou na padaria. "Senhora", disse ele à padeira, "mamãe me mandou buscar um pão...". A padeira subiu em seu balcão (a cena acontecia em uma cidade do interior), tirou da prateleira do pães de quatro libras o mais bonito que pôde encontrar e o colocou nos braços do garotinho. Meu amigo Jacques notou então a aparência magra e pensativa do pequeno comprador. Ela contrastava com a aparência ampla e roliça do grande pão que ele parecia carregar com toda responsabilidade. "Você tem dinheiro?", perguntou a padeira para a criança. Os olhos do menininho se entristeceram. "Não, senhora", respondeu ele, apertando mais forte o pão contra a roupa.

Quadro. Não é necessário mascarar muitas palavras para alterar a compreensão de um enunciado. Aqui, um curto trecho dos contos de Charles Perrault (primeira página, primeiro parágrafo, 206 palavras [no original em francês]).[242] Ver detalhes no texto.

É fácil observar que o nível de compreensão diminui proporcionalmente ao número de palavras substituídas. O primeiro enunciado não nos permite formar uma ideia clara da cena evocada. O segundo é mais acessível. Ele fornece contexto suficiente para que o leitor deduza o significado das palavras ocultas. "Meu amigo Jacques entrou um dia em uma pijmanyre para comprar um pãozinho bem pequeno" permite deduzir que a pijmanyre é a loja que vende pão (ou seja, uma padaria). Da mesma forma, a frase seguinte, "ele comprou esse pão para uma criança que havia perdido o ifrage e que só conseguia comer um pouco quando estava sendo entretida", sugere que o ifrage se refere ao apetite. Quanto aos "grouns de quatro libras", está claro que se referem a um tipo de pão. Por outro lado, "cuxes" (contos) não pode ser inferido, pois é usado sem contexto. Para compreendê-lo, é necessário solicitar a ajuda de terceiros ou consultar um dicionário.

Em resumo, a escrita cria um mundo à parte, saturado de sintaxes complexas, termos raros e conjugações incomuns. Há mais riqueza linguística nos álbuns pré-escolares mais simples do que na maioria dos repertórios verbais comuns, incluindo conversas entre adultos educados, interações pais-filhos, programas de televisão em horário nobre ou até mesmo programas educacionais audiovisuais. Portanto, uma sólida e rica bagagem linguística é essencial para ler e aprender a ler;[39,63-64,80] uma constatação que torna ainda mais preocupante a existência, discutida na primeira parte, do empobrecimento da linguagem nos livros infantis.

▸ Conhecimentos necessários

No entanto, por mais importante que seja, a linguagem não é onipotente. Assim como a decodificação, ela não é capaz de garantir sozinha uma compreensão adequada. Uma ampla pesquisa internacional o demonstra sem ambiguidade. Várias centenas de estudantes foram recrutados em 13 países (China, França, Alemanha, Suécia, Estados Unidos etc.).[243] Alguns eram falantes nativos de inglês. Os outros haviam estudado inglês por uma média de 10 anos; seus níveis se dividiam entre "satisfatório" e "avançado". Dois textos gerais, escritos para um público não especializado, foram selecionados, um sobre o aquecimento global (757 palavras), outro sobre os benefícios do exercício físico (582 palavras). Para cada participante e cada texto, os pesquisadores mediram simultaneamente o número de palavras desconhecidas e o nível de compreensão (por meio de 30 questões). Os resultados revelaram que essa segunda variável aumentava de 50% para 75% quando a primeira diminuía de 10% para 0%. Em outras palavras, mesmo os estudantes que conheciam todas as palavras dos dois textos propostos estavam longe de apresentar uma compreensão ideal. De maneira interessante, poucas diferenças foram observadas entre os indivíduos nativos e não nativos. Para ambos os grupos, entre os indivíduos que dominavam 100% do vocabulário necessário, a compreensão atingia respectivamente 78% e 75%; confirmando que o problema estava, em parte, na falta de conhecimento e não, para além dos aspectos lexicais, em deficiências linguísticas gerais de natureza sintática ou gramatical (deficiências muito mais acentuadas nos não nativos).[16,244-245]

Esses resultados são bem explicados pelas principais hipóteses teóricas atuais. Mesmo que mostrem pontos de desacordo, elas sugerem unanimemente que a compreensão se baseia na construção de uma representação interna dos conteúdos textuais.[67,246-248] Muitas vezes chamada de "modelo de situação", essa representação organiza dentro de um quadro coerente os principais elementos do enunciado (personagens, eventos, lugares etc.) e suas respectivas relações (temporais, espaciais, familiares, causais etc.). A consideração dos conhecimentos de fundo se revela fundamental, portanto, uma vez que muito poucos textos se bastam por si mesmos. "Annie saiu e caminhou tranquilamente pela estrada" oferece um exemplo de um texto autônomo: conhecer as palavras permite entender a frase. No entanto, esse caso é pouco comum, mesmo em obras simples. Tomemos por exemplo *C'est moi le plus fort*, álbum já citado. No coração da floresta, o lobo encontra Chapeuzinho Vermelho e lhe pergunta quem é o mais forte. "'Você, você, você! Com certeza, Grande Lobo! Ninguém poderia se enganar: você é o mais forte!', responde a garotinha."[228] É impossível compreender completamente o significado da resposta sem mobilizar todos os tipos de conhecimento e estereótipos implícitos, inerentes à literatura infantil: o lobo é mau, perigoso, ele assusta até os mais corajosos, é melhor dizer o que ele quer ouvir, mesmo que seja mentira; além disso, Chapeuzinho Vermelho já encontrou o lobo antes e as coisas não correram muito bem etc. Esses conhecimentos enriquecem inconscientemente o modelo de situação construído pela criança. Se eles não estiverem disponíveis, o sentido do texto ficará restrito à pobreza de seu sentido literal. Em outras palavras, na maioria das vezes, o leitor interpreta o que lê com base no que já leu (ou ouviu). Se ele não leu o suficiente (ou ouviu), sua compreensão inevitavelmente se espatifa contra o muro de suas lacunas.

A título de ilustração, consideremos a passagem a seguir, extraída de uma reportagem esportiva: "Com as bases cheias e uma eliminação na nona, Edwin Encarnación bateu uma rasteira para a terceira base. Depois de pegar o passe de Evan Longoria, Logan Forsythe errou o lançamento para a primeira base, permitindo que os Jays tomassem a frente por 4-3. Aparentemente. O treinador dos Rays, Kevin Cash, pediu uma revisão em vídeo. [...] O desfecho foi uma queimada dupla".[249] O vocabulário, a sintaxe, tudo aqui é claro. No entanto, a maioria dos adultos, instruídos ou não, achará a mensagem totalmente nebulosa devido a um total desconhecimento das regras e do funcionamento do beisebol; desconhecimento que impede a construção de um modelo de situação coerente. Em relação a essa afirmação, pesquisadores expuseram um grupo de estudantes do ensino médio norte-americano a um texto de 625 palavras que descrevia, da maneira mais simples possível, meio *inning* de um jogo de beisebol.[250] Os participantes foram agrupados com base em dois critérios: conhecimento da atividade (forte/fraco; avaliado a partir de um teste prévio específico); habilidades de leitura (forte/fraco; avaliado a partir de um teste padronizado). A tarefa principal era reproduzir os movimentos descritos no texto movendo figuras em uma maquete. Os leitores fracos com um bom conhecimento de beisebol tiveram pontuações muito melhores (28/40) do que seus colegas bons leitores com uma experiência imprecisa no esporte (19/40). Ao fim do estudo, os membros desses dois grupos foram convidados a resumir o documento original. Os leitores fracos, familiarizados com os detalhes do beisebol, tiveram desempenhos novamente muito superiores, principalmente devido a uma maior capacidade de isolar os elementos-chave da descrição (9/19 contra 4/19).

Pode-se argumentar, é claro, que o beisebol é uma área altamente especializada e pouco representativa. É verdade. Mas isso não é o essencial. O que importa é a demonstração: não importa a área, sem conhecimento suficiente, nenhuma compreensão eficaz é possível. O leitor pode aplicar toda a magia dedutiva de sabe-se lá quais estratégias analíticas, reflexões críticas metarreflexivas e heurísticas de síntese (para usar apenas algumas expressões encontradas durante a educação de minha filha), mas, se ele não conhecer nada do assunto mencionado, acabará no escuro.[68-69] O texto a seguir, adaptado de um artigo científico,[251] oferece um exemplo comum. "O procedimento é bastante simples. Primeiro, classifique os elementos em diferentes grupos. Uma única dose pode ser suficiente, depende dos itens a serem processados. Se precisar se deslocar por falta de equipamentos, faça isso; caso contrário, você está pronto. É importante não exagerar. No momento, isso pode parecer uma boa ideia, mas, se você exagerar, pode causar sérias complicações. Obviamente, esse não é o único problema. Erros também podem custar caro. No início, o procedimento pode parecer complicado. Rapidamente, no entanto, ele se tornará mais uma rotina da vida." Nenhuma chance de uma criança (ou um adulto) que nunca lavou roupa entender qualquer coisa desse trecho. Apenas os familiarizados com o processo entenderão o encadeamento de etapas, desde que façam a conexão entre o que sabem e o que leem. Isso está longe de ser automático.

Em um estudo inteligente, pesquisadores da Universidade de Nova York apresentaram um trecho semelhante ao anterior a três grupos de estudantes.[251] O primeiro grupo foi informado previamente de que o texto explicava como lavar roupa; o segundo recebeu essa informação depois; o terceiro foi mantido na ignorância. Os participantes consideraram o trecho mais fácil e compreensível na primeira condição (4,5 em uma escala de 7) do que nas duas outras (2,2/7). Eles também se lembraram do dobro de elementos do enunciado (32% *versus* 15%); provavelmente porque a informação inicial havia permitido a mobilização de conhecimentos existentes, construindo um modelo de situação mais rico e pertinente. Esses resultados foram consistentes com outro estudo semelhante, envolvendo uma população de alunos do ensino fundamental.[252] Como os autores resumem de maneira clara, "cada ato de compreensão exige conhecimentos básicos sobre o mundo, e são as estruturas de conhecimento prévio, injetadas no texto, que permitem ao leitor entender o significado de um enunciado".

O impacto do conhecimento memorizado na compreensão é especialmente bem demonstrado pela existência de vieses sistemáticos de retenção.[253-255] Considere o seguinte trecho: "Desde o nascimento, Caroll Harris foi uma criança problemática. Ela era selvagem, teimosa e violenta. Aos 8 anos, Caroll ainda continuava ingovernável. Seus pais estavam muito preocupados com sua saúde mental. Não havia nenhuma instituição adequada na região para lidar com seu problema. Seus pais finalmente decidiram tomar providências. Eles contrataram uma professora particular para Caroll".[254] O conteúdo é facilmente compreendido sem informações contextuais específicas... Mas ele é compreendido de maneira totalmente diferente quando essas informações estão disponíveis. Basta substituir o nome de Caroll Harris, um personagem fictício, pelo da famosa Helen Keller, uma criança que ficou surda, muda e cega aos 18 meses, fechada em si mesma, incapaz de interagir com o mundo e que viu sua vida transformada, aos 7 anos, pela chegada de uma tutora, Anne Sullivan (estamos no final do século XIX). Com infinita paciência, Anne ensinou a Helen a leitura (em braile), a escrita e a fala (de forma rudimentar, mas compreensível pelos próximos*).[256-257] Com coragem, dedicação e trabalho conjunto, a criança conseguiu se comunicar com o mundo, chegando a se formar na Universidade Harvard (mais exatamente, no departamento feminino da época, o Radcliffe College), sem ter recebido nenhum auxílio relacionado à sua deficiência.** À luz dessas informações, os acessos de

---

* Helen colocava os dedos no rosto e na traqueia de Anne Sullivan (ou de outras pessoas) para sentir as vibrações das palavras e tentar reproduzi-las.

** O escritor Mark Twain soube, em poucas palavras, capturar a essência dessa mulher extraordinária: "As duas maiores figuras do século XIX são Napoleão e Helen Keller. Napoleão tentou conquistar o mundo pela força e fracassou. Helen tentou conquistar o mundo pela vontade e teve sucesso!" (citado em KELLER, (1903), 2001[256]). No entanto, ela só teve sucesso graças ao amor e à dedicação de uma professora igualmente excepcional: Anne Sullivan. Essa epopeia (uso deliberadamente essa palavra) é absolutamente impressionante. Ela é uma fonte inesgotável de inspiração, coragem, esperança, humildade, altruísmo e, em última análise, humanidade. Permitam-me ficar triste e (um pouco) desesperançado quando, entre três turmas de último ano de ensino médio e um grupo de 12 estudantes de mestrado em neurociências, ninguém (absolutamente ninguém!) tenha ouvido

raiva, a violência e os distúrbios comportamentais precoces de Helen Keller e de seu avatar Caroll Harris são compreendidos de maneira muito diferente. Mas isso não é o mais importante. Em um estudo relativamente antigo (1974),* mas fundamental, pesquisadores da Universidade de Kent, nos Estados Unidos, submeteram um grande grupo de estudantes a duas tarefas sucessivas: primeiro, ler uma das versões do trecho anterior (metade dos participantes leram a versão *Harris*, a outra metade leu a versão *Keller*); depois, após uma semana, identificar, entre uma lista de 14 frases, aquelas que pertenciam ao texto originalmente lido (*Harris* para um grupo, *Keller* para o outro).[254] Sete frases eram exatamente iguais às do texto original. Outras sete eram novas e continham uma mensagem neutra (por exemplo, "ela gostava de chocolate") ou evocativa, isto é, de acordo com aquilo que os participantes deveriam conhecer da vida de Helen Keller (por exemplo, "ela era surda, muda e cega" ou "ela ajudou outras pessoas a superarem sua deficiência"). A hipótese dos autores era bastante simples: se o cérebro constrói um modelo de situação para compreender os textos e se esse modelo incorpora conhecimento prévio, então, após alguns dias, o conhecimento memorizado e os elementos factuais da declaração deveriam acabar se misturando, pelo menos parcialmente. Em outras palavras, para a versão *Harris* (sem conhecimento prévio), o número de identificações falsas (dizer que a frase-teste estava no texto original quando na verdade não estava) deveria ser o mesmo para todas as frases novas. Por outro lado, para a versão *Keller* (fortemente dependente de conhecimento prévio), as identificações falsas deveriam ser substancialmente maiores para as novas frases evocativas (o que significa que os participantes deveriam errar mais facilmente com "ela era surda, muda e cega" do que com "ela gostava de chocolate"). Os

---

falar de Helen Keller. No entanto, é claro, os meios de comunicação repetem incessantemente: todos os jovens sabem "outras coisas"; eles conhecem Nabilla, McFly, Hanouna e os Kardashians. Não tenho certeza se eles saíram ganhando com isso.

* Uma época em que a história de Helen Keller ainda fazia parte da bagagem cultural padrão dos estudantes.

dados mostraram exatamente isso. Podemos concluir, portanto, que a compreensão realmente se baseia em um modelo de situação que incorpora tanto os elementos do enunciado quanto o conhecimento do leitor. Quando este último está ausente (como no caso presente, quando o leitor não conhece a história de Helen Keller), a compreensão fica tristemente literal, empobrecida e deturpada.

Na maioria das vezes, a mobilização dos conhecimentos adquiridos ocorre quase que instantaneamente, à medida que as informações são lidas. Esse ponto é facilmente estabelecido no contexto do que poderíamos chamar (um pouco casualmente, admito) de "operações de preenchimento". Essas operações se referem à existência de atalhos inevitáveis e de omissões nas declarações. Não importa o gênero do texto (narrativo, documental, científico, epistolar etc.), os autores não podem dizer tudo se não quiserem saturar o texto até a indigestão. Para que sua prosa continue legível, eles precisam fazer certo número de suposições sobre o conhecimento do leitor. A informação a seguir, publicada no inverno de 2022 por um grande jornal regional, ilustra isso perfeitamente: "Gelo negro: circulação de veículos pesados proibida nesta sexta-feira".[258] Nada complicado; no entanto, a quantidade de conhecimento necessária para processar essa pequena mensagem é imensa. Em uma frase, o jornalista resume um parágrafo. Cabe ao leitor recriar esse parágrafo a partir das pistas textuais disponíveis e de seus conhecimentos memorizados, reconstruindo a cascata do não dito. Uma versão mais detalhada poderia, de maneira exaustiva, ser apresentada da seguinte forma: "Devido à umidade do ar e às temperaturas de inverno, gelo negro se formará nas estradas. O gelo negro é uma substância escorregadia que limita a aderência dos veículos e, consequentemente, afeta sua dirigibilidade. O gelo negro aumenta, portanto, a probabilidade de acidentes. Ele também aumenta o risco de veículos ficarem imobilizados, especialmente em subidas, onde podem começar a patinar. Devido a acidentes e imobilizações, o tráfego rodoviário corre o risco de ser interrompido. Como resultado, os motoristas podem ficar presos em seus veículos no meio de um frio polar, o que pode levar à hipotermia ou, se os usuários deixarem o aquecimento ligado (e, portanto, o motor), a intoxicações perigosas (potencialmente letais) por monóxido de carbono. Além disso, os veículos de resgate (para acidentes) e de remoção (para imobilizações) podem ficar presos em enormes congestionamentos e, portanto, não ser capazes de intervir. Feridos podem não receber os socorros necessários a tempo. A probabilidade de perda de controle e o potencial de imobilização do tráfego dependem da massa e do tamanho dos veículos; assim, a ameaça é significativamente maior para caminhões (mais pesados e maiores). Portanto, eles aumentam o risco de colisões, acidentes graves e engarrafamentos. O governo decidiu que esse aumento de risco justificava a imobilização dos caminhões. Os carros podem circular, mas com cautela".

Esse desdobramento é alegórico, obviamente. Precisamos cuidar para não lhe atribuir um valor literal, pensando que o processo cognitivo segue uma abordagem tão analítica e intencional. O desdobramento aqui descrito ocorre na sombra, de maneira indizível e subliminar. Somente a compreensão emerge para a consciência; os bastidores permanecem ocultos. Se não fosse assim, os tempos de processamento seriam longos demais para permitir uma compreensão fluida, produzida a uma taxa impressionante de quase 300 palavras lidas por minuto.[56,248] O estudo a seguir ilustra isso perfeitamente.[259] Alunos foram divididos em dois grupos, cada um exposto a frases comparáveis, sutilmente diferentes, como: (1) "três moscas estão pousadas sobre um cavalo, uma águia voa acima delas" (grupo experimental); ou (2) "três moscas estão pousadas ao lado de um cavalo, uma águia voa acima delas" (grupo de controle). As frases do primeiro tipo (experimental) permitiam deduzir que a águia também voava sobre o cavalo (porque as moscas estavam "sobre" o animal); as frases do segundo tipo (controle) não autorizavam essa inferência (porque as moscas estavam "ao lado" do animal). Poucos minutos após a fase de exposição, cerca de 30 frases de teste foram apresentadas aos participantes. Eles deveriam indicar se elas faziam parte ou não das frases que haviam lido inicialmente. Entre as frases novas, algumas, chamadas de plausíveis, eram deduzíveis logicamente das afirmações do primeiro tipo, mas eram incompatíveis com as citações do segundo tipo; por exemplo: "três moscas estão pousadas sobre um cavalo, uma águia voa acima deles". Os resultados mostraram que os estudantes do grupo experimental ("três moscas estão pousadas sobre um cavalo") afirmaram com muito mais frequência que já haviam visto as frases de teste plausíveis do que os estudantes do grupo de controle ("três moscas estão ao lado de um cavalo"). Isso mostra que os participantes haviam incorporado as informações espaciais a seu modelo de situação, de maneira perfeitamente inconsciente.

Esses elementos não têm nada de excepcional. "Domesticar [...] significa 'criar vínculos'", disse Saint-Exupéry em *O pequeno príncipe*.[260] É exatamente isso que os leitores competentes fazem. Eles domesticam o texto criando vínculos para preencher as entrelinhas. Quando esses vínculos não podem ser formados, o documento não pode ser compreendido. Considere, como última ilustração, o menor romance do mundo. Ele teria sido escrito por Ernest Hemingway, escritor fantástico, laureado com o Prêmio Nobel de Literatura em 1954 "por sua maestria na arte da narração [...] e pela influência que exerceu sobre o estilo contemporâneo". Dizem* que, uma noite, nosso homem apostou com os amigos que conseguiria escrever uma história com seis palavras.[263] Ninguém acreditou. Cada um colocou alguns dólares em cima da mesa. Hemingway escreveu sua produção em um guardanapo de papel, passou-o... e recolheu o prêmio. Ele havia escrito: "À venda, sapatinhos de bebê, nunca usados".** Considerado no sentido literal, esse enunciado não é muito interessante. No entanto, instruído pelos conhecimentos de fundo, ele se torna uma história extremamente tocante. A versão expandida poderia ser detalhada da seguinte forma: "Um bebê era esperado. Os pais tinham comprado sapatos à espera do nascimento. Se esses sapatos nunca foram usados e os pais os revendem, isso significa que eles são pobres e tiveram de se resignar a vender os sapatos, porque estes se tornaram inúteis devido à morte prematura

---

* Embora aparentemente confirmada por Hemingway,[29] a história pode ser apócrifa.[262] Mas, no fundo, isso não importa. O importante, aqui, é o poder indutivo da frase relatada.

** *For sale, baby shoes, never worn.*

da criança". Em uma frase minimalista, Hemingway evoca não apenas um fato comum, mas também um universo social repleto de esperanças frustradas e pobreza extrema. No entanto, para minha grande surpresa, quando mencionei esse exemplo em uma aula na universidade, obtive uma reação morna, que a exclamação de um estudante resume bastante bem: "Que exagero, professor, é como quando você ganha um presente que já tem, você o coloca à venda na OLX, não significa que o bebê morreu". Difícil ilustrar de forma mais vívida o papel do conhecimento de fundo e os limites do presentismo. A frase de Hemingway está inserida em um contexto social e histórico. Ignorar esse contexto é perder a mensagem. Para capturar o implícito do enunciado, é necessário entender a miséria das classes populares no Ocidente no início do século XX, é necessário compreender quão grande era então a mortalidade infantil nas famílias pobres,[264] é preciso compreender que jamais um burguês, um comerciante ou um rico da época se rebaixaria a vender os sapatos do filho morto. Uma sequência que é manifestamente mais fácil de explorar se o leitor puder se basear em um conhecimento, mesmo distante, das grandes obras naturalistas da época (*Os miseráveis*, de Victor Hugo; *Germinal*, de Émile Zola; *O povo do abismo*, de Jack London; *As vinhas da ira*, de John Steinbeck etc.) e, possivelmente, da obra de Hemingway, grande parte da qual é atravessada pelo duplo tema da perda e da morte.[265] Mais uma ilustração do famoso ditado de que somente os ricos conseguem empréstimos: quanto mais ampla é a base literária, mais fácil é a integração de materiais fragmentados e desconhecidos.

▶ *Entender que não entendemos*

Em última análise, a conclusão é clara: solidez linguística e riqueza cultural são dois atributos fundamentais do leitor experiente. Tão fundamentais que é tentador considerá-los soberanos. Isso é um erro, pois, para entender, é necessário mais do que linguagem e conhecimento. É preciso também ser capaz de avaliar suas produções, ou seja, quando necessário, entender que não entendemos. Esse ponto pode parecer trivial. Mas não é.

Há alguns anos, na universidade, ministrei um curso intitulado "Analisar uma publicação científica". Como avaliação, os estudantes foram convidados a ler um artigo de psicologia cognitiva relativamente simples e, em seguida, responder a um questionário de múltipla escolha com cerca de 20 questões. O mínimo que se pode dizer é que os resultados me valeram muito ceticismo. Mais da metade dos participantes pediu para consultar suas avaliações, convencidos de que haviam sido enganados. Todos me explicaram, de boa-fé, mas erroneamente, que haviam entendido muito bem o texto e que eu devia ter me enganado. Por mais insignificante que pareça, esse episódio não é desprovido de interesse. De fato, há mais de 30 anos, numerosos estudos compararam, em populações diversas (idade, gênero, educação etc.), para textos variados (curtos, longos, narrativos, informativos etc.), os níveis de compreensão realmente medidos e os níveis subjetivamente avaliados. Os resultados mostram uma relação positiva, mas surpreendentemente modesta.[266-268] Os indivíduos menos competentes, em particular, tendem a superestimar suas realizações.[269-270] Embora não sejam perfeitos, os leitores mais instruídos e/ou especializados apresentam um julgamento muito mais preciso. Uma divergência bastante típica, identificada em muitos domínios (gramática, reflexão, raciocínio lógico etc.) e hoje conhecida como efeito Dunning-Kruger, em homenagem aos dois pesquisadores que relataram o fenômeno pela primeira vez.[271-273] Segundo os termos desses pioneiros, "as pessoas menos qualificadas em uma área sofrem um duplo prejuízo: não apenas chegam a conclusões errôneas e cometem erros lamentáveis, mas sua incompetência as priva da capacidade de perceber isso".[271]

À primeira vista, essas observações podem parecer surpreendentes. Como um indivíduo normalmente esclarecido pode ignorar que não compreende o que está lendo? A anomalia é complexa e resulta de uma combinação de fatores. O mais trivial se refere à negligência de leitores que, por preguiça, indiferença, falta de tempo ou falta de interesse, desistem de esclarecer áreas obscuras sobre as quais têm perfeita consciência. Esses despreocupados se contentam com uma leitura superficial, pouco eficaz, mas suficientemente plausível para enganar e oferecer a ilusão de domínio. Considere o trecho a seguir: "O historiador Ernst Kantorowicz escapou por pouco da Noite dos Cristais e fugiu primeiro para a Inglaterra e depois para os Estados Unidos".[274] Não há chance de entender o significado da passagem se não se souber nada sobre a Noite dos Cristais* e, mais amplamente, sobre o Holocausto. Para desvendar a dificuldade, uma primeira solução é consultar um mecanismo de busca ou uma boa e velha enciclopédia. Isso requer esforço, mas, no final, a vantagem é dupla: por um lado, o texto se torna inteligível (a urgência vital da fuga) porque claramente contextualizado (a expressão "Noite dos Cristais" indica que a história ocorre na Alemanha, pouco antes da Segunda Guerra, e que Kantorowicz é judeu); por outro lado, o estoque de conhecimento disponível é enriquecido, de modo que a expressão "Noite dos Cristais" não causará mais problemas na próxima vez que for encontrada (mesmo que detalhes precisos como a data do Pogrom ou o número de vítimas sejam esquecidos). A segunda opção parece menos empolgante, mas mais descansada. Consiste em se contentar com o mínimo e "supor" que a Noite dos Cristais provavelmente se refira a um evento ameaçador e, em todo caso, suficientemente preocupante para levar Kantorowicz a fugir. Embora esteja amplamente perdendo o sentido do enunciado, o leitor terá a sensação de ter entendido o essencial. Esse processo, sem dúvida, explica, em parte, o assustador desconhecimento que nossos compatriotas têm de um evento tão fundamental[275] e ensinado[276] quanto o Holocausto. Várias pesquisas recentes mostram de maneira convergente que entre 20% e 25% dos jovens adultos franceses (18-34 anos) afirmam nunca ter ouvido falar dessa tragédia.[277-280] Uma ignorância de preguiça absolutamente monstruosa, mas terrivelmente comum. Considere a seguinte manchete, publicada em importantes meios de comunicação,

---

* Primeira grande manifestação de extrema violência antissemita, perpetrada pelos nazistas em diferentes cidades alemãs e em partes da Áustria, durante a noite de 9 para 10 de novembro de 1938.

em referência a comentários racistas feitos por Donald Trump antes de sua eleição à presidência dos Estados Unidos[281]: "Para a meia-irmã de Anne Frank, Donald Trump se comporta como Hitler"[282]; ou a campanha de Trump, que falava em "*Sein Kampf*"[283] (Sua luta). Impossível entender se você não sabe quem é Anne Frank,* se nunca ouviu falar de *Mein Kampf* (*Minha luta*), terrível diatribe programática de Adolf Hitler publicada em 1926, ou, pior ainda, se não conhece Hitler. Um tal abismo de incultura parece inacreditável para a maioria das pessoas. No entanto, um quarto dos norte-americanos de 17 anos não sabe quem é Hitler;[285] quase um terço dos jovens adultos de 18 a 29 anos nunca ouviu falar de Anne Frank.[286] As declarações recentes de uma estrela do rap são tragicamente representativas de uma ignorância que beira o revisionismo. É preciso ser um terrível cretino para ousar pronunciar frases tão absurdas quanto "eu amo Hitler", "vejo coisas positivas em relação a ele", "esse cara inventou as rodovias", "ele não matou 6 milhões de judeus, isso é factualmente incorreto" e "eu adoro os nazistas".[287]

Além desses exemplos sombrios, pode ocorrer, é claro, que o leitor se equivoque não por preguiça, mas de boa-fé, por falta de erudição, desconhecendo uma informação implícita essencial, o que leva a uma interpretação literal tanto mais enganosa quanto plausível. A passagem sobre a vida de Helen Keller, mencionada anteriormente, oferece uma excelente ilustração disso. A seguinte frase, retirada do álbum infantil *Les P'tites Poules* [As pequenas galinhas] (a partir de 3 anos), segue a mesma linha: "A caminho de Paris, o ilustre Coquelin e sua trupe de atores pararam no galinheiro".[288] A frase é facilmente compreendida em um nível superficial, mas incompleto, porque por trás de "o ilustre Coquelin" se oculta, na verdade, "o ilustre Poquelin", Jean-Baptiste por seu nome, conhecido como Molière, que também percorreu por anos os palcos provinciais antes de fazer sucesso em Paris.[289] Impossível transmitir a alusão à criança (obviamente muito pequena para

---

* Adolescente judia, morta em deportação aos 16 anos e cujo *Diário*, escrito enquanto ainda vivia escondida com sua família, constitui um testemunho histórico tão fundamental quanto comovente.[284]

compreender a sutileza) se o leitor adulto não tiver Molière/Poque-lin em seu repertório de cultura geral. Considere outro exemplo, a história em quadrinhos *Astérix entre os belgas*, que se dirige a jovens e menos jovens.[290] Enquanto uma batalha decisiva se aproxima, um dos personagens se senta à mesa e lhe é servido um prato que claramente não agrada seu paladar. Com ar pesaroso, ele declara "Waterzooie! Waterzooie! Waterzooie! Triste prato!". Aqueles que sabem que o *waterzooi* é um prato tradicional flamengo poderão interpretar a expressão nesse sentido restrito. Da mesma forma, aqueles que ouviram falar da batalha de Waterloo serão capazes de perceber uma referência histórica divertida, ainda mais se conhecerem o famoso verso de Victor Hugo: "Waterloo! Waterloo! Waterloo! Triste planície!".[291]

Em última análise, cada um entenderá algo (ou não), às vezes sem perceber que está perdendo o essencial. Mas o problema vai muito além do âmbito de trocadilhos comuns, como mostra o seguinte enunciado: "Jacqueline riu e depois saiu me chamando de idiota, quando eu lhe disse que o homem que eu tinha acabado de conhecer havia confessado que estava frequentemente ausente porque vivia em Ontário, em um canto isolado, perto do imenso Lago Huron, cujas águas vinham, na maré alta, lamber a porta de sua casa".[292] Se você for como eu, ao ler essa frase provavelmente dirá a si mesmo que há motivo para dúvida e que Jacqueline é apenas uma amiga um pouco ressentida que vê em cada homem um mentiroso em potencial. Se você for mais perspicaz e tiver o conhecimento de fundo necessário, concluirá o contrário, ou seja, que a mulher está certa e que o homem é um impostor: os grandes lagos não têm marés detectáveis.[293] Outro exemplo: "Eu gosto muito de Samuel, meu vizinho judeu. Nós moramos no oitavo andar e muitas vezes, nas noites de sexta-feira, ao sair do elevador, eu o encontro suando no topo da escada". Ou você sabe que o *shabat** proíbe o uso do elevador nas noites de sexta-feira ou é impossível entender a afirmação... apesar de qualquer íntima convicção em contrário.

---

* Na religião judaica, o *shabat* é o dia de descanso designado para o sétimo dia da semana judaica, o sábado, que começa ao anoitecer da noite de sexta-feira.

▷ "Google it" ou o mito do conhecimento inútil

Os elementos anteriores tornam completamente obsoletos, não é inútil mencioná-lo de passagem, todos os delírios pedagogistas e lobistas popularizados nos últimos 20 anos sob o selo do famoso *google it*, que poderia ser traduzido como "procure no Google". O conceito é rudimentar. Ele sugere que os conhecimentos de fundo se tornaram desnecessários para o funcionamento da inteligência, pois todo o conhecimento do mundo está agora acessível com um clique. A mente pode, portanto, dispensar o acúmulo de uma bagagem factual obsoleta para se concentrar plenamente nos mecanismos do pensamento. Em 2010, Marisa Mayer, então executiva da Google, afirmou que a "internet relegou a memorização do conhecimento a um mero divertimento ou exercício mental".[294] Uma ideia retomada uma década depois por Grégoire Borst, professor de psicologia na Universidade de Paris-Cité. Em um canal de televisão nacional, ele afirmou que "provavelmente, nossa memória está mudando, e isso é verdade, ela não serve mais exatamente para a mesma coisa, talvez estejamos memorizando links, hiperlinks, o percurso da informação, e isso obviamente leva a uma reflexão mais ampla sobre o que a educação deve ser hoje. A educação deve ser a transmissão de conhecimento quando tenho no meu bolso um *smartphone* que me permite acessar todas as informações contidas e geradas na história da humanidade em 15 milissegundos?".[295] Além do fato de que lembrar o caminho da informação é sem dúvida mais complicado do que lembrar a própria informação, esse tipo de alegação desafia as leis da lógica e da aprendizagem. Por exemplo, como saber que é preciso consultar o Google (ou qualquer outro mecanismo de pesquisa) quando nem sabemos, por falta de conhecimento, que não entendemos? Mais amplamente, que nível de ignorância tolerar? Se nada for memorizado e se for necessário procurar na internet cada palavra, cada fato e cada omissão, entender o menor dos enunciados logo se torna uma tarefa titânica. Não podemos constantemente reinventar a roda. Cada conhecimento mobiliza, para sua definição, conhecimentos prévios que não podem ser rastreados ao infinito.

Não importa que uma informação possa ser baixada em 15 milissegundos. O que importa é o tempo necessário para sua apropriação intelectual. Sem mencionar a avaliação qualitativa dos dados. Para separar o trigo do conhecimento verdadeiro do joio das *fake news*, são necessários conhecimentos. Quanto mais esparsos esses conhecimentos, menos o navegador cibernético será capaz de formular adequadamente suas consultas, entender os resultados que obtém e, em última análise, responder eficazmente às perguntas que faz.[119,296] Como destaca uma síntese recente da literatura, "o que sabemos determina o que vemos e entendemos; não o contrário".[297]

Para tornar as coisas um pouco mais concretas, testemos o processo e vejamos o que realmente acontece com essa promessa de externalização. Vamos partir de uma proposição simples: "O Tratado de Versalhes levou à Segunda Guerra Mundial". Primeiro passo: perguntar ao Google o que é o Tratado de Versalhes. Resposta de uma famosa enciclopédia online: "O Tratado de Versalhes foi um tratado de paz assinado em 28 de junho de 1919 entre a Alemanha e os Aliados, após a Primeira Guerra Mundial". O que nos coloca diante de dois novos campos de conhecimento, com os quais seria desnecessário sobrecarregar nosso pobre cérebro, já que eles estão disponíveis em um instante: os Aliados e a Primeira Guerra Mundial. Comecemos com o primeiro item e perguntemos ao mestre do conhecimento quem são esses Aliados. Resposta: "Os Aliados da Primeira Guerra Mundial, às vezes chamados de Forças da Entente ou Tríplice Entente, designavam a coalizão formada ao longo da Primeira Guerra Mundial entre vários países, principalmente a França, a Itália (que se juntou à aliança em 1915), o Império Britânico, o Império Russo (que se retirou em 1917) e depois os Estados Unidos (em 1917) contra a Tríplice". O que nos leva a mais pesquisas para saber, por exemplo, o que é essa Tríplice. Uma etapa que nos leva a explorar a questão dos "impérios centrais", que, por sua vez, fazem referência ao "Império Otomano", que, por sua vez, etc. Podemos ver que a cascata é interminável. Será impossível sair dela se não tivermos, em nossos próprios termos, um mínimo de conhecimentos factuais. Longe de estar obsoletos, estes são absolutamente vitais!

Pensar que podemos funcionar eficazmente em uma economia chamada "do conhecimento" ou "da informação", transferindo os alicerces básicos de nossa inteligência para o Google ou o Yahoo, é simplesmente absurdo.[67-69,208] Sínteses científicas também classificam essa ideia no campo dos "mitos"[297] ou de outras "lendas urbanas".[296]

A situação fica ainda mais complicada, é claro, quando passamos do campo da compreensão para o da reflexão. Na verdade, compreender não é tudo. Também é necessário pensar, o que não é fácil quando não temos nenhum conhecimento sobre o qual nos basear. A menos que consideremos que nossos filhos em breve poderão, de todo modo, simplesmente parar de pensar, uma vez que esse traço fundamental de sua humanidade também poderá ser assumido por inteligências artificiais, das quais o famoso ChatGPT é um poderoso precursor. Especialistas bem versados podem nos perguntar se é realmente necessário que a educação nos ensine a pensar quando temos no bolso um *smartphone* – ou, eventualmente, um chip eletrônico em nossas cabeças – que pode fazer isso por nós em 15 milissegundos. Que belo projeto! Um rebanho de indivíduos sem cérebro que terá transferido para as máquinas seu poder de compreender e pensar o mundo.

Para voltar à leitura, por fim, tudo isso confirma que não podemos abordar eficazmente um texto quando não dispomos dos pré-requisitos culturais necessários. Essa dificuldade é, sem dúvida, muito significativa. No entanto, ela não é exclusiva. Em muitos casos, a incapacidade do leitor de perceber que não entende resulta menos de uma falta de conhecimento do que de uma carência funcional, ou seja, de uma incapacidade de compreender a estrutura profunda de um texto cujos materiais linguísticos e factuais são conhecidos. É como se o sujeito não tivesse adquirido, devido a uma falta de prática, a capacidade de ligar entre si os elementos distantes do enunciado. As frases e/ou as grandes ideias do documento são lidas de maneira independente e compreendidas superficialmente, sem ser integradas a um modelo de situação unificado. Para demonstrar isso, um protocolo padrão consiste em introduzir uma incoerência em um texto mais ou menos longo e determinar se os leitores identificam a falha.

Em uma pesquisa representativa, estudantes do ensino médio foram convidados a ler seis parágrafos relativamente curtos, quatro dos quais continham contradições flagrantes. Como ilustra o trecho a seguir, essas contradições sempre diziam respeito às segundas e às últimas frases: "A supercondutividade é o desaparecimento da resistência ao fluxo de corrente elétrica. Até agora, só foi alcançada ao resfriar certos materiais a baixas temperaturas próximas do zero absoluto. Isso tornou suas aplicações técnicas muito delicadas. Hoje, muitos laboratórios estão tentando produzir ligas supercondutoras. Muitos materiais com essa propriedade, que têm aplicações técnicas imediatas, foram descobertos recentemente. Até agora, a supercondutividade foi alcançada aumentando consideravelmente a temperatura de certos materiais".[298] Apenas um terço dos participantes identificou todas as contradições. Metade não percebeu nenhuma.

Em outro estudo similar, realizado com crianças de 9 a 11 anos, três textos foram utilizados.[299] Para cada um deles, a lacuna foi apresentada em duas versões. (1) Explícita: "Os peixes precisam de luz para poder enxergar. Não há absolutamente nenhuma luz no fundo do oceano. A escuridão é absoluta lá embaixo. Quando a escuridão é tão completa, os peixes não conseguem enxergar nada. Eles não conseguem enxergar nem as cores. Alguns peixes que vivem no fundo do oceano podem enxergar a cor de sua comida; é assim que eles sabem o que comer"; (2) Implícita: "Os peixes precisam de luz para poder enxergar. Não há absolutamente nenhuma luz no fundo do oceano. Alguns peixes que vivem no fundo do oceano reconhecem sua comida pela cor. Eles só comem cogumelos vermelhos". Novamente, os resultados foram decepcionantes. Na versão explícita, 45% dos alunos falharam em detectar pelo menos duas contradições entre as três propostas (uma por texto). A porcentagem subiu para 96% nas formulações implícitas.

Uma ampla literatura científica mostra que esse tipo de déficit pode ser significativamente reduzido por meio da implementação de algumas estratégias elementares, facilmente aplicáveis.[70,300] Como observa Daniel Willingham, professor de psicologia, "essas estratégias não fortalecem as habilidades de leitura. Elas constituem mais um conjunto de truques que podem melhorar indiretamente a compreensão. Esses truques são fáceis de aprender e requerem pouca prática".[301] Eles consistem em objetivar, por meio de protocolos de questionamento, alguns mecanismos básicos de compreensão, normalmente internalizados, na esperança de que o leitor se aproprie deles. Por exemplo, será solicitado a este último que resuma verbalmente o texto proposto, construa um diagrama sintetizando os elementos da história e suas relações lógicas, esclareça os termos incomuns, explique os objetivos ocultos ou explícitos do autor etc. Certamente, tudo isso parece altamente formal e reservado ao contexto estrito das aprendizagens escolares. Mas não! Todos os "truques" aqui mencionados estão presentes nos protocolos de leitura compartilhada. Em outras palavras, os pais que, ao ler um texto para seus filhos, questionam as crianças sobre o significado das palavras e o sentido da história não apenas estão apoiando o desenvolvimento da linguagem e da atenção; eles também estão inscrevendo no cérebro da criança toda uma mecânica inconsciente de avaliação do processo de compreensão. Teremos a oportunidade de voltar em detalhes a essa afirmação na próxima parte.

Antes de chegarmos lá, certamente não é inútil especificar que as dificuldades de compreensão aqui descritas foram estendidas ao espaço digital nos últimos anos. Uma série de estudos, por exemplo, baseou-se em um site supostamente ecológico que convida a salvar da extinção a lula arborícola do noroeste do Pacífico.[302] Obviamente, trata-se de uma brincadeira grosseira, e o mínimo que se pode dizer é que os autores não fizeram nada para escondê-la. Na página inicial, eles explicam que esse cefalópode (animal marinho por excelência) está em vias de extinção, sendo vítima da predação de gatos domésticos e do... *Bigfoot*.* Eles também acrescentam que nosso bravo animal, normalmente salpicado de marrom, comunica suas emoções mudando de cor: vermelho para raiva, branco para medo (não costumamos dizer "vermelho de raiva" e "branco de medo"?). O texto também

---

* O *Bigfoot* (Pé-Grande) é uma criatura lendária humanoide norte-americana que vive nas grandes cadeias de montanhas e em áreas muito arborizadas e escassamente povoadas por humanos.

enfatiza que, nos tempos antigos, essa lula arborícola vivia na Grécia, país cujas azeitonas saborosas ela apreciava. Além disso, insistem os autores, escritores como Aristóteles ou Plínio, o Velho, falam de lulas que se aventuravam em terra firme, uma das quais até havia usado uma árvore para cometer um roubo. Enfim, uma charmosa paródia pseudocientífica habilmente repleta de materiais eruditos e pilhérias grotescas, cuja natureza brincalhona é bastante evidente. No entanto, independentemente da idade (estudantes universitários[303] ou alunos do ensino médio[304-305]), a grande maioria (cerca de 90%) dos leitores confrontados com esse site acreditou na fábula e achou que a lula arborícola existisse de fato. Preocupante, mas não realmente surpreendente, à luz de vários outros estudos recentes realizados por um grupo de pesquisadores da Universidade Stanford, que mostram que "globalmente, a capacidade dos jovens [alunos do ensino fundamental, do ensino médio e universitários] de raciocinar sobre as informações encontradas na internet pode ser resumida a uma palavra: 'sombria'". Tão sombria que acaba representando uma "ameaça à democracia",[306] especialmente porque, mais uma vez, são os filhos das classes socio-econômicas menos favorecidas os mais duramente atingidos.[307]

Os jovens franceses (11-24 anos) não são exceção, é claro, como mostrou uma pesquisa recente do IFOP.[308] Dois terços deles estão dispostos a acreditar nas maiores bobagens: o aquecimento global em curso é um fenômeno natural (29%); os norte-americanos nunca foram à Lua (20%); é possível que a Terra seja plana (16%) etc. Isso não é surpreendente, considerando que "41% dos usuários do TikTok acreditam que um criador de conteúdo/influenciador com um grande número de seguidores tende a ser uma fonte confiável".[308] Uma proporção que sobe para 65% entre os jovens matriculados em escolas de áreas desfavorecidas.

Para resumir

O cérebro do leitor experiente é uma ourivesaria de alta precisão. Sua construção repousa em uma prática intensa e paciente que permite: (1) transformar a rede neuronal, geneticamente construída e destinada no recém-nascido ao reconhecimento visual de objetos, em uma "entrada" de decodificação da linguagem escrita; (2) fornecer ao ator central dessa entrada (a área cerebral de reconhecimento de palavras) a massa de *big data* de que ele precisa para automatizar seus processamentos; (3) absorver conhecimento linguístico e cultural suficiente para enfrentar as peculiares complexidades (alguns diriam riquezas) dos universos escritos. Quanto mais generosa a incubação, maior a competência do leitor. Mas o inverso também é verdadeiro. Quando a experiência é lacunar, o desempenho só pode oscilar entre medíocre e miserável. A maioria das crianças e dos adolescentes por certo é capaz de decifrar um texto, no sentido de que consegue lê-lo em voz alta sem muita dificuldade aparente. Infelizmente, isso não significa que saibam ler! A decodificação é para o leitor o que a raquete é para o tenista: um elemento essencial, mas incapaz de fundamentar a *expertise*. Nesse contexto, colocar *O vermelho e o negro* (Stendhal), *A pele de Onagro* (Honoré de Balzac), *O segundo sexo* (Simone de Beauvoir) ou um artigo do *Le Monde* nas mãos de um estudante do ensino médio que praticamente não leu nada até então é tão racional quanto oferecer um xilofone a um pinguim. Antes de poder dominar esse tipo de conteúdo, o caminho é longo. Nenhum alpinista começa pelo Everest, a ideia pareceria insana! No entanto, fingimos acreditar que uma criança que não lê nada além de alguns documentos escolares e *stories* do Instagram ou do TikTok possa se lançar, pela graça de uma circular escolar ou de uma repentina imposição dos pais, aos picos mais elevados da literatura. Isso é absurdo. Sem hábito, até mesmo os romances mais simples permanecem inacessíveis. No fundo, algumas palavras são suficientes para resumir tudo o que foi dito: apenas a leitura prepara para a leitura. O objetivo da próxima parte é delinear os contornos dessa preparação.

TERCEIRA PARTE

AS RAÍZES
DA LEITURA

Não adianta correr; é preciso partir na hora certa.[1]

Jean De La Fontaine,
autor e fabulista

No campo da psicologia cognitiva, se o século XX nos ensinou algo, especialmente através dos trabalhos de Henri Wallon[2] e Jean Piaget,[3] é que a aprendizagem é um fenômeno cumulativo. Nada surge do nada. Cada progresso se baseia em bases já estabelecidas.[4] Quando o cérebro se depara com um problema desconhecido, ele começa por selecionar, no repertório de habilidades disponíveis, aquela que, como dizem os adolescentes, é a mais adequada para "dar conta do recado". Como a tarefa é inédita, essa habilidade será naturalmente imperfeita e precisará ser adaptada. Isso só será possível se a novidade não for... nova demais, ou seja, se ela não estiver distante demais das habilidades existentes. Quando a distância se revela excessiva, o processo falha. Em outras palavras, para que haja aprendizado, é necessário que a solicitação seja superior àquilo que o cérebro já sabe fazer, mas não demais.

A leitura não foge a essa realidade. Se a criança não tiver construído, no momento de embarcar nessa aventura, os pré-requisitos indispensáveis, ela só poderá fracassar, e, infelizmente, esse tipo de fracasso costuma ser irreversível. O infortúnio de enfrentar a escrita sem possuir as ferramentas necessárias resulta em uma dívida impagável. Ao dizer isso, não se trata de culpabilizar os pais, mas de considerar que, providos do conhecimento relevante, eles poderão tomar decisões melhores dentro das limitações do seu dia a dia. A boa notícia é que não é tão complicado colocar a criança no caminho certo. A má notícia é que isso requer tempo, recurso escasso para muitas famílias, especialmente as monoparentais. Razão a mais para tentar aproveitar ao máximo as oportunidades disponíveis! O objetivo desta parte é promover esse intento.

No entanto, antes disso, uma observação se faz necessária para evitar todo tipo de ambiguidade. Assim como não se trata de estigmatizar os pais, não se trata aqui de estigmatizar a escola, insinuando que os professores não fazem nada. Isso seria tolo, incorreto e ofensivo. Os pré-requisitos discutidos a seguir fazem parte do currículo da escola maternal, cujos objetivos fundamentais incluem explicitamente o desenvolvimento da linguagem em sua dupla dimensão oral e escrita.[5] No entanto, a escola possui limitações que seria absurdo não reconhecer. Primeiro, a criança só a vivencia a partir dos 3 anos. E as experiências vivenciadas antes desse momento decisivo são absolutamente cruciais. Se os alicerces cerebrais não estiverem estabelecidos quando o aluno chega à pré-escola, sua escolaridade rapidamente se tornará dolorosa. Os anglo-saxões abordam essa ideia por meio do conceito de *school readiness*,[6] para o qual nunca encontrei uma tradução satisfatória, mas que significa aproximadamente "preparação para a escola", no sentido de estar preparado para enfrentar as exigências desta última. O ambiente familiar contribui naturalmente, de maneira essencial, para essa preparação.

Além disso, a escola é limitada por currículos volumosos e salas de aula frequentemente lotadas; assim, o tempo de aprendizado e a quantidade efetiva de interações entre o aluno e o professor são tipicamente insuficientes para garantir uma aquisição ótima da linguagem, tanto na pré-escola quanto na escola primária.[7-9] O tempo disponível para as trocas diádicas (face a face), faladas ou de leitura compartilhada, é muito maior nas famílias do que na escola (exceto em casos excepcionais). O ambiente doméstico, portanto, torna-se um complemento indispensável para as aprendizagens escolares formais. Isso não significa que os pais devam transformar sua sala de estar em uma sala de aula. Ensinar é uma profissão que exige habilidades sólidas, especialmente nas séries iniciais. Além disso, as crianças já ficam cansadas com um dia na escola, e acrescentar mais um turno em casa talvez não seja produtivo. Não, a mensagem aqui é simplesmente que as aprendizagens lúdicas permitidas no ambiente familiar oferecem ao desenvolvimento da linguagem um suporte não apenas complementar, mas também muito mais amplo do que na escola. Essa constatação não tem nada de revolucionária. Ela apenas reafirma a importância, há muito estabelecida, das práticas intrafamiliares precoces para o sucesso escolar e, a longo prazo, profissional da criança.[10-13] É à explicitação dessas práticas que esta parte se dedica. Dois capítulos são apresentados. O primeiro aborda as bases não verbais da leitura, ou seja, todos os elementos que permitem que as crianças compreendam a natureza íntima da escrita, das letras e dos sons. O segundo trata das bases orais construídas no cotidiano, por meio dos espaços de fala e leitura compartilhada.

6

Preparar o cérebro

À luz das pesquisas realizadas há mais de meio século, tornou-se consenso considerar que, além das habilidades linguísticas, a entrada na leitura se baseia em três pilares fundamentais: conhecimento das convenções do mundo escrito; conhecimento das letras; capacidade de identificar e manipular os sons das palavras.[14-15] Nem todos esses elementos, é claro, têm a mesma importância, ou seja, a mesma capacidade de prever o sucesso (ou as possíveis dificuldades) da criança. Mas todos desempenham um papel significativo e todos dependem amplamente, para o seu desenvolvimento, das experiências precoces, especialmente as intrafamiliares.[16-19]

Compreender os mundos escritos

A escrita é uma construção cultural feita de convenções arbitrárias. Na maioria dos adultos, essas convenções estão tão profundamente internalizadas que parecem "naturais". Essa impressão é enganadora. Essas convenções precisam ser assimiladas pela criança.[20-22] Seu domínio no início do primeiro ano do ensino fundamental é um grande fator de previsão das aquisições futuras em leitura, especialmente no campo da compreensão.[23-24] Isso não é difícil de entender, no sentido de que demonstra apenas que é impossível interagir de forma eficaz com um livro, mesmo rudimentar, se você não souber por onde começar, assim como é impossível usar um abridor de garrafas com eficiência se você não souber o que fazer.

▸ Descobrir as regras

As convenções textuais são múltiplas e heterogêneas.[20] No plano formal, por exemplo, para línguas que utilizam o alfabeto latino (francês, inglês, alemão, italiano, português etc.), é necessário aprender que a escrita flui da esquerda para a direita e de cima para baixo; que, no final de cada linha, pulamos para o início da próxima; que as páginas são viradas da direita para a esquerda. No plano funcional, é essencial compreender que os sinais na página têm significado; que eles representam palavras ouvidas; que cada palavra é composta por um número variável de letras; que a palavra é isolada de suas vizinhas por dois espaços (um à esquerda e outro à direita); que as palavras se agrupam para formar frases; que essas frases, mais ou menos longas, começam com uma letra maiúscula e terminam com um ponto; que são as palavras que contêm a narrativa, não as imagens. Gradualmente, é necessário também entender que a escrita tem um propósito. Algumas contam histórias, outras explicam como fazer um bolo, outras mostram coisas desconhecidas que nem sempre podemos ver "ao vivo" (por exemplo, que a África abriga animais incríveis).

À primeira vista, tudo isso pode parecer trivial, e é tentador considerar que esses conhecimentos sejam adquiridos espontaneamente, sem necessidade de ensino deliberado. Infelizmente, várias pesquisas refutam esse otimismo, indicando que há poucas conexões entre as práticas precoces de leitura compartilhada e a assimilação das regularidades textuais aqui listadas.[25-27] Isso não é uma surpresa. Quando uma história é lida para uma criança, ela não se concentra nas partes escritas. Suas perguntas e suas fixações visuais se concentram quase exclusivamente nas imagens.[28-30] Como resumem Laura Justice e seus colegas da Universidade da Virgínia, "quando olham para livros, crianças pequenas mostram uma preferência esmagadora por tudo o que não é escrito".[28] Uma preferência aliás ativamente reforçada pelos adultos, cujos comentários frequentemente omitem as características formais do texto em favor da narrativa, dos personagens e das ilustrações.[31-34] Esse viés de engajamento torna a aquisição das convenções escritas mais difícil e lenta.[27] O desenvolvimento de tudo o que é simbólico, capacidade tão única em nossa espécie,[35] é então particularmente afetado. Até cerca de 6 anos, muitas crianças têm dificuldade para entender que as palavras, e não as imagens, carregam a história. Mesmo quando reconhecem as letras do alfabeto, elas nem sempre conseguem compreender que as formas visuais escritas representam a linguagem oral.[36] Em outras palavras, nessa fase, as sequências de letras ainda não são abstrações significativas para elas. A maioria das crianças pequenas (3 a 5 anos) que conhece o alfabeto (ou seja, consegue nomear as letras), por exemplo, acredita que as palavras mudem de significado com base nas ilustrações que as acompanham e/ou de comprimento dependendo do tamanho dos objetos que elas designam.[37-39] De maneira geral, quase todas as crianças em idade pré-escolar (3-4 anos) apontam para as imagens quando lhes perguntam o que os adultos estão lendo.[40] Os alunos do último ano da pré-escola (5 anos) se saem um pouco melhor, com "apenas" um terço apontando para as imagens. No entanto, metade desses futuros alunos do ensino fundamental diz sim quando questionados se é possível ler uma figura, o que confirma o quão difícil é para essas crianças pequenas entender o que é a leitura.[41] Dificuldades semelhantes são observadas com os rabiscos. Aos 3-4 anos, metade das crianças que dominam o alfabeto acredita que a sequência seguinte seja legível: *mmmmmm*. Aos 5 anos, elas ainda são um terço.[41] Como lembra de maneira engraçada um artigo de pesquisa, de resto bastante sério, "muitos pais já passaram pelo delicado momento em que seu filho mostra seus preciosos rabiscos e pede para que eles sejam lidos".[27]

▸ *Prestar atenção aos códigos*

Na prática, para familiarizar a criança com as convenções da escrita, é necessário direcionar explicitamente a atenção para as construções textuais.[25-26] As pesquisas mostram que essa abordagem é eficaz.[42-43] Ela consiste, por exemplo, durante momentos de leitura compartilhada, em fazer perguntas: "Mostre-me onde devo começar a ler"; despertar curiosidade: "Oh! Veja, a palavra 'leão' está bem pequena, é engraçado para um animal tão grande"; ou propor desafios: "Oh! Veja essa palavra (exemplo: "ela" ou "o"), você acha que podemos encontrá-la em outro lugar?" etc. Também é comum que a criança finja ler sozinha os livros que conhece. Nesse caso, é interessante convidá-la a seguir o texto com o dedo. Mesmo que as correspondências sejam um pouco aleatórias e ela aponte para "lobo" ao dizer "árvore", a atividade a ajudará a descobrir que as palavras são separadas umas das outras por espaços e que cada palavra escrita corresponde a uma palavra falada. Os pais podem usar essa mesma técnica de acompanhamento manual, aumentando ligeiramente o intervalo de silêncio entre as palavras, para enfatizar a associação entre escrito e oral, que, mais uma vez, é muito difícil de estabelecer para a criança pequena.[36]

O problema é que, ao contrário de um mito muito difundido, o cérebro humano não pode fazer duas coisas ao mesmo tempo.[44] Ou ele processa a forma ou se concentra no conteúdo. Portanto, o risco ao usar os métodos explicitamente descritos aqui é mascarar a história e, consequentemente, reduzir o prazer.[45] Felizmente, existem várias soluções para esse problema. A primeira sugere limitar a algumas inserções minoritárias as alusões ao texto (no início da leitura, por exemplo) ou se preocupar com essa questão apenas ocasionalmente. É possível usar um livro que a criança peça para reler com frequência (uma propensão à qual voltaremos posteriormente) e direcionar uma das releituras para a descoberta das convenções da escrita, usando os tipos de questionamento mencionados anteriormente. Uma abordagem alternativa é selecionar livros nos quais seja fácil ocultar as ilustrações (muitos livros separam claramente o texto das ilustrações). Essa solução é especialmente apropriada não apenas para enfatizar os aspectos textuais, mas também para estimular a imaginação. No primeiro caso, é preferível agir após várias leituras, quando a riqueza da história se esgota, dizendo, por exemplo, "e se verificássemos se podemos ler [ou se a história é a mesma] sem as imagens?". No segundo caso, por outro lado, é importante agir no primeiro contato com o livro. Nesse momento, é possível ler o texto e conversar com a criança sobre o que ela imagina, sobre como ela representa os personagens, as situações, antes de comparar, em uma consulta posterior, com as "verdadeiras" imagens. Os impactos da leitura na imaginação serão considerados com mais detalhes na quinta parte.

▸ *Escritos pelas ruas*

A todas essas possibilidades se acrescenta um último campo de jogo, frequentemente negligenciado, que é o ambiente. Ele está cheio de conteúdos não narrativos extremamente valiosos para mostrar à criança que a escrita carrega significado e sustenta objetivos variados. Placas de trânsito, materiais publicitários, listas de compras, cardápios de restaurantes, logotipos de marcas, embalagens de alimentos, todos esses suportes são relevantes e, segundo a literatura científica, eficazes.[46-48] Eles não são suficientes por si só, é claro, mas ignorá-los seria uma pena, já que oferecem, por sua variedade e disponibilidade, infinitas oportunidades não apenas de compartilhamento, mas também, se abordados da maneira certa, de compartilhamento recreativo. Seja na plataforma do metrô, fazendo compras ou esperando o garçom trazer a pizza, essas palavras ociosas darão muito mais à criança do que todos os *smartphones* e *tablets* do mundo. O método é muito simples e consiste em perguntar a nossos filhos, sempre que possível, sobre os escritos que eles encontram: "Oh! Veja, o que é isso?"; "Para que isso pode servir?"; "Como saber?"; "Você consegue imaginar?"; "Você vê outros parecidos/diferentes?" etc.

Como encontrar uma maneira mais econômica de nutrir um cérebro? Alison, uma menininha norte-americana de 3 anos, fornece um testemunho vivo disso.[49] Dentro do carro, a caminho do zoológico, seu pai aponta para uma placa que diz "Oeste 465"; então ele pergunta: "O que isso está dizendo?". A pequena pensa e responde:

"Está dizendo, papai... vire aqui para ir ao zoológico". Embora possa parecer trivial, o comentário não tem nada de insignificante. Ele demonstra que Alison, por um lado, entendeu que as palavras exibidas têm um significado específico e, por outro, é capaz, aos 3 anos, com base nessa compreensão e em seu contexto, de adivinhar o sentido da mensagem. Outra situação reveladora acontece um ano depois, quando a menina está com 4 anos e participa de uma pesquisa científica.[49] Ela segura um copo com o nome de uma famosa rede de *fast-food*, "Wendy's Hamburgers". "O que isso diz?", pergunta o pesquisador. Passando o dedo sobre a palavra "Wendy's", Alison, que conhece o logotipo da marca, responde "Wendy's"; depois, olhando para a palavra "Hamburgers", ela sugere "*cup*" (copo, em inglês). Então, ela pensa um pouco e, percebendo que algo não está certo, diz: "É um som curto para uma palavra comprida". Uma reação que demonstra que a menina está começando a perceber a ligação fundamental entre os sinais e os sons (os especialistas diriam entre morfemas e fonemas). Isso está longe de ser um pequeno avanço no caminho para a leitura.

Para aprender a ler, em suma, a criança precisa ter certo número de conhecimentos prévios sobre as convenções da escrita. Alguns são simples e adquiridos rapidamente (por exemplo, ler da esquerda para a direita), enquanto outros, ao contrário, são complexos e exigem o esforço de uma absorção lenta (por exemplo, a natureza simbólica da escrita). Chamar a atenção da criança para todos esses elementos permite estabelecer algumas bases indispensáveis para suas aquisições futuras.

Brincar com as letras

Aprender o alfabeto é algo simples, basta uma canção.[50] O mais complicado, por um lado, é reconhecer as letras (A, B etc.) e, por outro, saber associá-las a seus respectivos sons.[51] É preciso dizer que nossos ancestrais não facilitaram as coisas para nós. O número de símbolos é por certo limitado [26 letras no alfabeto português, derivado do alfabeto latino], mas cada letra pode ter pelo menos quatro formas: maiúsculas (A, B etc.); minúsculas (a, b etc.); cursivas maiúsculas ($\mathcal{A}$, $\mathcal{B}$ etc.); e cursivas minúsculas (a, b etc.). Além disso, o nome das letras nem sempre corresponde exatamente ao seu som. Para "a" e "o", tudo bem, mas "q" causa problemas: ele é pronunciado "quê" e transcrito $_{[/k'e/]}$, como em "quatro". Algumas letras também têm vários sons: "c" é pronunciado "cê" e pode ser transcrito $[/s'e/]$, como em "cereja", ou k $_{[/k'a/]}$, como em "conto". Nada disso é simples ou intuitivo. No entanto, o cérebro encontra uma saída; para isso, porém, ele precisa absorver uma grande quantidade de dados. Em outras palavras, mais uma vez, tudo se resume a uma questão de *big data*.

› *Um pré-requisito importante*

É nesse ponto que o ambiente familiar entra em cena. Novamente, não se trata de transformar os pais em professores e a casa em uma sala de aula, mas sim de utilizar o vasto repertório de interações diárias para acompanhar a aprendizagem alfabética. Nesse âmbito, quanto mais as atividades informais do lar prepararem e apoiarem o que é ensinado na escola, mais eficaz e indolor será o progresso da criança. As pesquisas mostram, com uma bela unanimidade, que o conhecimento das letras na entrada do primeiro ano do ensino fundamental é um fator de previsão fundamental das aquisições posteriores de leitura, especialmente no âmbito da decodificação.[23-24,52] O duplo domínio do nome (por exemplo: $b_{[bê]}$) e do som ($b_{[bê]} \rightarrow b_{[/b'e/]}$) das letras se revela então necessário.[53]

Mais uma vez, a contribuição isolada da leitura compartilhada parece decepcionante. A maioria dos estudos não estabelece nenhuma

---

* Os sinais /k'a/ ou /s'e/ são aqueles do alfabeto fonético, que permite escrever o "som" das palavras (por exemplo, mãe é escrito no alfabeto fonético como /mẽj/). Uma tabela desse alfabeto, em português, é apresentada nos Anexos, no final do livro (consulte o Anexo A, página 329).

relação entre essa rotina e as habilidades alfabéticas de nossos filhos.[25-26,54] A explicação é a mesma para as convenções escritas: quando compartilham uma história, crianças e pais não se importam com as letras. Portanto, para favorecer a aprendizagem destas últimas, é necessário agir explicitamente.[25-26,42-43,54] É importante deixar isso bem claro, pois a maioria dos lares é oito ou oitenta, no sentido de que não existe relação entre as tentativas ostensivas de ensinar as letras (ou, mais amplamente, os fundamentos da decodificação) e as atividades informais de leitura compartilhada.[25-26,54] No entanto, para além de seus impactos unanimemente positivos, essas duas práticas atuam de maneira diferente.[55] As primeiras sustentam a decodificação, e seu impacto, claramente visível nas avaliações precoces no primeiro ano do ensino fundamental, diminui progressivamente. As segundas alimentam principalmente a linguagem, e sua influência, pouco detectável no primeiro ano do ensino fundamental, manifesta-se vigorosamente a partir do terceiro e do quarto ano do ensino fundamental. Aqui encontramos os fundamentos do *fourth-grade slump* (ou "degringolada do quarto ano"), mencionado na parte anterior. Curiosamente, algumas raras famílias não escolhem entre uma ou outra abordagem e exploram as duas abundantemente. Sem surpresa, os filhos dessas famílias são os que têm as trajetórias escolares mais positivas, a curto e longo prazo.[55]

▶ Estimular o interesse

Antes de continuar, vamos deixar bem claro de novo, para eliminar qualquer ambiguidade, que não se trata de submeter a criança a um segundo turno de escola nem de transformar suas férias e seus finais de semana em acampamentos de alfabetização. Isso seria tedioso e prejudicial. Seja qual for o objetivo, o lar deve permanecer lúdico e envolvente. O objetivo não é repelir a criança, mas alegrá-la. Quanto mais prazer ela sentir, mais rapidamente progredirá. Nesse contexto, a melhor solução é despertar o seu interesse pelo alfabeto e transformar esse interesse em um catalisador de interações e jogos. Onde quer que você esteja, mostre letras para a criança, chame-as pelo nome como se fossem amigos (exemplo: "Oh! Veja, é o *bê*"), produza seus sons (tanto *bê* quanto *b*), utilize exemplos, enfatizando o alvo ("b de b-olo" – ou "b-om", "b-arco" etc.), peça à criança para repetir e propor, se possível, outras palavras que "comecem igual". Em casa, tenha cubos e cartas com letras impressas; tenha quebra-cabeças, ímãs, batatas fritas e macarrão em forma de letras; use embalagens de cereais, sabão em pó, biscoitos ou doces. Na rua, observe as letras em anúncios publicitários, placas de trânsito ou letreiros comerciais. Durante as sessões de leitura compartilhada, use (às vezes) abecedários ou selecione uma letra na capa do livro que você está prestes a explorar (exemplo: *m*) e pergunte à criança se ela a reconhece; se não, nomeie-a ("é 'eme' como "m de m-oto"); pergunte se ela pode encontrar a letra em outro lugar na capa ou dentro do livro; peça-lhe para reconhecer outras letras etc. Acima de tudo, se a criança hesitar ou errar, não se irrite (ou pelo menos não abertamente!). Encoraje-a, sorria, apoie suas tentativas. Certifique-se de que as atividades implementadas não sejam muito difíceis e não a coloquem em fracasso constante. É preciso cultivar o prazer, não atiçar a repulsa. É melhor que a brincadeira seja fácil demais do que difícil demais.

Se a criança realmente empacar e patinar, diminua a exigência, desdramatize, faça uma cara engraçada, ofereça todas as pistas possíveis. Nunca zombe de sua falta de jeito e não escarneça de seus erros. Se o irmão mais velho ou a irmã mais velha a ironizarem, diga o quanto você valoriza os erros, afirme com sabedoria que eles são nossos amigos, pois sem eles não poderíamos aprender nada. Em termos mais gerais, não esqueça que o que é fácil para nós, leitores adultos, não é simples para uma criança de 2, 3, 4 ou 5 anos que está começando a se aventurar no mundo das letras. E, acima de tudo, acima de tudo (!), não confie essas bases fundamentais a algum tolo aplicativo digital; porque nenhum deles jamais fará o trabalho tão bem quanto um ser humano (pai ou professor).[44]

Na prática, para promover a aprendizagem, ofereça a seus filhos um alfabeto plastificado que caiba em uma folha simples (todas as letras em uma página e ilustradas por uma palavra relevante). Quando a criança procurar uma letra, por exemplo, o "b" na caixa de biscoitos, se ela não encontrar, incentive-a a olhar para o alfabeto. Se ela tiver dificuldade em nomear a letra depois de reconhecê-la visualmente, ajude-a (é um $b_{[bê]}$); faça o mesmo se ela não tiver o alfabeto ou não reconhecer a letra. Em seguida, passe para o som ("b" e "bê") e retorne ao problema inicial, "b" de "b-iscoito"), finalmente, incentive a criança a repetir o nome, o som e a palavra, antes de eventualmente perguntar se ela pode encontrar outra palavra ("b-ola"). Quando você expressar o som de uma letra, faça-o estalar de forma nítida e curta para isolá-lo o mais precisamente possível. Da mesma forma, quando você indicar o nome, insista nos elementos que dentro dele lembram o som ("eme" – "m"; "efe" – "f ").

Pronto! Em seguida, basta aplicar esse mesmo esquema. Em qualquer atividade. Eu pessoalmente usei essa abordagem com minha filha desde os 2 anos de idade. Tínhamos jogos e rotinas que usávamos sem combinar, de acordo com as ocasiões. Na rua, por exemplo, usávamos o "encontrar o '?'"; sendo o "?" uma letra que escolhíamos aleatoriamente. O primeiro a ver o "?" ganhava um ponto; e aquele que tinha mais pontos no final do passeio escolhia a sobremesa ou o livro da noite. Na mesa aos sábados, tínhamos a grande batalha das letras de batata frita. A pequena pegava uma ao acaso no prato (por exemplo: "r") e tinha de nomeá-la (ou, em uma versão posterior, encontrar uma palavra que começasse com a letra). Quando ela não encontrava uma, eu lhe dava duas opções, garantindo que a incorreta fosse uma das letras que ela conhecia: pode ser o "r" de "r-ato" ou o "v" de "V-alentine". Assim que acertava, ela comia a batata frita com um grande sorriso e começávamos de novo. Em outro jogo, introduzido em uma noite de Natal, alinhamos aleatoriamente na mesa 26 copos de papel nos quais desenhamos as letras do alfabeto. A pequena fechava os olhos enquanto eu escondia um doce (ou outra coisa) em um copo. Então, solenemente, eu nomeava a letra relevante (por exemplo: "a"). Se Valentine não a encontrasse, eu repetia a letra associando-a à palavra do seu abecedário, que ela tinha, evidentemente, o direito de consultar ("a" de "á-rvore"). Encontrando a palavra ("árvore"), ela encontrava a letra, e, encontrando a letra, ganhava o prêmio. Na próxima rodada, era ela quem escondia um doce e anunciava três letras. Eu tinha de adivinhar pela sua expressão qual era a correta. Se eu acertasse, o doce era meu, se não, era dela.

▸ *Cada um no seu ritmo*

Enfim, as possibilidades são infinitas. Cada família que invente suas práticas. Alguns pais talvez considerem esse encargo um pouco pesado. Duas boas notícias deveriam tranquilizá-los. Primeiro, apesar de sua simplicidade, as estratégias aqui descritas funcionam notavelmente bem.[26,42,46] Em segundo lugar, não há pressa. Para atingir o objetivo, a criança tem vários anos pela frente. Isso é mais do que suficiente. No entanto, nem todos os caminhos são iguais. Alguns são mais tranquilos e seguros do que outros. É bom saber, por exemplo, que as crianças memorizam melhor o nome das letras maiúsculas.[51,56] Começar por essas parece sensato, especialmente porque conhecer as maiúsculas facilita o aprendizado das minúsculas. De maneira interessante, esse efeito não se limita às grafias semelhantes (exemplos: Cc, Zz), embora essa configuração tenha os melhores resultados. Ele se estende às letras heteromorfas (exemplos: Aa, Ee).[57] No entanto, não espere que a criança conheça todas as maiúsculas perfeitamente para introduzir as minúsculas, vá introduzindo as minúsculas gradualmente, começando pelas que se parecem mais com as maiúsculas. Também é importante notar que as crianças nomeiam as letras de seu próprio nome com mais facilidade,[58] provavelmente porque as veem com mais frequência, mas não apenas por isso. Nossos filhos também parecem mais interessados e motivados por essas letras, que são um pouco "deles".[59] Portanto, pode ser útil aproveitar isso para as primeiras aquisições.

Quando minha filha era pequena, a professora dela se recusava a nomear as letras, considerando que apenas o som importava e que uma etiqueta dupla poderia ser contraproducente, especialmente para símbolos que não têm uma correspondência diretamente perceptível entre o nome e o som (como *q*, *h* etc.). A ideia não é nova.[60-61]

Poderia ser válida se as crianças só fossem expostas aos rótulos fonéticos, mas não é o caso. No cotidiano, a maioria dos alunos está exposta ao nome das letras, mesmo que seja através de canções do alfabeto. Portanto, não é absurdo sugerir que o uso exclusivo dos sons pode não favorecer, mas prejudicar a aprendizagem, ao criar, como um artigo recente indica, "uma forma de etiquetagem 'não natural'".[62] Na verdade, ninguém sabe ao certo. Mas o que sabemos é que os resultados experimentais claramente apoiam o uso da dupla etiquetagem nome/som (exemplo: *dê – d*). As crianças expostas a esse método têm um desempenho melhor do que seus colegas que receberam apenas a referência sonora.[63] É verdade que a diferença não é enorme, mas por que hesitar se não há evidências concretas que sugiram que a dupla etiquetagem possa retardar o progresso?[64] Pelo contrário, as pesquisas disponíveis mostram unanimemente que o nome das letras é "um trampolim para as crianças aprenderem, lembrarem e encontrarem os sons das letras".[52] Hoje é sabido que o conhecimento dos nomes facilita o aprendizado dos sons.[65-67] Além disso, várias pesquisas mostram que esses dois aspectos do domínio alfabético favorecem, de forma independente, a aquisição da leitura.[53,68]

Com base nessas observações, parece ser ótimo, para favorecer o progresso da criança, atrair sua atenção tanto para o nome quanto para o som das letras. Concretamente, isso confirma a validade do padrão apresentado anteriormente: "Oh! Veja um 'erre' que faz 'r' de 'r-ato'". No entanto, essa cadeia tem todas as chances de encurtar rapidamente. A criança, na verdade, memoriza o nome das letras muito mais rápido do que seus sons. Estes últimos geralmente têm um atraso de seis a 12 meses em relação a elas.[51] Com as palavras não é diferente. Quase dois anos se passam entre o momento em que a criança pequena é capaz de nomear uma letra e o momento em que ela consegue associar facilmente um nome a ela ("t" de "t-atu").[51] Dentro desse quadro geral, é claro, nem todos os aprendizados são iguais. Alguns são mais simples do que outros.[53,58,65,69] Por exemplo, entre todas as letras, é mais fácil aprender: (1) aquelas, a grande maioria, cujo nome contém o som (exemplo: *o – o*) ou o evoca (exemplo: *m – eme*), em comparação com aquelas que não oferecem pistas (exemplo: *h – agá*); (2) aquelas cujo nome se refere a um único som (exemplo: *b → b*), em comparação com aquelas que podem ser pronunciadas de diferentes maneiras (exemplo: *g → gê* de "geleia" ou *gue* de "garagem"); (3) aquelas cuja forma é singular (exemplo: *r*), em comparação com aquelas que têm formas semelhantes (exemplo: *u – v*). Isso significa que a criança não adquire as letras de maneira homogênea. Algumas demoram mais e são mais difíceis de memorizar. Isso não é nem preocupante nem mau sinal. Não fique frustrado com isso. Mais uma vez, não há pressa. Estabeleça o cenário, garanta que a criança se divirta brincando com as letras e deixe o tempo fazer seu trabalho.

Nesse sentido, muitos pais se preocupam com as inversões de letras. Estas podem ocorrer com algumas maiúsculas (o *Z* é lido como *S*) ou números (o *2* se torna *s*), mas, na maioria das vezes, o problema concentra-se nas minúsculas. As grafias simétricas são regularmente confundidas.[70] O efeito é máximo em torno do eixo vertical (*b* e *d*; *p* e *q*), mas é observado em todas as letras com formas idênticas. Em outras palavras, *b*, *d*, *p* e *q* são muito confundidas, assim como *n* e *u*, *f* e *t* e, em menor grau, *m* e *w*. Isso não é grave. Na verdade, é até um estágio necessário. O sistema visual está programado para identificar objetos independentemente do ponto de vista.[71] Não importa se olho para o meu teclado a partir da esquerda, da direita, de trás ou da frente, ele ainda é o meu teclado. No entanto, essa permanência não funciona com as letras. Quando o sistema visual vê um *b*, um *p* ou um *q*, ele diz à criança: "é tudo igual"; enquanto papai ou mamãe insistem em explicar que "é diferente, você está vendo que é diferente". Bem, na verdade, ela não vê. Esse é todo o problema. Para evitar essa armadilha, a criança primeiro precisa perceber que as letras são exceções e, portanto, reestruturar a rede visual dedicada à decodificação. Isso leva tempo. Notemos, ainda que isso vá além do escopo deste trabalho, que a mão é uma aliada valiosa, porque é ela que, ao seguir o contorno das letras ou ao tentar traçá-las com um lápis, diz ao cérebro que, de fato, *b* e *p* não são iguais de jeito nenhum. Várias pesquisas confirmaram que não há melhor maneira de prejudicar o aprendizado alfabético do que eliminar a mão e substituir a caneta por um teclado.[44] As crianças que aprendem a escrever com um bom e velho lápis memorizam e reconhecem as letras mais facilmente do que seus colegas confinados aos cuidados de um teclado de computador.[72-75] Uma vantagem que, sem surpresa, facilita, por sua vez, o desenvolvimento da leitura.[15,76-77]

Em resumo, saber reconhecer as letras pelo nome e pelos seus sons ao entrar no primeiro ano do ensino fundamental favorece significativamente a aprendizagem posterior da leitura. Através da implementação de jogos e atividades simples, o ambiente familiar pode, em complemento à educação pré-escolar, fazer muito para fornecer à criança essa base fundamental. No entanto, os pais que se sentem desconfortáveis com os elementos aqui apresentados podem simplesmente se apoiar na escola e revisar com a criança os exercícios de seu caderno; não como deveres, mas como jogos e momentos de compartilhamento. É essencial garantir que a criança não naufrague logo nas primeiras braçadas e que as bases alfabéticas, nas quais todas as futuras operações de decodificação se apoiarão, sejam sólidas.

Brincar com os sons

Em última análise, a escrita nada mais é do que uma transcrição gráfica dos elementos sonoros da linguagem oral. Para ler, a criança precisa necessariamente tomar consciência desses elementos, ou seja, ela precisa aprender a isolá-los dentro do fluxo verbal. Essa habilidade segue uma evolução hoje bem definida. Ela opera desde as unidades sonoras mais amplas até os segmentos mais curtos.[78-79] O cérebro começa por distinguir as palavras, depois percebe as sílabas, em seguida, os ataques e as rimas,* e por fim os fonemas.

---

* Ataques e rimas são unidades sonoras intrassilábicas. Ataque é a consoante ou o grupo de consoantes iniciais, enquanto rima se refere ao conjunto dos fonemas restantes. Por exemplo, na sílaba "mar", "m" e "ar" constituem, respectivamente, ataque e rima. Na palavra monossílaba "flor", "fl" forma o ataque e "or", a rima.

Como ilustra a Figura 10, esse processo é mais complexo do que parece. O gráfico representa a onda sonora correspondente à frase "*maman est malade*" (mamãe está doente). Vê-se que não há uma demarcação clara entre as palavras. Da mesma forma, dentro de cada termo, as sílabas muitas vezes são pouco identificáveis (*ma-la*), sem mencionar os fonemas que aparecem totalmente mergulhados no traço. É por isso que os viajantes costumam ter a sensação de estar diante de um fluxo linguístico indiferenciado quando chegam a um país cujo idioma não dominam.

Figura 10. Onda sonora associada à frase "*maman est malade*" (mamãe está doente). Ver detalhes no texto.

▸ *Um passo essencial*

Os especialistas chamam de "consciência fonológica" a capacidade de perceber e manipular os sons da língua. A expressão "consciência fonêmica" designa, mais especificamente, a habilidade de extrair e manipular os fonemas. Estudos mostram que essas duas competências são fatores de previsão essenciais para as

---

Para "mas", obtemos respectivamente "m" e "as". Cada uma dessas unidades silábicas pode, por sua vez, ser dividida em sons elementares, os fonemas.

aquisições posteriores de leitura, tanto na decodificação quanto na compreensão.[23-24,80-81] Mais uma vez, o papel do ambiente precoce é fundamental; e isso é ainda mais verdadeiro considerando que o cérebro da criança parece ser particularmente receptivo às aprendizagens fonológicas.[82-84] Duas abordagens desempenham um papel facilitador especialmente notável.

A menos específica envolve protocolos de leitura compartilhada, cuja influência positiva sobre a consciência fonológica foi demonstrada em várias pesquisas.[85-86] De maneira interessante, o impacto é ainda mais significativo quando a exposição inicial ocorre em idades mais precoces. Esses resultados refletem, em grande parte, a ação positiva da leitura compartilhada na linguagem (voltaremos a isso no próximo capítulo).[26] De fato, em crianças pequenas, leitoras ou não, estudos mostram que a consciência fonológica aumenta significativamente à medida que o vocabulário cresce.[83,87-89] Em outras palavras, quanto mais palavras a criança conhece, melhor ela manipula os sons da língua. Uma explicação plausível para esse fenômeno sugere que o aumento do vocabulário leva o cérebro a perceber as unidades sonoras compartilhadas pelas palavras, especialmente no nível das sílabas, dos ataques e das rimas.[90] Em um experimento engenhoso, crianças de 5 anos foram convidadas a identificar, entre três palavras, a que não rimava (por exemplo: "cama", "chama", "chove"; ou "pipa", "ripa", "troca").[91] As palavras nos conjuntos tinham terminações comuns ou raras. A hipótese dos pesquisadores era a seguinte: se a riqueza lexical afeta a consciência fonológica, então os participantes com um vocabulário sólido deveriam responder mais rapidamente e com mais precisão nos conjuntos com terminações comuns; nenhum impacto deveria ser observado nos participantes com vocabulário menos desenvolvido. Os resultados foram consistentes com essas previsões. Em suma, a mensagem para os pais é clara: quanto mais se fala com as crianças e mais se lê histórias para elas, mais seu vocabulário se expande, mais a consciência fonológica se desenvolve e mais facilmente elas aprendem a ler.

Dito isso, é evidente que essa abordagem linguística não é onipotente. Pesquisas mostram que a implementação de atividades específicas e explícitas é necessária para fornecer uma base sólida para nossos filhos.[79,84] Em outras palavras, famílias que combinam leitura compartilhada e jogos fonológicos oferecem as melhores perspectivas de aprendizagem para seus filhos.[26,92]

Na prática, as atividades deliberadas de manipulação dos sons da linguagem seguem uma lógica bastante simples: atrair a atenção da criança para os sons e favorecer a manipulação desses sons por meio da criação de tarefas recreativas e envolventes. Assim como nos jogos de letras mencionados anteriormente, o prazer deve ser a regra absoluta. Não se deve desagradar a criança transformando essas atividades em tarefas difíceis ou desmotivadoras, nem desencorajar os pequenos com exercícios difíceis demais. Isso seria ainda mais prejudicial, considerando que as competências discutidas aqui são construídas de maneira relativamente fácil; desde que, mais uma vez, o cérebro receba os estímulos de que precisa no momento em que está pronto para processá-los.[*,80,84] Nesse sentido, parece evidente, e ninguém ficará surpreso, que a ordem ideal de aquisição segue a hierarquia natural, já mencionada, das discriminações neurais: primeiro as palavras, depois as sílabas, em seguida os ataques e as rimas, por fim os fonemas. Embora haja certa sobreposição entre essas diferentes etapas, é melhor não avançar para o nível seguinte antes de dominar os níveis anteriores. Portanto, é importante garantir que a separação das palavras seja compreendida antes de abordar a segmentação das sílabas; e assim por diante. Para além dessa observação, todos os protocolos são possíveis, desde que envolvam sons e divirtam as crianças. Da mesma forma, todas as interações são interessantes, usando seja a escrita, seja a fala. A última opção tem a vantagem de não exigir suporte físico, o que a torna adequada para aproveitar muitos momentos "perdidos" de nosso dia a dia (carro, metrô, caixa do supermercado, sala de espera do médico etc.). É isso que as linhas a seguir pretendem mostrar. As contribuições específicas da escrita serão abordadas em um segundo momento.

---

* Essas declarações só dizem respeito, talvez não seja inútil reiterar, às crianças "neurotípicas", isentas de condições clínicas que possam dificultar suas aprendizagens.

> *Proceder por etapas*

Tudo começa, portanto, com a manipulação de palavras. Embora não seja elementar, essa habilidade está longe de ser insuperável, provavelmente porque as palavras têm significado. Isso lhes confere uma realidade que as outras unidades fonológicas não têm. Infelizmente, esse traço não é suficiente para contornar a falta de segmentação natural dos fluxos verbais (consulte a Figura 10, p. 179). Para conseguir separar o fluxo sonoro em diferentes palavras, o cérebro precisa ser treinado. Quando isso não ocorre, como observamos em adultos analfabetos, existe uma grande dificuldade para isolar as palavras de uma frase, mesmo que seja tão simples quanto "Pedro tem medo do escuro" ou "o caminhão bloqueou a rua".[93] Em crianças pequenas, todas as atividades imagináveis podem acompanhar esse processo. Os pais podem, por exemplo, escolher uma frase simples ("Zoé viu o cachorro") e bater palmas para cada palavra, pedindo à criança para fazer o mesmo (ou pedindo que ela conte as palavras com os dedos). Eles também podem convidar a criança a substituir uma palavra por outra (*cachorro → gato*) ou adicionar uma palavra à frase ("Zoé viu o cachorro preto"). É claro que esses são apenas alguns exemplos para ilustrar a abordagem e suas possíveis variações. No fim das contas, porém, não importam os detalhes dos jogos efetivamente implementados, ou se eles se parecem ou não com os descritos aqui; a única coisa que importa é que a criança explore e manipule as palavras. Ela precisa brincar com elas, reconhecê-las, nomeá-las, isolá-las, juntá-las, removê-las, adicioná-las ou alterá-las. Exemplos de atividades comumente usadas para promover a consciência das palavras são apresentados no final do livro (consulte o Anexo B1, p. 330-331).

Depois de passar para a etapa das palavras, é hora de focar nas unidades infralexicais (isto é, nos elementos sonoros menores que as palavras). A mais facilmente perceptível é a sílaba. O dicionário a define como uma "vogal ou conjunto de letras que são pronunciadas em uma única emissão de voz",[94] ou seja, em um único sopro. Isso é algo muito fácil de fazer a criança entender. O mais simples é colocar a mão dela na frente de nossa boca e emitir algumas sílabas para que ela sinta os sopros ("cha", "che", "be", "pi", "po", "to" etc.). Depois, é a vez dela de tentar sozinha. A etapa seguinte consiste em associar duas ou três sílabas para entender que as palavras são feitas de vários sons/sopros. Os pais podem sugerir uma palavra e pedir à criança para pronunciá-la, e então dizer quantos sopros ela sentiu em sua mão e a quais sons eles correspondem. É melhor começar com unidades curtas que tenham um efeito sonoro evidente ("sol", "mar", "pé", "carro", "campo", "roda", "chapéu", "pato", "gato" etc.). Depois, é recomendável explorar sílabas menos óbvias ("chão", "flor", "manhã") e palavras mais longas ("abóbora", "caramelo", "hipopótamo"). Por fim, chega o momento em que a criança está pronta para dispensar o uso das mãos. Isso geralmente acontece rapidamente e abre caminho para várias manipulações mais sutis, semelhantes às mencionadas anteriormente em relação às palavras. Os pais podem, por exemplo, dizer uma palavra ("comer"; "almoçar") ou uma frase ("o coelho vê a raposa") batendo palmas para cada sílaba e pedindo à criança para fazer o mesmo. Eles também podem pedir à criança para remover uma sílaba ("gato" fica como se você remover o "ga"?) ou substituí-la ("gato" fica como se você substituir "ga" por "ra"?). Claro, essas são apenas algumas sugestões possíveis. Mas, mais uma vez, não importam os detalhes das tarefas propostas, ou se os pais as seguem ou não. A única coisa que importa é que a criança manipule as sílabas e saiba reconhecê-las, removê-la, adicioná-las, separá-las ou combiná-las. Exemplos de atividades comumente usadas para promover a percepção de sílabas[15] são apresentados no final do livro (consulte o Anexo B2, p. 331).

Após a assimilação das sílabas, é hora de abordar seus componentes, os ataques e as rimas. Essa etapa pode parecer artificial, mas é de grande ajuda para a conquista posterior, e mais difícil, dos fonemas.[78-79,95] Várias abordagens, que já foram vistas nas etapas anteriores, podem ser usadas. Em grande parte, elas se sobrepõem às tarefas do alfabeto usadas para permitir que a criança associe o som das letras ao ataque das palavras ("m" de "moto"; "t" de "tapete"). Portanto, por exemplo, o pai pode perguntar à criança qual é o primeiro som de "rua" ou o que resta se o "a" for removido de "lá" ("lá" menos "a" = "l") ou que palavra resulta se as sílabas "ch" e "a" forem combinadas ("ch" mais "a" = "chá"). Outros exemplos são fornecidos no final do livro (consulte o Anexo B3, p. 332).

O que nos leva aos fonemas, que são as menores unidades sonoras da língua. Para quem só fala, os fonemas não têm interesse nem realidade. Isso fica claro nas pesquisas com adultos analfabetos. Eles conseguem determinar com relativa facilidade que dois sons semelhantes são diferentes ("pa", "ba"), que duas palavras rimam ("meu", "teu") ou que uma sílaba ("pa") está presente em uma palavra ("pato"); mas têm grande dificuldade em avaliar o resultado de uma inversão ($ir \rightarrow ri$) ou eliminação (gu menos $g \rightarrow u$) de fonemas.[96-97] Isso confirma que essas tarefas não são naturais nem triviais. As habilidades que sustentam sua realização precisam ser desenvolvidas. A implementação de estratégias de aprendizado explícitas pelo ambiente familiar precoce desempenha, portanto, um papel fundamental, complementando os esforços escolares.[26,92] Na prática, as abordagens não mudam. Elas são semelhantes às descritas anteriormente para os níveis lexicais, silábicos e intrassilábicos (ataques e rimas).[98] Os pais podem, por exemplo, pedir à criança para encontrar o som comum entre duas palavras ("rato", "rua"; "boné", "café"; "tapa", "sopé") ou o intruso entre três ("tubo", "tarde", "bip"). Da mesma forma, podem perguntar à criança qual palavra resulta se "v" for adicionado a "a" ("v" mais "a" = "vá") ou que som resta se "p" for removido de "pano" ("pano" menos "p" = "ano"). Mais uma vez, não importam os detalhes das tarefas sugeridas, ou se os pais as seguem ou não. A única coisa que importa é que a criança manipule os fonemas, para identificá-los, substituí-los, removê-los ou adicioná-los. Exemplos de atividades comumente utilizadas para promover a consciência fonêmica são apresentados ao fim do livro (consulte o Anexo B4, p. 332-333).

Todos esses exercícios, puramente orais, têm um impacto positivo significativo no desenvolvimento da consciência fonêmica, especialmente em crianças pequenas na pré-escola.[80,84] Isso é importante porque demonstra que é possível ajudar eficazmente nossos filhos por meio de práticas simples, que podem ser realizadas de forma improvisada, em qualquer lugar e a qualquer momento. No entanto, a abordagem pode ser aprimorada ao permitir que a criança manipule, juntamente aos sons, os sinais alfabéticos.[80,84] Isso não é surpreendente, considerando que a invenção dos fonemas está intrinsicamente ligada à invenção das letras. Conforme escrevem os autores de um relatório norte-americano de referência sobre o assunto, "a consciência fonêmica é um meio, não um fim. Ela não é adquirida por si mesma, mas por sua capacidade de ajudar os alunos a compreender e usar o código alfabético para ler e escrever. Por isso, é importante incluir as letras quando se ensina as crianças a manipular os fonemas".[80] Essa estratégia oferece uma existência concreta a unidades sonoras bastante abstratas e evasivas. Afinal, o fonema é algo em constante movimento. Ele varia de acordo com os sotaques regionais[99] e seu contexto.[100] Em francês, o mesmo fonema *dê* se articula como *d* em "*médical*", mas como *t* em "*médecin*". Da mesma forma, o *bê* é pronunciado como *b* em "*abri*", mas como *p* em "*absurde*", o que não impede que, neste último caso, a maioria das pessoas ouça "*absurde*" com um *b* e não "*apsurde*" com um *p*.[100] Essas distorções mostram que o aprendizado da leitura modifica profundamente nossas representações lexicais.

Como bem resumiu Uta Frith, psicóloga do desenvolvimento, "aprender o código alfabético é como pegar um vírus [que] infecta todos os processos linguísticos".[101] Por exemplo, quando adultos precisam decidir se duas palavras rimam, eles são influenciados pela morfologia das palavras e levam mais tempo para responder quando as terminações são diferentes (como no francês "*forêt*", "*balai*"), em vez de serem idênticas ("*tiret*", "*volet*").[102] Da mesma forma, quando estudantes norte-americanos do quarto ano do ensino fundamental precisam contar o número de sons em uma palavra, muitos são influenciados por seus conhecimentos ortográficos e identificam um fonema a mais para "*pitch*" (5 letras, 3 fonemas: $p_{[/p/]}$ $i_{[/i/]}$ $ch_{[/tʃ/]}$) do que para "*rich*" (4 letras, 3 fonemas: $r_{[/r/]}$ $i_{[/i/]}$ $ch_{[/tʃ/]}$).[103] O mesmo ocorre quando é pedido a estudantes do terceiro ano do ensino fundamental que removam a letra *m* na palavra $lamb_{[/læm/]}$ [ovelha], cuja última consoante é muda. Eles não respondem $la_{[/læ/]}$, como deveriam, com base no som, mas $lab_{[/læb/]}$, conforme as regras ortográficas.[104] Em outro estudo um pouco diferente, foi estabelecido que adultos chineses alfabetizados que haviam aprendido, anos antes na escola, um método de transcrição alfabética dos caracteres mandarins (*pinyin*) apresentavam desempenho muito superior em várias tarefas de manipulação fonêmica em comparação com seus colegas que não tinham recebido essa instrução.[105]

Todos esses resultados mostram que o aprendizado alfabético desempenha, para além das abordagens verbais mencionadas anteriormente, um papel fundamental no refinamento das habilidades fonêmicas. Isso não significa que as atividades verbais devam ser abandonadas, tão práticas em lugares como o metrô ou a sala de espera do pediatra. Significa apenas que é desejável, sempre que possível, adicionar letras aos jogos. Na prática, isso envolve combinar as tarefas fonêmicas mencionadas anteriormente com as atividades alfabéticas previamente descritas. De resto, as mesmas abordagens continuam válidas. Por exemplo, um pai pode escrever em uma mesa ou quadro magnético, com letras de plástico, as palavras "rua", "rato" e "remo". Em seguida, ele pronunciará essas palavras distintamente, enfatizando o "r", perguntará qual é o som comum e, se necessário, ajudará a criança a encontrar a resposta. Depois, a criança será convidada a identificar se há uma letra idêntica nas três palavras e se ela conhece essa letra. Se sim, ela será incentivada a nomeá-la; caso contrário, o pai fornecerá a resposta correta (ou sugerirá que a criança consulte seu alfabeto). Alternativamente, o pai também pode escrever uma palavra simples, pronunciá-la (*ta*) e convidar a criança a fazer o mesmo. Em seguida, ele removerá as letras e perguntará quais sons compõem a palavra ($ta \rightarrow t_{[/t/]} + a_{[/a/]}$). É claro que, se necessário, o adulto ajudará a criança a encontrar a resposta correta, possivelmente com o auxílio de um alfabeto. O pai também pode fazer o oposto, isto é, selecionar duas letras separadas ($l_{[/l/]} + i_{[/i/]}$) e perguntar à criança o que acontece quando elas são combinadas ($li_{[/li/]}$).

Mais uma vez, esses exemplos apenas ilustram alguns jogos possíveis, entre os mais comuns. No fim, não importa se os pais escolhem usá-los conforme descritos, adaptá-los ou ignorá-los. O único aspecto essencial é que a criança manipule os fonemas e saiba reconhecê-los, substituí-los, removê-los, adicioná-los, isolá-los, combiná-los e separá-los etc. Claro, essa etapa não deve ser abordada antes que a criança tenha adquirido conhecimento suficiente das letras (seus nomes e sons). É melhor esperar um pouco mais e/ou começar com exercícios extremamente fáceis do que colocá-la em situações de dificuldade, correndo o risco de desmotivá-la ou mesmo causar repulsa. Esse não é o objetivo, pelo contrário. Tudo deve se assemelhar a um jogo, um processo gradual. Se a criança hesitar, se perder ou se enganar, é essencial fornecer ajuda, encorajamento, orientação e, quando necessário, voltar alguns passos. Exemplos de atividades são apresentados ao fim do livro (ver Anexo B5, p. 333-334).

Tudo isso indica, em suma, que, para aprender a ler, a criança precisa ser capaz de manipular as unidades sonoras da linguagem, ou seja, que ela precisa ser capaz de reconhecer palavras na frase, sílabas nas palavras, ataques e rimas nas sílabas e, por fim, fonemas em cada uma dessas entidades. Através da implementação de atividades simples, orais e alfabéticas, o ambiente familiar pode desempenhar um papel significativo no desenvolvimento desses pré-requisitos, em complemento à escola. Tudo o que incentiva a criança a brincar com a sonoridade das palavras, especialmente no nível fonêmico, prepara seu cérebro para a leitura. No entanto, como já foi enfatizado anteriormente para o aprendizado das letras, os pais que não se sentem confortáveis com as atividades propostas aqui e não desejam se envolver nesse tipo de abordagem podem simplesmente seguir o ritmo escolar e contentar-se em revisar os exercícios do caderno da criança, não como tarefas, mas novamente como jogos e momentos de compartilhamento. No mínimo, é essencial garantir que a criança não naufrague antes mesmo de começar e que os fundamentos fonéticos em que se basearão grande parte das operações de decodificação sejam suficientemente sólidos.

Pode ser útil ressaltar brevemente, mesmo indo além do escopo deste livro, que os elementos aqui apresentados apoiam o uso de métodos de aprendizado de leitura chamados "silábicos" (a criança divide a palavra em seus sons fundamentais), em oposição às abordagens chamadas "globais" (a criança aprende a reconhecer as palavras visualmente, sem dividi-las em sons). Como vimos na parte anterior, o cérebro não lê as palavras inteiras. Ele as reconstrói após isolar cada uma das letras que as compõem. Além disso, apenas a via dos sons permite "ler" palavras desconhecidas. É essa via fonológica, aliás, que o cérebro utiliza para construir a estrada lexical que conecta a representação ortográfica da palavra (reconstruída a partir das letras individuais) a seu significado. Termos irregulares (como "*faon*", em francês) precisam ser aprendidos especificamente, sem dúvida, mas, mesmo nesses casos, a leitura não é feita de forma "global". Há mais de 30 anos, dezenas de estudos demonstraram que as crianças aprendem melhor com abordagens silábicas do que com abordagens globais ou mistas (que combinam abordagens silábicas e globais).[71,80,106-107] Nesse ponto, a guerra entre os métodos deveria estar encerrada e, em grande parte, parece estar. Trata-se, aqui, apenas de tranquilizar os pais: brincar com os sons e as letras não prejudicará a aprendizagem da criança. Pelo contrário, isso permitirá que ela entre na leitura da maneira mais eficaz possível.

Para resumir

Este capítulo mostra que a leitura não nasce do nada. Ela se baseia nos três pilares fundamentais do conhecimento da escrita, das letras e dos sons. O ambiente familiar pode contribuir para erigir esses pilares, por meio de atividades simples durante as rotinas diárias. Falar, brincar com palavras, sílabas, letras e sons enriquece o cérebro das crianças e constitui um investimento altamente valioso para o seu futuro escolar. Mais uma vez, não se trata aqui de os pais estabelecerem um programa de apropriação sistemática quase militar. Isso é responsabilidade da escola! Trata-se apenas de aproveitar os momentos cotidianos para direcionar a atenção da criança para materiais escritos e envolvê-la em uma variedade de jogos alfabéticos e fonológicos. Essa contribuição é fundamental; no entanto, é claro que não é suficiente. Também é necessário garantir o desenvolvimento das habilidades lexicais e sintáticas, sem as quais nossos filhos não serão capazes de compreender o que estão decodificando.

7

Construir as bases verbais

Ninguém pode ler sozinho e entender o que lê, repetimos, se não tiver primeiro aprendido a decodificar as palavras com um mínimo de fluência. Esse ponto de partida requer anos de assimilação paciente e, no início, baseia-se necessariamente em textos pobres em vocabulário. Mas o esforço não é vão. Cada progresso afasta a criança dos textos simplificados e aproxima sua mente do gênio dos "verdadeiros" livros, portadores de histórias "verdadeiras", estimulantes, envolventes e fecundas. Infelizmente, para muitos alunos, é justamente nesse momento, quando o banquete deveria começar, que as dificuldades surgem. Por não terem sido preparadas para as riquezas linguísticas da escrita, essas vítimas do verbo se afogam e, cansadas de engolir água, acabam desistindo. Quem poderia culpá-las? É preciso ser masoquista para insistir em ler um texto do qual não entendemos nada, porque tropeçamos a cada palavra e a cada construção de frase.

Por isso, é crucial oferecer a nossos descendentes bases linguísticas robustas. Como lembra Anne Cunningham, professora de psicologia do desenvolvimento na Universidade da Califórnia, "a primeira coisa a fazer para promover as futuras habilidades de compreensão da leitura é construir o vocabulário do seu filho".[15] Um grande número de estudos confirma e generaliza essa afirmação, mostrando que habilidades orais precoces, tanto no nível lexical quanto no sintático, são o melhor indicador do desenvolvimento posterior das habilidades de compreensão escrita.[23-24] Essa relação emerge nos primeiros anos da escola primária e permanece significativa ao longo de toda a educação escolar.[88,108-110] Compreender o que se lê obviamente impacta o sucesso escolar, o que explica que, quanto mais dotamos nossos filhos de uma estrutura linguística sólida antes do início do ensino fundamental, menos doloroso se revela o seu percurso educacional.[111-115] Coloca-se, assim, a questão de como desenvolver essa base original. A resposta está em dois pontos: interações verbais e leitura compartilhada.

Falar, frequentemente e bastante

A literatura científica sobre o desenvolvimento da linguagem é absolutamente colossal. No entanto, uma simples frase de Andrew Biemiller, professor de psicologia na Universidade de Toronto, captura a essência dos dados: "Não podemos aprender palavras com as quais não nos deparamos".[108] Em outras palavras, para que nossos filhos desenvolvam plenamente suas habilidades linguísticas, é necessário falar com eles, e falar bastante. Muitos estudos mostram que a criança não se beneficia das palavras de seu entorno que não se refiram a elas.[115-117] Para aprender, ela precisa que lhe falem diretamente, em uma interação face a face, rica e continuada.[118-122] Essa realidade foi estabelecida como uma lei definitiva por dezenas de estudos científicos: quanto mais o ambiente familiar saturar a criança de vocabulário, variações gramaticais, trocas conversacionais, melhor o cérebro se desenvolverá.[115,123-127]

▶ *O peso desproporcional dos primeiros anos*

As primeiras pesquisas se concentraram no total de palavras proferidas pelos pais. Ficou estabelecido que, quanto maior esse total, maior as habilidades linguísticas da criança, especialmente no campo do vocabulário.[128-129] Pesquisas subsequentes refinaram essa visão, destacando a importância de variáveis mais específicas, como diversidade lexical, comprimento das frases (uma medida de complexidade sintática), volume de interações conversacionais, reatividade parental* e frequência de perguntas propostas à criança (como "quem, o quê, onde, quando, como, por quê").[120,131-140] Estudos mais recentes indicam que esses elementos são absolutamente essenciais para o desenvolvimento ótimo das redes cerebrais dedicadas ao processamento da linguagem. Quanto maior a exposição, mais preciso e eficiente é o desenvolvimento neural.[141-143] Por outro lado, quando a densidade e a qualidade das interações diminuem, devido, por exemplo, à onipresença de telas recreativas, surgem déficits na estrutura anatômica dos circuitos neuronais.[44,144-147] Isso não surpreende. Há quase 100 anos, sabe-se que a delicadeza das remodelações cerebrais permitida pela plasticidade fisiológica depende da riqueza das experiências vividas. Em outras palavras, quanto mais rico e estimulante for o ambiente, melhor os circuitos neurais se organizam e mais eficiente o sistema se torna.[148-150]

Esse ponto emerge claramente dos estudos de longo prazo. Embora em número limitado, esses estudos demonstram de forma unânime que as solicitações verbais precoces preveem uma parte substancial das habilidades intelectuais e linguísticas subsequentes.[129,151-152] Para esses dois domínios, um estudo recente estabelece, por exemplo, que entre um quinto (20%) e um quarto (25%) das variações observadas em uma população de pré-adolescentes (11 anos) podem ser explicadas pelas disparidades no número de conversas intrafamiliares acumuladas quando os sujeitos tinham entre 18 e 24 meses.[118] O volume de trocas registradas durante o terceiro ano de vida também desempenha um papel significativo, mas em menor magnitude (no máximo 6%). Isso mostra que, uma vez passada a janela ideal de plasticidade cerebral, as coisas ficam consideravelmente mais complicadas.

---

* Compreendida aqui como a habilidade dos pais de utilizar os interesses e comportamentos da criança, por exemplo, nomeando os objetos que ela observa ou segura, ou incentivando-a a reproduzir as palavras/sons que ela tenta pronunciar etc.[130]

Em concordância com essa afirmação, foi estabelecido que os estímulos recebidos durante o primeiro ano de vida eram cruciais para o desenvolvimento das habilidades linguísticas. Recém-nascidos cuja surdez é detectada após os 12 primeiros meses mantêm distúrbios significativos de sintaxe a longo prazo.[153] Nessa idade, o bebê ainda não fala, é claro. Mas ele absorve e, sem querer, lança as bases essenciais para todos os desenvolvimentos subsequentes. Isso é amplamente documentado no campo lexical. Estudos indicam que o bebê começa a entender suas primeiras palavras aos 6 meses.[154-155] Por exemplo, se apresentarmos vários objetos a ele e dissermos "oh! um sapato", podemos observar que seus olhos se voltam para o sapato e não para estímulos concorrentes.[156] Outra abordagem é registrar diretamente a atividade cerebral. Para isso, colocamos na cabeça da criança uma pequena touca com eletrodos, que permite captar as flutuações elétricas dos neurônios. A criança então ouve uma palavra comum (por exemplo: "sapato") enquanto um objeto aparece. Conforme o objeto corresponda ("sapato") ou não ("maçã") ao termo pronunciado, a resposta neural será muito diferente.[157]

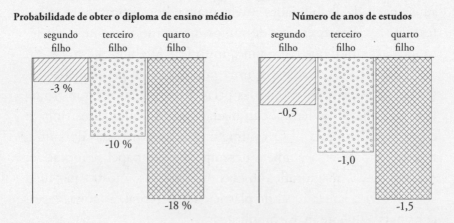

Figura 11. Impacto da ordem de nascimento dentro da família, em relação ao primogênito, na probabilidade de obter o diploma do ensino médio (ou, mais precisamente, seu equivalente norte-americano; gráfico à esquerda) e no total de anos de estudo (gráfico à direita). Segundo LEHMANN, 2018.[161]

A esses elementos se soma uma extensa literatura sobre os efeitos da ordem de nascimento entre os irmãos. Em média, em famílias com vários filhos, as habilidades linguísticas, o QI, o percurso escolar, a carreira profissional e o nível salarial na idade adulta diminuem com a ordem de nascimento.[158-161] O primogênito se sai melhor do que o segundo, que, por sua vez, se sai melhor do que o terceiro, e assim por diante (ver Figura 11). Como indicado por um amplo estudo recente, essa cascata negativa reflete em parte a diluição gradual do tempo dedicado aos filhos por seus pais.[161] Sendo o centro das atenções, o filho mais velho recebe mais recursos do que seus irmãos mais novos, o que favorece seu desenvolvimento.[162] Os irmãos mais novos são, em certa medida, influenciados pelos mais velhos, mas essas interações fraternas são menos proveitosas do ponto de vista intelectual e linguístico do que os estímulos provenientes dos adultos. Naturalmente, isso não significa que os primogênitos se saiam melhor em todas as famílias. Vários fatores interagem com a ordem de nascimento, incluindo o sexo, as flutuações nas condições socio-econômicas e a diferença de idade entre os filhos. Os resultados aqui apresentados se manifestam apenas na escala populacional. Eles são mencionados porque demonstram a importância fundamental das interações precoces para o desenvolvimento intelectual e linguístico.

▸ Um mundo de palavras

Na prática, as necessidades aqui descritas não são difíceis de atender. Para oferecer as melhores chances a nossos descenden-tes, é suficiente, por assim dizer, falar com eles, frequentemente e bastante. Para aprender, a criança precisa de que os adultos se interessem por ela, nomeiem os objetos que ela observa, respon-dam às perguntas que ela faz, envolvam-na em histórias mágicas ou comuns, incentivem-na a se expressar, questionem-na sobre o que ela vê, sente e faz (usando o clássico sexteto já mencionado: "quem, o quê, onde, quando, como, porquê") etc. Em resumo, a criança precisa de que os adultos a mergulhem em um mundo verbal ao mesmo tempo rico, abundante e estimulante. Todas as oportunidades são propícias para fertilizar o substrato cerebral. Momentos não faltam na vida cotidiana, como já mencionamos. Basta aproveitá-los (refeições, compras, deslocamentos, hora de dormir etc.). Realmente, não é complicado. Como os adolescentes dizem, você só precisa "mandar ver". Pesquisas mostram que, ao internalizar essas informações, os pais agem de maneira mais eficaz e, no final das contas, aumentam significativamente as habilidades linguísticas de seus filhos.[163] Um estudo recente demonstrou, por exemplo, que sessões de orientação aos pais quando a criança tinha 6, 10 e 14 meses resultaram em um aumento de quase 40% no vocabulário medido aos 18 meses.[164]

Esse resultado, no mínimo impressionante, é bastante fácil de ilustrar. Imagine que três pais estejam fazendo compras no supermercado, cada um com seu filho de 2 anos sentado no carrinho, e a criança pegue uma lichia no setor de frutas. O primeiro pai pega a fruta de volta, fica bravo e diz ao pequeno para deixar de fazer bagunça e não mexer em nada. O segundo explica que aquela é uma lichia e rapidamente a coloca de volta no lugar, dizendo que eles não estão precisando de lichias. O terceiro se aproxima e elabora: "Veja, isso é uma lichia. É uma fruta muito gostosa. Você consegue dizer seu nome, *li-chi-a*? Parabéns, é isso mesmo, "lichia" (as repetições favorecem a memorização)! Veja, ela é dura, essa é sua casca. Precisamos tirar a casca para comer a lichia. É como uma laranja, tem casca; veja, há laranjas ali (o pai aponta para as laranjas; conectar a nova informação ao conhecimento existente também facilita a memorização, falaremos mais sobre isso adiante). Você quer levar algumas lichias para experimentarmos em casa? Está bem". Chegando em casa, depois do almoço, na hora da sobremesa, a lichia aparece novamente. "Lembra o nome dessa fruta? É uma lichia... Isso mesmo, *lichia*! Vou tirar a casca e o caroço... veja, há um caroço grande dentro, não devemos comer, é como a cereja. Tome, experimente a lichia. E então, gostou? Sim?" Na próxima visita ao supermercado, esse pai certamente não deixará de reativar a memória da palavra: "Veja, lichias. Você quer que a gente pegue algumas?" etc. É claro que, a longo prazo, essa criança verá seu desenvolvimento linguístico amplamente otimizado. Isso sem dúvida não significa que você deva fazer isso todas as vezes: você tem o direito de estar apressado de vez em quando, e a abordagem não deve se tornar patologicamente obsessiva! Isso significa apenas que quanto mais a criança for exposta a esse tipo de interações, quanto mais os adultos iluminarem suas experiências diárias com palavras, quanto mais aproveitarem seus pontos de interesse sucessivos e incessantes (nesse caso, a lichia), quanto mais estabelecerem conexões com o que ela já conhece (nesse caso, a laranja), quanto mais solicitarem sua fala para que ela repita as palavras e desenvolva seus pensamentos (você gostou?), mais poderoso e exuberante será seu desenvolvimento linguístico.[165] E isso será ainda mais eficaz se as atividades verbais forem complementadas por uma prática regular de leitura compartilhada.

Ler histórias: começar cedo e terminar tarde

Recentemente, uma revista semanal francesa explicou, citando um geneticista norte-americano, que "a quantidade de livros que você lê para seus filhos não afetará seus níveis de leitura quando eles entrarem na escola. Ao perceber isso, os pais podem aproveitar muito mais seus filhos, sem temer que cada erro prejudique sua prole".[166] Essa afirmação não é apenas falsa; ela é perigosa e inconsequente. Dizer esse tipo de coisa à luz dos dados disponíveis e do impacto devastador do abandono familiar no desenvolvimento das crianças é obsceno, porque profundamente prejudicial a seu futuro.

▸ *Um impacto considerável*

Mais uma vez, não se trata de culpar os pais, mas de ajudá-los em suas decisões educativas. Um trabalho recente do geneticista anteriormente mencionado mostra que o uso de um índice qualificado como "poligênico" (ou seja, incluindo um amplo conjunto de genes possivelmente envolvidos, nesse caso, na aprendizagem da leitura)[167] é capaz de prever pouco mais de 3% a 4% das variações nas habilidades de leitura na entrada do sexto ano do ensino fundamental.[168] Essa constatação é considerada "impressionante", embora esse percentual seja de três a quatro vezes menor do que o tipicamente observado na leitura compartilhada, que nos explicam não ter nenhum impacto.[169-172] Um estudo acompanhou, por exemplo, por vários anos, uma grande população de alunos aos quais foram lidas histórias, seja raramente (dois dias por semana ou menos), seja frequentemente (seis dias por semana ou mais), quando eles tinham entre 4 e 5 anos.[172] Esse fator explicava, de acordo com o modelo estatístico utilizado, entre 10% e 30% das variaçõcs nas habilidades de leitura medidas no ensino fundamental (8-9 anos). Formulados de maneira diferente, os mesmos dados mostraram que, mantendo-se todos os outros resultados iguais, as crianças às quais não foram lidas histórias na pré-escola tinham, no ensino fundamental, um atraso de desenvolvimento de um ano em comparação a seus colegas mais sortudos. Apresentado ainda de outro modo, o estudo indicava que as crianças privadas de leitura compartilhada aos 4-5 anos tinham, aos 8-9 anos, 10 vezes menos chances de ser leitores avançados e duas vezes mais chances de enfrentar grandes dificuldades. Conclusão dos autores: "Os pais podem desempenhar um papel importante no desenvolvimento das habilidades de leitura [...] de seus filhos, lendo histórias para eles desde tenra idade".

Essas observações não são novas nem inesperadas. Já em 1985, um relatório publicado pelo Ministério da Educação dos Estados Unidos observou que "a atividade mais importante para adquirir o conhecimento necessário para o sucesso futuro na leitura é ler em voz alta para as crianças".[173] De um ponto de vista funcional, essa facilitação não é direta. Em grande parte, ela reflete o impacto da leitura compartilhada no desenvolvimento da linguagem.[23,169,174-175] Quantitativamente, essa constatação pode ser ilustrada de várias formas. Especialistas afirmarão que, em média, em todas as pesquisas disponíveis, o tamanho do efeito corresponde a três quartos de um desvio padrão;[23] o que é considerável, mas, admitamos, esclarece pouco o público em geral. Uma versão mais acessível poderia afirmar que a leitura compartilhada faz com que a inteligência verbal da criança,* medida por meio de testes padronizados como o de QI, passe de 100 para 111. Outra abordagem poderia mencionar que, se considerarmos duas populações de alunos do ensino pré-escolar, uma frequentemente exposta à leitura compartilhada e a outra raramente, então 80% dos membros do grupo "frequente" mostram uma habilidade linguística superior à média dos membros do grupo "raro". Não se pode dizer que esses sejam efeitos marginais.

▸ *Palavras numerosas e palavras raras*

Vários fatores explicam o impacto positivo da leitura compartilhada na linguagem. O principal, já amplamente discutido, está relacionado às especificidades linguísticas dos livros infantojuvenis. Há mais complexidade lexical e gramatical nos livros de imagens pré-escolares do que em todo o *corpus* oral que cerca a criança (ver a Figura 9, à p. 133). Como mostram as linhas anteriores, esse *corpus* é absolutamente necessário para o estabelecimento das bases verbais primárias. No entanto, essa necessidade não é de forma alguma suficiente. Uma vez superada a fase inicial de decodificação, quando nossos filhos começam a ler por si mesmos, o repertório convencional de conversação não é mais suficiente para garantir uma compreensão textual eficaz. Para lidar com isso, o cérebro precisa ter um excedente significativo de linguagem, um excedente que só pode ser desenvolvido nos estágios iniciais da leitura compartilhada. Um pequeno cálculo ilustra isso de maneira elegante. Em média, uma criança de 1 a 5 anos que, todos os dias, desfruta da leitura

---

* A inteligência verbal, ou QI verbal, é a parte da nossa inteligência que nos permite compreender, analisar, comunicar e raciocinar a partir da linguagem e do conhecimento prévio. Abordaremos esse conceito de forma mais abrangente na quinta e última parte.

de um livro de imagens terá ouvido mais de 1 milhão de palavras quando entrar no primeiro ano do ensino fundamental.[176] Entre essas palavras, 17.500 serão consideradas raras.[177] Suponhamos, de maneira prudente, que apenas 5 mil dessas palavras sejam diferentes* e que a taxa de memorização não ultrapasse 15%.[174,178] No final, o ganho será de 750 termos pouco comuns, ou seja, mais de 25% do repertório médio de um estudante de 6 anos.[179]

E, ainda assim, isso é apenas uma fração dos benefícios reais. Na maioria dos casos, o pai ou a mãe não se limitam a ler a história. Eles conversam com a criança, fazem perguntas, oferecem explicações. Em média, 20 minutos de leitura compartilhada por dia entre 1 e 5 anos representam 1,6 milhão de palavras ouvidas.[180-182] Nenhuma outra situação gera uma profusão verbal tão grande. Como foi estabelecido por muitos estudos, realizados ao longo de 30 anos em grandes populações de crianças de 9 a 60 meses,[180-184] a leitura compartilhada resulta em um fluxo oral muito mais volumoso do que todos os seus concorrentes do cotidiano: cuidados, refeições, brincadeiras ou televisão (sendo esta última a mais pobre em termos de conteúdo, o que não impede que os defensores fervorosos da televisão compartilhada – ou "covisionamento" – elogiem entusiasticamente o impacto da televisão no desenvolvimento linguístico).[44] A Figura 12 ilustra esses resultados para sujeitos em idade pré-escolar. Claro, assim como acontece com as interações verbais, o número total de palavras é apenas um reflexo evidente de diferenças mais fundamentais. Na leitura compartilhada, os pais não apenas falam mais; eles também fazem mais perguntas, usam uma maior diversidade lexical, produzem frases mais longas e empregam uma gramática mais rica; isso leva a um aumento significativo das interações conversacionais e das verbalizações da criança.[180-185] Estudos recentes mostram que essas práticas favorecem o desenvolvimento das redes cerebrais da linguagem, ao contrário do conteúdo audiovisual, cujo impacto é funcionalmente desestruturante.[186-187]

---

* Das 17.500 palavras raras encontradas, certamente haverá repetições (em francês, por exemplo, *"cocasse"* pode estar presente em vários livros).

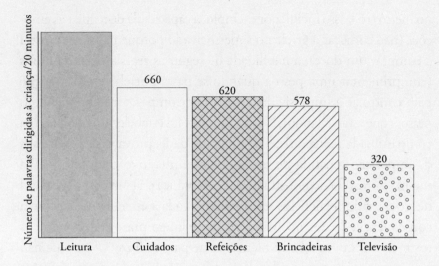

Figura 12. Número de palavras dirigidas a crianças em idade pré-escolar (cerca de 15 meses) durante diferentes atividades diárias conjuntas, por 20 minutos de interações. "Leitura": leitura compartilhada; "Cuidados": higiene, troca de roupa, banho etc.; "Refeições": café da manhã, almoço, jantar e lanche; "Brincadeiras": atividades lúdicas envolvendo suporte físico (blocos, bonecas etc.); "Televisão": covisionamento. Segundo CLEMENS, 2021[181] e HANSON, 2021.[182]

▶ *Benefícios que vão muito além da linguagem*

O impacto positivo da leitura compartilhada no desenvolvimento da linguagem não deixa nenhuma margem para dúvidas. No entanto, por mais essencial que seja, essa constatação está longe de ser exaustiva. Vários estudos mostram que a leitura compartilhada também auxilia o desenvolvimento da atenção,[188-191] algo que as atividades recreativas digitais sistematicamente buscam minar.[44,192] Outras pesquisas também estabelecem a existência de influências positivas significativas na formação das habilidades socioemocionais,[193-196] que podem ser definidas, em uma análise inicial,* como o conjunto de habilidades que usamos para agir de maneira adequada e frutífera na presença de outras pessoas, conhecidas ou não (em família, na escola, em uma festa de aniversário,

---

* Uma discussão mais precisa desse conceito será apresentada na última parte.

no metrô etc.). Isso inclui, por exemplo, a capacidade de regular as emoções (não começar a gritar no supermercado porque papai se recusou a comprar um doce), a habilidade de seguir as regras sociais comuns (cumprimentar uma pessoa quando se passa por ela) e a disposição para controlar a impulsividade (não interromper constantemente as pessoas que estão falando). Nesse contexto, foi estabelecido que a leitura compartilhada reduz o risco de hiperatividade, provavelmente através da imposição repetida de um ambiente interativo tranquilo.[191] Da mesma forma, foi demonstrado que essa prática cria um clima favorável de trocas, cujos benefícios se estendem a toda a esfera familiar, com a consequência de desenvolver, a médio e longo prazo, relacionamentos mais tranquilos e benevolentes entre pais e filhos;[197-198] o que não é pouco quando se considera o impacto significativo dessas relações precoces no sucesso escolar a longo prazo.[199] Por fim, foi confirmado que a leitura compartilhada promove a empatia, entendida como a capacidade de se colocar no lugar do outro, compreender seu ponto de vista e sentir o que ele sente. Um benefício relacionado tanto aos comentários dos pais, que muitas vezes incentivam a criança a se colocar no lugar dos personagens do livro, quanto à diversidade psicológica desses personagens (por exemplo: "Maria está com medo porque se perdeu na floresta; e você, ontem, ficou com medo quando se perdeu no supermercado?" ou "O tocador de flauta está muito zangado porque os aldeões o traíram, então, para se vingar, ele decidiu levar as crianças para o rio. E você, o que acha, por que ele está zangado?" etc.).[200-202] Esse ponto não é surpreendente. Um processo semelhante foi documentado em crianças em idade escolar que leem por conta própria, por prazer. Voltaremos a isso em detalhe na última parte.

▸ Impactos precoces e duradouros

Com base nesses elementos, ainda resta questionar o período ideal de iniciação. Em outras palavras, quando devemos começar a ler histórias para as crianças? Sabe-se que a idade ideal é precoce. A maioria das pesquisas a situa entre o primeiro e o terceiro trimestre pós-natal.[195,203-205] Um estudo representativo, por exemplo, mostrou que bebês expostos à leitura compartilhada entre os 3 e os 6 meses apresentaram, aos 5 anos, desempenho linguístico superior ao de seus colegas menos sortudos.[206] Outro estudo, mais recente, começou por identificar, dentro de um grande grupo de crianças de 3 anos, aquelas que tinham variantes genéticas que poderiam levar a atrasos no desenvolvimento da linguagem.[207] As análises revelaram um déficit substancial nesses filhos em comparação com um grupo de controle isento de risco hereditário. No entanto, a diferença ocorreu apenas em relação aos sujeitos que foram privados de leitura compartilhada nos primeiros 12 meses de vida. As crianças em risco que haviam sido alimentadas com livros e histórias durante esse período não apresentaram deficiências em relação a seus colegas geneticamente preservados. É difícil imaginar uma demonstração mais marcante do papel crucial do ambiente e das primeiras interações familiares no desenvolvimento da linguagem.

No entanto, a palavra não é tudo, como mostra outro estudo realizado em uma unidade neonatal de terapia intensiva.[208] Os pais foram divididos em dois grupos. Um grupo de referência não recebeu nenhuma instrução; o segundo grupo, experimental, foi informado pela equipe médica de que era importante ler histórias para o bebê desde o nascimento. Uma avaliação feita 12 semanas após o final da hospitalização, quando os bebês tinham 4 meses, revelou que a intervenção teve um impacto positivo na frequência da leitura compartilhada e na qualidade das interações mãe-filho.

Considerando esses elementos em conjunto, duas observações podem ser feitas. Primeiro, a idade ideal para a iniciação à leitura é desconhecida e provavelmente inacessível, considerando que a velocidade de maturação cerebral varia muito de um bebê para outro.[209-210] Em segundo lugar, um início muito tardio prejudicará a criança, ao contrário de um começo precoce, que não terá influência negativa a curto ou longo prazo. Portanto, pode-se sugerir, para parafrasear o título de uma pesquisa frequentemente citada, que, quando se trata de leitura compartilhada, "quanto mais cedo, melhor".[206] Se isso não for possível, é melhor começar ainda no primeiro semestre pós-natal.

Naturalmente, uma vez determinado o ponto de partida, parece natural questionar também o ponto de chegada. Quando devemos parar de ler livros com nossos filhos? A literatura científica não fornece uma resposta definitiva, porque o assunto ainda não foi investigado a fundo. No entanto, pode-se dizer que os benefícios da leitura compartilhada não desaparecem quando a criança cresce.[211] Uma meta-análise* recente mostra que essa prática continua eficaz desde o período pré-escolar até o final do ensino fundamental.[174] Essa constância, é claro, não é incondicional. Em grande parte, ela depende da qualidade dos livros selecionados. Para ser frutífera, a leitura compartilhada precisa ser mais complexa do que o nível linguístico das crianças.[174] Em outras palavras, o impacto da leitura compartilhada "tardia" depende menos da idade dos beneficiários do que da complexidade dos livros escolhidos. Com o apoio da fala do adulto, a criança ou o pré-adolescente pode enfrentar conteúdos muito mais ricos do que aqueles a que normalmente teria acesso. Um estudo ilustra isso de maneira interessante.[212] Alunos de 9 a 11 anos foram expostos a dois livros "avançados", sob duas condições experimentais: (1) leitura simples, sem comentários ou explicações; (2) leitura assistida, com explicação das palavras que poderiam causar problemas. O nível de memorização foi medido a partir de uma lista de oito termos, extraídos dos livros explorados e inicialmente desconhecidos pelos participantes. Apenas a segunda situação se revelou frutífera: seis semanas após a experiência, os alunos haviam lembrado pouco mais de três palavras-alvo, ou seja, 40% do total; um valor próximo da média observada para esse tipo de estudo (46%).[174] Os membros do grupo "leitura simples" não obtiveram nenhum benefício mensurável da experiência.

---

* Uma meta-análise é um tipo de síntese estatística que reúne todas as pesquisas disponíveis sobre determinado assunto (nesse caso, o impacto da leitura compartilhada no aprendizado lexical) para determinar se há ou não um efeito estatisticamente significativo do fator de interesse (a leitura compartilhada) em uma variável-alvo (o aprendizado lexical), para além dos resultados (às vezes contraditórios) de cada estudo individual. Simplificando, uma meta-análise é um estudo estatístico gigante realizado agregando-se os resultados de todos os estudos individuais.

Isso demonstra que a leitura compartilhada permanece, em sua versão assistida, uma ferramenta de aprendizado eficaz, mesmo quando a criança é capaz de ler sozinha. Uma ferramenta cujo poder se estende muito além das questões lexicais. O livro é um suporte generosamente aberto que permite enriquecer o conhecimento prévio de crianças, pré-adolescentes ou adolescentes e abordar com eles todo tipo de questões fundamentais que muitas vezes os preocupam profundamente (como amor, morte, amizade, sexualidade, racismo etc.). Em resumo, desistir muito cedo dessa prática é se privar de um espaço de troca tão poderoso quanto privilegiado. Mais uma vez, não é possível fornecer um limite definitivo; mas pode-se sugerir que é interessante persistir pelo menos até o fim do primário e as séries finais do ensino fundamental.

Um suporte de trocas privilegiado

Resta tratar das questões "técnicas". Com efeito, o conceito de leitura compartilhada está longe de ser homogêneo. Ele abrange todo tipo de práticas díspares, mais ou menos provcitosas. Ao longo dos últimos 50 anos, centenas de estudos científicos tentaram isolar um método ideal, mas não conseguiram. No entanto, isso não significa que eles tenham fracassado. Desse esforço monumental emergiram alguns princípios operacionais importantes.[42,165,175,178,213] Três deles se aplicam diretamente ao contexto familiar: interação, repetição e prazer.

Comecemos pela interação. Para a maioria dos pais, a leitura compartilhada é uma tarefa hierárquica: o adulto lê, a criança ouve. Infelizmente, esse tipo de abordagem é pouco eficaz. A criança obtém, na melhor das hipóteses, como ilustra a experiência apresentada anteriormente,[212] um benefício marginal.[23,178] Isso significa que o importante, quando se trata de leitura compartilhada, não é a leitura em si, mas sim a partilha. A literatura científica é unânime nesse ponto.[178,214-216] Para tirar proveito da aventura, a criança precisa estar ativa. Ela precisa envolver totalmente sua atenção, sua curiosidade, suas emoções e seu intelecto. Ela precisa ser questionada, incentivada a pensar, a mostrar, a questionar, a explicar e, finalmente, a se expressar. Essa abordagem, centrada na troca, é chamada pelos especialistas de "dialógica".[*,218-219] A abordagem consiste, de certa forma, em externalizar o processo intelectual, tipicamente inconsciente, que permite aos bons leitores compreenderem se eles conseguiram (ou não) entender um texto.[**] Em outras palavras, os adultos estão lá para garantir que a criança compreenda o vocabulário, as ideias, as sequências lógicas e as implicações da história que está sendo descoberta. Para alcançá-lo, tudo é permitido. O que importa é estabelecer uma conversa fecunda e enriquecedora em torno dos elementos do livro. É preciso questionar a criança sobre o vocabulário, os personagens, a trama. É preciso convidá-la a reformular o texto, a resumi-lo, a conectá-lo com outras histórias que conhece ou com elementos de sua vida pessoal etc.

As estratégias são variadas, mas, em última análise, têm o mesmo objetivo: verificar, aprofundar e enriquecer a compreensão que a criança tem do texto. No dia a dia, as abordagens devem, é claro, ser adaptadas e possivelmente complementadas de acordo com a idade da criança, a natureza do livro, o tempo disponível etc. O importante é que, aos poucos, livro após livro, o cérebro acumula todo tipo de conhecimento fundamental. Alimentado pelos *feedbacks* dos pais, ele também desenvolve gradualmente as bases linguísticas, culturais, de atenção e cognição que, a longo prazo, permitirão à criança se tornar uma leitora autônoma e eficaz. Quanto à organização prática, é possível sugerir esclarecimentos lexicais ao longo do texto ("Astuto significa...") e deduções factuais ("João Coelho está cansado, o que você acha que vai acontecer?");[220] deixando para o final (ou para uma leitura posterior; ver adiante) os estímulos digressivos ("E você, gostaria de ter uma professora

---

[*] Essa palavra se refere ao que está "em forma de diálogo", ou seja, o que assume a forma de uma "conversa entre duas ou mais pessoas".[217]

[**] Esse ponto foi discutido na parte anterior.

como *Senhorita Charlotte?*").[221] No entanto, isso é apenas uma sugestão, uma vez que, nesse aspecto, nenhuma regra absoluta pode ser extraída da literatura científica existente. Exemplos de estratégias comumente utilizadas para promover a fala, a reflexão e a compreensão da criança durante a leitura compartilhada são apresentados nos Anexos, ao fim do livro (ver Anexo C, p. 335-336).

▸ *Reler várias vezes o mesmo livro*

Com crianças em idade pré-escolar e no início do ensino fundamental, a leitura compartilhada também requer certa dose de repetição para ser plenamente eficaz.[174,222] Quando minha filha era pequena e eu lhe perguntava que livro ela queria ler, ela tendia a sempre pegar e me entregar o mesmo livro, por dias a fio. A maioria das crianças faz isso.[222] Intuitivamente, tal insistência parece contraproducente, no sentido de que o potencial didático de um texto inédito parece mais promissor do que o de um enunciado já conhecido. No entanto, não é bem assim. Nossos filhos estão certos. Uma simples exposição não permite uma apropriação eficaz de todas as riquezas linguísticas e narrativas do livro. Quando o mesmo conteúdo é lido várias vezes, a memorização aumenta significativamente.[223-224] Por exemplo, um estudo submeteu crianças de 3 a 4 anos a três condições experimentais.[225] (1) "Controle": o mesmo livro foi lido duas vezes seguidas no mesmo dia; (2) "Repetição": idêntico ao "controle", com uma terceira leitura no dia seguinte; (3) "Repetição/Questões": idêntico à "repetição", mas com perguntas construídas para atrair a atenção das crianças para palavras complicadas. O nível de memorização foi medido imediatamente após a última leitura, a partir de uma lista de sete termos-alvo, inicialmente desconhecidos pelos participantes. O grupo de controle aprendeu em média 0,4 palavra, o grupo de repetição, 1,3 palavra (três vezes mais que o grupo de controle) e o grupo de repetição/questões, 2,9 palavras (sete vezes mais que o grupo de controle).

Um impacto importante, mas que não diz tudo. Na verdade, quanto mais palavras a criança conhece, mais ela consegue se afastar do vocabulário para se concentrar na história. Portanto, cada repetição é uma oportunidade para enriquecimento e complexificação das trocas.[222] Um estudo é revelador nesse sentido.[226] Duplas mãe-criança (2-5 anos) foram convidadas a ler um álbum desconhecido ou um álbum conhecido. Os resultados mostraram diferenças sólidas. No segundo caso, uma proporção maior do tempo total de fala foi dedicada à criança (25% contra 17%). Além disso, uma fração maior das trocas esteve relacionada aos eventos da história (12% de conhecidos contra 4% de desconhecidos; por exemplo: "O que eles fizeram para se proteger do calor? E depois?"). Uma mudança operada em detrimento das tarefas de definição de palavras (4% de conhecidos contra 8% de desconhecidos; por exemplo: "Feno é grama seca") e de nomeação de objetos, imagens ou personagens (37% de conhecidos contra 47% de desconhecidos; por exemplo: "O que é isso?", apontando para a imagem), que viram sua parte de tempo de troca diminuir. Essas observações não são surpreendentes. Elas refletem bem o que sabemos sobre o impacto positivo dos protocolos de leitura compartilhada, versão dialógica, nas habilidades narrativas da criança, ou seja, em sua capacidade de organizar e estruturar sua fala, de levar em conta personagens e eventos importantes da história e, em última instância, de contar essa história.[227] Fundamentos precoces das habilidades de síntese e redação, tão importantes para o futuro escolar dos alunos.

Os protocolos de repetição aqui discutidos são ainda mais eficazes quando seu aporte se mantém a longo prazo. Quando uma palavra é aprendida, sua memorização é notavelmente duradoura.[178] Isso é especialmente verdadeiro quando um volume de leitura suficiente, envolvendo uma variedade ampla de textos, garante a consolidação regular dos vestígios mnemônicos adquiridos, ao mesmo tempo que favorece seu enriquecimento. Em outras palavras, quando você se depara de novo com uma palavra conhecida, minimiza o risco de esquecê-la e expande seu significado. Tome, por exemplo, o termo "vestígio", que acabou de ser mencionado. Por trás de seu significado geral, há muitas definições específicas. O *Le Larousse* online oferece oito definições diferentes: uma série de marcas deixadas no chão (vestígios de passos); uma marca deixada por uma ação qualquer (vestígios de arrombamento); uma quantidade muito pequena de uma substância (vestígios de albumina no sangue); o que permanece na memória de um evento passado (vestígios mnemônicos) etc. Nesse contexto, podemos dizer que o mais difícil não é lembrar as palavras aprendidas, mas inscrevê-las na memória; depois disso, elas seguem seu próprio caminho. É por isso que as repetições iniciais são tão importantes. Elas ajudam a estabilizar o primeiro "vestígio" cerebral, sobre o qual todas as derivações serão construídas.

Infelizmente, o processo não é perfeito. Mesmo em suas formas mais avançadas, muitas palavras se perdem.[174,178] A rotina diária pode ser, então, uma ajuda valiosa. As palavras dos livros podem se tornar palavras do dia a dia, sendo reutilizadas conscientemente durante as interações cotidianas e convidando a criança a fazer o mesmo. Se você se deparou com termos como "radiante", "suculento" ou "astuto" no dia anterior, use-os no dia seguinte. Exclame: "Ah! Sou astuto como uma raposa"; ou "sou muito habilidoso, estou radiante"; ou "que bife suculento". Brinque com as palavras. Pegue uma palavra, retirada das leituras compartilhadas recentes, e tente com a criança, uma de cada vez, utilizá-la em uma frase. Quando minha filha era pequena, comprei um caderno no qual anotava (quando me lembrava) as palavras a serem relembradas. Depois que ela as dominava, nós as riscávamos juntos. Era uma verdadeira alegria para ela ver a lista de palavras riscadas aumentar a cada dia.

▸ *Divertir-se, senão nada*

Novamente, não se deve pensar que essas atividades sejam necessariamente tediosas e opressivas. Elas podem ser agradáveis, alegres, lúdicas e engraçadas. O pior desastre seria transformar todos esses momentos privilegiados em uma tarefa amarga. É melhor se abster do que arruinar a festa. Isso é particularmente verdadeiro para a leitura compartilhada, cujos muitos benefícios não são colhidos com repreensões constantes à criança porque ela não entende rápido o suficiente, ou passando pelo texto apressadamente como se estivesse se livrando de um incômodo, ou interrompendo a leitura a cada 30 segundos para verificar o celular. Para que a tarefa dê frutos, é necessário realizá-la em um ambiente tranquilo, sem hostilidade e cheio de incentivos.[228-230] Quando isso não acontece, quase todas as crianças desenvolvem uma aversão à leitura, o que evidentemente complica significativamente o aprendizado formal e põe em causa as práticas futuras de leitura pessoal.[230]

Aqui, vemos surgir um ciclo de reforço bastante clássico: um clima positivo (ou negativo) favorece (desfavorece) a leitura compartilhada, que, por sua vez, como vimos anteriormente, consolida (corrói) a intimidade e a serenidade dos laços intrafamiliares. Para que a abordagem funcione e ofereça seus melhores resultados, é necessário que o adulto também sinta prazer nela. Sem isso, o fracasso é garantido, e é melhor não fazer nada ou passar a responsabilidade para outra pessoa. Para nossos filhos, o problema parece ser menos agudo, de acordo com as várias pesquisas apresentadas na primeira parte deste livro; pesquisas nas quais a esmagadora maioria das crianças afirma gostar de ouvir histórias.

A escola não pode compensar as deficiências do ambiente

Indiscutivelmente, os dados apresentados desde o início deste capítulo demonstram o papel fundamental dos estímulos intrafamiliares precoces no desenvolvimento da linguagem.[115,123-126] Isso levanta a questão crucial das desigualdades sociais e do poder compensatório da escola. Nesse sentido, o último relatório PISA lembrou recentemente que, no cerne do chamado mundo desenvolvido, o sistema escolar francês era um dos que menos efetivamente contrabalançavam as injustiças do ambiente de nascimento; ainda que, como se pode observar, as realizações de nossos vizinhos não sejam estratosféricas nesse campo.[231] Para tentar enfrentar o problema e desfazer uma condenação pública cada vez mais intensa, o governo francês decidiu impor a instrução obrigatória a partir dos 3 anos;

o que na prática significa que a escola agora é obrigada a receber crianças nessa idade (desde o início do ano letivo de 2019). De acordo com as palavras do presidente da República[232] e de seu então ministro da Educação,[233] essa medida deveria permitir uma luta mais eficaz "contra a pobreza e a fabricação de desigualdades profundas", "notadamente a desigualdade na linguagem", que constitui "a primeira desigualdade entre as crianças". O objetivo é louvável e ninguém pode contestar que a escola consegue, em muitos casos, reduzir significativamente o peso dos determinismos sociais.[231,234-235]

▸ O efeito Mateus

Infelizmente, a linguagem não parece estar entre as inabilidades mais facilmente corrigíveis. A maioria dos estudos mostra que seu desenvolvimento depende muito pouco, em última instância, do ambiente escolar.[108] Uma série de pesquisas comparou, por exemplo, o desempenho lexical de alunos da pré-escola, nascidos em novembro-dezembro, com o desempenho de alunos do primeiro ano do ensino fundamental, nascidos em janeiro-fevereiro.[236] Todos os participantes tinham a mesma idade média (com diferença de dois meses), mas não a mesma experiência escolar (os alunos do primeiro ano estavam um ano à frente). Os resultados mostraram que o nível de vocabulário não dependia do tempo de escolarização. Em outras palavras, um ano a mais de escola não aumentou significativamente o repertório lexical das crianças. Resultados semelhantes foram obtidos entre o primeiro e o segundo ano da pré-escola, e entre o primeiro e o segundo ano do ensino fundamental.[237-239]

O quadro melhora indiscutivelmente quando protocolos explícitos de ensino de vocabulário são implementados.[108,237] Infelizmente, como já haviam destacado há 50 anos Betty Hart e Todd Risley, pesquisadores pioneiros na área,[129] e como demonstram dezenas de estudos experimentais, trabalhos de síntese e meta-análises de hoje, o impacto quantitativo dessas intervenções é muito limitado para ser decisivo.[240-244] Tipicamente, os programas de ensino lexical têm um aporte anual de apenas algumas dezenas de palavras.[108] Um resultado bastante modesto em comparação com o repertório padrão dos alunos.[129,179] Aos 3 anos, esse repertório mal passa das 800 palavras. Aos 5 anos, chega a 2 mil. Aos 9 anos, aproxima-se das 7 mil. Naturalmente, essas médias escondem diferenças substanciais entre indivíduos, relacionadas especialmente ao status socioeconômico das famílias (um fator fortemente correlacionado ao nível educacional dos pais). Uma "catástrofe original", para usar uma expressão de Betty Hart e Todd Risley,[245] que a escolarização não é capaz de atenuar. Aos 36 meses, ao entrar na pré-escola, as crianças privilegiadas exibem um vocabulário duas vezes maior do que seus colegas menos favorecidos (1.100 palavras contra 500).[129] Aos 9 anos, limiar do *fourth-grade slump** e idade crucial em que as transmissões orais perdem sua predominância nutritiva em prol da leitura pessoal, o fator permanece o mesmo (o dobro; 4.300 palavras para 9.100).[179] À primeira vista, poderíamos considerar essa estabilidade como um tipo de mal menor. Isso seria um erro. De fato, duplicar um bolo não tem o mesmo impacto se ele for pequeno (duas vezes pouco, continua sendo pouco) ou grande (duas vezes muito, rapidamente se torna enorme). Entre os 3 e os 9 anos, as crianças inicialmente mais bem dotadas enriquecem muito mais (8 mil palavras) do que seus homólogos inicialmente menos favorecidos (3.800 palavras). Os especialistas chamam isso de "efeito Mateus", em referência a uma famosa frase do Novo Testamento: "Pois ao que tem, dar-se-lhe-á, e terá em abundância; mas ao que não tem, até aquilo que tem lhe será tirado".[246]

▸ *Quanto mais se sabe, melhor se aprende*

Em geral, é nesse momento que as boas almas humanistas começam a criticar a escola. A realidade, infelizmente, é que esta última

---

* A "degringolada do quarto ano", mencionada na segunda parte.

não pode fazer muito (ou, digamos, fazer grande coisa). Quando chegam à pré-escola, aos 36 meses, algumas crianças ouviram 35 milhões de palavras, outras, apenas 10 milhões; algumas tiveram sua fala solicitada 500 mil vezes, outras, apenas 80 mil; algumas adquiriram 1.100 palavras de vocabulário, outras, 500 etc.[129] Essas diferenças são enormes e, na maioria dos casos, irreparáveis. Há várias razões para isso. A principal delas está relacionada à natureza cumulativa do desenvolvimento da linguagem. Hoje está demonstrado que quanto mais palavras uma criança conhece, mais fácil é para ela aprender novas.[119,224,247-251] O mecanismo subjacente é bem conhecido. Em grande parte, ele depende dos efeitos de contexto mencionados na parte anterior. Como vimos (quadro à p. 137-139), adivinhar o significado de uma palavra desconhecida como "croxe" (inventada aqui para fins de demonstração e usada como sinônimo de "motivo") é relativamente fácil quando os termos próximos são conhecidos: "Não falo mais com minha irmã. Meus amigos não estão realmente surpresos, exceto Gaspard, que me perguntou o croxe da briga".[252] O desafio se torna muito mais complicado quando outra palavra importante, como "briga", está ausente: "Não falo mais com minha irmã. Meus amigos não estão realmente surpresos, exceto Gaspard, que me perguntou o croxe da rupete". A operação se torna quase impossível se a lista de palavras ausentes for aumentada para incluir "surpresos": "Não falo mais com minha irmã. Meus amigos não estão realmente rixutes, exceto Gaspard, que me perguntou o croxe da rupete".

No dia a dia, esse tipo de facilitação oferecida pelo contexto (que permite entender uma palavra desconhecida entre palavras conhecidas) muitas vezes emerge inconscientemente. Permitam-me, para ilustrar esse ponto e mostrar que ele não é específico da leitura, mencionar uma anedota pessoal. Há alguns anos, enquanto passeávamos, minha filha e eu, em um parque de Lyon, um grupo de crianças apareceu. Quando chegaram a uma grande área gramada cercada, a educadora exclamou de repente, apontando para um grupo de animais: "Olhem! Avestruzes". Na verdade, eram emas, mas não importa. O problema é que também havia, na direção indicada, veados e pavões. Portanto, somente as crianças que já conheciam esses animais puderam, com base no contexto, identificar os avestruzes. Em outras palavras, é porque elas sabiam o que eram um veado e um pavão que algumas crianças puderam adivinhar o que era um avestruz (o único animal que não conheciam). O processo é o mesmo quando você aponta para a plaina de madeira atrás do nível de bolha ou para o patinete ao lado da motoneta.

Esses mecanismos de inferência são tanto mais poderosos porque sua ação vai muito além do domínio lexical e abrange o contexto cultural. Um grande número de estudos mostra que o cérebro memoriza informações com mais facilidade quando elas podem ser relacionadas a conhecimentos existentes, já armazenados.[253-256] Em outras palavras, quanto mais a criança sabe, mais fácil é para ela aprender coisas novas.[257] Mais uma vez, o mecanismo é bastante fácil de descrever. Considere o seguinte texto: "O lince é um felino carnívoro, com orelhas pontudas e pelagem marrom, manchada ou listrada. Ele é um caçador excepcional, rápido e silencioso. Sua mandíbula poderosa tem dentes afiados e suas patas terminam com garras retráteis". Se uma criança nunca viu tigres, leões, gatos, leopardos ou outros animais semelhantes, ela terá de, depois de esclarecer suas áreas de desconhecimento ("o que é um felino, um carnívoro?" etc.), memorizar novamente todas as informações fornecidas. No entanto, se a mente jovem tiver um conhecimento suficiente de cultura geral e conhecer outros felinos, ela poderá relacionar o que lê ao que já sabe, desde que lhe seja dito que o lince se parece com um gato muito grande, uma pequena leoa e/ou um tigre que esqueceu de crescer. A memória poderá então otimizar seu funcionamento, integrando os elementos do texto a uma rede pré-formada de conhecimentos.[258] A retenção será significativamente facilitada. O mesmo vale, retomando um exemplo mencionado anteriormente, quando você diz a uma criança pequena que nunca viu uma lichia que ela é uma fruta com casca como a laranja e caroço como a cereja. Isso facilita a memorização e, ao mesmo tempo, enriquece o conceito de fruta.

Essas afirmações são bastante fáceis de estabelecer experimentalmente.[253-256] Em um estudo representativo, alunos foram convidados a listar 12 pessoas que conheciam bem (amigos, familiares etc.).[255] Cada um dos nomes coletados foi então associado a 12 declarações fictícias (por exemplo: "Valérie André assistiu ao filme *Poltergeist*" ou "Pierre Rancy dirige uma Mercedes"). Em outra condição, o mesmo protocolo foi usado, mas os 12 nomes, desconhecidos para os estudantes, foram escolhidos aleatoriamente (por exemplo: "Caroline Matthieu assistiu ao filme *Pânico*" ou "Marc Duray dirige um BMW"). A taxa de retenção foi quase três vezes maior quando as declarações se aplicavam a nomes familiares (61%) em comparação a nomes desconhecidos (22%). Isso confirma claramente que é mais fácil memorizar novos fatos quando eles podem ser integrados a uma estrutura existente. É como se o cérebro sempre conseguisse encontrar uma maneira de conectar a informação desconhecida ao que ele já sabe. Por exemplo, "Pierre Rancy é um pouco vaidoso, o que combina com o seu gosto por Mercedes". Na verdade, esse sistema funciona como uma casa bem organizada. Se você comprar um descascador de legumes, você o encontrará facilmente, porque poderá inseri-lo em uma estrutura existente (todos os utensílios de cozinha vão para a mesma gaveta). A operação será mais aleatória com uma capa de celular, que será difícil associar a uma gaveta específica.

> ### Uma batalha perdida antecipadamente

Considerados em conjunto, esses elementos explicam, em grande parte, a incapacidade da escola de reduzir eficazmente o impacto das desigualdades sociais no desenvolvimento da linguagem. O funcionamento do cérebro parece reproduzir as leis econômicas: ao longo do tempo, os ricos enriquecem muito mais do que os pobres.[259] Claro, o sistema escolar poderia se basear em programas de ensino mais ambiciosos e eficazes. No campo do vocabulário, os estudos mais promissores mostraram que era possível aumentar o repertório da criança em cerca de 10 palavras por semana,[108,223] o que resultaria em um benefício de aproximadamente 360 termos por ano para uma criança francesa.* Um resultado certamente encorajador, mas que levanta três comentários. Em primeiro lugar, esse sucesso só é alcançado através de um esforço maciço e caro, difícil de conciliar com as restrições humanas, financeiras e temporais que pesam sobre nossas instituições escolares. Na verdade, para alcançar essas 10 unidades semanais, os professores precisam de uma formação sólida, trabalhar com turmas pequenas (média de 18 alunos) e dedicar duas horas e meia por semana a essa tarefa, o que representa mais de 10% do tempo escolar total.[223] Em segundo lugar, embora notável, o ganho final fica muito aquém das realizações do ambiente familiar. A lacuna de 4.200 palavras que, aos 9 anos, separa as crianças mais favorecidas de seus colegas menos privilegiados[179] representa 12 anos de ensino intensivo. Isso significa que, para eliminar as desigualdades lexicais causadas pelo capital cultural familiar, seria necessário fazer um esforço considerável em direção aos alunos mais pobres e, ao mesmo tempo, deixar os alunos mais privilegiados de lado, o que parece inaceitável e nos leva ao terceiro ponto. Esse ponto indica que o efeito Mateus mencionado anteriormente não desaparece às portas da escola. Os programas dedicados ao aprendizado de vocabulário não apenas não reduzem as desigualdades como também as aumentam, porque beneficiam mais as crianças mais competentes.[249-250] Em outras palavras, todos progridem; mas, novamente, aqueles que possuem o capital inicial mais sólido progridem muito mais rápido.

Em suma, a contribuição potencial da escola para o desenvolvimento precoce da linguagem é no máximo modesta e no mínimo marginal. Nessa área, mais do que em qualquer outra, é a família que carrega o fardo. Seu papel é tão central quanto insubstituível. Se ela falhar, a linguagem permanecerá ociosa, e a criança verá seu futuro acadêmico comprometido, antes mesmo de entrar na pré-escola; porque, como afirma um artigo de síntese, "a compreensão da leitura, essencial para o sucesso escolar a longo prazo, depende das capacidades linguísticas precoces".[165]

---

* Na França, o ano escolar tem uma duração de 864 horas, divididas em 36 semanas.[260]

Para resumir

Inicialmente, o desenvolvimento da linguagem depende fortemente do "alimento" fornecido pelo ambiente familiar. Ao falar com a criança e ler histórias para ela, os pais lançam as bases indispensáveis para o desenvolvimento posterior da leitura, mas também, mais geralmente, para as aprendizagens escolares, intelectuais, emocionais e sociais. Nessa área, excluindo algumas estatísticas excepcionais, aquilo de que o ambiente familiar abdica nem a escola nem o tempo poderão recuperar. Claro, um bom começo não garante uma jornada tranquila; mas, certamente, um mau começo estabelece as bases para uma jornada frustrante e difícil. Para fornecer uma última prova disso, pode ser interessante olhar para os estudos mais abrangentes. Até agora, discutimos separadamente o peso dos diferentes fatores de interesse (consciência fonológica, conhecimento do alfabeto, vocabulário etc.) envolvidos no aprendizado da leitura, mas ignoramos a paisagem geral. No entanto, somente esta revela a importância das condições ambientais precoces. Quando considerados em sua totalidade, os preditores examinados neste capítulo preveem uma parte substancial dos resultados escolares e das habilidades de leitura medidas ao fim do primário,[261] do ensino fundamental[262-263] ou do ensino médio.[110,264] Um estudo recente de grande envergadura mostrou, por exemplo, que as habilidades alfabéticas, fonológicas e lexicais estimadas no final da pré-escola previam quase 30% das variações de compreensão de leitura, avaliadas pelo programa PISA, no final do ensino fundamental.[263] A conclusão dos autores, creio eu, resume todos os dados deste capítulo: "Os pré-requisitos para a leitura, medidos na pré-escola, são grandes fatores de previsão da compreensão da leitura no nono ano".

QUARTA PARTE

UM MUNDO SEM LIVROS

Você não quer saber sobre ontem à noite?
O que houve?
Queimamos uns mil livros. Queimamos uma mulher.
E daí?
[...]
Você não estava lá, você não viu. Deve haver alguma
coisa nos livros, coisas que não podemos imaginar, para
levar uma mulher a ficar numa casa em chamas; tem de
haver alguma coisa. Ninguém se mata assim a troco de nada.[1]

Ray Bradbury,
escritor

Em 2020, a pandemia de covid-19 assolou o planeta. Para conter a propagação do vírus, muitos governos adotaram medidas radicais de confinamento. Por semanas, as pessoas foram impedidas de sair livremente, ver seus entes queridos ou frequentar lugares e comércios "não essenciais". Na França, o legislativo autorizou a abertura de lojas de ferragens, tabacarias e lavanderias.[2] Por outro lado, determinou o fechamento das livrarias. Os profissionais do setor não deixaram de expressar sua indignação, apontando a concorrência desleal das gigantes de comércio online (poupadas pela medida)[3-4] e afirmando, em um comunicado conjunto, que os livros eram verdadeiramente "essenciais para nossas vidas cidadãs e individuais", devido especialmente à sua capacidade de satisfazer "nossa necessidade de compreensão, reflexão, escapismo, distração, mas também de compartilhamento e comunicação, inclusive no isolamento".[5] Uma avaliação corroborada por François Busnel, crítico literário bem conhecido, para quem as livrarias representavam nossa melhor arma para "permitir que o conhecimento enfrente o obscurantismo".[6] O aviso foi ouvido.[7] O governo revisou sua posição e as livrarias foram finalmente incluídas na curta lista de comércios "essenciais".[8] Ao mesmo tempo, assim que puderam, os leitores voltaram em massa às lojas,[9] como se a falta tivesse ressuscitado a necessidade de livros. As vendas atingiram níveis recordes.[10]

Sem surpresa, o momento de clareza não durou. Em questão de meses, o alarme se apagou, a indiferença retornou e o período de melhora chegou ao fim.[11] Mas o episódio ainda é significativo por sua importância simbólica. Ele mostra o quanto as pessoas sentem, muitas vezes inconscientemente, mesmo que estejam lendo cada vez menos, que o livro não é simplesmente um objeto de consumo; ele é um capital, um bem fundamental cujo acesso precisa ser garantido, mesmo (ou principalmente?) em meio às circunstâncias materiais e de saúde pública mais sombrias. Mas esse sentimento tem fundamentos objetivos? Ele se baseia em fatos comprovados ou é apenas um reflexo de uma ilusória nostalgia, alimentada por uma minoria atuante de leitores entusiastas? Esta parte aborda essas questões através de dois grandes capítulos. O primeiro recorda a contribuição fundamental do livro impresso para o desenvolvimento da humanidade. O segundo estabelece, como sugere a citação apresentada no início desta parte, que há algo verdadeiramente único nos livros. Para fazê-lo, ele demonstra que o suporte de transmissão (vídeo, áudio, livro digital, livro em papel etc.) influencia a aprendizagem, e que o livro, especialmente o livro impresso, favorece com seu formato, mesmo quando os elementos transmitidos são supostamente similares, a compreensão e a memorização de conteúdos complexos.

8

O que a humanidade deve aos livros

Faz quase 4 mil anos que os livros nasceram.[12-13] Quatro mil anos é um período longo, e poucas criações humanas podem se orgulhar de ter superado tão bem o desgaste do tempo. Os suportes mudaram, é claro, passando da argila ao papiro, do pergaminho ao papel (há cerca de um milênio) e, por fim (recentemente), ao digital, mas sem um impacto significativo no objetivo original: preservar nossa memória coletiva.[12,14] Em outras palavras, ao longo de quatro milênios, a humanidade não encontrou nada melhor do que os livros para garantir a conservação e a transmissão de seu conhecimento mais fundamental. Como a filóloga* Irene Vallejo explica, "devemos aos livros a sobrevivência das ideias mais belas criadas pela espécie humana [...]. Sem os livros, as coisas mais belas de nosso mundo teriam caído no esquecimento".[14] E, ao cair no esquecimento, elas não poderiam ter servido de alicerce para coisas belas futuras. De fato, como indicam as próximas linhas, foi sobre os livros que nossa modernidade se construiu, e há muitas chances de que isso continue por muito tempo ainda; afinal, se o livro ainda está aqui após quase 4 mil anos, "para além de pequenos ajustes em seus materiais ou componentes",[14] não é por acaso; isso reflete a perfeita adequação de sua estrutura ao funcionamento de nosso cérebro.

---

* "Especialista no estudo histórico (gramatical, linguístico etc.) de textos."[15]

Nascimento da modernidade

No curso da História, o Renascimento é um ponto de inflexão. Ele marca o início de um notável avanço tecnológico, intelectual, cultural, econômico e social. Foi sobre suas bases que o trem do progresso foi lançado. Em todos os lugares, seus herdeiros são celebrados com entusiasmo, desde Isaac Newton até Albert Einstein, passando por Charles Darwin, Johannes Kepler, Nicolau Copérnico, Galileu, Leonardo da Vinci ou Marie Curie. Alguns nomes, porém, parecem injustamente negligenciados. Johannes Gutenberg é um deles. Mas foi ele quem, no século XV, colocou a locomotiva nos trilhos. Esse gênio polivalente não apenas inventou um sistema de impressão em massa, ele literalmente deu à luz a modernidade![16] Antes de Gutenberg, um copista caligrafava um livro com dificuldade a cada quatro a oito semanas. Depois de Gutenberg, qualquer editor podia produzir dezenas de livros todos os dias.[17] O resultado não demorou a aparecer. No século XIV, na Europa Ocidental, a produção anual de livros era inferior a 30 mil unidades.[18] No século XVI, ultrapassava 1 milhão. No século XVIII, a Era das Luzes, atingiu 10 milhões. Como escreve o acadêmico norte-americano Daniel Boorstin, "depois de Gutenberg, tudo o que a memória havia governado e servido na vida cotidiana passou sob a égide da página impressa".[19]

Certamente, o avanço era latente, e Gutenberg, cuja vida permanece em grande parte pouco conhecida, foi apenas um pouco mais tenaz, rápido e criativo que seus concorrentes.[20] No entanto, seu nome permanece porque ele foi o primeiro. A História às vezes é cruel. Ela esquece os precursores e retém apenas o último elo da cadeia inventiva.[19] Mas isso não importa nesse caso. O que importa é que, ao estabelecer as bases para uma disseminação textual quase ilimitada, Gutenberg possibilitou a propagação em larga escala de um patrimônio cultural até então reservado a uma elite restrita. O impacto se propagou de maneira mais fácil e profunda, porque rapidamente deixou de lado o latim clássico dos eruditos para se basear na linguagem cotidiana das populações. Como Boorstin[19] mostra, "o triunfo do livro impresso logo levou ao triunfo das línguas populares, que se tornaram, em toda a Europa, os veículos da cultura". Em contrapartida, "com a multiplicação dos livros, o nível de instrução aumentou e a literatura vernacular* foi enriquecida". Um círculo virtuoso, de fato: o livro molda a educação, que, por sua vez, fomenta a produção de livros.

Nesse sentido, a impressão não foi uma simples revolução tecnológica; ela foi um cataclismo civilizacional, sem o qual o mundo ocidental nunca teria conhecido o progresso que teve. Durante milênios, o analfabetismo foi a condição comum de nossas comunidades humanas. Isso já não é predominante. Nutridas pelos livros, nossas sociedades mudaram radicalmente. A inteligência se tornou mais valiosa do que a força. Agora, nas palavras de Garrison Keillor, autor norte-americano, "a leitura é a chave de tudo. Ensinar as crianças a ler é um dever moral fundamental da sociedade".[22] Alphonse de Lamartine, um grande escritor, provavelmente foi um dos primeiros a entender isso. Em 1853, em um pequeno livro dedicado a Gutenberg, ele escreveu: "A impressão é o telescópio da alma. Assim como esse instrumento óptico aproxima dos olhos, ampliando-os, todos os objetos da criação, átomos e astros do universo visível, assim a impressão aproxima e coloca em comunicação imediata, contínua, perpétua, o pensamento do homem isolado com todos os pensamentos do mundo invisível, no passado, no presente e no futuro [...] [De uma prensa] saem papel, tinta, caracteres, números, letras que são capturados pelos sentidos; mas também saem pensamentos, sentimentos, moral, religião, ou seja, uma porção da alma da espécie humana".[23] Em outras palavras, privar nossos descendentes de literatura, não guiá-los no caminho do livro, é amputá-los de uma parte de sua alma. Isso, como afirma Konrad Liessmann, professor de filosofia da Universidade de Viena, "só pode ser interpretado como um ato bárbaro".[24] O termo pode parecer excessivo. No entanto, ele reflete bastante bem o processo de sujeição que, ao impossibilitar

---

* Essa palavra define a língua "própria de um país e de seus habitantes [...] a língua geralmente falada dentro dos limites de uma comunidade".[21]

que as crianças mais pobres acessem as riquezas da cultura e da linguagem, impede qualquer perspectiva real de mobilidade social.[25-29]

Quando os livros queimam

Dito isso, se fosse preciso identificar uma única prova da importância dos livros, poderíamos mencionar o ódio visceral que todos os tiranos do mundo sentem por eles. Por séculos, eles fizeram da destruição de obras literárias uma prioridade constante e absoluta.[30-32] Como escreve o filósofo George Steiner, "fundamentalistas de todos os tipos têm um instinto ardente de queimar livros".[33] Os nazistas são um triste exemplo disso. Sozinhos, eles destruíram mais de 100 milhões de livros.[31] Oficialmente, eles queriam preservar o "espírito alemão",[32] impedindo, como Hitler escreveu em *Mein Kampf*,* que "a literatura barata e a imprensa sensacionalista, dia após dia, despejassem baldes inteiros de seu veneno sobre o povo".[34] Oficiosamente, o objetivo era, obviamente, muito mais maquiavélico. Ele visava nada menos que à aniquilação das ferramentas fundamentais do pensamento. Nesse contexto, a purificação dos corpos literários deveria garantir o apagamento das âncoras memorialísticas, conceituais e culturais, sem as quais nenhuma atividade reflexiva frutífera pode ser conduzida.[35-37] Como brilhantemente demonstrou Fernando Baez, acadêmico venezuelano, este é, aliás, o objetivo primordial de todos os grandes autos de fé: "Forçar uma amnésia histórica que facilite o controle de um indivíduo ou de uma sociedade".[30] Esse controle é estabelecido ainda mais facilmente quando a destruição das obras inevitavelmente resulta em uma perda intelectual substancial, em

---

* Um debate persiste sobre se esse texto deve permanecer acessível ou se sua publicação deve ser proibida. A segunda opção me parece inaceitável, dado que essa obra literária repugnante é uma peça histórica fundamental para qualquer pessoa que deseje compreender a loucura nazista e, mais amplamente, o mundo contemporâneo. Recentemente, uma versão anotada do texto por historiadores foi republicada.[34] Acredito que esse seja um excelente meio-termo entre a prevenção e a necessidade de acesso.

particular na linguagem. Como vimos, é nos livros que se escondem as riquezas da língua, em termos tanto sintáticos quanto lexicais; quando falta leitura, a linguagem sofre. No entanto, esta última sustenta uma parte essencial de nossas capacidades de raciocinar, compreender, criticar, refletir, analisar e aprender.

Hitler também tinha entendido isso. Em *Mein Kampf*, impulsionado pelos trabalhos de Gustave Le Bon sobre a psicologia das multidões,[38] o ditador em formação escreve: "Toda propaganda eficaz deve se concentrar em muito poucos pontos e explorá-los como fórmulas marcantes até que o último recém-chegado possa, sob tal fórmula, compreender claramente o que se quer".[34] Foi assim, explica Victor Klemperer, filósofo judeu, sobrevivente da abjeção nazista, que uma língua de sujeição se desenvolveu, a *Lingua Tertii Imperii* (LTI) – literalmente: a língua do Terceiro Reich. Ela tinha uma "qualidade fundamental: [a] pobreza". Era "miserável e, durante toda a sua duração e extensão, permaneceu pobre e monótona [...], tão onipotente quanto pobre, e onipotente justamente por causa de sua pobreza".[39] Graças à LTI, testemunha Klemperer, "o nazismo infiltrou-se na carne e no sangue das massas";[39] essas massas que Hitler gostava de chamar de "a grande maioria", uma espécie de turba impressionável, crédula e estúpida. Em *Mein Kampf*, ele critica "as fracas capacidades de reflexão da grande maioria" e destaca o quanto "a capacidade de assimilação [desta última] é realmente muito limitada, sua compreensão reduzida".[34] E o ciclo está completo: quanto mais a mente é privada de livros, mais sua base cultural e linguística se desgasta; e quanto mais essa base se desgasta, menos o conhecimento dos livros se torna acessível. Incansavelmente, o movimento se repete: o leitor se eleva, o idiota afunda.

Várias obras de ficção exploraram esses processos de esterilização do pensamento com arrepiante perspicácia. *Fahrenheit 451*, publicado em 1953,[1] descreve uma sociedade sinistra na qual os livros são sistematicamente queimados para sufocar qualquer tentativa de inteligência e reflexão; uma sociedade de entretenimento, saturada de telas, empanturrada de sedativos, repleta de solidão, dominada pelo imediatismo, exposta a um constante bombardeio midiático e, no fim, como esperado, povoada por zumbis sem cérebro, servis e conformistas. E o que dizer de *1984*,[40] obra impressionante publicada em 1949, que, com uma escrita afiada, descreve um universo brutalmente oprimido, sujeito a uma vigilância onisciente, submetido a uma mutilação contínua da realidade, privado de sua memória e despojado da linguagem? Um universo sem raízes, no qual "todos os documentos foram destruídos ou falsificados, todos os livros reescritos, todas as pinturas repintadas". Um universo cuja língua oficial, a novilíngua, tem como "verdadeiro objetivo [...] restringir os limites do pensamento", a fim de, em última análise, tornar "impossível qualquer crime de pensamento, porque não haverá mais palavras para expressá-lo [...]. A cada ano, menos palavras, e o campo de consciência cada vez mais restrito". Uma restrição que encontramos em *Admirável mundo novo*,[41] uma antecipação monstruosa escrita em 1932, que vê uma pequena casta erudita, geneticamente selecionada, subjugar um rebanho passivo e apático, intelectualmente amputado, entupidos de divertimentos vazios, privado de emoções pela força de um medicamento artificial e incapaz de sentir o horror da servidão que acaba por adorar.

Como não reconhecer nessas sinistras distopias os traços de um mundo para o qual estamos lentamente caminhando? O Ocidente não está reunindo, em um único e mesmo modelo, os piores temores de Ray Bradbury,[1] George Orwell[40] e Aldous Huxley[41]? Nossos filhos não leem mais, ou quase não leem; seus cérebros são entorpecidos por telas recreativas,[42] suas vidas se desenrolam inconscientemente sob constante vigilância digital,[43-44] e seus sonhos estão diminuindo cada vez mais, aprisionados no enredo consumista de lazer e aparências.[45-46] Isso constitui uma vida? Ousaríamos dizer que sim, se essa pergunta fosse feita sobre os "gama" de *Admirável mundo novo*[41] ou sobre Mildred, mulher estúpida, vazia, intoxicada de psicotrópicos e esposa do bombeiro Montag em *Fahrenheit 451*? Todos esses personagens desfrutam de uma situação material honrosa, é verdade; mas quem gostaria de ser como eles? Quem poderia invejar sua existência, sua estupidez e sua pseudofelicidade artificial? Eles são aqueles que "existem sem viver" e sofrem, como Victor Hugo escreveu, "a sombria opressão de ser sem pensar".[47] Eles são conchas vazias, seres aviltados, espoliados de sua humanidade. É isso que realmente desejamos para nossos filhos?

Para resumir

Este capítulo mostra, como sugere a citação no início desta parte, que há de fato "alguma coisa nos livros".[1] "Alguma coisa" que, após a invenção do processo de impressão, permitiu o formidável desenvolvimento das sociedades ocidentais. "Alguma coisa" que, ao longo da história, incitou o ódio dos piores tiranos. "Alguma coisa" da qual nossos filhos, cheios de telas, privam-se. "Alguma coisa" que o próximo capítulo se propõe a definir de maneira mais precisa.

9

O potencial único do livro

Aqui estamos, portanto, no âmago do problema. Depois dos primeiros anos de vida, o que a leitura nos oferece? O que nossas crianças e nossos adolescentes perdem ao se afastarem dela? Essas perguntas se tornam ainda mais cruciais, pois as últimas décadas transformaram o mundo. Os livros perderam seu status privilegiado. Eles já não são, de forma alguma, nossa única memória. Sua contribuição para o processo intergeracional de transmissão cultural não cessa de recuar, em proveito dos meios de comunicação digitais e audiovisuais.[24,42,48-50] O que nos leva a ampliar um pouco a questão original e nos perguntar se essa evolução tem um custo. Essa "alguma coisa" que vive no coração dos livros é realmente única ou podemos extraí-la de outros suportes mais recentes, como filmes, séries, *podcasts*, gravações de áudio, a web etc.? Edwy Plenel, jornalista de alma eminentemente progressista, recentemente declarou sobre o assunto que, "na internet, não existe formato, podemos compartilhar palestras, vídeos de debates [...]. Isso permite uma autodidaxia* constante, que está no cerne da democracia".[51] Qualquer discurso contrário acabaria caindo na "demonização do digital, uma recusa em reconhecer que esse instrumento está no âmago da maneira como as crianças aprendem, verificam".

---

* Ou seja, o aprendizado sem professor. O termo associado a essa prática, "autodidata", é mais comum.

A afirmação é incontestavelmente sedutora. Seu único erro é omitir meio século de pesquisas precisas e convergentes. Em primeiro lugar, há os estudos já mencionados, que mostram que as práticas autodidáticas digitais exaltadas por Edwy Plenel levam, nas gerações jovens, devido à falta de capacidades de processamento e compreensão adequadas, não a nutrir, mas a minar a democracia, colocando-a em perigo, como afirma um amplo estudo da Universidade Stanford.[52] Além disso, conhecemos, desde o início dos anos 1960, a importância dos suportes de transmissão. Uma citação de Marshall McLuhan, eminente teórico da comunicação, permanece mundialmente famosa nesse contexto: "O meio é a mensagem".[53] Através desse aforismo, o pesquisador queria dizer que a forma inevitavelmente contamina o conteúdo e, por extensão, a maneira como o cérebro processa as informações recebidas. Em outras palavras, para McLuhan e muitos acadêmicos, como Pierre Bourdieu[54] ou Neil Postman,[55] o meio de comunicação modifica a mensagem e, ao fazer isso, molda as atividades de percepção, compreensão e memorização do receptor. No contexto desta discussão, isso significa que um livro não é de forma alguma a mesma coisa que uma pesquisa na internet, um *podcast* ou um vídeo do YouTube.

O livro é decididamente melhor que a internet

Uma diferença fundamental entre o livro e a internet se revela na organização dos conteúdos. Na rede (o nome diz tudo), a informação é dispersa, redundante e fragmentada. Os detalhes estão sempre ao lado do fundamental, e as *fake news* se misturam constantemente com as verdadeiras. O conhecimento não está coordenado nem hierarquizado. Cada busca gera uma montanha de respostas que o usuário precisa filtrar, avaliar e, finalmente, reunir em um todo coerente. Esse problema é geralmente resolvido de maneira artesanal, primeiro reduzindo o escopo das consultas iniciais aos primeiros links sugeridos pelo algoritmo de pesquisa;[56-57] depois, partindo disso, pulando de uma informação para outra até construir uma representação global do assunto de interesse. Para o caso já mencionado do Tratado de Versalhes, isso significa que, entre quase 5 milhões de resultados identificados pelo Google em meio segundo, o internauta normalmente começará abrindo o primeiro, especialmente se for de um site supostamente enciclopédico como a Wikipédia.* Em seguida, ele poderá examinar um ou dois outros e/ou clicar nos hiperlinks oferecidos aqui e ali (Conferência de Paris, Atentado de Sarajevo, Liga das Nações, Hitler etc.), até obter uma resposta satisfatória para sua pergunta inicial.**

Os livros são muito menos exigentes para o leitor, no sentido de que colocam todo o peso do trabalho de pesquisa e estruturação nos ombros do autor. É ao autor que cabem a identificação dos elementos relevantes e as decisões de organização. Também é responsabilidade do autor calcular as habilidades do leitor e, com base nisso, determinar o que precisa ser explicado e o que pode ser omitido. Em outras palavras, enquanto os motores de busca na internet deixam as pessoas sozinhas diante de uma montanha de informações díspares, o livro as leva pela mão e as guia ao longo do caminho para garantir um ótimo nível de compreensão. O exemplo do Tratado de Versalhes é, mais uma vez, relevante. A organização terrivelmente fragmentada das fontes de informação disponíveis na web é o oposto do relato construído, unificado e contextualizado dos trabalhos de Pierre Renouvin[64] ou Jean-Jacques Becker.[65] Não

---

* Um site muito popular, mas cujos artigos estão longe de sempre ser claros, confiáveis e rigorosos.[58-63]

** O princípio é exatamente o mesmo com os motores de conversação como o ChatGPT ou o Bing. Trata-se então de perguntar algo como "o que é o Tratado de Versalhes?". Os softwares atuais geralmente reformulam o que encontram nos sites mais consultados (por exemplo, a Wikipédia) e fornecem uma resposta de algumas dezenas ou centenas de palavras, nem sempre confiável (é bom mencionar isso), que deve então ser refinada por meio de perguntas sucessivas. Pode-se considerar que o desempenho dos algoritmos melhorará com o tempo e que um dia eles fornecerão uma resposta completa e estruturada (quanto à confiabilidade, talvez seja necessário esperar mais tempo)... O tipo de coisa que os dinossauros chamam de livro (ou capítulo).

surpreende que estudos mostrem que a maioria das pessoas obtém, em termos de entendimento e memorização, um benefício muito maior desses conteúdos harmonizados.[66-70] Somente especialistas com sólido domínio prévio do assunto abordado são exceção e conseguem navegar sem prejuízo nas fragmentadas arquiteturas da web.

Em um estudo eloquente, estudantes de biologia foram convidados a participar de um curso sobre o ciclo de multiplicação dos coronavírus.[66] Metade dos participantes tinha um bom conhecimento geral em virologia. A outra metade possuía apenas conhecimentos limitados. A aula, digitalizada, apresentava os mesmos elementos, em dois tipos de organização: uma hierárquica/linear, tipo livro; e outra reticular* e fragmentada, tipo internet. Dois resultados importantes foram obtidos. Primeiro, todos os participantes acharam o aprendizado reticular mais complexo e confuso (um sentimento medido por meio de várias perguntas sobre a dificuldade dos participantes de identificar as conexões entre as várias informações, determinar em que ponto de sua aprendizagem estavam ou compreender a sequência viral). Segundo, os estudantes com conhecimento consistente de virologia não foram prejudicados por essa adversidade, ao contrário de seus colegas menos avançados, que absorveram uma porção maior do curso na condição hierárquica (+33%). Conclusão dos autores: os estudos "atestam a necessidade de redução da exigência de navegação e de autorregulação para os aprendizes de baixo nível de conhecimento, por um lado, e a importância do conhecimento prévio para alcançar um bom desempenho em situações de forte demanda de navegação, por outro".[67] Em termos mais simples, para as pessoas normais, o formato linear e pré-digerido do livro é o mais adequado à aquisição de conhecimento. Em grande parte, é por isso que o livro é uma etapa essencial para o uso produtivo dos formatos digitais. Várias pesquisas mostram que a habilidade de ler e entender textos lineares facilita muito a compreensão dos conteúdos reticulares da internet.[72-74] Em outras palavras, o conhecimento geral, as

---

* "Que tem uma aparência reticulada, que se assemelha a uma rede."[71]

habilidades linguísticas e as capacidades de compreensão adquiridas por meio da leitura de livros (sejam eles narrativos, documentais, científicos, epistolares etc.) são um pré-requisito indispensável para uma navegação produtiva na web. Isso significa, de maneira ainda mais simples, que a capacidade de utilizar os vastos depósitos de informações da internet é adquirida, em sua maior parte, fora da rede.

A esses elementos de organização soma-se também o benefício "prazer", frequentemente negligenciado. Os autores não se contentam em estruturar sua prosa, eles a transformam em histórias, e, como bem explica Daniel Willingham, professor de psicologia, "a mente humana parece estar finamente adaptada para entender e memorizar histórias – a ponto de os psicólogos às vezes se referirem às histórias como 'psicologicamente privilegiadas', para indicar que elas são tratadas na memória de maneira diferente dos outros tipos de documento".[36,75] Nesse campo, estudos mostram que a mente mergulha e se concentra mais facilmente em histórias (por exemplo, a biografia de Maria Antonieta por Stefan Zweig)[76] do que em outros conteúdos textuais (por exemplo, a página da Wikipédia dedicada a Maria Antonieta). Quando se pede aos leitores que pressionem um botão em resposta a um sinal sonoro aleatório, eles demoram significativamente mais para reagir quando estão imersos em um texto narrativo do que em um explicativo.[77] Hoje, é amplamente reconhecido que um alto nível de atenção favorece não apenas a compreensão, mas também a memorização.[78] Essa observação ecoa os resultados de uma meta-análise abrangente que mostra que, independentemente da idade (crianças, adolescentes ou adultos), narrativas são melhor compreendidas e retidas do que suas contrapartes explicativas.[79] Isso em parte explica, como discutiremos em detalhes na última parte, a notável capacidade da leitura por prazer de alimentar o estoque de conhecimentos gerais de nossos filhos.[80]

No entanto, nem as histórias nem as estruturas lineares são exclusivas dos mundos escritos. Elas também fazem parte dos universos orais, especialmente audiovisuais. Portanto, podemos nos perguntar sobre a especificidade dos livros, o que significa questionar se o cérebro realmente aprende melhor com eles do que com seus substitutos de áudio ou vídeo. Em outras palavras, a compreensão e a memorização de um determinado conteúdo variam se a mensagem for entregue oralmente ou por escrito?

A escrita é decididamente melhor que a fala

Quando minha filha estava na escola primária, não me lembro de nenhum professor ter-lhe proposto (e muito menos imposto) a leitura de livros. Em francês, ciências, história ou geografia, as tarefas geralmente se limitavam à consulta de um vídeo educativo, do tipo *C'est pas sorcier* [Não é feitiçaria] (um programa de divulgação científica para crianças). Uma abordagem que, nos últimos anos, parece estar se generalizando. Mesmo os professores do ensino superior estão substituindo cada vez mais, como vimos na primeira parte, as leituras obrigatórias por conteúdos de áudio e vídeo. Uma evolução supostamente inevitável, pois nos dizem que "é preciso viver no presente". O argumento esconde duas ideias principais. Uma sugere que as crianças não estão mais lendo e que é preciso se adaptar.[81] A outra considera que o formato não importa muito e, em última análise, um vídeo vale tanto quanto um texto.[51] A primeira proposição é defensável, embora possamos considerar triste e ameaçador o abandono que ela sugere. A segunda é notoriamente falsa, mas pode ser vendida com uma boa dose de má-fé. Há pouco tempo, após uma palestra que fiz em uma escola, o diretor científico de uma *startup* especializada no desenvolvimento de conteúdos educativos* me explicou, de maneira bastante solene, que uma meta-análise havia demonstrado a ausência de vantagens da escrita sobre a fala. Isso é verdade para o que se refere à compreensão;[82] mas apenas se misturarmos cegamente alhos com bugalhos, sem levar em conta a dificuldade dos textos ou a competência dos leitores. É evidente, por um lado, que o suporte de apresentação tem pouco impacto na

---

* Em todo caso, foi assim que o homem, bastante jovem, apresentou-se.

apreensão literal de textos simples e, por outro lado, que o áudio permite uma compreensão superior em uma criança pequena que está apenas começando a ler sozinha. Quanto a esse último ponto, um estudo demonstrou explicitamente que os alunos do segundo ano do ensino fundamental compreendiam melhor as declarações orais do que as escritas.[83] A diferença se anulava gradualmente entre o quinto e o sexto ano, até finalmente se inverter no oitavo ano.

Reformulemos então claramente as coisas e digamos que, a partir da segunda metade do ensino fundamental, quando os leitores estão suficientemente qualificados, a escrita melhora, em comparação com a fala, os níveis de compreensão e memorização. Três estudos recentes[82,84-85] mostram que esse efeito é ainda mais marcado quando o texto é exigente e as avaliações vão além da restituição literal (veja, por exemplo, a Pergunta 2 do quadro à p. 63-64) para focar na compreensão geral e nos elementos implícitos do enunciado (veja as Perguntas 3 e 4 do mesmo quadro). Dois desses estudos são meta-análises. O primeiro, mencionado anteriormente pelo nosso diretor da *startup*, conclui, na verdade, que "parece preferível ler em vez de ouvir textos quando as avaliações requerem compreensão profunda".[82] O segundo, dedicado a livros em áudio, indica que eles "parecem ser um complemento pedagógico útil para apoiar a compreensão de alunos que têm dificuldade com o processamento de textos impressos".[84] No entanto, depois do primário, quando os enunciados se tornam mais longos e complexos, os livros em áudio se mostram ineficazes, e o suporte escrito "parece mais propenso a apoiar a aprendizagem e a compreensão dos alunos". Esses dados estão de acordo com as conclusões do terceiro estudo anteriormente mencionado, baseado em uma revisão da literatura, que revela que, "por mais de meio século, os psicólogos têm comparado a maneira como as pessoas ouvem e leem. A maioria dos estudos concluiu que retemos melhor quando lemos [...]. Existe uma 'primazia do impresso'".[85] Nesse contexto, uma pesquisa frequentemente citada merece nossa atenção.[86] Alunos foram inicialmente expostos ao mesmo conteúdo em duas situações experimentais diferentes: por escrito ou em formato *podcast*. Em seguida, eles foram submetidos a um questionário de compreensão de múltipla escolha. Os resultados mostraram, como esperado, uma taxa de respostas corretas mais alta no formato texto (82% contra 59%). De maneira interessante, logo antes de responderem ao questionário, os participantes foram solicitados a escolher seu formato preferido, que gostariam de ter recebido. O *podcast* venceu em ambos os grupos experimentais, como se os participantes não percebessem o impacto negativo do áudio no desempenho. Para verificar essa hipótese, os autores perguntaram novamente aos participantes sobre sua preferência, dessa vez após o questionário. Os membros do grupo de texto continuaram a preferir o áudio, cujo prejuízo não haviam sentido; seus colegas do grupo de *podcast*, ao contrário, mudaram completamente sua opinião ao perceberem, de acordo com o artigo, "as limitações de sua compreensão". Conclusão dos autores: "Os *podcasts* não são ferramentas de aprendizado eficazes para a compreensão de conteúdos complexos". O mais divertido nem sempre é o mais proveitoso. Uma constatação que, sem surpresa, também se aplica aos conteúdos audiovisuais, cuja deficiência de desempenho, em comparação com a escrita, é da mesma ordem da observada para o áudio.[85,87-89]

Quando paramos para refletir sobre esses resultados, eles parecem, afinal, bastante óbvios. A verdadeira surpresa estaria na existência de uma primazia do áudio (ou do audiovisual) sobre a escrita. Na verdade, esta última possui um grande número de vantagens. Primeiro, é possível controlar a velocidade de leitura e ajustá-la à complexidade do conteúdo, o que é muito mais complicado ao ouvir um áudio ou assistir a um vídeo. Em seguida, é possível lidar com mal-entendidos pontuais ou distrações esporádicas voltando atrás, algo que nossos olhos fazem regularmente sem que percebamos; novamente, isso não é fácil de fazer com os formatos de áudio e audiovisual. Além disso, a escrita oferece várias formas de segmentação que podem informar o leitor sobre a estrutura do texto, o encadeamento das ideias e as passagens importantes (títulos, subtítulos, parágrafos, palavras em negrito etc.); a fala parece muito menos estruturada. Por fim, e principalmente, o processamento da escrita requer um nível mais alto de concentração do que o da fala, o que, como já destacado, favorece a memorização.[78] É fácil ouvir sem escutar, mas é impossível ler sem olhar. Um estudo, aliás, confirmou que a mente divaga mais facilmente quando o mesmo conteúdo é apresentado em formato de áudio em vez de por escrito.[90]

O papel é decididamente melhor que a tela

Por séculos, os livros foram definidos como um "conjunto de folhas impressas, formando um volume encadernado ou grampeado".[91] No entanto, nos últimos 10 anos, essa concepção teve de ser reconsiderada para incluir a existência de livros digitais, não impressos. Regularmente, pesquisas de opinião tentam medir a popularidade destes últimos entre as jovens gerações. Como costuma acontecer nesse tipo de empreendimento, uma visão bastante ampla do conceito de "livro digital" é utilizada, incluindo uma ampla variedade de dispositivos (*tablets*, *e-readers*, *smartphones*, computadores etc.) e conteúdos (livros, quadrinhos, mangás etc.). Dois resultados principais são geralmente relatados.[92-97] Primeiro, apenas uma minoria dos jovens de 6 a 18 anos já experimentou a leitura digital (a porcentagem varia entre 20% e 40%, dependendo do estudo). Segundo, a maioria daqueles que a experimentaram diz preferir a leitura em papel (entre 50% e 70%; contra 5% a 15% que dizem preferir os livros eletrônicos).

Essa última constatação pode parecer surpreendente, considerando como as telas saturam a vida das novas gerações desde tenra idade. O fenômeno é tão massivo que teria transformado o cérebro das crianças. Moldado pela mão digital, ele seria agora inadequado para a monótona lentidão do "mundo antigo".[98-100] Leitura, cultura, lazer, aprendizado escolar, todos os campos seriam afetados. A fábula é sedutora, devemos admitir. Infelizmente, ela é enganosa, e esse tipo de discurso claramente pertence, como já foi demonstrado em outros lugares, ao âmbito da farsa.[42,101-102] O cérebro de nossos descendentes é terrivelmente antigo. Ele é o produto de uma lenta evolução que o tornou pouco compatível com a superestimulação sensorial e cognitiva imposta pela frequente agitação dos espaços digitais, sobre a qual voltaremos a discutir. Portanto, parece prematuro atirar o papel na lixeira da história, ousando afirmar, como fez, por exemplo, um acadêmico em 2013, que o livro impresso não passa de um vestígio "isolado e primitivo", ancorado na "Idade da Pedra".[103]

▸ Os benefícios (muito) superestimados dos livros eletrônicos

Na realidade, a obsolescência (aparentemente) programada do livro impresso demora a se manifestar. Talvez seja porque os suportes em papel não tenham, afinal, apenas desvantagens. Eles permitem destacar e anotar o texto, o que costuma ser possível, mas nem sempre fácil, com um *e-reader*. Eles são completamente autônomos e não exigem bateria, dispositivo intermediário de apresentação (*e-reader*, *tablet* etc.), conexão com a internet (para download de arquivos e atualização de dispositivos) ou habilidades de informática (problemas de software e formatos [*e-pub*, Kindle, PDF etc.] podem ser complicados). Outra vantagem, os livros impressos são materialmente robustos. Podemos derrubá-los, sacudi-los, pisar neles inadvertidamente, entregá-los a crianças muito pequenas e levá-los para lugares que são bastante hostis a seus equivalentes digitais (banheira, praia etc.). Mais importante ainda, o livro pertence fisicamente ao comprador. Ele pode ser emprestado, dado, revendido ou disponibilizado em áreas de troca que estão se multiplicando no espaço público.[*] Isso não acontece com os livros eletrônicos, que oferecem um simples "direito de uso" e geralmente não permitem revendas ou compartilhamentos.[**] Por fim, acima de tudo (!), nossos

---

[*] Foi graças a essas áreas que descobri a maravilhosa escrita de Christian Bobin. Nunca agradecerei o suficiente à pessoa (desconhecida) que deixou *Compasso de fuga* (*La Folle Allure*) em uma antiga cabine telefônica transformada em um ponto de compartilhamento de livros.

[**] O site oficial da administração francesa (Service-Public.fr) afirma que "geralmente não é possível compartilhar ou vender a outra pessoa seus livros digitais adquiridos

bons e velhos livros ignoram a obsolescência. Colocados em um lugar relativamente seco e escuro, eles se preservam praticamente por tempo indeterminado. Cada criança pode facilmente, 20, 30 ou 100 anos depois, explorar a biblioteca de seus antepassados. Ela pode, sem restrições, percorrer esse universo literário que a conecta às suas raízes. Ela pode passear, envolver-se, perder-se nele. Ela pode se envolver até encontrar, às vezes, um ancestral desconhecido que, no meio de uma caça ao tesouro inesperada, deixou ali, entre duas páginas, uma carta esquecida, e ali, em um canto da margem, um fragmento de emoção manuscrita. Essa é uma alegria que me foi concedida muitas vezes e que desejo a todas as crianças. Uma alegria, no entanto, inacessível aos textos digitais, mecanicamente condenados a uma obsolescência precoce devido à fragilidade dos suportes de armazenamento, à constante transformação do hardware e à evolução contínua dos formatos de armazenamento. "O que é estranho", escreve Irene Vallejo a esse respeito, "é que ainda podemos ler um manuscrito pacientemente copiado há mais de 10 séculos, mas é impossível ver um vídeo ou ler um disquete de alguns anos atrás, a menos que tenhamos guardado todos os nossos computadores e leitores sucessivos, como um gabinete de curiosidades nos depósitos de nossas casas".[14]

O livro eletrônico também não está desprovido de vantagens. Ele permite a busca sistemática de palavras ou expressões específicas (uma ajuda significativa para quem precisa encontrar uma citação ou um elemento narrativo). Ele permite aumentar o tamanho da fonte (o que é útil, especialmente para pessoas com problemas de visão, mas pode tornar a leitura dolorosa quando o tamanho da tela é limitado, como é o caso de *tablets*, *e-readers* ou, pior ainda, *smartphones*). E... é basicamente isso, já que os outros benefícios mais

---

legalmente. De fato, estes geralmente possuem proteções técnicas que impedem sua livre distribuição. O uso de técnicas que violam essas proteções está sujeito a uma multa de até 3.750 €. A infração é punida mesmo se o livro tiver sido adquirido legalmente. Além disso, o compartilhamento e a venda são puníveis com até seis meses de prisão e uma multa de 30.000 €".

frequentemente alegados são discutíveis. Dizem, por exemplo, que os *e-books* são mais ecológicos e respeitosos com o meio ambiente. Isso não é verdade, exceto, aparentemente, para grandes leitores, em condições de alta durabilidade dos dispositivos de leitura e baixa circulação de livros em papel.[105-107] Também dizem que os textos digitais são mais baratos. Isso é verdade, mas, mais uma vez, eles fornecem apenas um "direito de uso" e não pertencem realmente ao leitor. Além disso, a diferença de custo costuma ser bem modesta. Pegue *A mais recôndita memória dos homens*, de Mohamed Mbougar, vencedor do prêmio Goncourt 2021, que terminei de ler enquanto escrevia este capítulo. A versão em brochura custa 22 €; a versão eletrônica custa 14,99 €, e a versão de bolso custa 9,70 €.* O mesmo acontece com a obra-prima de Jack Kerouac, que minha filha Valentine devorou: *On the Road*. Custa 9,99 € na versão eletrônica contra 9,70 € na versão de bolso.** Além disso, na França há empréstimos de livros em bibliotecas quase gratuitos, zonas de trocas solidárias já mencionadas e livros usados em grande quantidade nos sebos, a preços muito competitivos. Enfim, o argumento do preço não parece ser o principal, embora possa ser válido.

Outra vantagem do livro eletrônico, as pessoas costumam dizer, é o enriquecimento textual. Este normalmente adquire a forma de conteúdos adicionais que podem ser ativados ao clicar em uma palavra, expressão ou imagem; ou, em telas sensíveis ao toque, passando o dedo sobre uma área de interesse. Os leitores podem obter todo tipo de esclarecimentos lexicais, históricos, geográficos ou culturais. Pegue a seguinte frase: "A casa em que Victor Hugo morava em Guernesey é uma magnífica edificação erguida como um promontório". Um clique em "promontório" pode fornecer uma definição desse termo; um clique em "Victor Hugo" pode abrir uma página enciclopédica dedicada à obra do grande homem; um clique em "casa" pode mostrar uma foto do prédio mencionado; um clique em

---

* No site fnac.com (acesso em: 23 maio 2023).

** No site fnac.com (acesso em: 23 maio 2023).

"Guernesey" pode apresentar um vídeo turístico da ilha etc. Cada um desses conteúdos, por sua vez, pode levar a outros sites, em um movimento derivado que, embora possa ser interessante, tenderá a afastar cada vez mais o leitor de seu assunto original. Mas isso não é tudo. A essa errância consentida muitas vezes se soma todo tipo de solicitações indesejadas. Uma pesquisa sobre "Guernesey", por exemplo, pode levar à aparição de um banner comercial oferecendo uma visita guiada às ilhas anglo-normandas com desconto. Ao mesmo tempo, se você estiver conectado, Gmail, WhatsApp e afins continuarão a enviar seu fluxo de notificações (visuais e sonoras) para evitar qualquer perda de atenção. E, mesmo que nenhuma mensagem pessoal ou publicitária apareça, todos enfrentarão a tentação persistente de "verificar" sua página do Twitter [renomeado "X"], sua conta do Instagram ou as promoções comerciais do momento. O fenômeno não deve ser subestimado. Os anglo-saxões o apelidaram de FOMO, sigla para *Fear of Missing Out* (literalmente, "medo de perder algo"). Como tive a oportunidade de detalhar em outro lugar,[42] esse impulso de verificação se baseia em uma necessidade constante, construída ao longo de nossa evolução biológica e sustentada pela ativação do sistema cerebral de recompensa, de verificar o estado de nosso ambiente para detectar oportunidades e perigos.* Para ilustrar esse ponto, imagine que você esteja em uma conferência. Se o seu telefone estiver desligado na mesa à sua frente[108] ou se o seu vizinho imediato estiver navegando em um *tablet*,[109] então o seu nível de compreensão das palavras do orador será afetado negativamente, pois você terá de dedicar uma parte substancial de sua

---

* A ideia é que a evolução tenha selecionado uma série de comportamentos benéficos para nossa sobrevivência, como encontrar informações sobre o estado de nosso ambiente. Quando isso ocorre (por exemplo, o arbusto se move devido ao vento, e não porque esconde um predador), certas áreas do cérebro liberam substâncias bioquímicas (especialmente a dopamina) que ativam os circuitos de prazer (também chamados de circuitos de recompensa) e, assim, aumentam a probabilidade de que o comportamento recompensado seja repetido. É um pouco como dar um amendoim a um animal de estimação quando ele faz algo "bem" para incentivá-lo a fazer aquilo de novo.

atividade mental para inibir o desejo incessante de ligar o telefone ou olhar para o *tablet* do vizinho.

▸ Os livros impressos favorecem a compreensão

Podemos ver que a promessa de uma experiência enriquecida não é gratuita. Ela vem frequentemente acompanhada, como muitos estudos confirmam hoje em dia, de um risco aumentado de distração, de um "descarrilamento" do pensamento, de saturação dos recursos intelectuais e, consequentemente, de um processamento superficial das informações fornecidas.[110-115] Os usuários frequentemente estão cientes disso, como indicam várias pesquisas realizadas com estudantes supostamente bons leitores. Em sua maioria esmagadora, eles reconhecem que os formatos em papel são preferíveis, especialmente para leituras longas e exigentes, pois favorecem a concentração e a sensação de "imersão".[116-120] Tome como exemplo esta pesquisa transnacional realizada em cinco países (Estados Unidos, Japão, Alemanha, Eslováquia, Índia)[119]: 92% dos participantes indicaram que conseguiam se concentrar de forma mais eficaz em textos impressos e 84% relataram que, a um preço equivalente, preferiam comprar livros impressos (livros escolares: 87%; livros "para o prazer": 81%). Resultados semelhantes aos de outro estudo, mais amplo, realizado com um painel de 21 países[120]: 82% dos participantes preferiam ler em papel; e 72% afirmaram que esse formato possibilitava uma melhor memorização.

Os efeitos de distração causados pela digitalização não afetam apenas os leitores experientes. Eles também ocorrem em crianças, especialmente durante as fases iniciais de aprendizado. Em um estudo representativo, crianças da pré-escola (3-4 anos) foram instruídas a interagir com livros de imagens alfabéticas apresentados em formato de papel padrão ou eletrônico enriquecido.[121] No segundo caso, quando a criança passava o dedo sobre a letra "G", por exemplo, ela ouvia "G de gato"; quando tocava na palavra "gato", ela era pronunciada distintamente; e quando tocava na imagem do gato, um pequeno vídeo animado do animal aparecia. Os resultados mostraram uma maior focalização na tarefa com o suporte de papel. Com o livro eletrônico, as crianças gastavam significativamente mais tempo ativando os conteúdos secundários (áudio, vídeo) e menos tempo nomeando as letras/palavras/imagens alvo. Conclusão dos autores: "A capacidade dos *e-books* de manter as crianças aparentemente concentradas em suas tarefas, direcionando-as para a tela, mascara o que as crianças realmente estavam fazendo ao adotar menos comportamentos relevantes para a aprendizagem do alfabeto". No entanto, deve-se observar que esse tipo de viés não é exclusivo dos suportes digitais. Ele também é observado em livros impressos, que podem conter elementos manipuláveis potencialmente distrativos (abas para levantar, guias para puxar, materiais para tocar etc.).[122]

O último benefício frequentemente alegado em favor dos livros digitais é a imaterialidade. Graças a ela, os livros não têm mais uma realidade física e podem ser armazenados, aos milhares, em qualquer *tablet* ou leitor digital. O ganho é evidente, por exemplo, durante viagens. Mas isso não significa que não tenha desvantagens, de modo que a relação custo/benefício dessa virtualização está longe de ser tão convincente quanto sugere nosso "bom senso". Um longo artigo de síntese recentemente escrito por Charles Spence, professor de psicologia experimental da Universidade de Oxford, aborda perfeitamente esse problema. Em sua conclusão, o autor escreve: "A leitura de um livro físico é uma experiência multissensorial, muito mais do que a leitura do mesmo trabalho em formato digital [...]. O sucesso limitado dos leitores eletrônicos provavelmente pode ser explicado, pelo menos em parte, pela incapacidade dessas ferramentas de reconhecer a importância das informações não visuais na experiência do leitor".[123] Esse é um reconhecimento difícil de negar, dada a pobreza sensorial da tela do *e-reader, tablet* ou *smartphone* em comparação com o livro impresso. Ao contrário deste último, o livro eletrônico não pode ser aberto, tocado, sentido ou pesado. Ele não tem cheiro, forma ou fronteiras físicas tangíveis. E esses elementos, embora não sejam preponderantes, são fontes significativas não apenas de prazer, mas também de informações.[111,114,123] Tome o tato, por exemplo.

Ele é, por excelência, o sentido da proximidade. Podemos ver, ouvir e sentir a distância. Mas só podemos tocar de perto. As implicações dessa intimidade foram amplamente exploradas por especialistas em marketing. Os dados mostram que o sentido do tato influencia nosso funcionamento cognitivo na direção de uma "conexão direta e mais íntima com o produto".[124] Essa observação não tem nada de surpreendente. Ela confirma a capacidade das percepções corporais de modular os processos mentais.[125] Assim, por exemplo, um livro "grande", bem "pesado", tende a aumentar a atenção do leitor, mobilizando inconscientemente os conceitos de seriedade e importância.[126-127] Da mesma forma, um papel granulado e/ou pouco flexível pode influenciar nossos sentimentos em relação a uma história ou personagem, ativando inconscientemente as noções de aspereza e/ou rigidez.[127]

Também foi sugerido que os formatos digitais favoreciam uma apreensão superficial dos conteúdos textuais. A hipótese afirma que os leitores abordam a tela com uma mentalidade menos propícia à concentração, porque estão acostumados a ler de maneira bastante resumida declarações curtas e pouco exigentes (especialmente nas redes sociais).[111,114,128] De acordo com essa afirmação, um estudo identificou uma ligação positiva entre um funcionamento intelectual mais superficial e uma frequência aumentada de uso de redes sociais dentro de uma população estudantil.[129] Outro estudo, realizado com estudantes, mostrou que a mente divagava mais na tela do que no papel quando o tempo de leitura era restrito para forçar o leitor a se concentrar.[115] Por fim, várias pesquisas com alunos do ensino primário e estudantes universitários estabeleceram que um mesmo texto tendia a ser lido mais rapidamente na tela do que no papel, mas em detrimento da compreensão.[130-131]

A tudo isso se soma um último ponto, relacionado à topografia do livro. Quando o cérebro interage com um enunciado, ele não se concentra apenas nos aspectos linguísticos. Ele também assimila a estrutura espacial do documento para formar um "mapa mental" (ou, para retomar uma expressão mais geral, já utilizada, um modelo de situação) dos diferentes elementos do texto. É por isso que o leitor frequentemente é capaz, quando solicitado a lembrar de um ponto específico de uma história, de relatar não apenas esse ponto, mas também sua localização (por exemplo, na parte inferior de uma página à direita, mais perto do final do livro, quando a espessura das folhas restantes a serem lidas é pequena).[132] Essa arquitetura espacial é menos fácil de definir e perceber em uma tela, o que dificulta a formação de um mapa mental e, em última análise, prejudica a compreensão.[111,113-114] O fenômeno é particularmente visível quando se trata de descrever as relações que unem os diferentes elementos da narrativa, por exemplo, no campo cronológico. Um estudo mostrou que adultos jovens conseguiam reconstituir melhor a sequência temporal de uma história curta (28 páginas, tempo de leitura: cerca de uma hora) quando a liam em papel em vez de uma tela (*e-reader*).[133] O romance *E não sobrou nenhum*, obra-prima de Agatha Christie, publicado em 1939 com o título de *O caso dos dez negrinhos*, fornece uma bela ilustração. O livro impresso tem uma espessura que, de certa forma, evolui com a ordem dos assassinatos. Marston, o dândi, é o primeiro a morrer, quando o número de folhas lidas é relativamente baixo; depois, à medida que o volume de páginas aumenta, chega a vez de Armstrong, o médico; e depois, ainda mais tarde, de Lombard, o militar. Esse tipo de indicação física é inconscientemente usado pelo cérebro para construir uma representação mental da história e, assim, favorecer a compreensão e retenção da narrativa.

Em última análise, sem dúvida podemos dizer, para recapitular esses dados, que é materialmente mais complicado navegar em um livro eletrônico do que em um livro impresso, e que isso afeta a compreensão.[111,114,128,135-136] No entanto, o efeito é modesto e se limita aos "detalhes" do texto e à articulação precisa dos elementos que o compõem. Quanto mais extenso e exigente o texto, mais evidente se torna a superioridade do papel. Dito isso, sejamos claros. Não se trata aqui de lançar no ostracismo a leitura digital. Se alguns (como vimos, uma minoria) preferem a tela ao papel, eles não devem se privar disso, pois o que realmente importa é que nossas crianças e nossos adolescentes leiam. No entanto, afirmar, como fazem diversos defensores do progressismo digital, que o livro impresso é entediante, ultrapassado e obsoleto é tão tolo quanto infundado.

▶ *Livros impressos são (fortemente) preferíveis para
a leitura compartilhada*

Certamente, nada impede que os adultos utilizem um livro eletrônico como suporte de leitura compartilhada. Embora essa escolha continue sendo minoritária,[137-139] ela tem sido objeto de numerosos estudos experimentais. Os resultados mostram, com uma notável unanimidade, a natureza prejudicial dessas mediações digitais.[139-144] O problema tem duas origens. A primeira reflete um duplo movimento de aumento de comentários distrativos relacionados ao uso do suporte e enfraquecimento das explicações textuais: na presença da tela, as trocas verbais se desviam parcialmente da história ("o que o coelho está fazendo?", "onde está escondida a chaleira pequena?" etc.) para se voltar para questões práticas de manipulação do suporte ("deslize os dedos na tela", "toque ali para mudar a imagem", "abra os dedos para aumentar a casa do porquinho" etc.). A segunda reflete a emergência de uma dinâmica de oposição entre a criança e o adulto, prejudicial à qualidade da interação: submetida a um conflito mais ou menos silencioso pelo controle da tela, a troca se torna menos harmoniosa e cooperativa (a criança coloca a tela na sua frente para se apropriar dela, isolando-se do adulto; o adulto afasta a criança, que tenta pegar/tocar a tela, a criança ignora os comentários do adulto – ou vice-versa – etc.).

Uma pesquisa recente ilustra bem essas observações.[143-144] Pais foram filmados enquanto compartilhavam um livro com seus filhos pequenos (2-3 anos), em três situações experimentais de cinco minutos cada: livro de papel, livro eletrônico padrão (a obra era simplesmente apresentada em um *tablet*, sem adições), livro eletrônico enriquecido (a obra era apresentada em um *tablet* com "melhorias"; por exemplo, tocar a imagem de uma casa fazia a palavra "casa" aparecer e ser pronunciada; tocar a imagem de um cachorro fazia o som do latido do animal ser ouvido etc.). A Figura 13, na página seguinte, ilustra os resultados. É possível observar que os pais ("diálogo-texto/pai") e as crianças ("diálogo-texto/criança") falam mais sobre a história com um livro de papel. Em contrapartida, o uso do formato digital leva a mais comentários acessórios relacionados ao uso do suporte ("diálogo-suporte/pai"). Essa dinâmica é especialmente clara para o livro eletrônico melhorado. Mas isso não é tudo. O uso da tela também prejudica a relação. Na presença do *tablet*, a criança faz mais esforço para excluir o adulto e se apropriar da ferramenta ("controle-suporte/criança"). Reciprocamente, o adulto "se defende", virando-se ligeiramente para afastar a tela ou afastando a mão da criança quando ela se aproxima ("controle-suporte/pai"). Conclusão de um grupo de especialistas convidados a comentar esses resultados depois de publicados: "Os livros eletrônicos, tal como existem hoje, têm poucas chances de oferecer vantagens em relação aos livros impressos para crianças pequenas e até podem prejudicar as interações, que são de extrema importância para preparar a entrada na escola [...]. Os pediatras deveriam ajudar os pais a entender que as melhorias encontradas nos livros eletrônicos não beneficiam o desenvolvimento da criança tanto quanto as melhorias proporcionadas pela interação com os pais".[145]

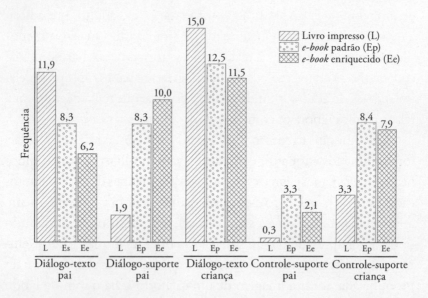

Figura 13. As interações pai-criança se adaptam ao suporte de leitura. O livro impresso (L) direciona a atenção para o texto (diálogo-texto/pai; diálogo-texto/criança). Por outro lado, o livro eletrônico (*e-book*), seja ele padrão (Ep), seja enriquecido (Ee), direciona a relação mais para o domínio do suporte. A criança (controle-suporte/criança) e o adulto (controle-suporte/pai) tentam então controlá-lo. Veja detalhes no texto. Segundo MUNZER, 2019.[143-144]

Várias pesquisas confirmaram que a leitura compartilhada digital interfere significativamente no processo de compreensão.[140-142] No entanto, parece que o duplo movimento mencionado anteriormente, de degradação da interação e afastamento do texto, não explica completamente o problema, especialmente em crianças muito pequenas. Pelo menos é o que sugere um estudo bastante citado.[139] Os participantes, com idades entre 17 e 23 meses, foram divididos em dois grupos e expostos à forma impressa (livro) ou digital (PDF não enriquecido, em *tablet*) do mesmo livro ilustrado. Cada página mostrava um par de objetos, um dos quais era comum (sapato ou bola) e o outro, desconhecido (espremedor de frutas ou medidor de espaguete). Um protocolo rigorosamente padronizado garantia a comparabilidade das situações experimentais. Após a fase inicial de exposição, diferentes livros ilustrados foram introduzidos: em cada página, o objeto "desconhecido" do primeiro livro (espremedor, medidor) era emparelhado não com um objeto comum (por exemplo, uma bola), mas com um objeto improvável (por exemplo, um cadeado), de forma que a criança, conhecendo a bola, não pudesse adivinhar por eliminação onde estava o espremedor. Os participantes foram convidados a reconhecer os objetos-alvo do primeiro livro (espremedor, medidor) mostrando-os ou tocando-os quando eram nomeados pelo pesquisador. Na situação mais simples, os membros do grupo "livro" foram avaliados em papel, e os do grupo "digital", em *tablet*. Quase todas as crianças passaram no teste com sucesso, independentemente do grupo de origem ("livro" ou "digital"). As coisas se complicaram consideravelmente com a implementação de tarefas mais complexas de generalização. Três tarefas principais foram então avaliadas: (1) troca dos suportes de leitura (as crianças do grupo "livro" foram testadas com o *tablet*; e vice-versa); (2) mudança na cor dos objetos-alvo (por exemplo, o espremedor amarelo se tornava verde); (3) substituição das imagens por seus correspondentes reais (por exemplo, um espremedor e um cadeado eram colocados em cima da mesa). Somente as crianças do grupo "livro" conseguiram realizar essas três tarefas. Os membros do grupo "digital" não ultrapassaram o limiar de sorte (a taxa de respostas corretas esperada com a escolha aleatória de um objeto entre dois: 50%). Em outras palavras, mesmo que certa dose de aprendizado tenha sido observada em ambas as condições experimentais, o ganho com o livro foi significativamente maior e mais generalizável do que o com o *tablet*.

Esses resultados não são surpreendentes. Há pelo menos um quarto de século sabemos que as crianças têm mais dificuldade para aprender, compreender, memorizar e generalizar conhecimento quando ele é transmitido por uma pessoa em vídeo, em comparação com uma pessoa em carne e osso.[42,146-147] O que é novo aqui é que o fenômeno persiste mesmo quando o *tablet* ou o *smartphone* servem apenas como suporte para uma interação verbal. Isso significa, no mínimo, que é mais difícil para uma criança pequena associar um objeto à sua imagem quando esta é apresentada em uma tela. Essa dificuldade pode estar relacionada ao poder recreativo das ferramentas digitais. De fato, foi estabelecido que quanto mais atraente um objeto é, mais dificuldade as crianças têm para entender que ele pode representar algo além de si mesmo.[148-149] Por exemplo, antes dos 3 anos, a imagem de um sofá é mais facilmente associada ao objeto real do que uma miniatura do mesmo sofá (especialmente se a criança puder manipulá-la). Esses dados sugerem que a tela torna mais difícil construir uma associação simbólica entre o objeto e sua imagem, porque ela mesma é um objeto de interesse, enquanto o livro é apenas um suporte de representação.[139]

Em resumo, mais uma vez, não se trata de ostracizar a tela. É melhor ler uma história para uma criança usando um livro eletrônico em um *tablet* ou *smartphone* do que não ler nada. No entanto, estudos mostram, de maneira confiável e consistente, que os livros impressos são menos distrativos e mais propícios a uma interação positiva. Como resume Ferris Jabr, jornalista da revista *Scientific American*, "a maior força do papel talvez seja sua simplicidade".[111]

Para resumir

Embora o livro seja agora considerado por muitos como algo arcaico e empoeirado, ele ainda é o meio de aprendizado mais adequado para o funcionamento cerebral. Sua estrutura linear e pré-organizada, além de sua capacidade de mobilizar a atenção, conferem-lhe uma vantagem significativa sobre as mídias de áudio ou vídeo e os formatos desconexos da internet, especialmente para a assimilação de conhecimentos complexos e exigentes. Essa vantagem é particularmente clara para os livros impressos, que minimizam os riscos de distrações externas e cuja unidade espacial facilita a construção de uma representação mental dos diferentes elementos do texto e suas relações, o que melhora a compreensão e a memorização dos conteúdos apresentados (especialmente, mais uma vez, se eles forem difíceis). O papel também otimiza os benefícios da leitura compartilhada, concentrando as interações adulto-criança não no funcionamento da tela utilizada (geralmente o *tablet*), mas no material verbal e narrativo do texto.

Isso não significa, é claro, que as fontes digitais devam ser banidas cegamente. Audiolivros, *podcasts* e vídeos educativos ainda são interessantes para conteúdos menos complexos e podem certamente ser usados como complemento à leitura. Além disso, é melhor para nossos filhos ouvirem audiolivros, assistirem a vídeos educativos ou lerem livros digitais do que passarem os anos mais decisivos de seu desenvolvimento na Netflix, no TikTok ou no videogame. Apesar de tudo, se tivermos de escolher, os livros impressos continuam sendo a opção mais eficaz para ligar o cérebro de uma criança. Como escreveu Umberto Eco, um grande erudito, "um livro é como a colher, o martelo, a roda ou a tesoura. Uma vez inventados, não podem ser aprimorados".[150]

QUINTA PARTE

MÚLTIPLOS E DURADOUROS BENEFÍCIOS

Por que ler? Para se tornar menos limitado, perder preconceitos, compreender. Por que ler? Para compreender aqueles que são limitados, têm preconceitos e gostam de não compreender.[1]

Charles Dantzig,
escritor e editor

Damien* é engenheiro da computação. Sua trajetória escolar é excelente. Ele sempre teve boas notas, "até mesmo em francês". No entanto, segundo suas próprias palavras, ele nunca abriu um livro. Naturalmente, ele folheou alguns clássicos "para a escola", mas só guarda uma lembrança distante (e geralmente bastante desagradável) desses livros. Ele se lembra de Primo Levi (mas esqueceu o título do livro que lhe foi pedido para ler) e *O estrangeiro* (aqui, é o nome do autor que lhe escapa). Ele também se lembra de *Bel-Ami* e *Madame Bovary*, embora não os tenha lido. Para esse tipo de *tijolos*, ele preferia confiar em resumos de leitura facilmente encontrados em várias editoras.**

Na prática, essa falta de investimento nunca o prejudicou. Cheio de ideias "progressistas", preocupado com ecologia, atento ao destino das minorias, nosso *millenial* se considera feliz e "não muito idiota". Sua ignorância literária não lhe causa nenhum vazio, e ele prefere, de longe, divertir-se jogando videogame a enfrentar Émile Zola. Ele conhece *Germinal*, assistiu ao filme em *streaming*. Para o restante, está "pouco se lixando". François Rabelais, Jack Kerouac, Rainer Maria Rilke, Marcel Proust ou Franz Kafka são para ele fantasmas estéreis e obsoletos.

A situação de Damien não é exceção, de acordo com os números relatados na primeira parte deste livro. É provavelmente isso que a torna tão interessante. Enquanto este livro afirma a importância da leitura pessoal, Damien e muitos de seus semelhantes afirmam categoricamente que ela não é de forma alguma necessária para alcançar uma trajetória escolar honrosa e desenvolver uma vida agradável, produtiva e próspera. Portanto, sim, é possível viver sem ler; isso é certo. Mas isso é o essencial? Porque, no fundo, pouco importa se a vida pode dispensar os livros; o que realmente importa é o custo

---

* O nome foi modificado.

** Os materiais disponíveis fornecem um resumo sucinto e uma análise pré-digerida de muitas obras clássicas. Isso permite que muitos estudantes tenham uma boa ideia do livro sem precisar ler o texto original (e também oferece, é verdade, àqueles que leram o texto a possibilidade de aprofundar seus conhecimentos).

dessa abstinência. Em outras palavras, perdemos algo fundamental quando renunciamos à leitura? Se sim, o que exatamente? E, se não perdemos nada, o tempo dedicado à leitura não deveria ser gasto em atividades mais proveitosas?

Esta parte aborda essas questões por meio de três capítulos principais, cada um avaliando um grande benefício da leitura pessoal. O primeiro aborda a dimensão intelectual (inteligência, linguagem etc.). O segundo trata das habilidades socioemocionais (empatia, compreensão dos outros etc.). O terceiro aborda o sucesso escolar e volta à ideia, bastante desagradável, de que não seria muito útil fazer as crianças lerem, sob o argumento de que a leitura depende principalmente, assim como a inteligência, de fatores genéticos imutáveis.

1 0

Construir o pensamento

Linguagem e conhecimento são dois pilares fundamentais do pensamento humano. E, como foi amplamente demonstrado nas seções anteriores, também são dois atributos elementares do livro. Este apresenta uma linguagem mais rica do que os universos orais e um formato mais adequado para a compreensão de conteúdos complexos do que os suportes digitais, sonoros e audiovisuais. Portanto, a leitura parece oferecer um solo não apenas propício, mas também insubstituível para a construção da linguagem, dos conhecimentos gerais e, em última instância, do pensamento. Isso é o que este capítulo se propõe a confirmar.

Aumentar a inteligência

Em primeiro lugar, a leitura torna nossas crianças mais inteligentes,[2-4] o que, admitamos, não é um feito insignificante. Para alcançar esse resultado, ela se concentra principalmente em aumentar uma parte do QI total que os especialistas chamam de QI verbal, ou, mais recentemente, de Índice de Compreensão Verbal (ICV).[5] Esses dois termos se referem, como já mencionamos, a uma mesma habilidade complexa que engloba as habilidades linguísticas do indivíduo, seu nível de cultura geral e sua capacidade de raciocínio (ou seja, sua habilidade de manipular os conhecimentos que possui para resolver problemas e/ou se comunicar).[6]

Há mais de 50 anos, sabemos, como discutiremos mais adiante, que o QI varia significativamente na maioria dos indivíduos durante a infância e a adolescência.[7-8] Em um estudo pioneiro, pesquisadores aproveitaram essa instabilidade para examinar justamente o impacto da leitura na inteligência.[9] Suas análises revelaram que as flutuações no QI verbal entre os 14 e os 18 anos se baseavam, em parte significativa, no desempenho de leitura apresentado pelos participantes no início do estudo (aos 14 anos). Esses resultados previam não apenas a evolução do QI verbal e de todos os seus fundamentos (raciocínio, vocabulário, conhecimento geral), mas também a dinâmica das adaptações cerebrais associadas. Essas observações foram generalizadas por outras pesquisas, que mostraram a existência de uma relação positiva e recíproca entre a leitura e o QI total.[10-11] Em outras palavras, quanto mais a criança lê, mais sua inteligência se expande; quanto mais sua inteligência se expande, mais a leitura se torna prazerosa; e quanto mais a leitura se torna prazerosa, mais a criança lê.

Embora não seja trivial, a influência benéfica da leitura no QI total (e não apenas no QI verbal) é bastante previsível. Isso, na verdade, confirma a contribuição essencial da linguagem para a inteligência humana.[12] Um fato que os testes de QI refletem com grande clareza. Em qualquer idade, o ICV está sempre fortemente ligado ao QI total. O coeficiente de correlação* entre essas duas medidas é de 0,86 aos 4 anos,[14] 0,85 aos 10 anos,[6] 0,86 aos 16 anos[15] e 0,87 aos 25 anos.[15] Concretamente, isso significa que, se conhecemos o ICV, podemos prever o QI total com grande precisão. Para demonstrar isso, podemos simular matematicamente uma correlação de 0,86 entre ICV e QI para uma grande população de

---

* O coeficiente de correlação permite medir a força da relação entre duas variáveis. Ele varia entre 0 (nenhuma relação entre as duas variáveis) e 1 (as duas variáveis são perfeitamente proporcionais). Valores superiores a 0,85 são representativos de uma relação forte.[13]

10 mil indivíduos. Podemos então calcular que, se João tem um ICV igual a x (por exemplo, 100), há quase cinco chances em 10 de que seu QI total esteja entre "x + 5 pontos" e "x - 5 pontos" (ou seja, entre 95 e 105, no nosso exemplo). Se ampliarmos a faixa, aumentaremos, obviamente, as chances de acertar. Portanto, para um ICV igual a x, há oito chances em 10 de que o QI total de João esteja entre "x + 10 pontos" e "x - 10 pontos" (ou seja, entre 90 e 110, no nosso exemplo).

Em resumo, a leitura aumenta a inteligência ao desenvolver nosso QI, especialmente em sua dimensão verbal. As próximas linhas têm como objetivo mostrar que essa contribuição do livro para a inteligência é única e (infelizmente) insubstituível. Em outras palavras, ou a criança lê ou se condena a nunca desenvolver todo o seu potencial intelectual.

Enriquecer a linguagem

Como mencionado anteriormente, para além de suas características mais comuns, a linguagem é sustentada pelos corpos escritos. Portanto, é bastante lógico que a leitura tenha um impacto significativo no desenvolvimento verbal. Isso se aplica a todos os campos, desde o vocabulário até a gramática, passando pela ortografia.

Um vocabulário mais rico

Nos últimos 50 anos, o campo lexical foi explorado de maneira particularmente profunda.[16-17] Um artigo recente resume os resultados obtidos: "Depois que as crianças aprendem a ler, a leitura se torna a principal fonte de enriquecimento do vocabulário".[18] No entanto, esse fenômeno não é fácil de detectar, devido à sua natureza acumulativa e gradual. Para apreciar plenamente sua importância, é preciso ter paciência. Nesse sentido, uma meta-análise de referência estabeleceu que o volume de leitura explicava 12%

das variações nas habilidades linguísticas orais entre os alunos da educação infantil, 13% nos primeiros cinco anos do ensino fundamental, 19% nos últimos quatro anos do ensino fundamental, 30% do ensino médio e 34% na universidade.[2] Esses resultados são consistentes com os de um estudo de longo prazo destinado a avaliar o desenvolvimento cognitivo de um grande grupo de crianças entre 10 e 16 anos.[19] As análises mostraram que um pré--adolescente que lia quase todos os dias aos 10 anos e continuava a ler livros e jornais pelo menos uma vez por semana aos 16 anos exibia, após levar em consideração suas habilidades lexicais precoces (aos 5 e aos 10 anos), um vocabulário 15% superior em comparação a um colega em condição socioeconômica semelhante, mas com baixa frequência de leitura ("quase nunca" aos 10 e 16 anos). A diferença está longe de ser negligenciável, considerando que o vocabulário médio de um aluno de último ano do ensino médio é estimado em 40 mil palavras.[*],[20-21] Esses "meros" 15% (ou seja, 6 mil termos) representam mais da metade da diferença observada entre os sujeitos de habilidades médias (cerca de 40 mil palavras) e avançadas (cerca de 50 mil palavras).[21] Isso também constitui um quarto do vocabulário dos indivíduos menos bem-dotados (que dominam cerca de 25 mil palavras) ou, alternativamente, um décimo das palavras contidas em um dicionário padrão como o *Le Petit Robert*;[22] um décimo que é ainda mais essencial porque envolve, em sua maior parte, as palavras menos comuns na língua; um décimo que, para dizer de outra forma, é explicado em 300 páginas tipografadas em caracteres muito pequenos.

Esses benefícios quantitativos, no entanto, não contam toda a história. O próprio *Le Petit Robert* orgulha-se de apresentar 60 mil palavras e 300 mil definições. Em outras palavras, cada entrada apresenta, em média, cinco significados mais ou menos próximos. Portanto, encontrar um mesmo termo em contextos diferentes permite enriquecer significativamente as representações lexicais. Com o

---

[*] O conceito de *palavra* é utilizado aqui no sentido restrito de *lema*. Ver a nota à p. 129.

tempo, as palavras deixam de ser apenas palavras simples e se tornam verdadeiras bases de dados que incorporam os diferentes significados do termo em questão, bem como suas ortografias (como "*clé*" e "*clef*", em francês) e suas pronúncias (por exemplo, *ananas*). Para dar conta dessa complexidade, os especialistas falam de "qualidade lexical".[24] Esta última mantém com a leitura uma relação recíproca: quanto maior o volume de prática, mais a qualidade lexical se aprimora; em contrapartida, quanto maior a qualidade lexical, mais eficaz é a leitura.[16] Tudo isso para dizer que as crianças que leem não apenas aumentam a amplitude de seu vocabulário como também aprimoram sua qualidade.

Dito isso, resta o problema da persistência dos déficits lexicais precoces. Os estudos confirmam, sem surpresa, que é fundamental cuidar das aquisições iniciais e intervir o mais maciçamente possível em casos de dificuldades. De fato, as habilidades de leitura medidas no início do ensino fundamental estão significativamente correlacionadas, por meio de sua influência positiva no volume de prática, com o nível de vocabulário registrado no ensino médio.[25-26] Isso não é uma surpresa. Quanto melhor a criança lê, mais ela lê, como vimos, e quanto mais ela lê, mais seu léxico se expande. Através desse mecanismo de reforço, tudo se estabelece, desde a mais tenra idade, para que as desigualdades aumentem e as forças destrutivas do efeito Mateus (processo já mencionado que descreve a tendência de indivíduos inicialmente mais bem dotados de ampliar sua vantagem ao longo do tempo)[27] se manifestem. A engrenagem opera em três níveis. Primeiro, como acabamos de destacar, os bons leitores leem mais, o que lhes permite acumular um repertório lexical mais vasto. Em segundo lugar, esse repertório mais vasto facilita as aprendizagens subsequentes de acordo com o princípio geral, já descrito, de que quanto mais palavras se conhece, mais fácil se torna adquirir novas. Em terceiro lugar, um domínio linguístico superior dá acesso a

---

* "[anana] como em "está" (registro formal), ou [ananas] como em "gás", com o s final pronunciado (registro comum)".[23] [Em português também encontramos as duas pronúncias: "ananá" e "ananás". Cf. Dicionário Houaiss (N.T.)]

conteúdos mais ricos e, portanto, intelectualmente mais "nutritivos". Várias pesquisas também confirmaram que as diferenças iniciais no vocabulário entre bons e maus leitores tendem a se aprofundar ano após ano.[28-29] Em outras palavras, ou a espiral negativa é interrompida desde o início, ou a criança tem grandes chances de carregar suas deficiências lexicais para sempre.

▸ Uma sintaxe mais elaborada

Além do vocabulário, a escrita também abriga um alto nível de complexidade gramatical. Como indicado em um capítulo anterior, os livros contêm frases significativamente mais longas e elaboradas do que seus equivalentes orais. Isso tem consequências para as habilidades linguísticas do leitor.[30] Um estudo mostrou, por exemplo, para grupos de estudantes dos ensinos fundamental, médio e universitário, que o volume de leitura pessoal previa a complexidade sintática das produções orais durante uma tarefa de descrição de imagens.[31] Resultado corroborado por outro estudo, que pediu a jovens adultos para avaliar a presença de irregularidades sintáticas em frases isoladas, formuladas oralmente.[32] Os grandes leitores se mostraram significativamente mais eficazes do que seus colegas menos assíduos.

Em outra pesquisa, um protocolo de ambiguidade gramatical foi utilizado.[33] Os participantes (adultos) ouviam uma declaração do tipo: "Ana e Liz foram ao karaokê. Ana impressionou Liz, porque ela é uma ótima cantora" ou "Ana e Liz foram ao karaokê. Ana idolatrou Liz, porque ela é uma ótima cantora". A tarefa consistia em resolver a incerteza sobre o pronome (ela) respondendo à pergunta: "Quem é uma ótima cantora?". De maneira implícita, mas relativamente clara, o verbo indicava a resposta correta (Ana, para o verbo "impressionar"; Liz, para o verbo "idolatrar"). A taxa de erros foi consideravelmente maior nos leitores menos frequentes (25%) em comparação com os mais frequentes (0%). Essas conclusões são compatíveis com os dados de uma pesquisa posterior realizada com uma população de crianças de 5 a 14 anos.[34] Em um primeiro momento, um vídeo era apresentado em uma tela. Ele mostrava o pesquisador sentado diante de uma mesa com uma fatia de pizza (no meio) e dois animais de pelúcia (um de cada lado). As crianças tinham de decidir quem era o "Ele" em afirmações do tipo "O Panda almoça com o Cachorro. Ele quer uma fatia de pizza". Conforme a literatura científica existente, os resultados revelaram um viés de escolha em direção ao "Panda", que desempenha o mesmo papel gramatical que "Ele" (sujeito). No entanto, essa tendência dependia do volume de leitura pessoal. O efeito foi particularmente visível quando o experimentador fazia a pergunta olhando para o "Cachorro". Nesse caso, o "Cachorro" era escolhido muito mais frequentemente pelos leitores menos ávidos (55%) do que pelos leitores ávidos (15%).

Esses dados, de maneira geral, claramente confirmam a existência de uma influência significativa do volume de leitura nas habilidades sintáticas e gramaticais da criança.

▸ Uma ortografia mais confiável

Resta a ortografia, que já discutimos amplamente. Ela mantém com a leitura uma relação íntima e recíproca. De um lado, é impossível ler eficientemente sem representações ortográficas competentes. De fato, exceto em casos especiais (palavras desconhecidas, neologismos etc.), o leitor experiente já não passa pelo processador fonológico (aquele que transforma os sinais em sons), mas por um caminho lexical capaz de associar a forma visual (ortográfica) das palavras com sua representação semântica. Por outro lado, o repertório ortográfico necessário para o funcionamento desse caminho lexical não pode ser estabelecido sem um volume significativo de leitura. Nesse sentido, em última análise, podemos dizer que aprender a decodificar é aprender a ortografia das palavras.

Consequentemente, quanto mais a criança lê, mais ela tem chances de adquirir uma ortografia eficaz.[2,35-37] A queda simultânea, ao longo dos últimos 35 anos, no desempenho em ditado e no tempo de leitura pessoal de nossos filhos é sintomática. Ela ilustra as observações convergentes de muitos estudos experimentais que mostram que o cérebro humano aprende inconscientemente a ortografia das palavras que encontra.[2,37] Uma pesquisa representativa pediu a alunos do segundo ano do ensino fundamental que lessem em voz alta 10 pequenas histórias de cerca de 200 palavras, cada uma contendo uma pseudopalavra inventada, repetida seis vezes (por exemplo: "Raipe é a cidade mais fria do mundo. As ruas estão sempre cobertas de neve. Mas, em Raipe, os habitantes são muito gentis").[38] Cinco textos foram lidos no primeiro dia do experimento; outros cinco, uma semana depois. Três dias depois de cada leitura, o conhecimento ortográfico das crianças foi avaliado de três maneiras. Primeiro, elas ouviam a pseudopalavra-alvo e eram encorajadas a identificá-la (por exemplo, "você se lembra do nome da cidade mais fria do mundo?") entre quatro formas escritas: (1) pseudopalavra-alvo (*Raipe*); (2) homófono (*Rèpe*); (3) alternativo (*Rupe*); (4) invertido (*Riape*). Depois, elas deveriam escrever a pseudopalavra-alvo. Por fim, elas foram convidadas a lê-la. Os resultados mostraram que a pseudopalavra-alvo foi identificada corretamente e escrita corretamente em 75% e 70% dos casos, respectivamente. Ela também foi lida mais rapidamente do que seu homófono (813 contra 854 milissegundos). De acordo com os autores, isso fornece "evidências sólidas de aprendizado ortográfico [...] em condições que simulam a autoaprendizagem que ocorre em contextos normais e cotidianos de leitura". Mas a história não termina aí. Os dados também mostraram que o nível de memorização era maior em crianças com um repertório ortográfico inicial mais amplo. Um precursor do efeito Mateus confirmado por outros estudos subsequentes.[2,39]

Esse último ponto não deveria surpreender ninguém. Ele é apenas mais uma ilustração do princípio geral de que "quanto mais sabemos, melhor aprendemos". O fenômeno é particularmente fácil de entender e ilustrar por meio do conceito de transferência. Como já dissemos, aprender a decodificar é, antes de tudo, aprender a extrair as regularidades ortográficas da língua. Uma vez adquiridas, essas regularidades restringem as possibilidades (ou seja, especificam cadeias de caracteres frequentes, raros ou não utilizados) e, ao fazer isso, aumentam consideravelmente a probabilidade de escrever corretamente palavras novas ou desconhecidas. Alunos franceses do primeiro ano do ensino fundamental, aos quais se peça que escolham a palavra mais plausível entre duas pseudopalavras, selecionam com mais frequência (82%) os itens que incluam uma consoante dupla na posição média (o que é comum; por exemplo, *burror*) do que final (o que nunca ocorre; por exemplo, *bumorr*).[40] Da mesma forma, eles preferem (86%) os pares de letras comuns (*bummor*) em relação aos impossíveis (*bukkor*). Outras regularidades, mais sutis, levam mais tempo para emergir. O som /o/, por exemplo, é mais frequentemente escrito como *au* do que *o* quando está entre um *f* e um *t* (como em *défaut*), mas mais frequentemente *o* do que *au* entre um *b* e um *t* (como em *sabot*). Com base nisso, os pesquisadores pediram a alunos de diferentes idades para transcreverem pseudopalavras que incorporavam essas peculiaridades.[40] Os resultados mostraram que o uso de *o*, preferido no início, permaneceu estável ao longo do tempo nas situações "*o* mais frequente que *au*" (cerca de 80%). Por outro lado, tendia a diminuir lentamente nas situações "*au* mais frequente que *o*" (de 76% no primeiro ano para 53% no quinto ano, e 24% no último ano do ensino médio).

Essas observações claramente confirmam que o cérebro é capaz de generalizar suas aquisições ortográficas implicitamente adquiridas para novos termos. Isso é corroborado por vários estudos recentes.[41-44] Em um deles, alunos de segundo e quarto anos do ensino fundamental foram convidados a ler oito pequenas histórias (cerca de 60 palavras cada), descrevendo uma nova invenção, designada por uma pseudopalavra repetida quatro vezes (como *lurb*).[45] Três dias depois da leitura, eles foram submetidos a dois testes complementares. Primeiro, reconhecer o nome da invenção entre quatro possibilidades ordenadas aleatoriamente (por exemplo, *lerb, lurn, lurb, lern*). Em segundo lugar, identificar a grafia correta entre duas listas de quatro novos termos, construídos adicionando aos termos básicos um sufixo destinado a indicar uma ocupação (por exemplo, *lerbador, lurnebador, lurbebador, lernebador*) ou termos sem significado comum (por exemplo, *lerble, lurnle, lurble, lernle*). Os resultados mostraram que as crianças escolhiam com muito mais frequência a grafia "correta" (*lurb, lurbebador, lurble*), independentemente de sua idade e da condição experimental (as taxas de respostas corretas oscilavam entre 40% e 50%; percentagens muito maiores do que os 25% previstos pelo acaso[*]), evidência não apenas de aprendizado, mas também de generalização.

Todos esses dados também são compatíveis com as observações de um estudo de longo prazo, já mencionado anteriormente e destinado a avaliar o desenvolvimento cognitivo de um grande grupo de crianças entre 10 e 16 anos.[19] Quando atingiram essa última idade, os participantes foram submetidos a um teste ortográfico que consistia em determinar, para cada item de uma lista de 200 palavras, se ele estava escrito corretamente ou não. As análises mostraram que um adolescente que lia quase todos os dias no quinto ano e continuava a ler livros e jornais pelo menos uma vez por semana aos 16 anos apresentava, após considerar o desempenho ortográfico registrado aos 10 anos, resultados superiores de quase 10% em comparação com um colega em condição socioeconômica semelhante, mas leitor menos frequente ("quase nunca" aos 10 e 16 anos).

De todas essas pesquisas, emerge claramente que a leitura pessoal apoia o desenvolvimento das habilidades ortográficas. Ao dizê-lo, não estamos negando o impacto positivo, solidamente estabelecido nessa área, do ensino formal na escola.[46] Estamos apenas dizendo que a leitura "por prazer" pode ser um caminho de aprendizado adicional, eficaz e indolor. Como Stephen Krashen, professor de educação da Universidade da Califórnia, disse há alguns anos, "ensinamos vocabulário e ortografia, assim como o resto da língua, com dificuldade. Mesmo que fosse demonstrado que a aprendizagem consciente é tão boa quanto a aquisição implícita, ou até duas vezes mais eficaz, eu ainda preferiria uma abordagem inteligível: uma hora de leitura prazerosa é, de longe, melhor do que 30 minutos de exercícios repetitivos".[36] Na verdade, talvez possamos simplesmente concordar

---

[*] Os testes exigiam a escolha de uma palavra entre quatro, o que equivale a uma chance em quatro de acertar "por acaso", ou seja, 25%.

que as duas abordagens têm seu lugar, mas que a via das aquisições sistemáticas se torna menos crucial à medida que o caminho da leitura pessoal é generosamente explorado. Duas meta-análises também mostraram recentemente que intervenções sistemáticas destinadas a melhorar as habilidades ortográficas[46] e as habilidades de leitura,[47] independentemente da série (do ensino fundamental ao ensino médio), têm impactos positivos comparáveis nas habilidades ortográficas (com uma leve vantagem para a leitura!).

▸ Habilidades narrativas aprimoradas na fala e na escrita

"Dadas as circunstâncias excepcionais, pedimos que adiem o envio dos manuscritos."[48] Foi essa a mensagem divulgada pela Editora Gallimard durante a epidemia de covid-19, na primavera de 2021. A Editora Seuil foi mais brincalhona, por intermédio de uma de suas editoras, Laure Belloeuvre. Segundo ela, "agora que todo mundo sabe como usar um computador para escrever, vemos pessoas que escrevem, mas sentimos que elas não leem".[48] Em outras palavras, antes de querer escrever, seria melhor garantir uma longa e intensa familiaridade com a leitura. No fundo, pensando bem, a sugestão parece quase trivial. Como vimos, mesmo que deixemos de lado a questão do conhecimento geral, a escrita é uma linguagem distinta, impregnada de especificidades lexicais, sintáticas e ortográficas. Esperar que possamos aprender a "falar por escrito" praticando a linguagem oral é quase tão inteligente quanto jogar bocha para se preparar para a maratona de Paris. Esse ponto foi bem abordado pelo diretor e roteirista Steven Spielberg em um breve discurso durante a cerimônia do Oscar de 1987. Ele declarou na época: "O cinema foi a literatura da minha vida. A literatura da geração de Irving Thalberg* era constituída por livros e peças de teatro. Essa geração lia as grandes palavras dos grandes pensadores. E eu acho que, em

---

* Produtor norte-americano dos primórdios do cinema cujo nome hoje está associado a um prêmio concedido pela Academia do Oscar.

nosso amor pela tecnologia e em nossa empolgação em explorar todas as possibilidades do filme e do vídeo, perdemos parcialmente algo que agora precisamos reconquistar. Acho que é hora de nos reconectarmos com a palavra. Sou tão culpado quanto qualquer outro por ter exaltado a imagem em detrimento da palavra. Mas apenas uma geração de leitores produzirá uma geração de escritores".[49]

Várias pesquisas confirmam a existência de correlações substanciais entre o desempenho em leitura e a escrita dos alunos, independentemente da idade e da área considerada (vocabulário, ortografia, sintaxe etc.).[50-54] Como mostram duas meta-análises recentes, a relação funciona nos dois sentidos.[55] Por um lado, os trabalhos de escrita têm um efeito benéfico na compreensão e na velocidade de processamento de um texto (por meio, para esse último ponto, da melhoria das representações ortográficas).[56] Em crianças pequenas, também se observa uma influência facilitadora na aquisição das letras e na consciência fonêmica.[57] Por outro lado, a leitura apoia firmemente, ao longo de toda a escolaridade, o desenvolvimento das habilidades de escrita. Em parte, esse efeito se deve ao fortalecimento das representações ortográficas; já falamos sobre isso. Mas isso não é tudo. Desde o início do ensino fundamental, os bons leitores também produzem textos mais estruturados e bem escritos do que seus colegas menos proficientes.[53,58-59] Além disso, quando intervenções experimentais são implementadas para aumentar as habilidades e/ou o volume de leitura dos alunos, a qualidade das produções escritas melhora significativamente, independentemente da idade, incluindo melhorias em elementos lexicais, sintáticos e narrativos.[47] Um resultado recentemente estendido ao uso de pontuação e maiúsculas em alunos de quarto ano do ensino fundamental;[58] o que não surpreende e confirma que a leitura melhora globalmente o domínio das convenções escritas. Em termos quantitativos, sem dúvida é interessante destacar que a via que vai da leitura para a escrita parece exercer, para além das primeiras idades, o efeito mais potente, o que, em termos claros, "sugere que a influência da leitura nos fatores de escrita é relativamente mais importante do que a influência da escrita nos fatores de leitura".[53] Resumindo, quanto mais se lê, melhor se escreve.

À luz dessas observações, parece difícil não nos perguntarmos sobre as produções orais. Afinal, as habilidades necessárias para contar uma história, explicar um acontecimento e descrever um fenômeno têm pouca chance de ser totalmente diferentes na escrita e na fala.[60-61] Além disso, várias pesquisas demonstraram o impacto do volume de leitura nas habilidades narrativas orais. Um estudo mencionado anteriormente mostrou, por exemplo, para grupos de alunos dos ensinos fundamental, médio e universitário, que a riqueza sintática das declarações produzidas era maior entre os leitores ávidos.[31] Outras pesquisas, realizadas com alunos de 9 a 12 anos em uma tarefa de descrição de imagens, estenderam essa observação para a coerência geral da narrativa (precisão das informações, seleção da ideia principal, organização dos elementos etc.).[54,62] Outro estudo generalizou essa observação para crianças de 3-4 anos em creches.[63] No início do estudo, as creches receberam um grande estoque de livros, a equipe recebeu 10 horas de treinamento em leitura compartilhada e as habilidades narrativas das crianças foram testadas usando um protocolo clássico de contar uma história a partir de um livro de imagens. Após oito meses, os participantes apresentaram declarações mais completas e estruturadas do que aquelas de um grupo de controle que não recebeu a intervenção.

Em resumo, todos esses dados indicam que a leitura pessoal melhora significativamente a qualidade das produções escritas e orais de nossas crianças. Em outras palavras, crianças que leem escrevem e falam melhor do que seus colegas menos assíduos. Um ponto bem resumido pelo escritor norte-americano Stephen King, com sua usual mordacidade: "Quanto mais você lê, menos você corre o risco de fazer papel de bobo com sua caneta ou seu processador de texto".[64]

▸ *O efeito ficcional*

Como explicado na primeira parte deste livro, a maioria das pesquisas destinadas a avaliar as práticas de leitura das jovens gerações considera o assunto em seu sentido mais amplo: livros, quadrinhos, revistas, mangás, blogs... Qualquer forma de escrita parece capaz de criar "leitores". Em si, essa abordagem não é desonesta. Ela apenas segue a definição do dicionário: "Leitor: pessoa que lê por si mesma uma obra, um texto".[65] No entanto, embora não seja desonesta, ela é potencialmente enganosa, por sua capacidade de sugerir que todos os documentos são equivalentes. Isso não é verdade. Quando eu ousei dizê-lo à responsável pela seção de literatura juvenil da biblioteca do meu bairro, ganhei imediatamente o título (cito) de "fascista [...], elitista e desconcertante". O tolerante medíocre em geral não se preocupa com sutilezas. Portanto, para evitar mal-entendidos, vamos esclarecer que aqui não se trata de hierarquizar as práticas culturais e, mais especificamente, as práticas de leitura. Cada um explora seus espaços de lazer como quiser (ou puder). O que está em jogo, aqui, é o potencial desenvolvimental das escolhas feitas.[66] Nesse sentido, sou o primeiro a lamentar, nem tudo se equivale. Algumas práticas não têm influência no desenvolvimento intelectual; outras têm um impacto negativo; outras, por outro lado, são benéficas. Nessas situações, as teses relativistas atuais podem satisfazer os ideais igualitários do politicamente correto, mas, em sua essência, elas são máquinas implacáveis de produção de desigualdades. De fato, aqui está um ponto de tensão importante entre as realidades neurocientíficas e as teses do sociólogo Pierre Bourdieu.[67] As classes dominantes não se reproduzem porque impõem um código cultural arbitrário à instituição escolar. Elas se reproduzem porque suas práticas educacionais são, de longe, as mais favoráveis para a construção cognitiva, emocional e social da criança.[68]

A leitura oferece um exemplo impressionante disso. Por quase 40 anos, muitos estudos compararam as contribuições relativas de livros, quadrinhos, jornais e revistas para a construção da linguagem. Os resultados são surpreendentemente coerentes. Os livros, principalmente os de ficção, têm um impacto fortemente positivo e unânime no desenvolvimento do vocabulário, da ortografia e das habilidades de leitura,[19,69-77] com ganhos ainda maiores para os sujeitos inicialmente mais habilidosos.[78] A influência dos jornais oscila entre "benéfica"[19,72,74] e "sem efeito".[69-71,75-77] A ação das revistas e dos quadrinhos varia entre "nula"[69-72,75-77] e "prejudicial".[19,73-74,78] Um estudo recente, conduzido com base nas avaliações de leitura do programa PISA, ilustra essas tendências.[72] Ele revela quatro resultados essenciais. Primeiro, as revistas e os quadrinhos não têm nenhum efeito sobre o desempenho dos alunos. Em segundo lugar, os jornais têm um impacto modesto, mas significativo: a diferença de desempenho entre um leitor ávido (várias vezes por semana) e um leitor ocasional (nunca ou quase nunca) é de seis pontos, o que equivale, por exemplo, à diferença de habilidade observada entre os estudantes franceses (493) e noruegueses (499).[79] Em terceiro lugar, os livros não ficcionais (ensaios, biografias, relatos históricos etc.) trazem benefícios medianos: a diferença entre um grande leitor e um pequeno leitor é de 15 pontos, o que equivale à diferença de habilidade observada entre estudantes norte-americanos (505) e finlandeses (520). Em quarto lugar, os livros de ficção trazem ganhos substanciais: a diferença entre um grande leitor e um pequeno leitor é de 26 pontos, o que equivale à diferença observada entre a Estônia (523), o país da OCDE e da União Europeia com melhor desempenho, e Singapura (549), um membro representativo dos estados asiáticos que lideram o *ranking* PISA.

Evidentemente, esses dados não permitem concluir sobre a total ausência de influência de revistas e histórias em quadrinhos. Apenas a leitura e a linguagem são aqui levadas em conta. No entanto, é óbvio que não encontramos as mesmas quantidades e qualidades narrativas em alguns balões de *Astérix* ou em um artigo ilustrado da *Paris Match* que em um capítulo de romance. No entanto, é incontestável que as revistas e as histórias em quadrinhos são potenciais suportes de reflexão e transmissão.[80-82] O papel das imagens e das ilustrações foi particularmente bem documentado; embora, infelizmente, a maioria das pesquisas tenha se concentrado, nessa área, em conteúdos de risco. Foi demonstrado, por exemplo, que revistas para adolescentes e/ou de moda distorcem a percepção das normas corporais em direção a uma magreza excessiva para as mulheres e a uma musculatura exagerada para os homens; resultando, em última análise, em um risco aumentado de sofrimento psicológico, depressão e distúrbios alimentares.[83] De forma mais positiva, também é frequentemente sugerido que o interesse dos jovens por quadrinhos ou certas revistas poderia servir como trampolim para o livro.[84] No entanto, pesquisas mostram que a ligação entre a leitura de revistas, quadrinhos e livros é tênue.[69,72,77] De fato, para além de alguns relatos anedóticos,[84] até o momento nenhum estudo parece validar a ideia de que revistas e quadrinhos estabelecem uma passagem tangível para o livro. Mas é provável que isso seja verdade para algumas crianças.

Restam a internet e a surpreendente indulgência coletiva (familiar, midiática, institucional etc.) que continuamos a demonstrar. Certamente, dizem-nos, o livro está morrendo, mas a leitura está florescendo. Inúmeras são as incriminações decorosas contra os sombrios declinistas: "Os jovens não estão parando de ler";[85] "Dizer que os 'jovens leem menos do que antes' não faz mais sentido na era da internet";[86] e também "Como podemos falar sobre uma crise de leitura, ou mesmo uma ruptura com a civilização escrita, quando nunca lemos tanto?".[87] Tudo isso torna o mundo muito misterioso. Na verdade, se nossos filhos são realmente os maiores leitores que a Terra já viu, onde eles estão escondendo seu gênio literário?[88] Como explicar que seu desempenho não esteja superando as expectativas, sabendo que volume e habilidade estão, em matéria de leitura, intimamente relacionados, como discutiremos em detalhes no último capítulo?[89] Pior ainda, como dar conta da impressionante queda de competências registrada nos últimos 20 anos? Dois mecanismos, potencialmente complementares, ajudam a elucidar esse hiato. Em primeiro lugar, nesse mundo digital supostamente propício, o tempo dedicado pelas novas gerações à leitura de livros, uma prática que acabamos de ver ser a mais propícia para alimentar a linguagem, é quantitativamente insignificante (nos adolescentes, 0,1 hora por dia é dedicada aos livros eletrônicos; em comparação com quatro horas para filmes, séries, vídeos e jogos; uma diferença de 40 vezes!).[90] Em segundo lugar, como quadrinhos e revistas, os usos digitais mais comuns não têm impacto positivo na proficiência linguística, mesmo que incluam conteúdo escrito. Muitos estudos mostram que o uso de redes sociais (como Facebook ou TikTok), blogs (sobre esportes ou moda, por exemplo), sites (como Vogue ou Wikipedia) e aplicativos de chat ou mensagens instantâneas (como WhatsApp ou Telegram) tem um efeito, na melhor das hipóteses, nulo[73,76-78] e, na pior, deletério[69,77,91] sobre as habilidades de leitura. Uma incapacidade que confirma o forte impacto negativo das telas recreativas no desenvolvimento da linguagem[92] e reflete a relativa pobreza das formas verbais usadas na web e especialmente nas redes sociais.[77]

Enfim, os livros, especialmente os de ficção, são de longe o meio mais eficaz de alimentar a linguagem e as habilidades de leitura dos alunos, independentemente de sua idade. Os jornais também têm um efeito modestamente positivo. Por outro lado, revistas, quadrinhos, blogs, sites da internet, sistemas de mensagens e redes sociais exercem uma influência nula ou até negativa. Isso não significa que as crianças devam ser privadas de histórias em quadrinhos e revistas. Significa apenas que esses conteúdos não devem ser exclusivos. De fato, os dados aqui apresentados mostram que, se o cérebro da criança não se deparar com livros suficientes, especialmente de ficção, seu desenvolvimento linguístico e sua capacidade de aprender a ler serão grandemente comprometidos.

▸ *Sem livros, não há linguagem evoluída*

Como foi demonstrado na segunda parte, há muito mais riqueza linguística nos *corpus* escritos do que nos espaços orais mais comuns. Isso significa que estes últimos permitem estabelecer algumas bases lexicais e gramaticais fundamentais, especialmente em crianças pequenas,[93-94] mas não muito mais que isso. Para adquirir mais do que o comum, a criança deve se voltar para a escrita, primeiro na forma de leitura compartilhada e depois através de sua prática pessoal. Não se trata de uma opção, mas de uma obrigação. A única escolha, na verdade, é decidir se o esforço vale a pena ou não. Se admitirmos que sim, a leitura se torna a única alternativa possível; e especialmente, como acabamos de destacar, a leitura de livros. Podemos lamentar a obrigação, mas isso não muda nada; é como lamentar que a água molha.

Entre o quarto ano do ensino fundamental e o último ano do ensino médio, os alunos acumulam em média 3 mil palavras* por ano, ou seja, um pouco menos de 10 por dia.[20] Isso é enorme! Os itens simples e comuns são adquiridos primeiro. Depois vêm as palavras menos comuns, concentradas principalmente nos universos escritos. Uma das magias da leitura é que ela permite adquirir muitas dessas palavras de forma "incidental", ou seja, sem esforço ou projeto consciente.[95-96] A criança lê e, sem perceber, gradualmente incorpora todo tipo de riqueza lexical e sintática. Ela aprende, de certa forma, a contragosto, por meio de um mecanismo que a ajuda a adivinhar o significado de novas palavras com base no contexto e a refinar progressivamente sua interpretação à medida que as encontra novamente; discutimos isso na segunda parte. O problema é que o rendimento desse mecanismo é relativamente modesto. De fato, em diferentes faixas etárias, níveis de dificuldade textual e habilidades de leitura, foi estabelecido que a probabilidade de adquirir "incidentalmente" uma palavra desconhecida era, em média, de uma em 20.[20,97] Em outras palavras, toda vez que o cérebro encontra 100 palavras novas, ele pode esperar memorizar cinco. À primeira vista, isso parece insignificante, mas, quando considerado em relação às centenas de milhares de termos encontrados a cada ano por um leitor ávido (ver a tabela à p. 311), isso rapidamente leva a ganhos significativos.

Tomemos a coleção *Harry Potter*.** Seus diferentes volumes geralmente são recomendados a partir dos 8-9 anos. No entanto, uma análise da linguagem utilizada sugere que eles são um pouco

---

* Mais uma vez, o conceito de *palavra* é utilizado no sentido restrito de *lema*. Ver a nota da p. 129.

** Os dados a seguir se baseiam na versão original em inglês (devido à falta de dados equivalentes para a versão em francês e em português).

exigentes para a maioria das crianças dessa idade.* Apenas 5% das crianças mais avançadas possuem as habilidades necessárias para enfrentá-los sem muita dificuldade; o que significa que eles dominam cerca de 98% do vocabulário utilizado,** ou seja, as 6 mil palavras mais comuns.[101] A uma taxa de 20 minutos diários, a uma velocidade de leitura de 210 palavras por minuto,[102] esses sortudos consumirão o 1,12 milhão de termos dos sete volumes da série[101] em menos de nove meses. Eles encontrarão então 22.400 palavras desconhecidas (2%), das quais aprenderão 1.120 (5%). Isso significa quatro palavras novas incidentalmente assimiladas por dia. É claro que esse exemplo pode ser extrapolado para além do caso específico de *Harry Potter*. Foi estimado que uma criança encontra entre 16 mil e 24 mil palavras desconhecidas para cada milhão de palavras lidas (cerca de 2%), ou seja, uma aquisição incidental de 800 a 1.200 palavras.[97] Isso está longe de ser insignificante em comparação com as 3 mil palavras adquiridas, em média, a cada ano, por nossos filhos desde o meio do ensino fundamental até o final do ensino médio.[20]

A escola, é claro, pode tentar compensar o impacto socialmente diferenciado da leitura, desenvolvendo programas de instrução intensiva. Infelizmente, a abordagem não é muito eficaz. Como já foi observado para crianças pré-leitoras na pré-escola e no início do ensino fundamental (primeiro ano, segundo ano), a influência global desse ensino formal em testes padronizados de vocabulário e compreensão varia entre "modesta" e "indetectável".[103-106] Mesmo os estudos mais promissores não conseguem ultrapassar o limite de 300 a 400 palavras adquiridas por ano;[20,103] ou seja, duas a quatro vezes menos do que o proporcionado por 20 minutos de leitura

---

* A constatação se baseia na utilização de uma escala de medida padrão de complexidade: o "*lexile*". Esse parâmetro leva em consideração as dificuldades lexicais e sintáticas do texto. A ferramenta foi criada para auxiliar os professores a escolherem obras adequadas à idade de seus alunos. Os livros de *Harry Potter* apresentam *lexiles* (superiores a 880 L)[98] muito elevados para 95% dos alunos de quarto ano do ensino fundamental.[100]

** Ver a p. 136 e seguintes.

diária. Esses dados são compatíveis com as conclusões de um artigo recente que sugere que o rendimento da leitura pessoal é de duas a seis vezes maior do que o dos programas de instrução formal.[107]

Nada disso significa, é claro, que os protocolos clássicos de instrução lexical sejam inúteis, especialmente para os alunos com mais dificuldades ou para a transmissão de repertórios especializados (botânica, anatomia, arquitetura etc.), ausentes das obras comuns.[103] Isso significa que a leitura pessoal é um meio não apenas privilegiado, mas também insubstituível para alimentar as habilidades linguísticas de nossos filhos.[95,97] E também revela que, para a linguagem em geral, não técnica ou especializada, é provavelmente mais eficaz dedicar o tempo escolar disponível a fazer os alunos lerem do que a lhes ensinar listas tediosas de palavras. Como Anne Castles e seus colegas das universidades de Sydney e Oxford resumem em um artigo de referência, "os professores podem tentar expor as crianças o máximo possível à escrita durante as aulas e deveres de casa, mas o que eles podem alcançar será minúsculo em comparação com a exposição que as crianças podem obter por si próprias em sua leitura independente".[18]

Acumular conhecimento

Como vimos, um dos delírios pedagógicos mais persistentes é a ideia de que nossas crianças não precisam mais de conhecimento, porque esse conhecimento está agora disponível na web em "15 milissegundos".[108] Dizer isso é quase tão inteligente quanto afirmar que o vocabulário é inútil, porque todas as definições estão disponíveis em um clique. Portanto, sem voltar a todos os elementos previamente desenvolvidos, permitam-me reafirmar aqui, para que as coisas fiquem claras, que é absolutamente impossível debater, ler, refletir ou, de forma mais ampla, ter uma vida intelectual rica sem um sólido repertório de conhecimentos gerais. Ao prender nossas crianças à tola doutrina do "*Google it* em 15 milissegundos", estamos apenas esterilizando sua inteligência, pois estamos impedindo tanto o pensamento quanto a compreensão.

Uma vez admitido esse ponto, surge uma primeira questão fundamental: como definir "cultura geral"? Esse conceito, infelizmente, está bastante associado a suas supostas conotações elitistas. Esse é um obstáculo que a presente discussão gostaria de evitar, dando a esse conceito e a seus análogos (conhecimentos e saberes, de base ou de fundo etc.) uma definição tão inclusiva quanto possível. A cultura geral em questão aqui não é arrogante nem pretensiosa. Ela abrange, em sentido amplo, todo o conhecimento sem o qual o indivíduo não pode pensar eficazmente sobre o mundo e assumir sua responsabilidade cidadã; o que, evidentemente, cria uma lista bastante longa: história, geografia, filosofia, música, pintura, cinema, literatura, geopolítica, esportes, religião, economia etc. Daí a segunda pergunta: como desenvolver um conjunto tão extenso de saberes heterogêneos? Como no caso do vocabulário, a resposta é trivial e sem magia. Ela se baseia na paciência e no poder incomparável de lentos processos cumulativos. Pequenos ganhos repetidos ao longo dos dias, semanas, meses, anos e décadas acabam gerando tesouros colossais. E, nesse jogo de passo a passo, o livro não tem equivalente. Para quem está disposto a dedicar 20 a 30 minutos diários, ele permite acumular, além de milhões de palavras, uma ampla provisão de conhecimentos diversos. De fato, qualquer que seja a sua natureza (ficcional ou informativa), os livros cobrem uma enorme variedade de tópicos e, ao fazê-lo, fornecem um vasto reservatório de conhecimentos diversos. Naturalmente, o processo de aquisição também opera em sentido contrário. Quanto mais a criança lê, mais sua cultura geral aumenta, e quanto mais sua cultura geral aumenta, mais ela se torna capaz de enfrentar enunciados variados e exigentes, capazes de enriquecer sua cultura geral.

No âmbito científico, o impacto da leitura em nosso estoque de conhecimentos foi solidamente demonstrado.[57,109] Um estudo recente estabeleceu, por exemplo, que o volume de leitura explicava a maior parte das variações no nível de cultura geral dentro de uma população de alunos do primeiro ano do ensino médio, após levar em consideração as capacidades intelectuais desses alunos.[26] Resultados semelhantes foram encontrados em outra pesquisa feita com um grupo de estudantes.[110] Nesse trabalho, o efeito da televisão também foi medido. Mostrou-se estatisticamente nulo, ao contrário da ideia de que o consumo audiovisual aumentaria o conhecimento que as crianças têm do mundo.[111] No entanto, é interessante considerar algumas perguntas gerais feitas aos estudantes, de nacionalidade norte-americana, vale a pena ressaltar. Para fins de análise, o grupo foi dividido em dois grupos de tamanho equivalente (um composto pelos leitores mais ávidos, o outro, pelos menos ávidos). Uma questão dizia respeito ao número de judeus e muçulmanos na população mundial. Os leitores mais ávidos foram duas vezes mais numerosos (50%) do que seus colegas menos assíduos (25%) em considerar, com razão, que havia mais muçulmanos. Outra pergunta: em que país se fala latim? Além da resposta correta (nenhum país, o latim é uma língua morta), respostas como Roma ou o Vaticano também foram consideradas corretas. Os leitores mais ávidos ofereceram quatro vezes mais respostas corretas (40%) do que seus colegas menos engajados (10%). Outra pergunta ainda: qual país foi o principal aliado da Alemanha nazista em 1944 (lembrando que estamos falando de estudantes norte-americanos!). Apenas 30% dos leitores mais ávidos nomearam o Japão; três vezes mais do que a taxa de 10% registrada nos leitores menos comprometidos (ou seja, uma alarmante taxa de ignorância de 90%!). Deve-se observar que, para cada uma dessas perguntas, análises específicas foram realizadas para estabelecer que a superioridade dos leitores estava ligada ao volume da prática de leitura, e não a diferenças nas capacidades intelectuais. Também é importante observar que esses exemplos, embora esclarecedores, dão apenas uma vaga ideia da natureza das diferenças observadas e do fato de que elas não se referem apenas a conhecimentos supostamente elitistas ou acadêmicos. As questões abordadas no teste cobriam um campo extremamente amplo, e muitas delas estavam enraizadas na realidade. Assim, como os autores escrevem: "Os leitores mais ávidos da pesquisa – independentemente de suas habilidades gerais – sabiam mais sobre o funcionamento de um carburador, eram mais propensos a saber que a vitamina C está presente em frutas cítricas, sabiam mais sobre como as taxas de empréstimos para carros afetam os reembolsos, eram mais propensos a conhecer seus senadores, sabiam mais sobre cozinhar em grelha, eram mais propensos a saber o que é um acidente vascular cerebral, eram mais propensos a saber o que é uma indústria de capital intensivo* e eram mais propensos a saber com quem os Estados Unidos lutaram durante a Segunda Guerra Mundial".[110] Uma diversidade que ilustra bem o amplo espectro de ação dos livros sobre a cultura geral e que adere fielmente à definição ampla dada anteriormente a esse último conceito. Podemos observar, para completar, que resultados semelhantes foram obtidos com populações de alunos do ensino fundamental[112] e adultos idosos.[113]

Em resumo, todas essas evidências demonstram inequivocamente o impacto positivo da leitura no desenvolvimento dos conhecimentos gerais. Essa ligação é observada em todas as idades, desde o quarto ano do ensino fundamental até depois da aposentadoria.

Estimular a criatividade

Dado o que foi dito sobre os conhecimentos gerais, a presente seção quase se torna um truísmo. De fato, a criatividade não surge do nada. Ela depende dos estoques de conhecimentos de fundo e emerge essencialmente da transformação e da recombinação desses conhecimentos.[114-116] "A criatividade", dizia Steve Jobs, icônico fundador e presidente da marca Apple, já falecido, "consiste apenas em conectar as coisas. Quando você pergunta às pessoas criativas como elas fizeram uma coisa, elas se sentem um pouco culpadas, porque não a fizeram de fato, apenas viram algo. [...] Muitas pessoas em nossa área não tiveram experiências diversas. Portanto, elas não têm pontos suficientes para conectar e acabam oferecendo soluções muito lineares, sem ter uma visão abrangente do problema".[117] Uma definição surpreendentemente compatível com as conclusões de

---

* O que frequentemente é chamado em francês de "indústria pesada", ou seja, uma indústria que requer investimentos financeiros muito significativos para funcionar (metalurgia, fábricas de papel etc.).

vários trabalhos científicos que mostram a existência de uma ligação significativa entre o nível de conhecimento geral de um indivíduo e suas capacidades criativas.[118-121] Mesmo que a formulação seja um pouco mais formal, os pesquisadores não estão dizendo nada diferente de Steve Jobs. "Os criadores", destaca um artigo recente, "recorrem a seu repertório de conhecimentos e depois manipulam as ideias obtidas com suas capacidades de raciocínio [...]. Isso sugere que esforços para aumentar o conhecimento do indivíduo levarão a níveis aumentados de pensamento criativo".[121]

Na prática, a maioria dos estudos mede a criatividade por meio de testes quantitativos, sendo o mais conhecido o chamado teste de Torrance.[122] Para os pesquisadores, o objetivo é avaliar a capacidade dos participantes de produzir respostas originais (ou seja, estatisticamente raras), eficientes (ou seja, capazes de resolver o problema apresentado) e surpreendentes (mesmo que esse último critério raramente seja formulado de forma explícita).[123-125] As tarefas sempre são mais ou menos as mesmas. Algumas são não verbais. O participante é convidado, por exemplo, a completar um desenho rudimentar ou a produzir uma figura complexa usando um número limitado de formas geométricas predefinidas. Outras tarefas são verbais. O participante deve, por exemplo, mencionar os usos possíveis (principalmente os divergentes) de um objeto comum (sapato, chave etc.); imaginar uma história (ou perguntas) a partir de um desenho; ou propor maneiras de tornar os brinquedos familiares mais divertidos (como um urso de pelúcia).

Quando todos os dados disponíveis são considerados em sua totalidade, não é surpreendente identificarmos uma relação significativa entre leitura e criatividade.[54,126-128] Vimos que o volume de leitura aumenta a extensão dos conhecimentos de fundo, conhecimentos que, por sua vez, favorecem a expressão criativa. Uma realidade bem resumida por François-Xavier Bellamy, professor de filosofia: "É lendo o que outros escreveram que podemos desenvolver um pensamento novo".[129] Mas esse fator cultural não explica tudo. Para compreender plenamente a contribuição da leitura, também é necessário falar sobre a ação diferenciada de suportes verbais e audiovisuais na imaginação.[111]

Um ponto enfatizado claramente por Henry Piéron no início dos anos 1950. Em seu *Vocabulaire de la psychologie* [Vocabulário da psicologia], esse professor do Collège de France escreveu: "Imaginação: processo de pensamento que consiste em evocar imagens mnemônicas (imaginação reprodutiva) ou em construir imagens (imaginação criativa)".[130] Isso significa que nosso cérebro pode reativar imagens que lhe foram trazidas de fora ou criar suas próprias imagens a partir de um processo criativo interiorizado. Por exemplo, quando leio o primeiro volume de *Harry Potter*,[131] minha mente deve construir por si mesma uma representação do contexto, dos personagens e das situações. Isso permite que ela se projete livremente no texto e seja, ou melhor, finja ser, Harry ou Hermione. Com o filme homônimo, a situação é diferente.[132] As imagens oferecem uma representação precisa e personificada dos elementos do romance. Não há mais nada a criar, portanto, é muito mais difícil, para o espectador, mobilizar sua imaginação.[133] Isso levou o psicanalista Bruno Bettelheim, há 60 anos, a afirmar que "a televisão captura a mente, mas não a liberta. Um bom livro imediatamente liberta e estimula a mente".[134] Uma afirmação hoje validada por diversos estudos comparativos que pediram a alunos do ensino fundamental para imaginar uma continuação para histórias ou uma solução para problemas concretos apresentados na forma escrita, sonora ou audiovisual. Os formatos estritamente linguísticos (áudio, livro) geraram, em relação aos seus equivalentes audiovisuais, declarações mais novas, variadas, criativas e afastadas do conteúdo original.[111,135]

Enfim, esses elementos demonstram que os livros têm um impacto positivo sobre a criatividade, por um lado aumentando o repertório de conhecimentos gerais e por outro permitindo uma maior liberdade imaginativa em comparação com os formatos audiovisuais.

Para resumir

A partir de todos esses elementos, fica claro que a leitura torna as crianças mais inteligentes, mais cultas, mais criativas, mais aptas a se comunicar, a estruturar seu pensamento e a organizar suas declarações. Esses benefícios são observados tanto na escrita quanto na fala. Em outras palavras, a leitura não apenas melhora significativamente as habilidades de redação de seus adeptos. Ela também aprimora suas capacidades de expressão oral clara e organizada.

No entanto, existem limites, e nem todos os conteúdos textuais se equivalem. Os impactos mais profundos são observados em relação aos livros, especialmente os livros de ficção. Isso não significa que jornais, quadrinhos ou revistas devam ser excluídos. Significa apenas que esses suportes não podem constituir a totalidade do regime de leitura da criança. Ler livros é essencial. Esse ponto está notavelmente bem estabelecido em relação à linguagem. Uma criança que não lê livros está irrevogavelmente condenada à superficialidade das elocuções comuns. Ela nunca poderá construir os pilares lexicais, sintáticos e ortográficos das linguagens avançadas, tão necessários para o funcionamento ideal do pensamento. Isso nos leva de volta ao ponto central deste capítulo: ou a criança lê, e lê muito, ou ela terá de se contentar com uma linguagem empobrecida e uma inteligência parcialmente mutilada.

11

Desenvolver habilidades emocionais e sociais

Ainda que a contribuição da leitura para o desenvolvimento intelectual seja a mais visível e estudada, ela não é a única. Muitos estudos mostram que a literatura e, mais amplamente, as obras de ficção também enriquecem o desenvolvimento socioemocional.[136-141] Em uma análise inicial, esse conceito pode ser definido como "uma habilidade geral de identificar e compreender nossos próprios estados internos, bem como os dos outros, incluindo emoções, pensamentos, desejos e motivações; e de adotar de maneira flexível o comportamento mais apropriado para responder, de forma adaptada, a interações interpessoais singulares".[141] Alguns preferem falar de *cognição social* enquanto capacidade individual de "se compreender e compreender os outros a fim de se coordenar com o ambiente social".[142] Outros preferem a noção de *inteligência emocional*, interpretada como "a capacidade de compreender e gerenciar suas emoções, de estabelecer relacionamentos com os outros, de se adaptar a diferentes situações, de lidar com problemas pessoais e interpessoais e de enfrentar os desafios da vida cotidiana".[141] No entanto, essas divergências semânticas não mudam muito a interpretação global dos dados: a leitura melhora nossa capacidade de interagir com nossos mundos internos e externos.

Viver mil vidas

Os pesquisadores só começaram a se interessar pelos impactos socioemocionais da leitura recentemente.[137,143] O assunto, sem dúvida, parecia um tanto "vago" para os puristas do dogma científico. No entanto, nos últimos 20 anos, a relutância diminuiu, e os estudos se multiplicaram. Os resultados obtidos, que vamos discutir amplamente, muitas vezes surpreenderam seus autores... mas não os escritores. Há mais de um século, Marcel Proust já havia, para dar apenas um exemplo, estabelecido as bases dos trabalhos atuais. Em *No caminho de Swann*, ele escreveu: "Um ser real, por mais profundamente que simpatizemos com ele, em grande parte é percebido pelos nossos sentidos, ou seja, permanece opaco para nós, representa um peso morto que nossa sensibilidade não pode erguer. Se um infortúnio o atinge, é apenas em uma pequena parte da noção total que temos dele que podemos ser comovidos; e mais ainda, é apenas em uma parte da noção total que ele tem de si mesmo que ele mesmo poderá ser comovido. O achado do romancista foi ter tido a ideia de substituir essas partes impenetráveis à alma por uma quantidade igual de partes imateriais, ou seja, que nossa alma pode assimilar. Desde esse momento, já não importa que as ações e emoções desses indivíduos de uma nova espécie nos apareçam como verdadeiras, visto que as fizemos nossas".[144] Em outras palavras, como o expressa de maneira um pouco diferente Margaret Atwood, autora de *O conto da aia*, "ler um livro é certamente a experiência mais íntima que podemos ter do que se passa na mente de outro ser humano".[145] Uma intimidade, continua Proust, que "desencadeia em nós durante uma hora todas as venturas e todas as desgraças possíveis, algumas das quais levaríamos anos para conhecer na vida".[144]

Nisso se concentra todo o poder da literatura. Ela oferece um acesso direto à psique humana. Ela nos leva ao cerne dos sentimentos, emoções e dos pensamentos dos outros. Graças a ela, toda a mecânica reflexiva, emocional e decisória dos personagens pode ser desnudada. Ao longo das páginas, o leitor literalmente entra na mente de Emma Bovary, Julien Sorel, Raskólnikov, Werther, Giovani

Drogo, Guy Montag, Meursault ou do velho Santiago.* Todo o percurso mental dessas almas atormentadas, todas as angústias de seus questionamentos, todas as dificuldades de suas introspecções e, por fim, todos os fundamentos psíquicos de seus atos são oferecidos à compreensão e à empatia do leitor. Por meio dos livros, o leitor experimenta uma miríade de vidas, graças às quais, imperceptivelmente, ele consegue ampliar e iluminar a sua própria. Jemeljan Hakemulder, um dos primeiros pesquisadores a abordar seriamente a questão, sugeriu que a literatura era uma espécie de "laboratório moral" que permitia ao leitor explorar sem prejuízo todo tipo de situações sociais mais ou menos espinhosas do mundo real.[146] Os neurocientistas generalizaram essa ideia através do conceito de "simulação social".[136-137] Da mesma forma, afirma Keith Oatley, professor de psicologia cognitiva na Universidade de Toronto, assim como alguns treinam suas habilidades de pilotagem em simuladores de voo, outros aprimoram suas habilidades sociais lendo obras de ficção, de modo que estas últimas poderiam ser vistas como "o simulador de voo da mente".[137] Essa hipótese é corroborada por vários estudos que mostram uma sobreposição significativa dos circuitos cerebrais envolvidos na avaliação de situações sociais quando elas são experimentadas na realidade ou sentidas literariamente.[147-148] Um trabalho recente é particularmente relevante nesse sentido. Ele estabelece que os leitores mais ávidos de obras de ficção apresentam melhor desempenho socioemocional, devido ao funcionamento otimizado das redes neurais envolvidas; confirmando que a ficção melhora as habilidades socioemocionais "por meio de sua influência nas bases neurais da simulação social".[149] Uma realidade que Mark Bauerlein, professor de inglês na Universidade Emory, expressa de maneira elegante, a partir de sua posição de leitor. Ele escreve: "Você lê o significado da palavra traição em um dicionário e entende. Você lê um caso de traição em um romance

---

* Personagens de, respectivamente: *Madame Bovary* (Flaubert), *O vermelho e o negro* (Stendhal), *Crime e castigo* (Dostoiévski), *Os sofrimentos do jovem Werther* (Goethe), *O deserto dos tártaros* (Buzzati), *Fahrenheit 451* (Bradbury), *O estrangeiro* (Camus), *O velho e o mar* (Hemingway).

que relata os atos, pensamentos e emoções do traidor e do traído, e você não apenas entende a traição – você a experimenta".[88] Um ponto amplamente desenvolvido por Jacqueline de Romilly, acadêmica, professora do Collège de France, em um magnífico trabalho, intitulado *Le Trésor des savoirs oubliés* [O tesouro de conhecimentos esquecidos].[150] "O aluno", ela nos diz, "que tiver assistido a suas aulas, mesmo que modestamente, terá acrescentado à lembrança dos contos que encantavam sua infância toda a herança da experiência humana. Ele terá conquistado um império com Alexandre ou Napoleão, terá perdido uma filha com Victor Hugo, terá lutado sozinho nos mares como Ulisses ou como Conrad, terá vivido o amor, a revolta, o exílio, a glória. Em termos de experiência, não é nada mau! [...] A literatura nos permite ser, ao mesmo tempo ou sucessivamente, o assassino e sua vítima, o rei dos palácios resplandecentes ou o pobre que morre de fome, e assim conhecer todas as emoções de civilizações hoje desaparecidas, ser escravo, praticar sacrifícios, adorar divindades com formas e vontades para nós inacreditáveis. Ela nos permite ser homem ou mulher, criança ou idoso, e de todas essas situações renascem vozes que falam conosco em uma espécie de confidência universal".

Para quem se interessa pelo cérebro, essas observações não são surpreendentes. Como destacado no final da segunda parte, termos portadores de emoção não permanecem prisioneiros das redes neurais da linguagem por muito tempo. Assim que "reconhecidos", eles ativam as regiões cerebrais que respondem quando as emoções provocadas pela leitura são fisicamente sentidas. Por exemplo, palavras como "verme" ou "vômito" ativam as áreas ditas "do nojo", que, "na vida real", reagem quando o cérebro está exposto a estímulos repugnantes (como vômito ou vermes) ou a expressões faciais de nojo.[151-152] O mesmo vale para o campo sensorial. Termos com um forte conteúdo auditivo (campainha, telefone etc.), olfativo (canela, cânfora etc.) ou gustativo (sal, mel etc.) ativam as regiões cerebrais relacionadas ao processamento de sons,[153] cheiros[154] e gostos.[155] O mesmo acontece no âmbito motor. Quando um texto descreve um personagem manipulando um objeto, as áreas neurais da preensão [capacidade de (se) agarrar (a) algo] são ativadas, como se o objeto estivesse sendo manipulado na realidade.[156]

Em grande parte, esses elementos explicam a capacidade sem igual dos conteúdos literários de nos levar às profundezas da alma humana. Nenhum outro meio permite que o indivíduo seja e experimente tanto o que ele não é: uma pessoa adúltera, um assassino atormentado pela consciência, um cínico ambicioso, um heroico pescador idoso etc. Mais uma vez, o meio determina estruturalmente a mensagem.[157] Isso é ainda mais verdadeiro porque as produções audiovisuais não apenas provocam um empobrecimento da linguagem, como vimos. Devido ao seu formato, elas também empobrecem a complexidade das histórias e dos personagens.[158] Na tela, os heróis costumam exibir perfis psicológicos menos densos e profundos, porque o suporte cinematográfico não permite (ou permite apenas com dificuldade) dissecar as engrenagens íntimas do pensamento. O espectador vê os personagens agirem, intui suas motivações, mas ele não pode, ao contrário do leitor, entrar em suas mentes. Não se trata de um julgamento de valor ou de um rebaixamento, mas da constatação de uma diferença que uma famosa citação de Stephen King resume com clareza. Para esse autor de sucesso, que viu muitos de seus *best-sellers* adaptados para o cinema, "livros e filmes são como maçãs e laranjas. Os dois são frutas, mas cada um tem um gosto completamente diferente".[64] Se você quer que alguém apreenda concretamente o horror dos campos de concentração, um filme de cinco minutos será mais eficaz do que um texto de 200 páginas.[158] Mas, se você deseja que essa mesma pessoa compreenda e sinta o que se desenrolou no curto e no longo prazo na psique das vítimas (ou dos algozes), se você quer que ela penetre organicamente na etiologia mental dos comportamentos observáveis, então o livro não tem igual. Em consonância com essa ideia, foi demonstrado que os textos de ficção continham o dobro de descrições emocionais complexas* (desespero, alívio, ansiedade, irritação, orgulho, interesse etc.) do que as conversas orais retiradas de amplos *corpus* televisuais e radiofônicos.[159]

---

* Em oposição às emoções ditas simples ou básicas (alegria, medo, raiva, nojo, tristeza, surpresa).

Para aqueles que duvidam dessa afirmação, uma experiência é fácil de realizar. Pegue um livro, leia-o e depois assista à sua versão filmada. Fiz isso muitas vezes com minha filha. A diferença sempre se revelou marcante e de acordo com as pesquisas disponíveis.[158] Nossa última tentativa foi com o primeiro volume da série *Jogos vorazes*.[160] A história é bastante simples: 24 adolescentes entre 12 e 17 anos são selecionados por sorteio e enviados para lutar até a morte em uma vasta área florestal. No final, deve sobrar apenas um. O filme baseado no livro,[161] já mais longo do que a média, comprime em duas horas e 22 minutos um texto de 412 páginas, que um bom leitor levará mais de oito horas para concluir.* Isso significa que o resultado final reduz drasticamente o conteúdo original. Muitos personagens secundários, estruturais no romance, desaparecem, enquanto uma série de elementos contextuais são omitidos ou abreviados. Quanto às personalidades, a coisa não é muito melhor. O romance em si, nesse aspecto, é relativamente superficial, mas ainda assim significativamente mais rico do que o filme. Em muitos lugares, o texto nos leva para dentro da mente da heroína para enfatizar suas dúvidas, suas contradições e, no fim das contas, suas complexidades. Essa profundidade desaparece da versão cinematográfica.** Isso não significa que esta seja chata ou sem interesse. Isso confirma apenas que, em comparação com a versão escrita, ela apresenta uma história reduzida e personagens simplificados.

Em resumo, tudo isso nos leva a concluir que a literatura é uma interface privilegiada de aprendizado socioemocional, porque permite descrições psicológicas e contextuais notavelmente detalhadas. Nenhum outro meio permite expor tão minuciosamente os pensamentos dos outros. Graças aos livros, o leitor literalmente penetra na mente de personagens cujas mecânicas reflexivas e emocionais

---

* Estimativa baseada no livro em áudio (tempo de leitura: 11h39; audible.fr), segundo um cálculo explicitado na nota de rodapé da p. 47.

** O filme (o primeiro da tetralogia) foi um enorme sucesso comercial, com ganhos estimados em cerca de 700 milhões de dólares.[162]

lhe são abertamente reveladas. Essa explicitação permite colocar-se no lugar do outro e, ao fazer isso, como estabelece a próxima seção, melhorar a compreensão que temos de nossos semelhantes.

Compreender os outros

Nos últimos 20 anos, muitos estudos se interessaram pelo impacto da leitura na empatia, sendo esse conceito definido como o processo interiorizado que permite a cada um reconhecer e compartilhar, diante de uma dada situação, o estado cognitivo (a maneira de ver e analisar a situação) e/ou afetivo (a reação emocional à situação) de outra pessoa.[163] Em adultos e adolescentes, esse traço de personalidade é tipicamente medido a partir de questionários individuais.[139] O Índice de Reatividade Interpessoal é o mais conhecido.[163-164] Ele se baseia em uma escala de cinco pontos* (1: "não me descreve de forma alguma"; 5: "me descreve totalmente") e compreende 28 perguntas reunidas em quatro blocos, cada um medindo um aspecto diferente do sentimento empático: (1) sentir preocupação e compaixão pelos outros (por exemplo, "eu me descreveria como uma pessoa de coração sensível, bastante compassiva"); (2) suportar sentimentos de ansiedade e desconforto diante da angústia dos outros (por exemplo, "em situações de emergência, eu fico preocupado(a) e desconfortável"); (3) adotar espontaneamente o ponto de vista psicológico de outra pessoa (por exemplo, "antes de criticar alguém, tento imaginar como me sentiria se estivesse no lugar dele(a)"); (4) identificar-se com os sentimentos e as ações dos personagens de livros, filmes ou peças de teatro (por exemplo, "eu realmente me envolvo com os sentimentos dos personagens de um romance"). Em crianças pequenas (digamos, da pré-escola e do fim do primário), as ferramentas são mais heterogêneas. Algumas pesquisas utilizam questionários

---

* A versão francesa utiliza uma escala de 1 a 7. As perguntas aqui apresentadas em exemplo foram retiradas dessa versão.

simplificados (por exemplo, "sinto pena das crianças que não têm as coisas que eu tenho")[165] ou direcionados aos pais (por exemplo, "meu filho muitas vezes sente pena daqueles que têm menos que ele").[166] Outros trabalhos usam bonequinhos com diferentes expressões faciais, para as quais os participantes devem encontrar uma origem (por exemplo, "o que faz com que a boneca se sinta assim [com raiva, feliz, triste ou assustada]?").[167] Outros estudos ainda se baseiam em desenhos, histórias curtas ou vídeos concisos, nos quais as crianças devem captar o conteúdo emocional (por exemplo, "[em um vídeo] três crianças adentram furtivamente um jardim à noite para entrar em uma casa velha. As escadas rangem, uma sombra ameaçadora aparece e as crianças fogem. Você sentiu alguma coisa? Esse sentimento foi 'fraco' ou 'forte'?").[168]

De forma geral, independentemente da idade e do tipo de teste, os dados experimentais mostram uma ligação significativa entre o volume de leitura pessoal e as habilidades empáticas.[140-141] O fenômeno é visível desde a primeira infância, como mencionado brevemente no capítulo 7. Existe nos livros infantis uma concentração significativa de termos (feliz, triste, sentir, esperar, querer, assustar) e descrições ("ela pôde ver que ele estava com medo") socioemocionais.[169] Uma em cada três frases os contém, o que torna o estado mental dos personagens um tópico de interação frequente entre o pai ou a mãe que lê a história e os filhos.[170] A frequência de enunciados socioemocionais emitidos durante a leitura compartilhada está associada a uma habilidade empática mais pronunciada em crianças da pré-escola[171] e da creche (18-30 meses).[172] Um resultado compatível com outras pesquisas que mostraram que crianças de 4-5 anos mais expostas à leitura compartilhada tinham melhores habilidades empáticas.[173] Observações semelhantes foram relatadas para indivíduos mais velhos, como alunos do ensino fundamental,[174] nesse caso destacando-se também os efeitos positivos de alguns programas escolares de médio prazo (pelo menos oito semanas) dedicados à leitura/discussão de textos de ficção.[175-177]

A todos esses dados é preciso acrescentar uma ampla coleção de estudos realizados com populações de estudantes universitários e adultos. Em conjunto, esses estudos confirmam, como estabelece uma meta-análise recente, a influência positiva do volume de leitura acumulado ao longo da vida sobre o grau de empatia.[140] Embora a ligação surja independentemente do tipo de obra, ela é mais forte e geral para textos de ficção do que para textos de não ficção. De acordo com os autores, "pode ser que os processos mais emocionais da empatia estejam mais fortemente ligados à leitura de obras de ficção, enquanto os processos mais cognitivos estão associados a práticas de leitura mais diversificadas". No entanto, a hipótese não é unânime. De fato, os maiores consumidores de livros de não ficção também são os maiores consumidores de livros de ficção. Quando essa ligação é considerada, apenas os romances permanecem significativamente associados à empatia.[178] A questão ainda permanece em aberto, e a única coisa que pode ser quase certa neste estágio é que a exposição contínua a obras de ficção literária fortalece a empatia.

Poderíamos temer que as correlações observadas fossem "inversas", ou seja, relacionadas ao fato de que personalidades naturalmente mais sociáveis e empáticas são mais atraídas por livros de ficção. As pesquisas não validam essa suposição. Primeiro, a causalidade inversa não explica o impacto positivo dos programas escolares de leitura compartilhada (em que o professor lê histórias para os alunos) na capacidade empática dos jovens participantes.[175-177] Além disso, a relação entre o volume de leitura pessoal e a empatia persiste após a consideração de outros critérios, como idade, gênero, inteligência, nível de isolamento social, grau de exposição a obras de não ficção e certos traços críticos de personalidade (especialmente aqueles relacionados ao consumo de obras de ficção).[178-179] Em outras palavras, nem o temperamento, nem as características sociais, nem as habilidades intelectuais do leitor explicam os dados, o que permite concluir que a causalidade opera, pelo menos em parte, da leitura em direção à empatia. Essa constatação foi recentemente ampliada, por meio de uma extensa meta-análise, às capacidades socioemocionais consideradas em sua totalidade.[139]

Nesse sentido, é claro que os pesquisadores não se limitaram a estudar a empatia. Outras funções foram exploradas, embora em menor grau, mas sempre com resultados iguais ou quase iguais: a exposição à escrita melhora nossas habilidades de relacionamento. Foi demonstrado, por exemplo, que leitores de obras de ficção têm, em todas as idades, uma melhor "teoria da mente",[140-141,143] ou seja, uma melhor capacidade de "adivinhar o que outra pessoa está pensando" (esse último termo sendo considerado em seu sentido mais amplo – intenções, crenças, desejos, emoções etc.).[137] Mais uma vez, tudo começa nas fases iniciais do desenvolvimento. Crianças da pré-escola cujos pais reconhecem o maior número de autores de literatura infantil em uma lista padrão demonstram melhor desempenho em várias tarefas de teoria da mente, como entender que outras pessoas podem ter crenças diferentes* ou que alguém pode esconder intencionalmente suas emoções.**,[180] Várias pesquisas confirmaram e generalizaram essa observação, mostrando que o impacto positivo da leitura compartilhada na teoria da mente refletia a exposição da criança a um amplo repertório emocional (feliz, irritado, alegre, sobrecarregado, pensar, querer, esperar, imaginar, acreditar, desejar etc.);[181-182] repertório que, como vimos, está presente em toda a literatura infantil.[169] Uma pesquisa de longo prazo, em particular, estabeleceu que o uso de verbos relacionados a emoções quando a criança tinha 3 anos previa o desempenho alcançado 24 meses depois em tarefas de teoria da mente comparáveis às mencionadas anteriormente.[181]

---

* Uma menina pequena (representada por uma boneca) procura seu gato. É mostrada à criança uma imagem na qual uma garagem e arbustos estão desenhados. Em seguida, perguntamos à criança onde o gato está escondido, antes de explicar que a menina pensa o oposto ("a garagem" se a criança disse "os arbustos" e vice-versa). Então, perguntamos à criança (o que a obriga a mudar seu ponto de vista) onde a menina irá procurar o gato.

** A criança tem diante de si três rostos expressando diferentes emoções (feliz, triste e neutro). Em seguida, ele ouve a história de um menino muito triste, porque uma menina mais velha o ridiculariza no pátio da escola. Não querendo que os outros alunos zombem dele, o menino se recusa a mostrar que está triste, então ele esconde suas emoções. A criança deve indicar, usando os três rostos, como o menino se sente por dentro (triste) e que expressão facial ele demonstra por fora (neutra ou sorridente).

Efeitos benéficos semelhantes são encontrados, sem surpresa, em populações mais velhas, incluindo estudantes universitários e adultos.[140] A abordagem mais comum consistiu em mostrar aos participantes uma foto dos olhos de uma pessoa e, em seguida, pedir-lhes que determinassem, entre quatro possibilidades, o estado emocional representado (por exemplo, "pensativo, irritado, excitado, hostil" ou "com ciúmes, em pânico, arrogante, com raiva").[183] O volume de leitura acumulado ao longo da vida provou ser um fator de previsão significativo do nível de desempenho nesse teste, ou seja, da capacidade de um indivíduo em reconhecer as emoções dos outros.[184-187] Mais uma vez, foi estabelecido que o efeito estava relacionado à forte concentração de descrições emocionais complexas em livros de ficção.[159]

À luz desses dados, é bastante tentador sugerir que, ao nos permitir uma melhor compreensão da psique dos outros, a literatura também nos oferece a oportunidade de compreender melhor nossos próprios sentimentos pessoais. A ideia é bastante simples: ao observar os personagens dos livros (ou ao se identificar com eles), os leitores decifram mais facilmente seus próprios comportamentos, pensamentos e emoções; munidos dessa compreensão, eles podem enfrentar e/ou prevenir mais facilmente as dificuldades reais da vida. Estabelecer esse ponto não é fácil, e provas experimentais sólidas lamentavelmente fazem falta nessa área. As evidências mais sólidas dizem respeito ao uso de obras de ficção como suporte para discussões, especialmente em crianças, sobre tópicos difíceis como luto, deficiência, assédio, racismo, pobreza, solidão etc.[188-190] Uma abordagem cujo impacto positivo também foi observado em adultos e adolescentes, particularmente no campo da ansiedade e da depressão.[191-192] Mas, no caso geral da leitura pessoal, como destaca um artigo médico recente, tudo o que temos são os testemunhos dos leitores.[193] Segundo os autores do artigo, "talvez nunca possamos coletar o tipo de dados quantitativos que os cientistas exigem, mas séculos de testemunhos de leitores falam muito àqueles dispostos a lhes dar ouvidos".[193] Enfim, não temos provas irrefutáveis, mas indícios significativos!

Entender o inaceitável

Esses estudos mostram, portanto, que a literatura nos ajuda a perceber e sentir o mundo a nosso redor através dos olhos dos outros. Não importa se o protagonista é homem, mulher, bonito, feio, inteligente, estúpido, rico ou pobre... a leitura nos permite, por um tempo, vestir sua pele. Naturalmente, algumas obras escondem estereótipos odiosos e ideias abjetas. É por isso que devemos estar atentos ao que as crianças leem e, especialmente (!), à necessidade de capacitá-las para que possam se defender rapidamente. Almas nobres hoje pedem a retirada ou a reescrita de livros que consideram intoleráveis.[194-195] Ray Bradbury foi um dos primeiros a denunciar essa ideia, fazendo um de seus personagens em *Fahrenheit 451* dizer: "Os negros não gostam de *Little Black Sambo*. Queime-o. Os brancos não se sentem bem em relação à *Cabana do pai Tomás*. Queime-o. Alguém escreveu um livro sobre o fumo e o câncer de pulmão? As pessoas que fumam lamentam? Queimemos o livro. [...] Queimemos tudo. O fogo é brilhante. O fogo é limpo".[196] Muitas vozes seguem hoje a mesma linha de Bradbury, argumentando que conteúdos "problemáticos" também são conteúdos didáticos. Em 2021, por exemplo, Nashae Jones, autora e professora afro-americana, insurgiu-se contra a reescrita e/ou a proibição de certos livros infantis considerados racistas.[197] Em um artigo intitulado "Sou negra, mãe e professora, e permito que meus filhos leiam livros racistas", ela enfatizou que era "irresponsável como pai ignorar [esses] livros. [...] O racismo", ela argumentou, "não desaparece quando fechamos os olhos e fingimos que ele não existe. Devemos fornecer às nossas crianças as ferramentas adequadas para identificá-lo e combatê-lo". Ela se dedicou, então, a compartilhar com seus filhos os textos mais questionáveis. Fiz o mesmo com minha filha. Nós lemos, por exemplo, todos os livros da série *Martine* antes de eles serem simplificados e expurgados de seus estereótipos sexistas.[198] É através desses trabalhos (e de muitos outros) que a criança pode, em parte, adquirir as ferramentas que mais tarde a capacitarão a identificar e enfrentar o que é odioso (racismo, homofobia, antissemitismo, sexismo etc.). Em consonância com essa constatação, um estudo demonstrou, em uma grande população de estudantes, que a leitura de um maior número de livros de ficção estava associada a uma diminuição dos estereótipos de gênero e a uma representação mais igualitária dos papéis de gênero.[199] Um resultado compatível com as conclusões de outra pesquisa sobre atitudes discriminatórias em relação a minorias.[200] Como escreve Jacqueline de Romilly, "infinita em seu escopo, a literatura também é diversificada pelo espírito que domina cada autor. [...] Isso desenvolve, queira-se ou não, o sentimento dessa diversidade e, consequentemente, a tolerância".[150]

Dito isso, a literatura felizmente não é composta apenas de inaceitáveis. Ela é constituída sobretudo de contrastes e diversidade. É isso que permite ao leitor, como enfatizamos amplamente, compreender de dentro para fora uma variedade de vidas, valores e sentimentos diferentes que podem por vezes perturbar, chocar ou confortar. Desse misturador psicológico, a mente emerge mais empática e atenta aos outros. No entanto, essas características fundamentais parecem estar diminuindo entre as novas gerações. Duas meta-análises mostraram, no período de 1980 a 2010, entre populações estudantis, uma dinâmica conjunta de aumento do narcisismo (definido como uma admiração exagerada por si mesmo)[201] e diminuição da empatia (entendida como a capacidade de se identificar com os outros).[202] Em relação a esta última, o efeito foi observado em dois níveis: a tendência de sentir compaixão pelos outros e a capacidade de adotar seu ponto de vista psicológico. Para esses critérios centrais do Índice de Reatividade Interpessoal, a queda foi superior a 10%. Quanto ao narcisismo, uma característica negativamente correlacionada com a empatia,[203] a evolução foi mais significativa, com uma mudança média de quase 20% ao longo de 30 anos. O item de autossuficiência, definido como a habilidade de prescindir dos outros, foi particularmente afetado. Claro, a diminuição da leitura não pode, por si só, explicar essas mudanças. Outras causas possíveis também foram propostas (aumento das interações virtuais online, aumento da autopromoção nas redes sociais, exacerbação dos valores de competição e individualismo etc.).[202] No entanto, parece claro, considerando os resultados detalhados até aqui, que um severo déficit de leitura, como o observado entre as novas gerações, não pode deixar de ter efeitos nas habilidades socioemocionais de nossas crianças. As evoluções descritas anteriormente fornecem uma triste ilustração.

Para resumir

Todos esses elementos destacam que a leitura nos torna melhores, por sua capacidade de enriquecer todos os aspectos fundamentais do nosso funcionamento socioemocional. Nenhum outro suporte nos permite dissecar e penetrar com tanta perspicácia a psique dos outros. Mais uma vez, as obras de ficção desempenham um papel crucial. Elas são verdadeiros "simuladores sociais", que permitem ao leitor ser, por um tempo, o que ele não é e nunca será. Através dos livros, a mente não apenas se coloca no lugar do outro; ela pode literalmente se tornar o outro, o que, de romance em romance, permite que ela experimente intimamente, como se fossem suas, as emoções, os pensamentos e as dificuldades de uma grande variedade de personagens distintos. Essa pluralidade tem influências profundas em nossa capacidade de entender nossos semelhantes, de um ponto de vista emocional (empatia) ou intelectual (teoria da mente).

1 2

Construir o futuro

A leitura é como a matemática, a inteligência e o sucesso escolar. Quando uma criança parece mostrar sinais de dificuldade ou relutância, muitos pais dizem que ela "não tem o dom", que aquilo "não é para ela", que o caçula "não consegue, embora tenha sido criado exatamente como a irmã, que adora ler" etc. Este capítulo aborda essas crenças em três grandes seções. A primeira mostra que devemos desconfiar muito dos números frequentemente citados para afirmar que as habilidades de leitura, os resultados escolares ou a inteligência são de 60% a 70% "hereditários". Os genes não são fixos; sua ação depende das características do ambiente. Um DNA "comum" em um mundo estimulante oferecerá resultados muito mais significativos do que um DNA "genial" em um ambiente amorfo. O que nos leva à segunda seção, que busca estabelecer que é o volume de prática, muito mais do que o DNA, que prevê a longo prazo as habilidades de leitura da criança. Uma constatação que a terceira seção torna particularmente crucial, ao destacar o papel essencial desempenhado pelas habilidades de leitura no sucesso escolar.

A leitura não é hereditária

Como dissemos, de novo e de novo, talvez até demais, correndo o risco de ofuscar o que está relacionado ao prazer, a leitura é uma cúmplice exigente. Ela faz cara feia para a indolência e só oferece sua generosidade à perseverança. Como escreveu o romancista haitiano Émile Ollivier, ela é "uma felicidade que precisa ser merecida".[204] Para aqueles que persistem, os frutos são generosos. Uma afirmação apoiada por dezenas de estudos que indicam que o primeiro benefício da leitura está relaciona-do à... leitura. Em outras palavras, quanto mais uma criança lê, melhor ela lê.[57,89,205] O ponto parece trivial. Infelizmente, ele não é. Nos últimos 20 anos, essa realidade tem sido regularmente questionada, sob o pretexto de que não é a leitura que faz o leitor, mas sim o genoma, definido como o conjunto do patrimônio hereditário do indivíduo. Vários artigos recentes afirmam, por exemplo, que "os pais e a escola têm pouca influência no sucesso das crianças",[206] que "a maneira como as crianças são criadas é menos importante do que você pensa"[207] ou que "o impacto do DNA é muito negligenciado, e nem a educação nem a qualidade do ensino recebido são tão importantes assim";[208] o que, de forma explícita, sugere que não vale a pena gastar somas exorbitantes para educar imbecis genéticos, de todo modo irrecuperáveis. A ideia não é nova.[209] Já nos disseram isso há um século para jus-tificar as desigualdades sociais, sob a alegação de que os pobres eram inerentemente prejudicados.[210] Mais recentemente, foi a vez de as "mulheres",[211-212] as "raças inferiores"[213] e os "negros"[214] enfrentarem esse tipo de obscenidades. Dizem que a história é apenas um eterno recomeço. Vista o passado com os trajes da modernidade, adicione algumas pipetas, microscópios e testes de sequenciamento de DNA à fábula, e o repugnante se tornará, por um tempo, apresentável.

Ao dizer isso, é claro que não se trata de demonizar, rejeitar, condenar ou menosprezar os estudos genéticos. Eles permitem explorar todo tipo de questões teórica e clinicamente fundamentais. Trata-se apenas de condenar alguns atalhos ideológicos perigosos, mostrando como é fácil fazer com que os dados digam mais do que eles podem ou devem.[215]

▶ *As ambiguidades da hereditariedade*

Vamos começar pelo irrefutável. Nosso genoma influencia todos os aspectos de nossa vida, desde a aparência física até a inteligência, passando pela saúde (física e mental), pela personalidade, pelo sucesso escolar e, é claro, pela habilidade de ler corretamente. A parcela dessa influência genética em nossos vários comportamentos e habilidades, ou grau de "herdabilidade", pode ser estimada de várias maneiras. O método mais antigo e mais utilizado compara o nível de similaridade entre pares de gêmeos monozigóticos (gêmeos idênticos) ou dizigóticos (gêmeos fraternos). A teoria é que o ambiente (ou seja, o meio em que vivem) é o mesmo para cada par de gêmeos, sejam idênticos ou fraternos, enquanto o patrimônio genético difere: os monozigóticos são idênticos, os dizigóticos são diferentes (em 50%). Portanto, para uma característica específica (por exemplo, habilidade de leitura), se o papel da herança genética for significativo, a diferença de desempenho medida entre os pares de gêmeos idênticos (com genoma idêntico) deverá ser muito menor do que a diferença de desempenho medida entre os pares de gêmeos fraternos (com genoma diferente em 50%). Isso significa, por exemplo, que, para uma tarefa de leitura avaliada em 100 pontos, as diferenças de desempenho entre o primeiro gêmeo e o segundo gêmeo serão, em média, de cinco pontos para os gêmeos idênticos e de 10 para os gêmeos fraternos.[*]

Mais exatamente, pode-se dizer que, se a herdabilidade for alta (ou seja, se a herança genética desempenhar um papel importante), então, para uma habilidade específica (como a leitura), a correlação observada entre o desempenho dos gêmeos idênticos deverá ser maior (por exemplo, 0,70) do que a correlação observada entre o desempenho dos gêmeos fraternos (por exemplo, 0,35). A partir dessas duas medidas de correlação, é possível calcular a porcentagem

---

[*] Esse exemplo (incluindo os números que o acompanham) é apresentado apenas a título ilustrativo, para facilitar a explicação e a compreensão. Ele não corresponde a nenhum estudo real.

de herdabilidade, usando uma fórmula simples que discutiremos adiante, com um exemplo concreto. Neste ponto, basta lembrar que o método dos gêmeos permite estabelecer um valor de herdabilidade (ou seja, o peso dos fatores genéticos na expressão de um comportamento) que varia entre 0% (o genoma não tem nenhum papel) e 100% (o genoma explica tudo). Esse valor pode então, teoricamente, ser extrapolado para a população em geral, de onde os pares de gêmeos são retirados (asiáticos, negros, caucasianos, ricos, pobres etc.).[216] Em outras palavras, parte-se do pressuposto de que o valor de herdabilidade obtido através do método dos gêmeos permanece válido para os membros não gêmeos da população de origem; ao mesmo tempo que se reconhece a impossibilidade de extrapolar o resultado para outras populações diferentes. Infelizmente, na maioria das vezes, essa reserva é esquecida em favor de fórmulas generalizantes do tipo: "A herdabilidade de transtornos complexos como autismo (70%) ou esquizofrenia (50%) é significativa. A do sucesso escolar (60%) ou inteligência geral (50%), também".[206] E, quando o argumento de especificidade é apresentado, costuma ser, como já mencionado, para sustentar que certas populações ou categorias sociais são biologicamente menos inteligentes que outras. [210,214]

No entanto, para além desses desvios, o mais notável (e, digamos, suspeito) com o método dos gêmeos é que ele quase sempre revela uma alta taxa de herdabilidade. Como explica Eric Turkheimer, especialista nas interações entre genes e ambiente, uma vez que os assuntos mais óbvios são considerados (como inteligência), "as pessoas conduziram estudos de gêmeos sobre características menos prováveis e, de maneira muito perturbadora, todas essas características se mostraram herdáveis".[217] A lista inclui a quantidade de televisão assistida por crianças em idade pré-escolar,[218] opiniões políticas,[219] apoio à pena de morte,[220] bem como a propensão ao divórcio,[221] à abstenção eleitoral[219] ou ao vegetarianismo.[222,]* Para

---

* O que significa que a probabilidade de o segundo gêmeo se comportar como o primeiro (ou seja, ser vegetariano, votar na direita, assistir a televisão, etc.) é maior entre os gêmeos idênticos do que entre os gêmeos fraternos.

esse último caso, por exemplo, a taxa de herdabilidade é de quase 80%, um pouco menos do que os 90% medidos para a altura![223] A inteligência geralmente fica em torno de 55-60%;[223] a habilidade de leitura gira em torno de 60-65%.[224-225] Transpostos para a população em geral, esses números parecem impressionantes. Mas eles são tão impressionantes assim? Para saber, vamos tentar compreender seu alcance e o que eles realmente dizem.

Quando as pessoas ouvem que a leitura é 60% herdável, geralmente entendem que essa habilidade é geneticamente determinada, ou seja, que a capacidade da criança de aprender a ler depende essencialmente de seu DNA e que, para retomar uma citação mencionada anteriormente, "e nem a educação nem a qualidade do ensino recebido são tão importantes assim".[208] Esse tipo de simplificação é ao mesmo tempo incorreto e prejudicial. Isso não é fácil de entender (ou explicar), devido à natureza abstrata do conceito de herdabilidade. Na verdade, ele não tem uma existência tangível. Ele é uma construção estatística baseada na observação de que sempre existem, independentemente do que é medido (inteligência, altura etc.), diferenças entre indivíduos. A herdabilidade é a parte dessas diferenças que pode ser explicada pela variabilidade genética, principalmente através do método dos gêmeos.

Obviamente, para um leigo, essa explicação padrão é difícil de compreender. Portanto, vamos tentar uma explicação um pouco melhor e considerar a Figura 14 à p. 301. Pegue o gráfico à esquerda, que simula os dados de uma população de 10 mil gêmeos monozigóticos. O eixo horizontal representa o resultado de um teste de inteligência para o primeiro membro do par (digamos, o primeiro a nascer). O eixo vertical fornece a mesma informação para o segundo membro. Se a genética explicasse tudo, nossos dois gêmeos teriam exatamente a mesma inteligência, e todos os pontos estariam perfeitamente alinhados na linha diagonal preta. Vemos que esse não é o caso, há "erros". No entanto, esses erros são menores do que aqueles observados nos gêmeos dizigóticos, no gráfico à direita. Neste último, os pontos estão mais dispersos em torno da linha diagonal preta. Essa diferença pode ser quantificada através do cálculo de um coeficiente de correlação (geralmente chamado de "r"). Como mencionado, um valor de 1 significaria que a pontuação de dois gêmeos é perfeitamente idêntica (e, portanto, todos os pontos estariam alinhados na linha diagonal preta). Um valor de zero (r = 0) indicaria, pelo contrário, que não há relação entre as medições e que a inteligência de um é independente da do outro. Na figura, vemos que a realidade está entre esses dois extremos. Para os monozigóticos, r é igual a 0,68. Para os dizigóticos, ele é um pouco menor, de apenas 0,37. São esses coeficientes que, a partir de uma fórmula bastante simples,* permitem calcular a herdabilidade de uma característica. Quanto maior a diferença de correlação entre os dois grupos, mais forte é a herdabilidade. No exemplo aqui estudado, ela chega a 62%.** Em outras palavras, a herdabilidade indica apenas que há um pouco mais de dispersão em torno da linha de previsão perfeita em um grupo (os monozigóticos) do que no outro (os dizigóticos). Nada que realmente justifique virar a mesa!

Para aqueles que podem estar em dúvida, podemos continuar a explicação um pouco mais e considerar que a herdabilidade nos diz, em última análise, que, se pegarmos um indivíduo e tentarmos prever o resultado de seu irmão gêmeo, teremos uma precisão maior na população monozigótica do que na dizigótica. Para os dados aqui considerados, os números são os seguintes: se o gêmeo 1 tiver uma pontuação "s" (por exemplo, 100), as chances de que seu gêmeo 2 tenha uma pontuação entre "s mais 5 pontos" e "s menos 5 pontos" (ou seja, entre 95 e 105, para o nosso exemplo) são, respectivamente, para os grupos monozigóticos e dizigóticos, de 27% e 19%. Se triplicarmos a margem para alcançar mais ou menos 15 pontos, essas porcentagens sobem para 70% e 52%. Difícil culpar o destino com esses números!

---

* A herdabilidade (h) é igual à diferença entre os coeficientes de correlação (r) multiplicada por dois. Ou seja, h = 2 × (r de gêmeos monozigóticos - r de gêmeos dizigóticos).

** $2 \times (0{,}68\text{-}0{,}37) = 0{,}62 = 62\%$.

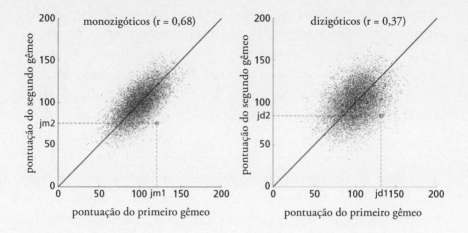

Figura 14. Ilustração do conceito de herdabilidade. Os dados simulam os resultados de uma recente meta-análise para a inteligência.[223] Os gráficos mostram a relação entre o QI de gêmeos idênticos (gráfico à esquerda; monozigóticos) e gêmeos fraternos (gráfico à direita; dizigóticos). As correlações (r) relatadas para cada grupo são usadas para calcular a herdabilidade (h = 2 x ($r_{monozigóticos}$ - $r_{dizigóticos}$), ou seja, 62%). Quanto maior a diferença de correlação entre os dois grupos, maior a herdabilidade. Ver o texto para mais detalhes.

A influência massiva do ambiente

Na verdade, para os propósitos desta discussão, o mais importante não é tanto compreender o que é a herdabilidade, mas sim compreender o que ela não é. O primeiro ponto que vem à mente é que ela não é uma medida de inevitabilidade genética, no sentido de que não diz nada sobre o possível peso do ambiente. Tomemos o QI, cuja herdabilidade é, como vimos, mais do que substancial. Ao longo do século XX, nos países ocidentais, ele aumentou cerca de 30 pontos,[226-227] impulsionado principalmente pela melhoria das condições ambientais, nutricionais, de saúde e educacionais.[228] Trinta pontos é algo significativo. Eles fazem uma criança passar de "deficiente intelectual" a "normal", ou, alternativamente, de "normal" a "superdotada". Como resumido em um artigo de síntese escrito por Richard Nisbett, professor de psicologia da Universidade do Michigan, esse resultado "por si só é suficiente para estabelecer que a inteligência é altamente modificável".[229] Essa conclusão é ainda mais inegável porque apoiada por um amplo conjunto de pesquisas epidemiológicas e experimentais.[216,230] Estudos com crianças adotadas são particularmente convincentes.[7] Um estudo frequentemente citado analisou o desenvolvimento de órfãos de 5 anos adotados por famílias de diferentes níveis socioeconômicos.[231] No início, o QI médio (cerca de 78) estava no limite da deficiência mental. Nove anos depois, os indivíduos colocados em famílias menos favorecidas ganharam oito pontos; aqueles colocados em famílias mais privilegiadas ganharam 20. Os dados de frequência ilustram muito bem a magnitude dessas mudanças. Um QI de 78 significa que os órfãos estavam originalmente entre os 7% menos "inteligentes"* da população. Após a adoção, os colocados em famílias menos favorecidas permaneceram, apesar de seus progressos, substancialmente deficitários (deixando apenas 17% da população para trás); os colocados em famílias mais privilegiadas, por outro lado, chegaram perto da média (e superaram 45% de seus semelhantes).

Esse potencial de plasticidade intelectual também é confirmado pela existência de flutuações significativas nas habilidades individuais ao longo do tempo.[7-8] Um estudo estabeleceu, por exemplo, que, entre os 6 e os 18 anos, quase 60% dos indivíduos tiveram variações de 15 pontos ou mais em seu QI, para cima ou para baixo.[232] Um valor ligeiramente menor foi identificado por uma pesquisa semelhante envolvendo crianças de 3 a 10 anos (62%).[233] Em outro estudo, o QI verbal de um grupo de adolescentes foi medido aos 14 e aos 18 anos.[234] As instabilidades foram significativas, tanto para baixo (até 18 pontos) quanto para cima (até 21 pontos). Em mais de 20% dos casos, a diferença entre as duas medições foi superior a 15 pontos. Análises adicionais confirmaram o significado real dessas mudanças, mostrando que elas eram acompanhadas por modificações específicas na anatomia cerebral. Nas palavras dos autores, esses resultados

---

* Lembremos que esse termo deve ser entendido aqui em seu sentido mais estrito, conforme definido pelos testes de QI. É evidente que essa medida oferece apenas uma estimativa restrita, fragmentada e truncada da "inteligência".

demonstram "os consideráveis efeitos da plasticidade cerebral [nas habilidades intelectuais] durante a adolescência".

Na verdade, como todos esses estudos sugerem, se o conceito de herdabilidade é tão ambíguo, é porque ele depende das condições ambientais. Quando essas condições variam, a taxa de herdabilidade também varia. O ponto é bastante simples de entender. Pegue um grande número de indivíduos e ofereça-lhes condições ideais de desenvolvimento, de modo que todos possam expressar seu máximo potencial. No final, a única fonte de diferenciação será genética, e a herdabilidade se revelará massiva. Isso é o que acontece com crianças de ambientes socioeconômicos privilegiados, cuja inteligência é altamente herdável.[216,235-237] Agora, pegue outros indivíduos semelhantes e coloque-os em ambientes muito heterogêneos. O peso do ambiente será muito mais significativo, e a herdabilidade se aproximará de zero. Isso é o que observamos com crianças de ambientes socioeconômicos desfavorecidos, que apresentam, em relação à inteligência, um nível muito baixo de herdabilidade.[216,235-237] Se você misturar todo mundo, encontrará a taxa padrão de herdabilidade da inteligência, mencionada anteriormente, de 55% a 60%.

Um estudo antigo, rigorosamente controlado, é muito esclarecedor a esse respeito.[238] Em um primeiro momento, ratos foram submetidos a diferentes testes de "inteligência".[239] Depois, os sujeitos mais e menos habilidosos foram isolados e acasalados separadamente ao longo de 13 gerações, resultando em duas linhagens geneticamente segregadas, uma "brilhante" e outra "estúpida" (para utilizar os termos dos autores). Quando os animais eram criados em condições de laboratório normais, a diferença de inteligência era marcante: os "brilhantes" superavam os "estúpidos". Mas, ao contrário de muitos de seus colegas, os autores não se limitaram a essa constatação. Eles acrescentaram duas condições à análise: em um caso, o ambiente de criação foi muito empobrecido (poucas interações com outros animais ou pesquisadores, ausência de objetos na gaiola – bolas, cubos – e ausência de roda de exercícios etc.); no outro caso, o ambiente foi muito enriquecido (ratos criados em grupo, muitos brinquedos trocados com frequência, rodas ou escadas de exercícios modificadas regularmente etc.). O objetivo era minimizar *versus* maximizar a contribuição do ambiente para o desenvolvimento dos animais. Em condições empobrecidas, os ratos "estúpidos" permaneceram tão idiotas quanto na condição padrão; em contrapartida, os ratos "brilhantes" tornaram-se significativamente menos inteligentes, chegando a ser tão idiotas quanto seus homólogos "estúpidos". Um padrão oposto foi observado na situação enriquecida. Os ratos "brilhantes" permaneceram tão inteligentes quanto na condição padrão; por outro lado, os ratos "estúpidos" tiveram uma melhora significativa, tornando-se tão inteligentes quanto seus homólogos "brilhantes". Isso significa que, se você aglomerar todos os animais em um ambiente padrão, a herdabilidade parecerá alta (pois as variações no genoma terão grande correlação com as variações de desempenho). Isso não será mais o caso em ambientes enriquecidos ou empobrecidos, que resultarão em uma herdabilidade quase nula (pois as variações no genoma não estarão mais correlacionadas com as variações de desempenho).

A tudo isso ainda precisamos acrescentar as limitações metodológicas dos estudos com gêmeos. A maioria dos especialistas reconhece hoje a tendência desses estudos de superestimar o peso da genética.[217,240-243] Duas críticas recorrentes, fáceis de entender, destacam, em particular, que os monozigóticos na verdade não têm exatamente o mesmo genoma (devido a mutações inevitáveis)[244] e vivem em um ambiente mais homogêneo do que os dizigóticos. Em concordância com essas ressalvas, recentemente surgiu o conceito de "herdabilidade perdida".[240,245] A ideia é bastante simples: quando se procura a herdabilidade diretamente no genoma, ou seja, quando se tenta prever as variações de inteligência a partir das variações de DNA, as proporções obtidas geralmente são baixas e distantes daquelas reveladas pelo método indireto dos gêmeos. Para a inteligência, passamos de um generoso 50% para um magro 10%.[240] Para a leitura, as análises mais avançadas até o momento permitem prever 5% das variações de habilidade aos 14 anos. A proporção é de apenas 2% aos 7 anos.[246] Estamos muito longe da grande revolução genética!

O tempo dedicado à leitura é que forma os leitores

A hipótese de uma transmissão inata da leitura às vezes assume formas mais sutis, especialmente quando se esconde por trás do eterno debate sobre as causalidades: quem veio primeiro, o ovo ou a galinha? A controvérsia sugere que os estudos de correlações são ininterpretáveis, porque "não permitem separar o que é causa e o que é consequência".[247] Em outras palavras, seria impossível saber se as crianças são competentes porque leem ou se leem porque uma habilidade hereditária as direciona para essa atividade. Quando se pensa por um momento sobre o que é a leitura, é difícil não perceber o quão falaciosa é essa segunda teoria; a menos que seus defensores[248-250] considerem, contra toda evidência, que os aristocratas do genoma possuem uma consciência fonológica inata, conhecimento natural das riquezas lexicais e complexidades sintáticas da escrita, e/ou dominam, pela simples graça de seu nascimento, todo o conhecimento geral necessário para uma compreensão eficaz. É evidente que o caminho é mais fácil para algumas crianças. Ninguém contesta isso. Mas é surreal ler nas conclusões de estudos de herdabilidade envolvendo populações de gêmeos que "a leitura pessoal não parece melhorar os resultados relativos das crianças em leitura"[250] e que os dados "refutam a crença comum de que o volume de leitura tem influência na capacidade de leitura, ou que existem influências mútuas entre essas duas dimensões".[249]

▶ *Quanto mais a criança lê, mais proficiente ela se torna*

Diferentes abordagens experimentais permitem avaliar o efeito causal da prática sobre a habilidade.[89] Uma das mais comuns é seguir os mesmos indivíduos ao longo de vários anos e usar procedimentos estatísticos específicos para determinar se a correlação opera do volume para a proficiência ou, inversamente, da proficiência para o volume.[69,251] Os resultados revelam duas tendências, dependentes da idade. A primeira é trivial. Indica que, nas crianças no fim da pré-escola ou no início do ensino fundamental, é o sucesso que prediz o uso. Isso significa que é necessária uma habilidade mínima de decodificação para poder ler sozinho. Enquanto a criança não tiver essa habilidade, seu tempo de leitura pessoal permanece quase nulo.[54] As coisas mudam drasticamente após o terceiro ou quarto ano do ensino fundamental, quando ocorre a virada já mencionada do *fourth-grade slump* (ou "degringolada do quarto ano"). O impacto do volume de leitura na habilidade de leitura começa a aparecer, e a criança entra, usando os termos de uma vasta meta-análise, em uma "espiral de causalidade"[2]: quanto mais ela lê, melhor ela lê; e quanto melhor ela lê, mais ela lê. Um círculo virtuoso, obviamente mediado pelo prazer e pela motivação,[252-254] de modo que a fórmula completa poderia ser resumida da seguinte forma: quanto mais a criança lê, melhor ela lê; quanto melhor ela lê, mais prazer ela tem em ler; e quanto mais prazer ela tem em ler, mais ela lê.

À luz desses dados, toda a importância dos pré-requisitos discutidos na terceira parte deste livro se torna evidente. Se esses pré-requisitos estiverem ausentes, se a base inicial não estiver suficientemente consolidada, então as crianças verão seu caminho se obscurecer severamente. Os alunos que não dominam as habilidades básicas de decodificação no início do ensino fundamental raramente recuperam o atraso nos anos seguintes.[25-26,255] Conforme indicado pela espiral de causalidade mencionada anteriormente, o problema se desenrola em dois tempos. Primeiro, surge a rejeição. Privadas das bases necessárias para sua aprendizagem, as crianças patinam no fracasso e na dificuldade, o que as leva gradualmente ao desânimo. Um estudo representativo mostra que os alunos diagnosticados como leitores fracos no final do primeiro ano têm, no final do quarto ano, em comparação com seus colegas de habilidade média ou alta, quatro vezes menos chances de ler à noite antes de dormir.[54] Um desinteresse que interrompe qualquer forma de progresso subsequente e explica, em grande parte, por que os maus leitores precoces têm 88% de chances de permanecer na mesma categoria até o fim do primário.[54] Um resultado compatível com os dados de outra pesquisa, que demonstrou, em uma amostra muito grande (mais de 10 mil indivíduos), que as crianças com dificuldades de leitura no primeiro ano têm 12 vezes mais chances de continuar com dificuldades de leitura ao fim do terceiro ano.[256]

Uma vez desencadeado, o declínio continua conscienciosamente, de modo que o desempenho em leitura no início e/ou meio do primário prevê com triste precisão o desempenho registrado no ensino médio.[25-26,257] Como indicou uma síntese da Academia Americana de Pediatria, "a proficiência de leitura no terceiro ano do ensino fundamental é o principal fator que prevê a obtenção de um diploma do ensino médio e de sucesso profissional".[258] Uma pesquisa mostrou que apenas 2% das crianças reconhecidas como leitoras fracas no terceiro ano conseguiram alcançar o grupo de leitores proficientes no sétimo ano.[257] Ao mesmo tempo, menos de 1% dos alunos precocemente eficazes tiveram dificuldades na segunda metade do ensino fundamental.

Poderíamos ver nessas tendências um sinal de fatalidade. Não é nada disso. Os dados apenas expressam o abandono: se a maioria dos maus leitores arrasta tão persistentemente o fardo de suas lacunas precoces, não é por falta de capacidade, mas por falta de engajamento e apoio. Portanto, é essencial não deixar a criança à deriva. Ao menor sinal de adversidade, é necessário acompanhá-la, encorajá-la, motivá-la e apoiá-la. É preciso ler com ela e ajudá-la a estabilizar os pré-requisitos indispensáveis a seu desenvolvimento. Quanto maiores forem os atrasos, mais o envolvimento dos pais se fará necessário. No final, nenhum esforço é vão. Um relatório oficial do Conselho Nacional de Pesquisa dos Estados Unidos destaca que "a maioria das dificuldades de leitura pode ser evitada".[259,*] Uma posição validada por muitas sínteses científicas, cujas conclusões poderiam ser resumidas da seguinte forma: independentemente do nível inicial, a criança que lê progride.[2,4,89,109,260]

No topo das evidências disponíveis, encontramos o famoso "declínio das férias". A expressão se refere ao impacto das férias de verão no desempenho de leitura dos alunos. Ao longo do ano, todos progridem. Então chega o longo túnel do verão. As crianças de famílias desfavorecidas veem sua evolução declinar ou ser interrompida. Em contraste, os descendentes de famílias privilegiadas continuam a mostrar um crescimento positivo.[261-263] Essa divergência reflete a ação desigual

---

* Excluindo-se, é claro, mais uma vez, a minoria de crianças com distúrbios de neurodesenvolvimento.

das férias na prática de leitura. Quando os deveres escolares cessam, alguns alunos param de ler e estagnam; outros persistem e mantêm um progresso sólido. Nesse âmbito, um estudo representativo seguiu os mesmos indivíduos ao longo de todo o primário.[264] O desempenho em leitura foi avaliado no início e no final de cada ano, com base em um teste padronizado. Como ilustra a Figura 15, os ganhos de habilidade foram notáveis entre o primeiro e o quinto ano, para todas as crianças, independentemente da origem socioeconômica. No entanto, os alunos socioeconomicamente favorecidos (CSP+) tiveram um progresso muito mais rápido do que seus colegas menos afortunados (CSP-). No início do primeiro ano, a diferença entre os dois grupos era de 28 pontos. No final do quinto ano, chegava a quase 80 unidades. Essa diferença (80 - 28 = 52) corresponde precisamente ao ganho obtido pelos alunos privilegiados durante as férias de verão (15 + 9 + 15 + 13 = 52 ; ver a Figura 15). O período de verão não havia permitido nenhum progresso entre as crianças desfavorecidas (- 4 - 2 + 3 + 3 = 0). Muitos estudos corroboram essa constatação. No geral, eles indicam, para além das variações nos testes e nas populações, que o volume de leitura pessoal registrado durante as férias de verão explica entre 40% e 100% do ganho adicional de proficiência alcançado pelas crianças favorecidas ao longo dos cinco anos do ensino primário.[263]

Richard Allington foi um dos primeiros a sugerir uma solução eficaz para o problema. Para esse professor de ciência da educação na Universidade do Tennessee, as crianças pobres não sofrem de falta de vontade, motivação ou habilidade, mas sim de desigualdade de acesso aos livros. Muitas pesquisas sociológicas mostram que, fora do ambiente escolar, as crianças pobres têm dificuldade de conseguir livros adequados às suas necessidades e aos seus interesses. Por um lado, as famílias não podem se dar ao luxo de comprar livros. Por outro, os espaços de empréstimo são pouco numerosos, mal abastecidos e de difícil acesso em bairros desfavorecidos.[261-262] Para validar sua tese, Allington realizou um amplo experimento de distribuição de livros.[265] Durante três anos consecutivos, no final do primeiro, segundo e terceiro anos do ensino fundamental, pouco menos de mil alunos desfavorecidos foram levados a uma feira de livros e convidados a escolher cerca de uma dúzia de publicações que lhes seriam enviadas pelo correio no primeiro dia das férias. Ao fim do estudo, as crianças envolvidas haviam lido mais e, portanto, apresentaram melhoria significativa em seu desempenho de leitura em comparação com um grupo de controle, socioeconomicamente semelhante, que não havia recebido livros. O ganho registrado equivalia a quase um ano de escolaridade.[89,265]

Esse benefício é significativo, e é interessante compará-lo aos resultados de uma meta-análise que mostra que o custo anual das férias de verão equivale, para os alunos desfavorecidos, a um trimestre de escolaridade, quando comparados aos alunos de classe média.[266] Em outras palavras, entre o início do ensino fundamental e o início do sexto ano, a ausência de leitura pessoal durante as férias de verão custa aos alunos desfavorecidos, em relação aos seus colegas de classe média, um atraso acumulado de um ano e meio. Esse é quase exatamente o ganho esperado se extrapolarmos para todo o ensino primário o impacto da experiência de distribuição de livros de Allington.[89,265] Portanto, como diz este último, "se os alunos de famílias economicamente desfavorecidas tivessem a mesma facilidade de acesso a livros que os alunos de famílias economicamente mais privilegiadas, o desempenho de leitura dos alunos de famílias pobres poderia ser equivalente aos resultados de leitura dos alunos mais afortunados".[89]

É claro que a influência positiva das campanhas de distribuição de livros sobre as habilidades de leitura não se limita ao verão. Uma meta-análise recente confirma que o simples fato de oferecer livros aos alunos aumenta, independentemente da idade, a motivação para ler, o volume de prática e o nível de desempenho.[267] Os ganhos estão longe de ser pequenos. O desempenho, se medido por um teste padronizado como o QI, por exemplo, passaria de 100 para 107. Mais uma vez, a constatação não é inesperada. Hoje está estabelecido que o número de livros disponíveis em casa é um forte fator de previsão não apenas do nível de leitura das crianças, mas também de seu sucesso acadêmico.[68,268] Alunos que cresceram em um lar com uma grande biblioteca têm três anos de estudo suplementar quando comparados com indivíduos socioeconomicamente equivalentes criados em uma casa sem livros.[68] Esse impacto é da mesma magnitude que o nível de educação dos pais. Em outras palavras, para o futuro de uma criança, ter livros é tão importante quanto ter pais instruídos.

Claro, isso não significa que a simples posse de um grande número de livros aumentará o QI de nossos filhos. Significa que uma biblioteca ampla revela a importância que os pais atribuem à cultura literária e à sua transmissão.[68] Quanto mais a criança viver rodeada de livros, mais ela será incentivada a ler, tanto diretamente, em resposta às orientações dos pais, quanto indiretamente, por meio de um mecanismo de aprendizado social, favorável à reprodução dos comportamentos familiares.[269] Em outras palavras, quanto mais a criança estiver cercada por livros e leitores, mais chances ela terá de ler, de ler precocemente, de ler muito e, em última análise, de ler eficazmente.

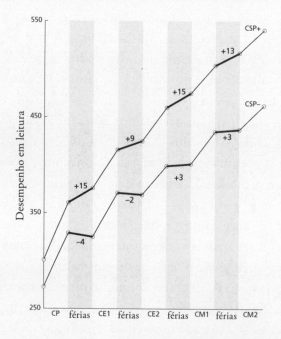

Figura 15. Ilustração do "declínio das férias". Ao longo dos cinco anos do ensino primário, o desempenho em leitura melhora para todos os alunos, quer sejam provenientes de um ambiente privilegiado (CSP+) quer não (CSP-). No entanto, os alunos mais favorecidos progridem mais que seus colegas desfavorecidos (a diferença entre os dois grupos é menor no início do primeiro ano que no final do quinto ano). Em grande parte, a diferença surge durante os períodos de férias (colunas cinzas, linhas grossas). Durante esses períodos, os CSP+ aumentam suas habilidades, enquanto os CSP- estagnam. Segundo ALEXANDER, 2001".[264] Ver o texto para mais detalhes.

Tempo de leitura (minutos por dia)	Porcentagem de alunos que não atingem o tempo de leitura	Volume de palavras lidas (palavras por ano)	Volume de palavras raras (por ano)	Volume acumulado de palavras lidas (do sexto ano ao último ano do ensino médio)	Volume acumulado de palavras raras (do sexto ano ao último ano do ensino médio)
1,8	30	106.000	3.275	751.356	32.173
4,6	50	282.000	8.714	2.699.975	115.211
9,6	70	622.000	19.220	7.225.323	308.296
21,1	90	1.823.000	56.331	18.237.807	778.701
31,0	94	2.602.000	80.402	26.794.883	1.144.063

Tabela. Ilustração da relação entre duração e volume de leitura para alunos do sexto ano (colunas 1 a 3).[70] O volume de leitura acumulado (coluna 5) é definido para cada duração (coluna 1), com base nas velocidades médias de leitura, medidas para cada idade e nível de prática (ver Figura 8, p. 106).[102] Esse volume acumulado estima o número total de palavras lidas ao longo de toda a escolaridade, desde o terceiro ano até o último ano do ensino médio (totalizando 10 anos). O número de palavras raras (colunas 4 e 6) é deduzido dos dados discutidos no capítulo 5.[270]

▶ *O efeito bola de neve*

Além desses elementos experimentais, pode ser interessante considerar o problema sob uma perspectiva mais "epidemiológica". Sob esse ponto de vista, a leitura segue uma relação custo/benefício padrão: o efeito depende da dose. Quanto mais a criança lê, mais seus benefícios aumentam. No entanto, a relação está longe de ser linear; o efeito aumenta mais rapidamente do que a dose. Em outras palavras, se a criança triplicar seu tempo de leitura, seus ganhos serão mais do que triplicados. Isso é fácil de entender com base em duas realidades já expostas. Primeiro, quanto mais a criança lê, mais ela aumenta seus conhecimentos, e quanto mais ela aumenta seus conhecimentos, mais fácil é para ela adquirir novos conhecimentos. Em segundo lugar, quanto mais a criança lê, maiores são suas habilidades de processamento e, no final das contas, mais rápido ela lê (para um nível de compreensão constante); o que significa que um minuto de leitura será significativamente menos produtivo para os leitores esporádicos do que para os leitores assíduos.

Um estudo é revelador nesse sentido.[70] Por vários meses, os hábitos de leitura de um grande grupo de alunos de sexto ano foram avaliados diariamente. A tabela da página anterior ilustra os resultados. Trinta por cento dos alunos dedicavam menos de dois minutos por dia à leitura pessoal. Setenta por cento não excediam 10 minutos. Apenas uma minoria de participantes (10%) ultrapassava 20 minutos. Em comparação com os 6% de alunos mais dedicados (mais de 30 minutos por dia), os 50% de alunos menos motivados (menos de cinco minutos por dia) apresentaram um déficit anual de exposição superior a 2,3 milhões de palavras (ou seja, mais de 71 mil termos raros). É claro que tais discrepâncias não podem ser ignoradas, como confirmam diversas análises complementares realizadas a partir de testes padronizados de proficiência. Essas análises mostraram que as crianças que liam mais eram também aquelas que liam mais rápido, possuíam o vocabulário mais amplo e apresentavam as habilidades de compreensão mais desenvolvidas.

Esses resultados são impressionantes, sem dúvida. No entanto, eles capturam apenas uma fração do problema. Na verdade, o prejuízo que os leitores menos frequentes sofrem só se revela totalmente em sua dimensão cumulativa (veja a Figura 15, p. 310). Em comparação com os 10% de alunos mais dedicados, os 30% de alunos menos motivados exibem, ao longo de toda a escolaridade (do terceiro ano ao último ano do ensino médio), um déficit de exposição superior a 17 milhões de palavras (ou seja, quase 750 mil termos raros). Quando os 6% de crianças que leem mais de 30 minutos por dia são usados como referência, a deficiência chega a 26 milhões (com 1 milhão de termos raros). Em outras palavras, um leitor assíduo (21,1 minutos por dia) lê em 18 meses o que um leitor médio (4,6 minutos por dia) absorve em uma década; ou, alternativamente, um leitor voraz (31 minutos por dia) lê em 100 dias tanto quanto um leitor fraco (1,8 minuto por dia) lê em 10 anos.

Essas heterogeneidades são enormes e, após certo período, claramente irreparáveis. Quando o filho de um amigo próximo entrou em uma *classe préparatoire*,* ele se vangloriava, com uma bela arrogância, de ter "chegado lá" sem nunca ter lido um livro. Infelizmente, a realidade é irônica. Nosso garoto logo percebeu que seu mundo tinha mudado e que os exames escritos dos concursos seletivos que ele estava almejando não perdoariam sua falta de curiosidade, erudição, vocabulário e ortografia. Ele decidiu, portanto, começar a ler. Em vão, é claro. Primeiro, porque as lacunas significativas em vocabulário e cultura tornaram o exercício penoso demais para permitir sua perenidade. Depois, porque não se recuperam em algumas semanas 10 anos de indiferença. Preencher, em 18 meses, um déficit de 26 milhões de palavras custaria quatro horas de engajamento diário a um leitor médio; um esforço pouco viável, especialmente quando se está em uma classe preparatória. Como era esperado, o filho de meu amigo não passou em nenhuma de suas primeiras escolhas. Ele precisou se contentar com uma escola por certo honrosa, mas muito distante do nível e do campo profissional a que ele aspirava. Esse é o problema dos processos cumulativos. A conta muitas vezes

---

* As *classes préparatoires* fazem parte do ensino superior francês, são cursos intensivos de dois anos, projetados para preparar os alunos para os concursos de ingresso em instituições de ensino superior de elite, conhecidas como Grandes Écoles. (N.T.)

demora para chegar, mas, se avançarmos o suficiente, sempre chega o momento em que ela bate à porta.

Para resumir, em matéria de leitura, nada substitui a persistência. Um envolvimento relativamente modesto de 20 a 30 minutos por dia acaba gerando benefícios significativos ao longo do tempo. Alguns podem afirmar que meia hora é muito. Para esses observadores rigorosos do cronômetro, podemos lembrar que isso representa apenas um terço do tempo que alunos dos anos finais do ensino fundamental dedicam diariamente a seus jogos eletrônicos.[90]

Um poderoso remédio contra o fracasso escolar

Resta a escola. Para muitos pais, ela é a última batalha e a mãe de todas as preocupações,[271-273] devido à sua capacidade de decidir, de maneira nada insignificante, o futuro das crianças. Em quase todo o mundo, o nível de educação prevê o nível de emprego, a taxa de desemprego e a renda salarial.[274] Na França em 2019, por exemplo, um ex-aluno do ensino superior ganhava em média duas vezes mais do que uma pessoa sem diploma (21.930 *versus* 42.790 €*),[275] ao mesmo tempo que enfrentava quase três vezes menos risco de desemprego (5,3% *versus* 14,4%**).[276] Essa melhoria nas condições de vida resulta em pessoas globalmente mais felizes[277-279] e com melhor saúde.[280]

Portanto, tudo o que melhora o desempenho escolar pode ser considerado altamente desejável, desde que, é claro, não resulte em imposição de um estresse psicológico irracional e prejudicial.[281-282] A leitura "por prazer" atende a esse critério. Seu impacto no sucesso acadêmico é poderoso e unânime. Uma pesquisa mediu, por exemplo, o volume de leitura em alunos do ensino fundamental e do início do ensino médio (8-12 anos), logo antes da queda no uso

---

* Salário líquido, para um emprego em tempo integral. Sem diploma *versus* diploma universitário de três anos ou mais.

** Sem diploma ou certificado de conclusão do ensino fundamental *versus* diploma universitário de dois anos ou mais.

registrado na adolescência (ver Figura 4, à p. 36). Ao acompanhar os participantes até a idade adulta, os pesquisadores identificaram um aumento de quase um ano e meio no tempo de estudo dos sujeitos mais dedicados (todos os dias ou quase todos os dias), em comparação com seus pares socioeconomicamente similares, mas menos diligentes (nunca ou quase nunca).[283] Um resultado que é tentador relacionar com uma observação já mencionada de que crianças criadas em um lar com uma ampla biblioteca acumulam três anos de estudos suplementares, em comparação com indivíduos socioeconomicamente comparáveis criados em uma casa sem livros.[68] Em consonância com esses elementos, outro estudo mostrou que a proficiência na linguagem escrita, medida a partir de três critérios (compreensão de texto, leitura de palavras isoladas, ortografia), explicava mais de 70% das variações nos resultados escolares observados em um grande grupo de alunos do nono ano.[284] Outro estudo, realizado com alunos de 6 a 18 anos, relatou que o aumento do tempo de leitura pessoal de "nada" para "um pouco" (15 minutos por dia) era suficiente para causar, mantidas as outras coisas iguais, um aumento de 4% na média geral das notas.[285] Por fim, para dar um último exemplo, uma pesquisa de longo prazo acompanhou quase 1.350 indivíduos do segundo ano do ensino fundamental até a idade adulta.[286] Depois de isolar os sujeitos que não apresentavam déficit intelectual (QI acima de 90), os pesquisadores dividiram as crianças em dois grupos: leitores fracos (15%) e leitores básicos ou competentes (85%). Os membros desse último grupo tinham, após levar em consideração as diferenças socioeconômicas, quase quatro vezes mais chances de obter um diploma universitário.

É tentador supor que essa influência positiva da leitura no desempenho escolar se aplique principalmente a disciplinas com forte componente "literário" (francês, história, filosofia etc.). Não é verdade. A matemática oferece a demonstração mais evidente. Um grande número de estudos mostra que os resultados obtidos nessa matéria estão significativamente relacionados aos obtidos em leitura, o que significa que os alunos que têm sucesso em uma dessas áreas tendem a ter competência na outra.[287-288] Pelo menos em parte, essa relação reflete a influência positiva das habilidades de leitura nas habilidades matemáticas.[289-291] À primeira vista, essa observação pode ser surpreendente. No entanto, ela pode ser facilmente explicada por quem considera a leitura uma base transversal para o aprendizado acadêmico. A matemática, assim como todas as disciplinas escolares, científicas ou não (francês, inglês, história, física, biologia, economia etc.), depende da escrita para transmitir seu conhecimento. Muitas pesquisas[289,292-297] revelam, nesse sentido, como afirmado em um artigo recente, que "a resolução eficaz de um problema matemático depende não apenas da capacidade do aluno de executar as operações matemáticas necessárias, mas também de sua capacidade de interpretar corretamente o texto do problema".[298] Considere o seguinte exercício: "Na loja A, um pacote de balas custa 6 euros. Na loja B, ele custa 2 euros a mais do que na loja A. Se você comprar três pacotes de balas na loja B, quanto você pagará?". A solução é fácil de encontrar: $(6 + 2) \times 3 = 24$ euros. A taxa de respostas corretas é superior a 99% dentro de uma população universitária.[297] Agora, considere o mesmo exercício, mas apresentado de forma diferente: "Na loja A, um pacote de balas custa 6 euros. Ou seja, 2 euros a menos do que na loja B. Se você comprar três pacotes de balas na loja B, quanto você pagará?". Essa formulação torna muito mais difícil a extração de dados. Especialmente, não devemos ser enganados pelo uso do advérbio "menos", que entra em conflito com a necessidade de usar a adição para resolver o problema $(6 + 2)$. Confrontados com esse tipo de construção, os alunos erram 15% das vezes, porque não entendem o texto.[297] Essa observação foi recentemente reproduzida com alunos do sexto ano.[298] No entanto, antes de responderem às perguntas, eles foram submetidos a dois testes padronizados de leitura e matemática.[298] Embora o impacto das questões complexas seja prejudicial a todos os participantes, ele se mostrou muito reduzido no subgrupo dos bons leitores e competentes em matemática. Ou seja, ser "bom" em matemática é necessário, mas não compensa uma proficiência incerta na linguagem. Para resolver um problema, é preciso entender seu enunciado. O mesmo acontece quando se lê um texto de história, francês, biologia ou qualquer outro assunto. Se a criança não compreende o que está lendo, ela não pode aprender. A leitura é a disciplina universal sobre a qual todas as outras se constroem. Ela é um pré-requisito fundamental sem o qual nada é possível. E é por isso que ela deve ser uma preocupação central para todos nós. A leitura de verdade, não apenas a decodificação.

É claro que não se trata apenas de uma questão de domínio da linguagem. Os livros não se contentam em nos tornar melhores leitores. Eles fertilizam, como vimos nos dois capítulos anteriores, toda a humanidade. E a escola se beneficia dessa plenitude. Além da leitura, o sucesso escolar da criança também depende de seu QI,[7,299] de seus conhecimentos gerais,[300-301] de sua criatividade[302] e de sua inteligência socioemocional.[303] A leitura age beneficamente em todos esses campos. Nesse sentido, poderíamos dizer que ela é um medicamento de amplo espectro contra o fracasso escolar. Ela é o exato oposto das práticas recreativas digitais que, até os limites do absurdo, dominam o tempo de nossas crianças.[92] Várias pesquisas sociológicas recentes confirmam esse ponto ao mostrar a existência, entre as famílias cujas crianças têm melhor desempenho na escola, de um movimento característico de supervisão rigorosa do uso recreativo de dispositivos digitais e de apoio firme à leitura.[304-306]

Resumindo, a mensagem é clara: quanto mais as crianças leem, mais aumentam suas chances de ter um percurso escolar favorável e, assim, de ter acesso a condições de vida mais serenas e alinhadas com suas aspirações.

Para resumir

Todos esses elementos indicam que a herdabilidade é um conceito estatístico preciso ao qual é fácil, por ideologia ou incompetência, atribuir muito mais significado do que se deveria. Afirmar que a leitura é herdável de maneira alguma significa que ela seja inata. A esmagadora maioria das crianças com dificuldades de leitura não sofre de falta de inteligência ou de uma patologia intratável, mas de falta de prática e estímulo. Um genoma favorável por certo facilita o aprendizado. No entanto, em nenhum caso ele garante o sucesso. Se a criança não lê o suficiente, seu patrimônio genético não será de nenhuma ajuda. Assim como ratos geneticamente "brilhantes" permanecem "idiotas" quando seu ambiente é insuficientemente estimulante,[238] crianças supostamente "talentosas" só podem permanecer fracas se nunca abrirem um livro. O oposto também é verdadeiro. Um DNA potencialmente menos favorável não condena ao fracasso. Assim como ratos geneticamente "estúpidos" atingem níveis notáveis de desempenho quando o ambiente é rico o suficiente para compensar a dívida hereditária,[238] crianças supostamente "pouco talentosas" verão suas habilidades melhorarem significativamente com a prática.

Esse consenso, amplamente aceito hoje,[2,57,89] não é nada novo. Há quase 30 anos, um artigo de síntese já concluía que "a exposição à leitura é eficaz independentemente das habilidades intelectuais e de compreensão da criança [...]. Costumamos nos desesperar por não podermos mudar as 'aptidões' das crianças, mas há pelo menos um hábito parcialmente maleável que desenvolverá essas 'aptidões': a leitura".[109] Essa notícia é ainda mais encorajadora porque não estamos falando de uma carga literária pesada, mas de um investimento moderado, cerca de 30 minutos por dia. Isso é muito pouco em comparação com o tempo que nossas crianças passam todos os dias em seus dispositivos recreativos;[92] mas é enorme em termos dos benefícios concretos colhidos no campo do sucesso escolar. Afinal, somando todas as melhorias acumuladas (linguagem, conhecimento, criatividade, habilidades socioemocionais etc.), o tempo dedicado à leitura pessoal acaba afetando grandemente a trajetória escolar das pessoas e, consequentemente, a forma de seu percurso profissional. Uma criança que lê não apenas amplia seu presente, ela também constrói seu futuro.

EPÍLOGO

FAZER DA CRIANÇA UM LEITOR

O tempo livre não é apenas o nosso presente.
Ele prepara principalmente o nosso futuro.[1]

Olivier Babeau,
economista

Meus pais queriam ser professores. Nenhum dos dois pôde realizar esse sonho. Meu pai, francês, não foi além do certificado de estudos primários, atropelado por duas guerras sucessivas, a de 1939-1945 e a da Indochina. Minha mãe, alemã, nadadora excepcional, foi forçada na adolescência a se inscrever em um programa de treinamento para os Jogos Olímpicos, que nunca aconteceram; ela passou a guerra como camareira em um hotel de luxo, servindo dignitários nazistas que ela detestava. Quando tudo acabou, meus pais decidiram comprar uma pequena livraria-papelaria em Lyon. Um dia, perguntei a meu pai por que uma livraria. "Porque era ou um bar para afogar tudo no álcool ou uma livraria para ainda ter um pouco de esperança na natureza humana", ele respondeu, antes de acrescentar, com um sorriso, que "uma livraria é melhor do que um bar para criar um filho". Os livros têm esse poder. Enquanto salvavam meu pai do naufrágio e minha mãe da vergonha, eles conseguiram acompanhar e nutrir minha infância. Eu não era infeliz, tinha amigos, jogava rúgbi e tênis, meus pais eram ótimos. Mas os livros me proporcionaram esse pequeno suplemento de alma (e de sucesso escolar!) sem o qual minha vida sem dúvida teria sido muito diferente. Não sou um letrado nem um erudito, certamente. Sou um simples leitor; e, como diz a música, "pode ser um detalhe para você, mas para mim significa muito".[2]

Se me permito contar essa história aqui, é porque ela está no centro da última pergunta deste livro: como a criança se transforma em leitor? Quando olho para trás, percebo que meus primeiros anos acumularam todos os impulsionadores positivos identificados na literatura científica. Esse ponto é crucial, porque confirma que não nos tornamos leitores por acaso. Nós nos tornamos leitores por aculturação, ou seja, por "adaptação à cultura circundante".[3] Em outras palavras, em grande parte é a importância dada aos livros no ambiente familiar que permite que a criança, quase sem perceber, torne-se um leitor. É claro que, como aponta Konrad Liessmann, professor de filosofia na Universidade de Viena, "não é possível forçar uma pessoa a se aproximar da literatura e se apropriar dela: a única coisa que podemos fazer é preparar um terreno propício para esse encontro".[4] Se isso não for feito, o encontro tem poucas chances de acontecer e de ser frutífero. Um ponto que Orville Prescott, amante da literatura, crítico literário do *New York Times* por quase um quarto de século, expressa de forma magnífica ao escrever, como introdução a um livro sobre a leitura compartilhada: "Poucas crianças aprendem a amar os livros por si mesmas. Alguém precisa introduzi-las no maravilhoso mundo das palavras escritas, alguém precisa mostrar o caminho".[5]

Então, o que fazer para que uma criança goste de livros? Como fazer para que ela não os abandone na adolescência? Como fazer para que ela aceite dedicar seu tempo a eles, embora as telas recreativas capturem tão facilmente sua atenção? Obviamente, como lembrado acima por Konrad Liessmann, não existe uma solução milagrosa; mas não significa que não exista solução alguma. Em todo caso, isso é demonstrado de forma tranquilizadora por uma grande quantidade de estudos científicos. Em grande parte, a leitura é uma herança social cuja transmissão não tem nada de aleatória e repousa em três pilares fundamentais.

No primeiro nível, é preciso valorizar a leitura, ou seja, apresentá-la como uma atividade crucial e distintiva, no sentido de "nós somos uma família de leitores; nem todas as famílias são assim, mas aqui a leitura é importante, é uma das coisas que nos define". O objetivo é que a criança internalize essa realidade em sua identidade desde cedo, até que ela mesma se perceba e se apresente como um leitor. Muitas pessoas, nos dias de hoje, dizem-se *gamers* (jogadores de jogos eletrônicos)[6] e têm um forte senso de pertencimento comunitário.[7] A ideia aqui é fazer a criança se sentir um *reader* (leitor de livros) e se orgulhar disso. Essa internalização, quando ocorre, aumenta de maneira duradoura a motivação para a leitura, o volume de leitura e, no fim das contas, as habilidades de compreensão.[8-11] Para chegar a esse ponto, os pais são essenciais. Eles precisam incentivar a criança, elogiá-la quando ela lê, enfatizar repetidamente os benefícios da leitura, destacando como ela nos enriquece, ilumina-nos, torna-nos inteligentes, ajuda-nos a entender o mundo, os outros e a nós mesmos etc. No entanto, é claro que, por mais importantes que sejam, essas demonstrações verbais não são suficientes. A criança também precisa perceber sinais de envolvimento mais concretos. Será difícil, por exemplo, explicar a importância da leitura se passarmos a maior parte de nosso tempo colados em nossos *smartphones*, assistindo a séries na Netflix ou jogando videogame. A criança também aprende observando o comportamento dos adultos ao seu redor.[12] Ela terá mais chances de ler e desenvolver uma identidade de leitor se seus pais também forem leitores, se eles lerem histórias para ela com frequência, se a levarem regularmente a livrarias e bibliotecas, se realmente acreditarem que a leitura é importante e se a casa tiver muitos livros.[13-22] Na prática, todos esses parâmetros estão fortemente ligados uns aos outros. Pais que gostam de ler tendem a valorizar mais essa atividade em seus filhos, a levá-los mais frequentemente a livrarias e bibliotecas, a lhes dar mais livros e a ter uma grande biblioteca em casa. No fundo, o que esses dados mostram é que os leitores não surgem do nada. Eles são o fruto de um ambiente favorável, encorajador e positivo.

O que nos leva ao segundo ponto: o prazer. Ele é o principal ingrediente da receita. Sem ele, nada é possível. Tudo começa com a leitura compartilhada. É ela que estabelece o cenário e desperta, ou não, a vontade de ler.[23-25] Para acender a chama, é importante não desmotivar a criança, mas alegrá-la. Os estudos mostram que, sob esse ponto de vista, a maioria dos pais faz um excelente trabalho. Na verdade, como mencionado na primeira parte deste livro, a esmagadora maioria das crianças gosta de ouvir histórias. Portanto, a questão não é realmente como desenvolver o gosto pela leitura, mas sim entender como evitar que ele se perca. A resposta é bastante simples: é preciso acompanhar a criança pacientemente, primeiro garantindo que ela comece bem e, depois, não perdendo o rumo. O prazer é a chave para a motivação, e o sucesso é o principal alicerce do prazer.[26-28] Uma das principais mensagens deste livro é que, no que diz respeito ao aprendizado da leitura, as dificuldades iniciais são mais reforçadas que diminuídas. Em outras palavras, para que a criança se torne leitora, é preciso evitar uma iniciação penosa demais;

para isso, é necessário tirar tempo para falar com ela, brincar com ela em torno da linguagem (com letras, palavras, sons etc.) e ler histórias para ela. Essa última prática, principalmente, não deve ser abandonada precocemente. É crucial estendê-la bem além das primeiras aquisições formais do primeiro ano do ensino fundamental. Porque, sem isso, quando a criança adquirir habilidades suficientes de decodificação, a partir de textos necessariamente simples, ela não será capaz de habitar os "verdadeiros" livros, já que estes "falam" uma linguagem diferente da oral. Todo mundo concorda que, para se tornar um bom pianista, atleta ou jogador de xadrez, é preciso tempo, paciência e prática. Todo mundo entende que uma criança que só vai à aula de música, esportes ou xadrez às quartas-feiras e não pratica por conta própria nos outros dias nunca alcançará a maestria em sua atividade e encontrará mais frustração do que prazer em sua prática. Mas ninguém parece disposto a considerar que o mesmo acontece com a leitura. Uma criança que se contente com os aportes (essenciais, mas limitados) da escola nunca se tornará leitora. Ela nunca colherá os prazeres ou os benefícios da leitura. É por isso que o apoio atento do ambiente familiar é tão crucial. Primeiro, para garantir um bom começo; depois, para permitir uma transição eficaz da leitura compartilhada para a leitura pessoal; finalmente, para manter o impulso e evitar a diminuição do tempo dedicado à leitura, o que costuma acontecer na segunda metade do ensino fundamental.

Isso nos leva ao terceiro ponto: o digital. Como vimos na primeira parte, os livros estão enfrentando forte concorrência das onipresentes telas recreativas. Por quase 40 anos, esses dispositivos gradualmente reduziram o tempo de leitura, especialmente o tempo de leitura de livros. Claramente, no momento em que estas palavras estão sendo escritas, tanto os livros quanto a leitura perderam a batalha pelo tempo de lazer (ao menos no Ocidente).[1,29] Nada o ilustra melhor do que uma mãe explicando a seu filho pré-adolescente de cerca de 10 anos que, se ele "ler um pouco", poderá jogar videogame. Esse tipo de combinação é problemática, pois reforça incentivos externos, que estudos mostram ser contraproducentes a longo prazo ("se você ler, terá permissão para..."), em detrimento das motivações intrínsecas que, sozinhas, garantem uma prática eficaz e duradoura ("eu leio porque gosto de ler, porque é bom para mim, porque quero" etc.).[30-33] E, no fim das contas, esses arranjos não resolvem verdadeiramente a questão do tempo de tela. Para que a criança leia, não há outra solução senão limitar drasticamente esse tempo; no entanto, em hipótese alguma essa limitação deve estar ligada ao tempo de leitura, caso contrário, a leitura será percebida como um tipo de purgatório que abre as portas do paraíso digital. A melhor solução é explicar às crianças, o que é verdade, que um "excesso" de telas prejudica a inteligência, o sono, a concentração, a saúde, o desempenho escolar etc., e que, portanto, é necessário limitar o tempo diário de uso.[*] Cabe aos pais estabelecer um limite que considerem aceitável, se possível em acordo com a criança. A partir desse limite, o tempo inevitavelmente se criará. E muitos estudos indicam que o cérebro humano não gosta de ficar entediado. Quando ele tem a escolha entre não fazer nada e se envolver em uma atividade, mesmo que chata, ele normalmente escolhe a segunda opção![34-38] Isso significa que, se a criança tiver de escolher entre uma tela (seja filme, série, videogame, rede social etc.) e um livro, o livro quase sempre sairá perdendo. No entanto, se a escolha for entre nada, lavar a louça, arrumar o quarto ou pegar um livro, a opção do livro tem grandes chances de vencer. Em outras palavras, ao limitar o tempo de telas recreativas, o que em si é uma ótima ideia, liberamos espaço para a leitura, o que se revela uma ideia ainda melhor.[**] O combinado

---

[*] Uma análise abrangente da literatura científica mostra que telas recreativas são prejudiciais, independentemente do tempo de uso, em crianças muito jovens (menos de 6 anos) e causam efeitos negativos a partir de 30 minutos diários para crianças acima de 6 anos (ou até 60 minutos, se formos otimistas).

[**] Lembremos que meia hora de leitura diária no final do primário ou no início da segunda metade do ensino fundamental equivale a mais de 2,5 milhões de palavras lidas por ano, o que é mais do que o dobro de toda a série *Harry Potter*; o que, em termos de vocabulário apenas, resulta em um aumento médio de mil a 2 mil palavras.

com a criança será mais fácil de fazer se a leitura de livros tiver tido tempo de se tornar um hábito sólido desde a infância e se a escolha dos textos for atraente. Muitos estudos mostram, nesse sentido, ninguém ficará surpreso, que, embora seja interessante oferecer a nossos filhos livros que consideramos relevantes, é importante, no final das contas, permitir que eles escolham por si mesmos os textos que desejam ler.[39-40] Eu acrescentaria, por experiência própria, que livreiros e bibliotecários podem ser de grande ajuda aqui, com suas competências (a cada um seu trabalho), mas também com sua paciência, frequentemente notável!

Assim, este livro demonstra que a leitura nos enriquece individual e coletivamente por sua capacidade de enriquecer todos os aspectos fundamentais de nossa humanidade. Ela desenvolve, para nos atermos aos elementos mais firmemente estabelecidos, a linguagem (em suas dimensões lexicais, gramaticais, ortográficas e narrativas), a inteligência, a cultura geral, a criatividade e as habilidades socioemocionais, além de impactar fortemente o sucesso escolar e, consequentemente, profissional. Para todos esses campos, a magnitude dos benefícios depende diretamente do volume de prática. Pequenos leitores, pequenos ganhos; grandes leitores, grandes conquistas. Naturalmente, poderíamos objetar aqui que a leitura não está sozinha. Outras atividades recreativas têm efeitos positivos no desenvolvimento da criança. As mais estudadas incluem o jogo livre (especialmente simbólico*),[41-43] a música (especialmente o aprendizado de um instrumento)[44-45] e as práticas esportivas ou artísticas.[46-47] É inegável que todas essas ocupações são frutíferas e benéficas. No entanto, em última análise, nenhuma é tão benéfica quanto a leitura. Do ponto de vista de sua eficácia, ela é simplesmente insubstituível. Ela é um tutor ao mesmo tempo invisível e universal. Nenhum outro passatempo oferece, sob o guarda-chuva do prazer, uma gama tão ampla, abrangente e

---

* Quando a criança brinca de "faz de conta". Ela reproduz situações do dia a dia, representa uma variedade de objetos e personagens (reais ou fictícios), inventa cenários imaginários etc.

heterogênea de benefícios. Ao se tornar leitora, a criança aprende muito mais do que dominar o código escrito: ela aprende a aprender, questionar, observar, ouvir, contar, sentir, simpatizar e, em última análise, pensar. Nesse contexto, o abandono da leitura pelas gerações mais jovens (um abandono amplamente documentado hoje, independente do que algumas almas bem-pensantes afirmam) não será sem impacto em nosso futuro comum. A longo prazo, essa tendência nos custará muito mais do que alguns autores, editores, bibliotecários, livreiros e eruditos. Ela nos custará uma parte valiosa de nossa alma,[48] de nossa história,[49] de nossa capacidade de entender o mundo[50] e, de maneira mais prosaica, do sacrossanto crescimento econômico supostamente responsável por garantir nossa felicidade e nosso padrão de vida.[51-53]

Em 2021-2022, a França declarou a leitura como uma grande causa nacional. "Ler", proclamou o presidente da República, "deve ser recolocado no centro do compromisso de toda a nação".[54] Já passou da hora de nos lembrarmos disso; não por benevolência ou humanismo, mas por necessidade concreta. De fato, por meio de sua influência significativa sobre a linguagem e o sucesso escolar, a leitura é um fator essencial de integração cidadã e de redução das desigualdades sociais. Isso significa que a "grande causa" em questão só faz sentido se for "inclusiva" e voltada para todas as crianças, especialmente as menos favorecidas. A escola deve ser envolvida, evidentemente. Mas isso não é suficiente. As famílias também precisam ser envolvidas, por meio de campanhas sólidas de informação e sensibilização. Nem todos os pais sabem o quão fundamental é falar com um bebê, ler histórias para ele e incentivá-lo a nomear as coisas e o mundo a seu redor. Nem todos os pais suspeitam do impacto único e significativo da leitura, primeiro compartilhada e depois individual, no desenvolvimento linguístico, intelectual, emocional e social da criança. Acima de tudo, nem todos os pais percebem o quanto podem transformar profundamente, por meio de suas escolhas educativas, a vida e o futuro de seus filhos.

Curiosamente, alguns parecem acreditar que as pessoas são estúpidas demais, sensíveis demais, frágeis demais ou delicadas demais para assimilar esse tipo de informação. Então vamos repetir pela última vez: dizer aos pais que eles têm um papel a desempenhar no desenvolvimento de seus filhos não significa culpabilizá-los. Ao informar os adultos, estamos ajudando as crianças; todas as crianças, sejam ricas, pobres, privilegiadas ou desfavorecidas.[55-60] Foi por isso que este livro foi escrito. Espero sinceramente que ele alcance seu objetivo e contribua para enriquecer a vida dos mais jovens, facilitando sua jornada em direção à leitura e de seus benefícios.

ANEXOS

A. O alfabeto fonético

O alfabeto português

Letra	Nome	Transcrição fonética
a	a	[a]
b	bê	[b'e]
c	cê	[s'e]
d	dê	[d'e]
e	e	[e]
f	efe	['ɛfi]
g	gê	[ʒe]
h	agá	[ag'a]
i	i	[i]
j	jota	['ʒɔtə]
k	cá	[k'a]
l	ele	['ɛli]
m	eme	['emi]
n	ene	['eni]
o	o	[ɔ]
p	pê	[p'e]
q	quê	[k'e]
r	erre	['ɛr̃i]
s	esse	['ɛsi]
t	tê	[t'e]
u	u	[u]
v	vê	[v'e]
w	dáblio	[d'ablju]
x	xis	[ʃis]
y	ípsilon	['ipsilṍw]
z	zê	[z'e]

B. Brincar com os sons

Exemplos de atividades que podem favorecer a consciência fonológica (ou seja, a capacidade de perceber e manipular os sons da língua).

Mais uma vez, todas as habilidades abordadas aqui estão no currículo da educação infantil. Trata-se apenas de propor algumas atividades clássicas para apoiar e preparar o aprendizado escolar de maneira lúdica e informal (especialmente nos momentos "perdidos" de nossos dias; no carro, no metrô, na fila do supermercado etc.)

B1. Brincar com as palavras

Identificar palavras. O pai/a mãe diz uma frase mais ou menos longa (*o lobo comeu demais*) acompanhando cada palavra com uma batida das palmas das mãos; então convida a criança a fazer o mesmo (primeiro com O pai/a mãe e depois sozinha).

Combinar palavras. O pai/a mãe diz um grupo nominal (*um gato*) e sugere à criança adicionar uma palavra no final (*preto → um gato preto*) ou, mais difícil, no meio (*grande → um grande gato*).

Separar palavras. O pai/a mãe diz uma palavra composta (*arco-íris, couve-flor, guarda-roupa*) e pergunta à criança quantos termos ela ouve e se consegue nomeá-los (*arco* e *íris, couve* e *flor, guarda* e *roupa*).

Remover palavras. O pai/a mãe diz uma frase (*vovô é um homem conversador*) e propõe à criança repeti-la, removendo a última palavra (*conversador → vovô é um homem*) ou, mais difícil, do meio (*homem → vovô é um conversador*).

Trocar palavras. O pai/a mãe diz uma frase (*o coelho é cinza*) e pede à criança para substituir coelho por cachorro (*o cachorro é cinza*).

B2. Brincar com as sílabas

Identificar sílabas. O pai/a mãe diz uma palavra (*desfigurado, internacional*) ou uma frase (*a vagem está boa*), acompanhando cada sílaba com uma batida das palmas das mãos; depois encoraja a criança a fazer o mesmo ou, eventualmente, a contar as sílabas nos dedos enquanto pronuncia a palavra ou a frase. Em uma versão alternativa, O pai/a mãe propõe uma palavra composta por várias sílabas (*duende, alfabeto, escalar*) e depois pergunta à criança que sons/sílabas formam essa palavra (*duende → du, en, de*). Isso também pode ser feito usando objetos do dia a dia (*mesa, alcachofra, guarda-chuva, croissant*). Uma atividade um pouco mais difícil é oferecer várias palavras à criança e pedir que ela identifique o som comum que as une ou o intruso entre elas. Nesse caso, pode-se focar no segmento inicial (*presente, prefeito, prego*; intruso: *rato, raso, roda*), na parte final (*oitenta, polenta, pimenta*; intruso: *amar, brincar, dormir*) ou, para mais complexidade, no meio da palavra (*janela, panela, caneco*; intruso: *latrina, estria, nitrato*).

Combinar sílabas. O pai/a mãe diz várias sílabas marcando-as nos dedos ou batendo palmas (*ca* [pausa] *sa*; *cha* [pausa] *péu*; *ca* [pausa] *ma* [pausa] *le* [pausa] *ão*). Então ele/ela encoraja a criança a juntá-las para formar palavras (*casa, chapéu* etc.).

Remover sílabas. O pai/a mãe diz uma palavra polissilábica e convida a criança a remover, em ordem de dificuldade, a sílaba final (*abacate* menos *te → abaca*), inicial (*damasco* menos *da → masco*) ou intermediária (*abóbora* menos *bó → abora*).

Trocar sílabas. O pai/a mãe diz uma palavra (*rato*) e pede à criança para remover uma sílaba e substituí-la por outra, no início (*ra* por *gra → grato*) ou no final (*to* por *zão → razão*).

B3. Brincar com as rimas e os ataques

Fundir rimas e ataques. O pai/a mãe diz um ataque e uma rima (*fran* e *go*), depois pergunta à criança o que acontece se eles forem juntados (*fran* mais *go = frango*).

Identificar o ataque. O pai/a mãe diz uma palavra (*banco*) e pergunta à criança se ela pode encontrar o primeiro som (*banco → b*).

Remover o ataque (o que equivale a identificar a rima). O pai/a mãe diz uma palavra (*chão*) e pergunta à criança o que aconteceria se o primeiro som fosse removido (*chão* menos *ch = ão*). A isso podem ser adicionados jogos de comparação/diferenciação, já mencionados em abundância. O pai/a mãe então propõe à criança encontrar, entre várias palavras, as que não se encaixam (ataque: *chique, chato, caro*; rima: *lia, fazia, dormiu*) ou os sons comuns (ataque: *bolsa, beijo, barco*; rima: *feliz, país, gentis*).

B4. Brincar com os fonemas

Identificar fonemas. O pai/a mãe diz duas ou três palavras e pergunta à criança qual é o som comum, certificando-se de colocá-lo no início (*colo, capa, cuidado*), no final (*remédio, artigo, desafinado*) ou, mais difícil, no meio (*alta, furtivo, estragado*) da palavra. Alternativamente, O pai/a mãe também pode mostrar um objeto (*tapete, metrô, sofá* etc.) e pedir à criança para produzir o primeiro ou o último som.

Fundir fonemas. O pai/a mãe diz vários fonemas (*f* [pausa] *im*; *a* [pausa] *m* [pausa] *o*), depois pede à criança para juntá-los para formar uma palavra (*fim, amo*).

Separar os fonemas. O pai/a mãe diz uma palavra (*tu, má*), então pergunta à criança quais sons formam essa palavra (*tu → t + u; má → m + a*).

Remover fonemas. O pai/a mãe diz uma palavra (*toco*), então pergunta à criança o que a palavra se tornaria se o som inicial fosse removido (*toco* menos *t → oco*) ou o som final (*toco* menos *o → toc*).

Mudar fonemas. O pai/a mãe diz uma palavra e depois pergunta à criança o que a palavra se tornaria se fosse alterado o som inicial (*vim*: de *v* para *m* → *mim*), final (*falar*: de *ar* para *ou* → *falou*) ou, mais difícil, no meio (*mal*: de *a* para *e* → *mel*).

B5. Brincar com as letras

Identificar fonemas. Exemplo: O pai/a mãe escreve duas ou três palavras na mesa com letras de plástico (*cola, capa, curto*).* Em seguida, pronuncia essas palavras, pergunta qual é o som comum e, se necessário, orienta a criança até a resposta correta. Depois, a criança é convidada a dizer se vê uma letra idêntica nas três palavras e se reconhece essa letra. Se sim, é sugerido a ela que a nomeie; caso contrário, o pai/a mãe fornece a resposta correta. Claro, tudo isso pode ser feito independentemente da posição do som de interesse (início, meio, fim).

Fundir fonemas. Exemplo: O pai/a mãe coloca letras de plástico na mesa (*m; a*), sem tocá-las, e pergunta à criança se ela conhece seus nomes e se pode nomear seus sons. Se sim, ótimo, caso contrário, não faz mal, O pai/a mãe fornece os nomes e, em seguida, os sons. Depois, aproxima as letras e pergunta à criança o que aconteceria se colássemos os dois sons como colamos as duas letras. Com o tempo, palavras mais longas (*a; m; a*) e/ou que incluem fonemas mais complexos de duas letras (*m; eu*) podem ser usadas.

Separar fonemas. Exemplo: O pai/a mãe escreve uma palavra na mesa com letras de plástico e, em seguida, pronuncia-a (*tu*) e convida a criança a fazer o mesmo. Em seguida, pergunta à criança com quais sons a palavra é formada e, se necessário, fornece a resposta correta (*tu* → *t* + *u*). Por fim, convida a criança a afastar as letras e verifica com ela se seus sons correspondem aos que estavam na palavra. Mais uma vez, é melhor começar com palavras muito

---

* No início, é melhor utilizar maiúsculas (ver p. 175).

simples antes de introduzir estímulos mais longos (*tupi* → *t* + *u* + *p* + *i*) e fonemas de duas letras (*meu* → *m* + *eu*).

Remover fonemas. Exemplo: O pai/a mãe escreve uma palavra na mesa com letras de plástico e, em seguida, pronuncia-a (*me*). Em seguida, pede à criança para repetir e a convida a dizer o que a palavra se tornaria se retirássemos o som do início (*me* menos *m* → *e*). Uma vez obtida (ou fornecida) a resposta correta, O pai/a mãe sugere que a criança remova a letra inicial para verificar que o som restante está correto. A mesma abordagem pode ser usada para o som final (*me* menos *e* → *m*).

Mudar fonemas. Exemplo: O pai/a mãe escreve uma palavra na mesa com letras de plástico e, em seguida, pronuncia-a (*la*) enquanto coloca uma letra logo abaixo (*t*). Em seguida, convida a criança a repetir a palavra e pergunta o que ela se tornaria se trocássemos o som do início (*l* por *t* → *ta*). Uma vez obtida (ou fornecida) a resposta correta, O pai/a mãe sugere que a criança remova a letra do início e a substitua pela letra logo abaixo para verificar se o som restante está correto. Novamente, a abordagem pode ser reutilizada para sons localizados em posição final (*la*: de *a* para *i* → *li*) ou intermediária (*bola*: de *o* para *a* → *bala*).

C. PROMOVER A
LEITURA COMPARTILHADA

Exemplos de atividades que podem estimular a fala da criança durante a leitura compartilhada.

A explicação, para esclarecer as dificuldades de um texto, especialmente no campo lexical. Por exemplo: "O lobo 'celebra'[2] significa que o lobo está muito, muito feliz e está demonstrando isso. Olhe aqui na imagem, você pode ver como ele está sorrindo... Me mostre".

O questionamento, para verificar o conhecimento das palavras e dos conceitos fundamentais da história. Por exemplo: "O que significa dizer que o pequeno ouriço é 'astuto'?[3] E como podemos ver isso?".

A verbalização, para facilitar a memorização de termos e fatos desconhecidos.[4-5] Por exemplo: "O 'covil'[6] é a casa do raposa, uma casa cavada no chão, como um buraco... Vamos lá, como se diz, um...? Sim, ótimo, um covil".

A antecipação, para adivinhar o que vai acontecer com base nos elementos disponíveis. Por exemplo: "Ah, ah! João Coelho correu pelos campos de manhã, ele está muito cansado e agora o mestre Raposa[7] está chegando... O que você acha que vai acontecer?".

A inferência, para explicar os não ditos do texto. Por exemplo: "Por que o pai faz uma aposta tão boba e diz que vai lavrar com seu cavalo uma área maior do que o dono da fazenda vizinha com seu trator?".[8]

A apropriação, para conectar a declaração a experiências pessoais conhecidas, o que também facilita a memorização. Por exemplo: "Você gostaria de ter uma professora tão excêntrica quanto a senhorita Charlotte?".[9]

A extrapolação, para oferecer uma continuação para a história. Por exemplo: "Na sua opinião, o que acontece quando o Pequeno Príncipe volta para o seu planeta? Será que a ovelha come a rosa?".[10]

A reformulação, por fim, que consiste em contar a história sem (ou com) o livro. Por exemplo: "Agora é a sua vez de me contar a história".

Agradecimentos

A Isabelle Creusot, que tanto amava os livros;
que sua memória possa permanecer para sempre entre eles.

Eu acredito em agradecimentos. Eles não são apenas uma maneira de expressar uma gratidão legítima às pessoas que nos ajudam, eles também nos permitem reconhecer as contribuições essenciais de cada indivíduo. Não sei como este livro teria ficado sem todas essas contribuições, mas sei que ele seria muito menos interessante.

Agradeço aos pesquisadores que há décadas acumulam sólidos conhecimentos sem os quais este livro apresentaria apenas algumas opiniões mais ou menos superficiais.

Agradeço à Editora Seuil, por acreditar neste projeto, especialmente a Sophie Lhuillier, Fleur Trokenbrock e Claudine Soncini. Trabalhar com essa venerável casa é um privilégio, não apenas porque suas equipes são incrivelmente competentes, mas também (e acima de tudo!) porque elas amam os livros de maneira profunda e verdadeira. Seu entusiasmo é contagiante.

Agradeço a Catherine Allais, que deu vida a este texto. Ela o leu, releu, editou, cortou, emendou, reorganizou, corrigiu; sempre com paciência e bondade. Ela rastreou cada inconsistência, enunciado hermético, declaração ambígua e jargão técnico (ela nunca saberá o quanto aquelas palavrinhas na margem me deixavam louco). Ela chegou a ter de sacrificar suas férias, seus finais de semana e suas noites para recuperar meus atrasos e minha lentidão. Por tudo isso, sou-lhe sinceramente grato e reconhecido.

Agradeço a Olivier Delahaye, por revisar o manuscrito inicial e fornecer comentários valiosos. Agradeço também a ele e aos membros da associação Silence on lit! por lutarem diariamente para fazer nossos filhos lerem, na escola e em casa. Um esforço tão útil, produtivo e mais necessário do que nunca.

Agradeço a Olivia Godat e Camille von Rosenschild, por me convidarem para uma reunião de início de ano letivo das editoras Seuil e Martinière Jeunesse. Foi nessa reunião que surgiu a ideia de escrever este livro, quando percebi o quanto as pessoas (incluindo profissionais experientes do setor) subjetivamente sentiam a importância da leitura para o desenvolvimento intelectual e emocional das crianças, mas tinham uma compreensão limitada dos benefícios potenciais e da extensão das evidências científicas disponíveis.

Agradeço aos pais e leitores de *A fábrica de cretinos digitais*, que, por meio de seus questionamentos recorrentes em torno da pergunta "E agora, o que fazemos?", convenceram-me da importância de escrever este texto. Em especial, agradeço a Patricia, mãe de família e professora, a quem eu disse que deviam existir muitos livros sobre o assunto e que me desafiou a nomear um – um que realmente explicasse o que a leitura traz às crianças. Para minha grande surpresa, não encontrei nenhum.

Agradeço a meus familiares, que me apoiaram e foram mais do que pacientes durante os longos meses que passei trancado em meu escritório, com pilhas de documentos. Um agradecimento especial à minha filha Valentine, que dedicou longas horas à edição da lista de referências no software bibliográfico. Que eles saibam que os amo.

Por fim, agradeço aos livros, aos autores, aos livreiros e aos bibliotecários, que tanto me deram desde a infância e cuja existência é tão indispensável para a humanidade (embora nem sempre tenhamos consciência disso, infelizmente). Todos eles deveriam ser reconhecidos como "utilidade pública".

BIBLIOGRAFIA

APRESENTAÇÃO

1. PETIT, M. *Éloge de la lecture*. Paris: Belin, 2016.
2. DESMURGET, M. *A fábrica de cretinos digitais: os perigos das telas para nossas crianças*. Tradução de Mauro Pinheiro. São Paulo: Vestígio, 2021.
3. AFP. Nicolas Mathieu: l'adolescence, "les livres m'ont sauvé". *La Croix*, 9 nov. 2018.
4. DE COULON, L. François Busnel: "La lecture m'a sauvé". www.cooperation.ch, 2019.
5. MORAIN, O. Amélie Nothomb: "Les livres m'ont vraiment sauvé la vie". 2014. Disponível em: www.franceinfo.fr.
6. BIET, J. Leïla Slimani citada em "Nuit de la lecture: une journée pour se réconcilier avec les livres". *Télérama*, 10 jan. 2017.
7. CHANDA, T. Claire Hédon: "La lecture m'a rendue libre". 2014. Disponível em: www.rfi.fr.
8. BRUCKNER, P. *Un bon fils* [2014]. Paris: Livre de Poche, 2015.
9. PROUST, M. *À la recherche du temps perdu*. Paris: Gallimard, 1919. v. I.
10. NOTHOMB, A. *In*: Profession écrivain.e. Canal+, 17 out. 2018.
11. BRADBURY, R. *Fahrenheit 541*. Tradução de Cid Knipel. São Paulo: Globo, 2012, p. 78 e p. 81.
12. BIVALD, K. *La Bibliothèque des cœurs cabossés* [2015]. Paris: J'ai Lu, 2016.
13. SHAFFER, M. *et al*. *Le Cercle littéraire des amateurs d'épluchures de patates* [2008]. 10/18, 2011.
14. COLFER, C. *Le Pays des contes*. Paris: Michel Lafon, 2013-2018. v. I-VI.
15. ZUSAK, M. *La Voleuse de livres* [2005]. Paris: Pocket, 2008.
16. SIJIE, D. *Balzac et la Petite Tailleuse chinoise* [2000]. Paris: Folio, 2001.
17. CONNOLLY, J. *Le Livre des choses perdues*. Paris: L'Archipel, 2009.
18. 1SCHLINK, B. *Le Liseur* [1995]. Paris: Folio, 2017.
19. ZAFON, R. *L'Ombre du vent* [2001]. Paris: Livre de Poche, 2006.
20. HOOVER BARTLETT, A. *L'Homme qui aimait trop les livres*. Paris: Marchialy, 2018.
21. ECO, U. *Le Nom de la rose* [1980]. Paris: Livre de Poche, 1983.
22. RUSKIN, J. *Sésame et les Lys*. tradução, notas e prefácio de Marcel Proust. Paris: Société du Mercure de France, 1906.
23. SARTRE, J.-P. *Qu'est-ce que la littérature?* [1948]. Paris: Folio, 1985.
24. STEINER, G. *Le Silence des livres*. Paris: Arléa, 2006.
25. CALVINO, I. *Pourquoi lire les classiques* [1981]. Paris: Folio, 2018.
26. COMPAGNON, A. *La Littérature pour quoi faire?* [2007]. Paris: Pluriel, 2018.
27. DANTZIG, C. *Pourquoi lire?* [2010]. Livre de Poche, 2011.
28. KUNDERA, M. *L'Art du roman* [1986]. Paris: Folio, 1995.
29. COLETIVO. *Pourquoi lire*. Paris: Premier Parallèle, 2021.
30. DE ROMILLY, J. *Le Trésor des savoirs oubliés*. Paris: Éditions de Fallois, 1998.
31. POLONY, N. Sale intello. *Le Figaro*, 19 mar. 2010.
32. AUFFRET-PERICONE, M. On m'a traité d'intello!. *La Croix*, 22 set. 2010.

PRIMEIRA PARTE

33. COMBES, F. *et al.* Espèce d'intello!. *L'Humanité*, 5 jan. 2017.
34. CLARK, C. *et al.* Reading for pleasure: A research overview for The National Literacy Trust. 2006. Disponível em: literacytrust.org.uk.
35. ROUSTAN, M. *Conseils généraux (VII): préparation à l'art d'écrire.* Paris: Delapaine, 1906.
36. KRASHEN, S. *The Power of Reading.* 2nd ed. Libraries Unlimited, 2004.
37. EGMONT. Children's Reading for Pleasure. 2020. Disponível em: farshore.co.uk.
38. *Dictionnaire Le Robert* online. Disponível em: https://dictionnaire.lerobert.com/definition/vulgariser.
39. *Dictionnaire de l'Académie française* online. Disponível em: www.dictionnaire-academie.fr/article/A9P1385.
40. BAKER, L. *et al.* Home and family influences on motivations for reading. *Educ Psychol*, 32, 1997.
41. BAKER, L. *et al.* Beginning Readers' Motivation for Reading in Relation to Parental Beliefs and Home Reading Experiences. *Read Psychol*, 23, 2002.
42. BAKER, L. The role of parents in motivating struggling readers. *Read Writ Q*, 19, 2003.
43. SONNENSCHEIN, S. *et al.* Reading is a source of entertainment. *In*: ROSKOS, K. *et al.* (ed.). *Play and Literacy in early childhood.* London: Erlbaum, 2000.
44. MERGA, M. *et al.* Empowering Parents to Encourage Children to Read Beyond the Early Years. *Read Teach*, 72, 2018.
45. ORDINE, N. *L'Utilité de l'inutile* [2013]. Paris: Pluriel, 2016.
46. DESMURGET, M. *TV Lobotomie* [2011]. Paris: J'ai Lu, 2013.
47. MOUTON, S. *Humanité et numérique.* Paris: Apogée, 2023.
48. DUCANDA, A.-L. *Les Tout-Petits face aux écrans.* Paris: Litos, 2023.
49. FREED, R. *Wired Child.* North Charleston, South Carolina: CreateSpace, 2015.
50. BAUERLEIN, M. *The Dumbest Generation grows up.* Washington, DC: Regnery Gateway, 2022.

51. LEUNG, C. Y. Y. *et al.* What Parents Know Matters. *J Pediatr*, 221, 2020.
52. ROWE, M. L. *et al.* The Role of Parent Education and Parenting Knowledge in Children's Language and Literacy Skills among White, Black, and Latino Families. *Infant Child Dev*, 25, 2016.
53. ROWE, M. L. Child-directed speech. *J Child Lang*, 35, 2008.
54. MCGILLICUDDY-DELISI, A. *et al.* Parental beliefs. *In*: BORNSTEIN, M. (ed.) *Handbook of parenting.* London: Erlbaum, 1995. v. 3.
55. SPICHTIG, A. N. *et al.* The Decline of Comprehension-Based Silent Reading Efficiency in the United States. *Read Res Q*, 51, 2016.
56. Harry Potter and the final chapter: how do the books and films compare?. 2011. Disponível em: theguardian.com.
57. MCQUILLAN, J. Harry Potter and the Prisoners of Vocabulary Instruction. *Read Foreign Lang*, 32, 2020.
58. RENÉ, B. "grand-père de trois petits-enfants" em um e-mail no mínimo irritado, fev. 2020.

PRIMEIRA PARTE

1. PAUL, P. *et al. How to raise a reader.* New York: Workman Publishing, 2019.
2. SCHOLASTIC. Kids & Family Reading Report Australia (0-17 ans). 2016. Disponível em: scholastic.com.
3. SCHOLASTIC. Kids & Family Reading Report China (0-17 ans). 2020. Disponível em: scholastic.com.
4. SCHOLASTIC. Kids & Family Reading Report United Kingdom (0-17 ans). 2015. Disponível em: scholastic.com.
5. SCHOLASTIC. Kids & Family Reading Report Canadian Edition (0-17 ans). 2017. Disponível em: scholastic.ca.
6. CNL/IPSOS. Les Jeunes français et la lecture (7-25 ans). 2022. Disponível em: centrenationaldulivre.fr.
7. EGMONT. Children's Reading for Pleasure. 2020. Disponível em: farshore.co.uk.

8. MERGA, M. Exploring the role of parents in supporting recreational book reading beyond primary school. *English Educ*, 48, 2014.

9. RIDEOUT, V. *et al.* The common sense census: Media use by kids age zero to eight. 2020. Disponível em: commonsensemedia.org.

10. KUO, A. A. *et al.* Parent report of reading to young children. *Pediatrics*, 113, 2004.

11. ELIOT, S. *et al.* Reading with children. 2014. Disponível em: BookTrust.org.uk.

12. JIMENEZ, M. E. *et al.* Shared Reading at Age 1 Year and Later Vocabulary. *J Pediatr*, 216, 2020.

13. HALE, L. *et al.* Social and demographic predictors of preschoolers' bedtime routines. *J Dev Behav Pediatr*, 30, 2009.

14. AIFS. The Longitudinal Study of Australian Children. growingupinaustralia.gov.au, 2015.

15. KALB, G. *et al.* Reading to young children. *Econ Educ Rev*, 40, 2014.

16. COUNCIL ON EARLY CHILDHOOD *et al.* Literacy promotion. *Pediatrics*, 134, 2014.

17. EGMONT. Children's reading for pleasure. 2019. Disponível em: farshore.co.uk.

18. RAIKES, H. *et al.* Mother-child bookreading in low-income families. *Child Dev*, 77, 2006.

19. PLANTE, I. *et al.* Student gender stereotypes. *Educ Psychol*, 29, 2009.

20. MUNTONI, F. *et al.* At their children's expense. *Learn Instr*, 60, 2019.

21. MUNTONI, F. *et al.* Gender-specific teacher expectations in reading. The role of teachers' gender stereotypes. *Contemp Educ Psychol*, 54, 2018.

22. MUNTONI, F. *et al.* Beware of Stereotypes. *Child Dev*, 92, 2021.

23. HEYDER, A. *et al.* Explaining academic-track boys' underachievement in language grades. *Br J Educ Psychol*, 87, 2017.

24. CNL/IPSOS. Les jeunes et la lecture (7-19 ans). 2016. Disponível em: centrenationaldulivre.fr.

25. MERGA, M. *et al.* Empowering Parents to Encourage Children to Read Beyond the Early Years. *Read Teach*, 72, 2018.

26. BAKER, M. *et al.* Boy-Girl Differences in Parental Time Investments. *J Hum Cap*, 10, 2016.

27. DESMURGET, M. *A fábrica de cretinos digitais: os perigos das telas para nossas crianças*. Tradução de Mauro Pinheiro. São Paulo: Vestígio, 2021.

28. DESMURGET, M. *TV Lobotomie* [2011]. Paris: J'ai Lu, 2013.

29. MCARTHUR, B. A. *et al.* Screen use relates to decreased offline enrichment activities. *Acta Paediatr*, 110, 2021.

30. VANDEWATER, E. A. *et al.* Time well spent?. *Pediatrics*, 117, 2006.

31. TOMOPOULOS, S. *et al.* Is exposure to media intended for preschool children associated with less parent-child shared reading aloud and teaching activities?. *Ambul Pediatr*, 7, 2007.

32. MCARTHUR, B. A. *et al.* Longitudinal Associations Between Screen Use and Reading in Preschool-Aged Children. *Pediatrics*, 147, 2021.

33. CNL/IPSOS. Les Français et la lecture (15 ans et plus). 2023. Disponível em: centrenationaldulivre.fr.

34. DURAND, M. 84 % des 7-11 ans aiment lire (même s'ils préfèrent regarder la télévision). 2019. Disponível em: huffingtonpost.fr.

35. J'AIME LIRE/HARRIS INTERACTIVE. Grande enquête: les enfants et la lecture (7-11 ans). 2019. Disponível em: jaimelire.com.

36. FEELEY, J. Children's Content Interest. A Factor Analytic Study. Paper presented at the Annual Meeting of the National Council of Teachers of English, Minneapolis, Minnesota, nov. 23-25, 1972.

37. RIDEOUT, V. *et al.* The Common Sense census: Media use by tweens and teens. 2019. Disponível em: commonsensemedia.org.

38. MERGA, M. *et al.* Parents as Social Influences Encouraging Book Reading. *J Libr Adm*, 58, 2018.

PRIMEIRA PARTE

39. GARCIA, S. *Le Goût de l'effort*. Paris: Puf, 2018.

40. LAHIRE, B. *Enfances de classe*. Paris: Seuil, 2019.

41. ROKICKI, S. *et al.* Heterogeneity in Early Life Investments. *Rev Income Wealth*, 66, 2020.

42. GARCIA, V. Les écrans rendent-ils crétins? "Non, c'est l'usage que l'on en fait". *L'Express*, 24 out. 2019.

43. BENJAMIN, A. Enfants "décérébrés": "Ce qui compte surtout c'est ce qu'ils font derrière les écrans". *L'Express*, 23 out. 2019.

44. DUNEAU, C. Usages du numérique: "La question du temps d'écran, c'est le degré zéro de l'analyse". *Le Monde*, 10 fev. 2021.

45. DESMURGET, M. Temps d'écran: "Cessons de cultiver le scepticisme". *Le Monde*, 2 mar. 2021.

46. ROBINSON, J. P. Television's impact on everyday life: Some cross-national evidence. *In*: RUBINSTEIN, E. A. *et al.* (ed.). *Television and Social Behavior. Reports and Papers*. US Government Printing Office, 1972. v. IV.

47. GADBERRY, S. Effects of restricting first graders' TV viewing on leisure time use, IQ change, and cognitive style. *J Appl Dev Psychol*, 1, 1980.

48. KNULST, W. *et al.* Trends in leisure reading. *Poetics*, 26, 1998.

49. CUMMINGS, H. M. *et al.* Relation of adolescent video game play to time spent in other activities. *Arch Pediatr Adolesc Med*, 161, 2007.

50. MERGA, M. *et al.* The influence of access to eReaders, computers and mobile phones on children's book reading frequency. *Comput Educ*, 109, 2017.

51. RIDEOUT, V. *et al.* Generation M2: Media in the lives of 8-18 year-olds. Kaiser Family Foundation, 2010.

52. WIECHA, J. L. *et al.* Household television access. *Ambul Pediatr*, 1, 2001.

53. SHIN, N. Exploring pathways from television viewing to academic achievement in school age children. *J Genet Psychol*, 165, 2004.

54. BARR-ANDERSON, D. J. *et al.* Characteristics associated with older adolescents who have a television in their bedrooms. *Pediatrics*, 121, 2008.

55. GARCIA-CONTINENTE, X. *et al.* Factors associated with media use among adolescents. *Eur J Public Health*, 24, 2014.

56. GENTILE, D. A. *et al.* Bedroom media. *Dev Psychol*, 53, 2017.

57. MAT RONI, S. *et al.* The Influence of Device Access and Gender on Children's Reading Frequency. *Publ Libr Q*, 36, 2017.

58. TWENGE, J. *et al.* Trends in U.S. Adolescents' media use, 1976-2016. *Psychol Pop Media Cult*, 8, 2019.

59. HERNAES, O. *et al.* Television, Cognitive Ability, and High School Completion. *J Hum Resour*, 54, 2019.

60. 13 BLOGS beauté qu'on suit pour se faire une beauté. 2021. Disponível em: elle.fr.

61. HUGHES-HASSELL, S. *et al.* The Leisure Reading Habits of Urban Adolescents. *J Adolesc Adult Lit*, 51, 2007.

62. SPEAR-SWERLING, L. *et al.* Relationships between sixth-graders' reading comprehension and two different measures of print exposure. *Read Writ*, 23, 2010.

63. OECD. PISA 2018 Results. 2019. v. I. Disponível em: oecd.org.

64. JERRIM, J. *et al.* The link between fiction and teenagers' reading skills. *Br Educ Res J*, 45, 2019.

65. CNL/IPSOS. Les Français et la BD (7-75 ans). 2020. Disponível em: centrenationaldulivre.fr.

66. JERRIM, J. *et al.* Does it matter what children read?. *Oxf Rev Educ*, 46, 2020.

67. BARON, N. *et al.* Doing the Reading. *Poet Today*, 42, 2021.

68. MAJDALANI, C. Les "Jeunes" ne lisent plus, cliché d'époque. *La Croix*, 8 out. 2021.

69. SÉRY, M. Partir en livre. Les livres et les jeunes: la situation n'est pas désespérée. *Le Monde*, 4 jul. 2019.

70. AISSAOUI, M. Mais si, les jeunes lisent. Et même treize livres par an!. *Le Figaro*, 19 jun. 2018.

71. LES JEUNES aiment lire et continuent à lire des livres papier. 2018. Disponível em: franceinfo.fr.

72. LECTURE: 86% des jeunes de 15 à 25 ans ont ouvert un livre récemment, selon une étude. 2018. Disponível em: 20minutes.fr.

73. ORESKES, N. *et al. Merchants of doubt.* New York: Bloomsbury, 2010.

74. BOHANNON, J. I Fooled Millions Into Thinking Chocolate Helps Weight Loss. Here's How. 2015. Disponível em: io9.gizmodo.com.

75. CNL/IPSOS. Les Jeunes adultes et la lecture (15-25 ans). 2018. Disponível em: centrenationaldulivre.fr.

76. CNL. Disponível em: www.centrenationaldulivre.fr/le-cnl-en-bref.

77. DEPP. Journée défense et citoyenneté 2020. Note 21.27. 2021.

78. LOMBARDO, P. *et al. Cinquante ans de pratiques culturelles en France*, Rapport réalisé sous l'égide du ministère de la Culture, 2020.

79. SPICHTIG, A. N. *et al.* The Decline of Comprehension-Based Silent Reading Efficiency in the United States. *Read Res Q,* 51, 2016.

80. BRYSBAERT, M. How many words do we read per minute?. *J Mem Lang,* 109, 2019.

81. CLARK, C. *et al. Children and young people's reading engagement in 2021*, National Literacy Trust research report. 2021. Disponível em: literacytrust.org.uk.

82. BERRY, T. *et al.* An Exploratory Analysis of Textbook Usage and Study Habits. *Coll Teach,* 59, 2010.

83. KERR, M. *et al.* Reading to Learn or Learning to Read?. *Coll Teach,* 65, 2017.

84. BURCHFIELD, C. *et al.* Compliance with required reading assignments. *Teach Psychol,* 27, 2000.

85. ASTIN, A. *et al.* The American Freshman 1994. heri.ucla.edu, 1994.

86. EAGAN, K. *et al.* The American Freshman 2015. heri.ucla.edu, 2016.

87. APPLEGATE, A. *et al.* The Peter Effect Revisited. *Lit Res Instr,* 53, 2014.

88. APPLEGATE, A. *et al.* The Peter Effect. *Read Teach,* 57, 2004.

89. MCKOOL, S. *et al.* Does Johnny's Reading Teacher Love to Read?. *Lit Res Instr,* 48, 2009.

90. MORRISON, T. *et al.* Do teachers who read personally use recommended literacy practices in their classrooms?. *Read Res Instr,* 38, 1998.

91. SKAAR, H. *et al.* Literature in decline?. *Teach Teach Educ,* 69, 2018.

92. BESSOL, J.-Y. *et al.* Concours de recrutement des professeurs des Écoles, Académie de Lille, Session 2022. Rapport de jury. 2022. Disponível em: ac-lille.fr.

93. NEW, B. *et al.* Lexique 2: a new French lexical database [versão de fato utilizada: lexique 3.83]. *Behav Res Methods Instrum Comput,* 36, 2004.

94. BIBLIOTHÈQUE numérique de TV5 monde. Disponível em: https://bibliothequenumerique.tv5monde.com/.

95. HUXLEY, A. *Le Meilleur des mondes* [1932]. Paris: Pocket, 2007.

96. CAPEL, F. *et al. Le Niveau baisse-t-il vraiment?* Paris: Magnard, 2009.

97. DEPP. www.education.gouv.fr/direction-de-l-evaluation-de-la-prospective-et-de-la-performance-depp-12389.

98. *Dictionnaire de l'Académie française.* Disponível em: www.dictionnaire-academie.fr/article/A9I0137.

99. LES BACS pros dans la galère universitaire. *Le Monde,* 28 set. 2012.

100. TODD, E. Le Taux de crétins diplômés ne cesse d'augmenter. *Socialter,* 48, 2021.

101. DEPP. Proportion de bacheliers dans une génération. 2021.

102. DEPP. Les Mentions au baccalauréat selon la voie. 2020.

103. STERNBERG, R. *et al.* The Predictive Value of IQ. *Merrill-Palmer Q,* 47, 2001.

104. ROTH, B. *et al.* Intelligence and school grades. *Intelligence,* 53, 2015.

105. GOTTFREDSON, L. *et al.* Intelligence Predicts Health and Longevity, but Why?. *Curr Dir Psychol Sci,* 13, 2004.

106. SANCHEZ-IZQUIERDO, M. *et al.* Intelligence and life expectancy in late adulthood. *Intelligence,* 98, 2023.

PRIMEIRA PARTE

107. LIE, S. A. *et al.* IQ and mental health are vital predictors of work drop out and early mortality. Multi-state analyses of Norwegian male conscripts. *PLoS One*, 12, 2017.

108. HE, X. *et al.* IQ, grit, and academic achievement. *Int J Educ Dev*, 80, 2021.

109. BUELOW, J. M. *et al.* Behavior and mental health problems in children with epilepsy and low IQ. *Dev Med Child Neurol*, 45, 2003.

110. MCGRATH, E. *et al.* Prediction of IQ and achievement at age 8 years from neurodevelopmental status at age 1 year in children with D-transposition of the great arteries. *Pediatrics*, 114, 2004.

111. ALEXANDRE, L. Aujourd'hui, on obtient le bac avec 80 de QI. 2019. Disponível em: causeur.fr.

112. CHUA, A. *et al. The Triple Package.* Penguin Books, 2014.

113. BOURDIEU, P. *et al. Les Héritiers.* Paris: Éditions de Minuit, 1964.

114. DUCKWORTH, A. L. *Grit.* New York: Scribner, 2016.

115. DUCKWORTH, A. L. *et al.* Self--discipline outdoes IQ in predicting academic performance of adolescents. *Psychol Sci*, 16, 2005.

116. COOPER, H. *et al.* Does Homework Improve Academic Achievement?. *Rev Educ Res*, 76, 2006.

117. RAWSON, K. *et al.* Homework and achievement. *J Educ Psychol*, 109, 2017.

118. GÖLLNER, R. *et al.* Is doing your homework associated with becoming more conscientious?. *J Res Pers*, 71, 2017.

119. MACCANN, C. *et al.* Emotional intelligence predicts academic performance. *Psychol Bull*, 146, 2020.

120. MURAT, F. *et al.* L'évolution des compétences des adultes. *Econ Stat*, 490, 2016.

121. MOLIÈRE. *Le Misanthrope* [1665]. 7. ed. Velhagen & Klasing, 1873.

122. ROJSTACZER, S. *et al.* Where a is Ordinary. *Teach Coll Rec*, 114, 2012.

123. GERSHENSON, S. Grade inflation in high schools [2005-2016]. Thomas B. Fordham Institute Report. 2018.

124. BABCOCK, P. Real Costs of Nominal Grade Inflation?. *Econ Inq*, 48, 2010.

125. WOODRUFF, D. *et al.* High school grade inflation from 1991 to 2003. ACT Research Report Series, 2004-04.

126. HURWITZ, M. *et al.* Grade inflation and the role of standardized testing. *In*: BUCKLEY, J. *et al.* (ed.). *Measuring success: Testing, grades, and the future of college admissions.* Johns Hopkins University Press, 2018.

127. BUTCHER, K. *et al.* The Effects of an Anti-Grade-Inflation Policy at Wellesley College. *J Econ Perspect*, 28, 2014.

128. LOVE, D. *et al.* Grades, Course Evaluations, and Academic Incentives. *East Econ J*, 36, 2010.

129. *Dictionnaire de l'Académie française.* Disponível em: www.dictionnaire-academie.fr/article/A9E0473.

130. RAVITCH, D. Every State Left Behind. 2005. Disponível em: nytimes.com.

131. FIESTER, L. *Early Warning.* Baltimore: Annie Casey Foundation, 2010.

132. NAEP. National Achievement-Level Results (chiffres 2019). nationsreportcard.gov, 2022.

133. IEA. PIRLS 2021. 2023. Disponível em: pirls2021.org.

134. ETEVE, Y. *et al.* Maîtrise de la langue en fin d'école. Note d'information n. 22.28, DEPP. 2022. Disponível em: education.gouv.fr.

135. DALIBARD, E. *et al.* CEDRE 2015 Note d'information n. 21. 2016. Disponível em: education.gouv.fr.

136. BELLAMY, F. *Les Déshérités.* Paris: Plon, 2014.

137. BRADBURY, R. *Fahrenheit 451* [1953]. Paris: Folio SF, 1995.

138. BRADBURY, R. citado em BERSON, M. Bradbury Still Believes in Heat of "Fahrenheit 451". 1993. Disponível em: seattletimes.com.

139. Uma lista de perguntas típicas, para os diferentes níveis PISA está disponível em diferentes línguas, no site da OCDE: www.oecd.org/pisa/test/. Acesso em: jun. 2023.

140. HANUSHEK, E. A. *et al.* The Role of Cognitive Skills in Economic Development. *J Econ Lit*, 46, 2008.

141. HANUSHEK, E. A. *et al.* Knowledge capital, growth, and the East Asian miracle. *Science*, 351, 2016.

142. OCDE. Le Coût élevé des faibles performances éducatives. 2010. Disponível em: oecd.org.

143. HANUSHEK, E. A. *et al.* Education, knowledge capital, and economic growth. *In*: BRADLEY, S. *et al.* (ed.). *The Economics of Education*. 2nd ed. Academic Press, 2020.

144. SPUTNIK Spurs Passage of the National Defense Education Act. senate.gov.

145. LANDMARK Legislation: National Aeronautics and Space Act of 1958. senate.gov.

146. FINN, C. A Sputnik Moment for U.S. Education. 2010. Disponível em: wsj.com.

147. SEIDENBERG, M. S. The Science of Reading and Its Educational Implications. *Lang Learn Dev*, 9, 2013.

148. OECD. PISA 2009 Results. 2010. v. I. Disponível em: oecd.org.

149. SCHLEICHER, M. PISA 2018. 2019. Disponível em: oecd.org.

150. PIB par habitant. 2022. Disponível em: banquemondiale.org.

151. POPULATION, total. 2022. Disponível em: banquemondiale.org.

152. FOURQUET, J. *et al. La France sous nos yeux*. Paris: Seuil, 2021.

153. BABEAU, O. *La Tyrannie du divertissement*. Paris: Buchet-Chastel, 2023.

154. CHUA, A. *Battle Hymn of the Tiger Mother*. Penguin Books, 2011.

155. HUNTSINGER, C. *et al.* Parental involvement in children's schooling. *Early Child Res Q*, 24, 2009.

156. CHAO, R. *et al.* Parenting of Asians. *In*: BORNSTEIN, M. (ed.). *Handbook of parenting*. London: Erlbaum, 2002. v. 4.

157. GLADWELL, M. *Outliers*. New York: Black Bay Books, 2008.

158. MARMOUYET, F. Éducation: la France mauvaise élève en matière d'égalité, selon l'enquête PISA. Disponível em: france24.com.

159. OECD. Effective Teacher Policies. 2018. Disponível em: oecd.org.

160. CHINE: les mineurs limités à 3 heures de jeu en ligne par semaine. 2021. Disponível em: lepoint.fr.

161. JEUX vidéo: la Chine limite drastiquement le temps de jeu des mineurs. 2021. Disponível em: lci.fr.

162. PHILLIPS, T. Taiwan orders parents to limit children's time with electronic games. 2015. Disponível em: telegraph.co.uk.

163. SIX, N. La Chine limite le temps d'utilisation de TikTok à 40 minutes par jour chez les moins de 14 ans. *Le Monde*, 20 set. 2021.

164. JERRIM, J. Why do East Asian children perform so well in PISA?. Working Paper. University College London, Institute of Education, 2014. Disponível em: repec.ucl.ac.uk.

165. CARTON, M. *et al.* Jusqu'où ira la montée en gamme des entreprises chinoises?. *J Ecole Paris*, 114, 2015.

166. YUE ZHANG, M. *et al.* China's "innovation machine". 2022. Disponível em: theconversation.com.

167. MADELINE, B. En dix ans, la Chine a multiplié par quatre les demandes de brevets en Europe. *Le Monde*, 5 abr. 2022.

168. ERICSSON, A. *et al. Peak*. Boston: Houghton Mifflin Harcourt, 2016.

169. TOUGH, P. *How children succeed*. New York: Random House, 2013.

170. COLVIN, G. *Talent is overrated*. Alberta, Canadá: Portfolio, 2010.

171. UN PROFESSEUR de l'université de Bretagne occidentale qualifie des étudiants de "quasi-débiles". 2021. Disponível em: lefigaro.fr.

172. CNRTL. Disponível em: www.cnrtl.fr/definition/débile.

173. ALTINOK, N. *et al.* Bref retour cliométrique sur 50 ans de performances scolaires en lecture et en mathématique en France. AFC, Working paper 04-23. 2023. Disponível em: ideas.repec.org.

174. ALTINOK, N. *et al.* Cliometrics of Learning-Adjusted Years of Schooling,

PRIMEIRA PARTE

AFC Working paper 02-23. 2023. Disponível em: ideas.repec.org.

175. ALDRIC, A. Average SAT Scores Over Time. 2021. Disponível em: prepscholar.com.

176. ACT. The Condition of College & Career Readiness. 2013-2019. Disponível em: act.org. Arquivos mais antigos e mais recentes disponíveis no site.

177. COMMON Core State Standards Initiative. Disponível em: www.corestandards.org. Acesso em: 1º mar. 2022.

178. GAMSON, D. *et al.* Challenging the Research Base of the Common Core State Standards. *Educ Res*, 42, 2013.

179. FITZGERALD, J. *et al.* Has First-Grade Core Reading Program Text Complexity Changed Across Six Decades?. *Read Res Q*, 51, 2016.

180. HAYES, D. *et al.* Schoolbook Simplification and Its Relation to the Decline in SAT-Verbal Scores. *Am Educ Res J*, 33, 1996.

181. HIEBERT, E. *et al.* Upping the Ante of Text Complexity in the Common Core State Standards. *Educ Res*, 42, 2013.

182. CRIGNON, A. Le Club des Cinq a perdu son passé simple (et pas mal d'autres choses aussi). 2017. Disponível em: nouvelobs.com.

183. BLYTON, E. *Le Club des Cinq et le trésor de l'île*. Paris: Hachette, 1962.

184. BLYTON, E. *Le Club des Cinq et le trésor de l'île*. Paris: Hachette, 2006.

185. WOLF, M. *Reader, come home*. New Yorks: Harper, 2018.

186. LES TEXTES classiques en abrégé: pour ou contre?. 2013. Disponível em: livredepochejeunesse.com.

187. SOLJÉNITSYNE, A. *L'Archipel du Goulag* [1973]. Paris: Points, 2014. Version abrégée.

188. VARNUM, M. E. W. *et al.* Why are song lyrics becoming simpler?. *PLoS One*, 16, 2021.

189. MCCOMBS, J. An Open Letter to Rihanna. 2012. Disponível em: time.com.

190. JORDAN, K. N. *et al.* Examining long-term trends in politics and culture through language of political leaders and cultural institutions. *Proc Natl Acad Sci USA*, 116, 2019.

191. CONWAY, L. G. *et al.* Are U.S. Presidents Becoming Less Rhetorically Complex?. *J Lang Soc Psychol*, 41, 2022.

192. LIM, E. *The Anti-Intellectual presidency*. Oxford: Oxford University Press, 2008.

193. KAYAM, O. The Readability and Simplicity of Donald Trump's Language. *Political Stud Rev*, 16, 2018.

194. CALVET, J.-L. *et al.* Les Mots de Nicolas Sarkozy. Paris: Seuil, 2008.

195. COPÉ, J-F. citado em GARA, J.-B. Copé croit toujours à la victoire. *Le Figaro*, 15 out. 2012.

196. POMPIDOU, G. *Anthologie de la poésie française* [1961]. Paris: Livre de Poche, 1974.

197. DE MAISTRE, J. *Œuvres complètes*. Lyon: Vitte et Perrussel, 1884. t. 8.

198. SLOCUM, T. *et al.* A review of research and theory on the relation between oral reading rate and reading comprehension. *J Behav Educ*, 5, 1995.

199. RASINSKI, T. *et al.* Is Reading Fluency a Key for Successful High School Reading?. *J Adolesc Adult Lit*, 49, 2005.

200. KLAUDA, S. *et al.* Relationships of three components of reading fluency to reading comprehension. *J Educ Psychol*, 100, 2008.

201. KIM, Y.-S. *et al.* Developmental relations between reading fluency and reading comprehension. *J Exp Child Psychol*, 113, 2012.

202. BIGOZZI, L. *et al.* Reading Fluency As a Predictor of School Outcomes across Grades 4-9. *Front Psychol*, 8, 2017.

203. FERNANDEZ, A. L. *et al.* Reading fluency as a measure of educational level. *Dement Neuropsychol*, 15, 2021.

204. ETEVE, Y. *et al.* Les Performances en orthographe des élèves de CM2 toujours en baisse, mais de manière moins marquée en 2021. Note d'information n. 22.37, DEPP. 2022. Disponível em: education.gouv.fr.

205. ANDREU, S. *et al.* Les Performances en orthographe des élèves en fin d'école primaire (1987-2007-2015). Note d'information n. 28. 2016. Disponível em: education.gouv.fr.

206. PENALISER les fautes à l'écrit: une pratique "élitiste" selon une université anglaise. 2021. Disponível em: lefigaro.fr.

207. DELEVEY, A. Claude Lussac: "L'orthographe est discriminatoire". *Le Figaro*, 3 dez. 2019.

208. FAUT-IL en finir avec la tyrannie de l'orthographe?. *Ça m'intéresse*, 27 jun. 2022.

209. ZEID, J. #JeSuisCirconflexe: les "grammar nazis" veulent sauver le soldat circonflexe. 2016. Disponível em: francetvinfo.fr.

210. POULIQUEN, F. "Je tenez a mescusez": Jul est-il une victime de plus de la discrimination par l'orthographe?. 2017. Disponível em: 20minutes.fr.

211. EHRI, L. Learning To Read and Learning To Spell. *Top Lang Disord*, 20, 2000.

212. RETELSDORF, J. *et al.* Reciprocal effects between reading comprehension and spelling. *Learn Individ Differ*, 30, 2014.

213. MIMEAU, C. *et al.* The Role of Orthographic and Semantic Learning in Word Reading and Reading Comprehension. *Sci Stud Read*, 22, 2018.

214. MURPHY, K. A. *et al.* Lexical-Level Predictors of Reading Comprehension in Third Grade. *Am J Speech-Lang Pathol*, 28, 2019.

215. CUNNINGHAM, A. *et al.* Orthographic Processing in Models of Word Recognition. *In*: KAMIL, M. *et al.* (ed.). *Handbook of Reading Research*. Oxfordshire: Routledge, 2011. v. IV.

216. WILLINGHAM, D. *The Reading Mind*. Hoboken, NJ: Jossey-Bass, 2017.

217. DEHAENE, S. *Les Neurones de la lecture*. Paris: Odile Jacob, 2007.

218. CASTLES, A. *et al.* Ending the Reading Wars. *Psychol Sci Public Interest*, 19, 2018.

SEGUNDA PARTE

1. CUNNINGHAM, P. If They Don't Read Much, How They Ever Gonna Get Good?. *Read Teach*, 59, 2005.

2. INSERM. Troubles spécifiques des apprentissages. 2017. Disponível em: inserm.fr.

3. ALLINGTON, R. If They Don't Read Much, How They Ever Gonna Get Good?. *J Read*, 21, 1977.

4. PECH, M.-E. *et al.* Niveau scolaire: la France stagne dans le classement Pisa. *Le Figaro*, 3 dez. 2019.

5. PIQUEMAL, M. Pisa: les inégalités entre élèves restent très élevées, mais stables. *Libération*, 3 dez. 2019.

6. MARMOUYET, F. Éducation: la France mauvaise élève en matière d'égalité, selon l'enquête Pisa. 2019. Disponível em: france24.com.

7. DEHAENE, S. *Les Neurones de la lecture*. Paris: Odile Jacob, 2007.

8. *Dictionnaire de l'Académie française*. Disponível em: www.dictionnaire-academie.fr/article/A9R1657.

9. NOVACK, M. A. *et al.* Becoming human. *Philos Trans R Soc Lond B Biol Sci*, 375, 2020.

10. DEHAENE-LAMBERTZ, G. *et al.* Functional neuroimaging of speech perception in infants. *Science*, 298, 2002.

11. PENA, M. *et al.* Sounds and silence. *Proc Natl Acad Sci USA*, 100, 2003. 359

12. GERVAIN, J. *et al.* The neonate brain detects speech structure. *Proc Natl Acad Sci USA*, 105, 2008.

13. MAY, L. *et al.* The specificity of the neural response to speech at birth. *Dev Sci*, 21, 2018.

14. MAHMOUDZADEH, M. *et al.* Syllabic discrimination in premature human infants prior to complete formation of cortical layers. *Proc Natl Acad Sci USA*, 110, 2013.

15. KUHL, P. K. Early language acquisition: neural substrates and theoretical models. *In*: GAZZANIGA, M. (ed.). *The Cognitive Neurosciences IV*. Cambridge, MA: MIT Press, 2009.

16. KUHL, P. K. Brain mechanisms in early language acquisition. *Neuron*, 67, 2010.

SEGUNDA PARTE

17. DEHAENE-LAMBERTZ, G. *et al.* The Infancy of the Human Brain. *Neuron*, 88, 2015.

18. PERSZYK, D.R. *et al.* Linking Language and Cognition in Infancy. *Annu Rev Psychol*, 69, 2018.

19. HILLERT, D. How did language evolve in the lineage of higher primates?. *Lingua*, 264, 2021.

20. CHRISTIANSEN, M. H. *et al.* Language as shaped by the brain (paper and commentaries). *Behav Brain Sci*, 31, 2008.

21. SCHOENEMANN, P. T. Evolution of brain and language. *Prog Brain Res*, 195, 2012.

22. KUHL, P. K. Early language acquisition. *Nat Rev Neurosci*, 5, 2004.

23. DENNIS, M. Language disorders in children with central nervous system injury. *J Clin Exp Neuropsychol*, 32, 2010.

24. FRIEDMANN, N. *et al.* Critical period for first language. *Curr Opin Neurobiol*, 35, 2015.

25. ROBINSON, A. *The Story of Writting*, 2. ed. London: Thames & Hudson, 2007.

26. GNANADESIKAN, A. *The Writing Revolution*. Hoboken, NJ: Wiley--Blackwell, 2009.

27. CAREY, J. *A Little History of Poetry*. New Haven, Connecticut: Yale University Press, 2020.

28. BOORSTIN, D. *Les Découvreurs*. Paris: Robert Laffont, 1988.

29. WOLF, M. *Reader come home*. New York: Harper, 2018.

30. DEHAENE, S. *et al.* Cultural recycling of cortical maps. Neuron, 56, 2007.

31. DESMURGET, M. *et al.* Contrasting acute and slow-growing lesions. *Brain*, 130, 2007.

32. COSTANDI, M. *Neuroplasticity*. Cambridge, MA: MIT Press, 2016.

33. SEIDENBERG, M. *Language at the speed of sight*. New York: Basic Books, 2017.

34. DEHAENE, S. *Apprendre à lire*. Paris: Odile Jacob, 2011.

35. WOLF, M. *Proust and the Squid*. New York: Harper Perennial, 2007.

36. YEATMAN, J. D. *et al.* Reading. *Annu Rev Vis Sci*, 7, 2021.

37. HOROWITZ-KRAUS, T. *et al.* From emergent literacy to reading. *Acta Paediatr*, 104, 2015.

38. DEHAENE, S. *et al.* Illiterate to literate. *Nat Rev Neurosci*, 16, 2015.

39. CASTLES, A. *et al.* Ending the Reading Wars. *Psychol Sci Public Interest*, 19, 2018.

40. VIDAL, C. citado em Vos questions sur l'éducation des enfants. 20 Minutes, 24 ago. 2009.

41. DELESALLE, N. Des trésors plein la tête. *Télérama*, 18 jun. 2010.

42. BERTHEREAU, J. Échec scolaire, décrochage: les neurosciences au secours des élèves. *Les Échos*, 21 ago. 2021.

43. MAY, A. Experience-dependent structural plasticity in the adult human brain. *Trends Cogn Sci*, 15, 2011.

44. ZATORRE, R. J. *et al.* Plasticity in gray and white. *Nat Neurosci*, 15, 2012.

45. DRAGANSKI, B. *et al.* Changes in grey matter induced by training. *Nature*, 427, 2004.

46. SCHOLZ, J. *et al.* Training induces changes in white-matter architecture. *Nat Neurosci*, 12, 2009.

47. GRACIAN, B., *L'Homme de cour*. Paris: François Barbier, 1696.

48. MAGUIRE, E. A. *et al.* Recalling routes around London. *J Neurosci*, 17, 1997.

49. KUHN, S. *et al.* Playing Super Mario induces structural brain plasticity. *Mol Psychiatry*, 19, 2014.

50. FENG, X. *et al.* A universal reading network and its modulation by writing system and reading ability in French and Chinese children. *Elife*, 9, 2020.

51. LUBRANO, V. *et al.* Explorations du langage par stimulations électriques directes peropératoires. *Rev Neuropsychol*, 4, 2012.

52. RAUSCHECKER, A. M. *et al.* Visual feature-tolerance in the reading network. *Neuron*, 71, 2011.

53. DEHAENE, S. *et al.* How learning to read changes the cortical networks

for vision and language. *Science*, 330, 2010.

54. RUECKL, J. G. *et al.* Universal brain signature of proficient reading. *Proc Natl Acad Sci USA*, 112, 2015.

55. BENTOLILA, A. *La Maternelle: au front des inégalités linguistiques et sociales*, Rapport commandé par Xavier Darcos, ministre de l'Éducation nationale, 2007.

56. RAYNER, K. *et al.* So Much to Read, So Little Time. *Psychol Sci Public Interest*, 17, 2016.

57. BRYSBAERT, M. *et al.* How Many Words Do We Know?. *Front Psychol*, 7, 2016.

58. SEGBERS, J. *et al.* How many words do children know?. *Lang Test*, 34, 2017.

59. LÉTÉ, B. Building the mental lexicon by exposure to print. *In*: BONIN, P. (ed.). *Mental lexicon*. Hauppauge, New York: Nova Science Publisher, 2003.

60. *Dictionnaire de l'Académie française.* Disponível em: www.dictionnaire-academie.fr/article/A9P0712.

61. *Dictionnaire de l'Académie française.* Disponível em: www.dictionnaire-academie.fr/article/A9H0883.

62. *Dictionnaire de l'Académie française.* Disponível em: www.dictionnaire-academie.fr/article/A9H0871.

63. STANOVICH, K. *et al.* The Role of Inadequate Print Exposure as a Determinant of Reading Comprehension Problems. *In*: CORNOLDI, C. *et al.* (ed.). *Reading comprehension difficulties: Processes and interventions*. London: Erlbaum, 1996.

64. CUNNINGHAM, A. *et al.* *Book Smart*. Oxford: Oxford University Press, 2014.

65. DUURSMA, E. *et al.* Reading aloud to children. *Arch Dis Child*, 93, 2008. 361

66. *Dictionnaire de l'Académie française.* Disponível em: www.dictionnaire-academie.fr/article/A9H0902.

67. WILLINGHAM, D. *The Reading Mind*. Hoboken, NJ: Jossey-Bass, 2017.

68. HIRSCH, E. *The Knowledge Deficit*. Boston: Houghton Mifflin Hartcourt, 2006.

69. CHRISTODOULOU, D. *Seven Myths About Education*. Oxfordshire: Routledge, 2014.

70. WILLINGHAM, D. *Raising Kids Who read*. Hoboken, NJ: Jossey-Bass, 2015.

71. VOLLMAR, S. À quel âge un enfant doit-il savoir lire?. 2010. Disponível em: magicmaman.com.

72. LA RENTREE en CP: même pas peur de l'apprentissage de la lecture avec J'aime lire!. 2021. Disponível em: bayard-jeunesse.com.

73. SUCHAUD, B. Temps disponible et temps nécessaire pour apprendre à lire. cafepedagogique.net, 2015.

74. WHITEHURST G. J. *et al.* Child development and emergent literacy. *Child Dev*, 69, 1998.

75. CHARMEUX, E. Mais oui, la méthode de lecture a de l'importance. *Pratiques*, 35, 1982.

76. GADAMER, H.-G. *Hermeneutik, Ästhetik, Praktische Philosophie*, Heidelberg: Universitätsverlag C. Winter, 1993.

77. CHALL, J. *et al.* The Classic Study on Poor Children's Fourth-Grade Slump. *Am Educ*, 27, 2003.

78. PARATORE, J. *et al.* Supporting Early (and Later) Literacy Development at Home and at School. *In*: KAMIL M. *et al.* (ed.). *Handbook of Reading Research*. Oxfordshire: Routledge, 2011. v. IV.

79. CHALL, J. *et al.* *The Reading Crisis. Why Poor Children Fall Behind*. Cambridge, MA: Harvard University Press, 1990.

80. JUEL, C. Learning to read and write. *J Educ Psychol*, 80, 1988.

81. DUKE, N. *et al.* The Development of Comprehension. *In*: KAMIL M. *et al.* (ed.). *Handbook of Reading Research*. Oxfordshire: Routledge, 2011. v. IV.

82. GENTAZ, E. *et al.* Differences in the predictors of reading comprehension in first graders from low socio-economic status families with either good or

poor decoding skills. *PLoS One*, 10, 2015.

83. LARRC. Learning to Read. *Read Res Q*, 50, 2015.

84. CATTS, H. W. *et al.* Developmental changes in reading and reading disabilities. *In*: CATTS, H. W. *et al.* (ed.). *The Connections between language and reading disabilities.* London: Erlbaum, 2005.

85. HULME, C. *et al.* Children's Reading Comprehension Difficulties. *Curr Dir Psychol Sci*, 20, 2011.

86. CATTS, H. W. *et al.* Language deficits in poor comprehenders. *J Speech Lang Hear Res*, 49, 2006.

87. NATION, K. *et al.* Hidden language impairments in children. *J Speech Lang Hear Res*, 47, 2004.

88. BAKER, L. *et al.* Home and family influences on motivations for reading. *Educ Psychol*, 32, 1997.

89. KUSH, J. *et al.* The Temporal-Interactive Influence of Reading Achievement and Reading Attitude. *Educ Res Eval*, 11, 2005.

90. BLYTON, E. *Jojo Lapin a des problems.* Paris: Hachette, 2005.

91. SORIN, C. *et al. L'Ogre de la librairie.* Paris: L'École des Loisirs, 2022.

92. FINE, A. *Le Journal d'un chat assassin.* Paris: L'École des Loisirs, 1997.

93. CUNNINGHAM, A. *et al.* What reading does for the mind. *Am. Educ.*, 22, 1998.

94. HAYES, D. Speaking and writing. *J Mem Lang*, 27, 1988.

95. MORPURGO, M. *Le Lion blanc.* Paris: Folio Cadet, 1998.

96. TOPPING, K. J. *et al.* Does practice make perfect?. *Learn Instr*, 17, 2007.

97. ALLINGTON, R. *et al.* Reading Volume and Reading Achievement. *Read Res Q*, 56, 2021.

98. MARINKOVIC, K. Spatiotemporal dynamics of word processing in the human cortex. *Neuroscientist*, 10, 2004.

99. PAMMER, K. *et al.* Visual word recognition. *Neuroimage*, 22, 2004.

100. ZIEGLER, J.-C. *et al.* Do Words Stink?. *J Cogn Neurosci*, 30, 2018.

101. PONZ, A. *et al.* Emotion processing in words. *Soc Cogn Affect Neurosci*, 9, 2014.

102. HSU, C. T. *et al.* The emotion potential of words and passages in reading Harry Potter – an fMRI study. *Brain Lang*, 142, 2015.

103. WASSILIWIZKY, E. *et al.* The emotional power of poetry. *Soc Cogn Affect Neurosci*, 12, 2017.

104. MAR, R. Stories and the Promotion of Social Cognition. *Curr Dir Psychol Sci*, 27, 2018.

105. MAR, R. A. The neural bases of social cognition and story comprehension. *Annu Rev Psychol*, 62, 2011.

106. BARROS-LOSCERTALES, A. *et al.* Reading salt activates gustatory brain regions. *Cereb Cortex*, 22, 2012.

107. GONZALEZ, J. *et al.* Reading cinnamon activates olfactory brain regions. *Neuroimage*, 32, 2006.

108. GENTILUCCI, M. *et al.* Language and motor control. *Exp Brain Res*, 133, 2000.

109. HAUK, O. *et al.* Somatotopic representation of action words in human motor and premotor cortex. *Neuron*, 41, 2004.

110. SPEER, N. K. *et al.* Reading stories activates neural representations of visual and motor experiences. *Psychol Sci*, 20, 2009.

111. SANDEL, M. *What Money can't buy.* New York: Farrar, Straus & Giroux, 2012.

112. DELEVEY, A. Claude Lussac: "L'orthographe est discriminatoire". *Le Figaro*, 3 dez. 2019.

113. NEGRE littéraire. France Terme Disponível em: www.culture.fr/France-Terme/Recommandations-d-usage/NEGRE-LITTERAIRE. Acesso em: 26 maio 2023.

114. OGIER, J.-M. Écrivain fantôme ou le très lucratif métier de nègre littéraire. 2017, Disponível em: franceinfo.fr.

115. VOUS êtes seul, pourquoi ne pas louer un ami?. 2014. Disponível em: 20minutes.fr.

116. ERICSSON, A. *et al. Peak.* Boston: Houghton Mifflin Harcourt, 2016.

117. GLADWELL, M. *Outliers*. New York: Black Bay Books, 2008.

118. ERICSSON, K. A. *et al.* Toward a science of exceptional achievement. *Ann N Y Acad Sci*, 1172, 2009.

119. DESMURGET, M. *A fábrica de cretinos digitais: os perigos das telas para nossas crianças*. Tradução de Mauro Pinheiro. São Paulo: Vestígio, 2021.

120. COLVIN, G. *Talent is overrated*. Alberta, Canadá: Portfolio, 2010.

121. LEUNG, C. Y. Y. *et al.* What Parents Know Matters. *J Pediatr*, 221, 2020.

122. ROWE, M. *et al.* The Role of Parent Education and Parenting Knowledge in Children's Language and Literacy Skills among White, Black, and Latino Families. *Infant Child Dev*, 25, 2016.

123. MCGILLICUDDY-DELISI, A. *et al.* Parental beliefs. *In*: BORNSTEIN, M. (ed.). *Handbook of parenting*. London: Erlbaum, 1995. v. 3.

124. RAYNER, K. Eye movements and attention in reading, scene perception, and visual search. *Q J Exp Psychol* (Hove), 62, 2009.

125. NODINE, C. *et al.* Development of visual scanning strategies for differentiating words. *Dev Psychol*, 5, 1971.

126. STARR, M. S. *et al.* Eye movements during reading. *Trends Cogn Sci*, 5, 2001.

127. RAYNER, K. Eye movements in reading and information processing. *Psychol Bull*, 85, 1978.

128. Woody Allen citado em OLIVER, M. Evelyn Wood; Pioneer in Speed Reading. *Los Angeles Times*, 31 ago. 1995.

129. SPICHTIG, A. N. *et al.* The Decline of Comprehension-Based Silent Reading Efficiency in the United States. *Read Res Q*, 51, 2016.

130. BRYSBAERT, M. How many words do we read per minute?. *J Mem Lang*, 109, 2019.

131. HUGO, V. *Les Travailleurs de la mer* [1866]. Paris: Folio classique, 1980.

132. ZOLA, É. *Mes haines* [1866]. Paris: Charpentier, 1879.

133. FRAISSE, P. Why is naming longer than reading?. *Acta Psychol*, 30, 1969.

134. FERRAND, L. Why naming takes longer than reading?. *Acta Psychol*, 100, 1999.

135. RIES, S. *et al.* Corrigendum to Why does picture naming take longer than word naming?. *Psychon Bull Rev*, 22, 2015.

136. VALENTE, A. *et al.* "When" Does Picture Naming Take Longer Than Word Reading?. *Front Psychol*, 7, 2016.

137. DEHAENE, S. *et al.* Cerebral mechanisms of word masking and unconscious repetition priming. *Nat Neurosci*, 4, 2001.

138. BARGH, J. A. *et al.* Automaticity in social-cognitive processes. *Trends Cogn Sci*, 16, 2012.

139. DIJKSTERHUIS, A. *et al.* Goals, attention, and (un) consciousness. *Annu Rev Psychol*, 61, 2010.

140. AARTS, H. *et al.* Preparing and motivating behavior outside of awareness. *Science*, 319, 2 008.

141. GUIGON, E. *et al.* Computational motor control. *J Neurophysiol*, 97, 2007.

142. MACLEOD, C. M. Half a century of research on the Stroop effect. *Psychol Bull*, 109, 1991.

143. STROOP, J. R. Studies of interference in serial verbal reactions. *J Exp Psychol*, 18, 1935.

144. STARREVELD, P. A. *et al.* Picture-word interference is a Stroop effect. *Psychon Bull Rev*, 24, 2017.

145. JOO, S. J. *et al.* Automaticity in the reading circuitry. *Brain Lang*, 214, 2021.

146. CUNNINGHAM, A. *et al.* Orthographic Processing in Models of Word Recognition. *In*: KAMIL, M. *et al.* (ed.). *Handbook of Reading Research*. Oxfordshire: Routledge, 2011. v. IV.

147. BIGOZZI, L. *et al.* Reading Fluency as a Predictor of School Outcomes across Grades 4-9. *Front Psychol*, 8, 2017.

148. BLOOM, P. How Children Learn the Meaning of Words. Cambridge, MA: MIT Press, 2000.

149. BASSANO, D. La constitution du lexique. *In*: KAIL M. *et al.* (ed.).

SEGUNDA PARTE

L'Acquisition du langage. Le langage en émergence. Paris: Puf, 2000.

150. HART, B. *et al. Meaningful differences.* Baltimore: Paul H Brookes Publishing Co, 1995.

151. YEATMAN, J. D. *et al.* Anatomy of the visual word form area. *Brain Lang,* 125, 2013.

152. BOUHALI, F. *et al.* Anatomical connections of the visual word form area. *J Neurosci,* 34, 2014.

153. SAYGIN, Z. M. *et al.* Connectivity precedes function in the development of the visual word form area. *Nat Neurosci,* 19, 2016.

154. DEHAENE-LAMBERTZ, G. *et al.* The emergence of the visual word form. *PLoS Biol,* 16, 2018.

155. TURKELTAUB, P. F. *et al.* Development of neural mechanisms for reading. *Nat Neurosci,* 6, 2003.

156. YEATMAN, J. D. *et al.* Development of white matter and reading skills. *Proc Natl Acad Sci USA,* 109, 2012.

157. THIEBAUT DE SCHOTTEN, M. *et al.* Learning to read improves the structure of the arcuate fasciculus. *Cereb Cortex,* 24, 2014.

158. LOPEZ-BARROSO, D. *et al.* Impact of literacy on the functional connectivity of vision and language related networks. *Neuroimage,* 213, 2020.

159. PEGADO, F. *et al.* Timing the impact of literacy on visual processing. *Proc Natl Acad Sci USA,* 111, 2014.

160. MOULTON, E. *et al.* Connectivity between the visual word form area and the parietal lobe improves after the first year of reading instruction. *Brain Struct Funct,* 224, 2019.

161. BREM, S. *et al.* Brain sensitivity to print emerges when children learn letter- speech sound correspondences. *Proc Natl Acad Sci USA,* 107, 2010.

162. FROYEN, D. J. *et al.* THE long road to automation. *J Cogn Neurosci,* 21, 2009.

163. *Dictionnaire de l'Académie française.* Disponível em: www.dictionnaire-academie.fr/article/A9O0807.

164. *Dictionnaire de l'Académie française.* Disponível em: www.dictionnaire-academie.fr/article/A9P2027.

165. *Dictionnaire de l'Académie française.* Disponível em: www.dictionnaire-academie.fr/article/A9D2496.

166. *Dictionnaire de l'Académie française.* Disponível em: www.dictionnaire-academie.fr/article/A9M2859.

167. VINCKIER, F. *et al.* Hierarchical coding of letter strings in the ventral stream. *Neuron,* 55, 2007.

168. BINDER, J. R. *et al.* Tuning of the human left fusiform gyrus to sublexical orthographic structure. *Neuroimage,* 33, 2006.

169. CONRAD, M. *et al.* Syllables and bigrams. *J Exp Psychol Hum Percept Perform,* 35, 2009.

170. GLEZER, L. S. *et al.* Evidence for highly selective neuronal tuning to whole words in the "visual word form area". *Neuron,* 62, 2009.

171. REY, A. *et al.* Graphemes are perceptual reading units. *Cognition,* 75, 2000.

172. LELONKIEWICZ, J. *et al.* Morphemes as letter chunks. *J Mem Lang,* 115, 2020.

173. ADAMS, M. What good is orthographic redundancy?. *Center for the Study of Reading,* Technical report, n. 192 eric.ed.gov, 1980.

174. STANOVICH, K. *et al.* Exposure to Print and Orthographic Processing. *Read Res Q,* 24, 1989.

175. LEWELLEN, M. J. *et al.* Lexical familiarity and processing efficiency. *J Exp Psychol Gen,* 122, 1993.

176. CHATEAU, D. *et al.* Exposure to print and word recognition processes. *Mem Cognit,* 28, 2000.

177. ESTES, W. K. *et al.* Serial position functions for letter identification at brief and extended exposure durations. *Percept Psychophys,* 19, 1976.

178. ADAMS, M. Models Of word recognition. *Cogn Psychol,* 11, 1979.

179. RICE, G. A. *et al.* The role of bigram frequency in the perception of words and nonwords. *Mem Cognit,* 3, 1975.

180. MCCLELLAND, J. L. Preliminary letter identification in the perception of words and nonwords. *J Exp Psychol Hum Percept Perform,* 2, 1976.

181. SHARE, D. L. Orthographic learning, phonological recoding, and self- teaching. *Adv Child Dev Behav*, 36, 2008.

182. CASTLES, A. *et al.* How does orthographic learning happen?. *In*: ANDREWS, S. (ed.). *From inkmarks to ideas: Current issues in lexical processing*. London: Psychology Press, 2010.

183. ZIEGLER, J.-C. *et al.* Modelling reading development through phonological decoding and self-teaching. *Philos Trans R Soc Lond B Biol Sci*, 369, 2014.

184. TAYLOR, J. S. *et al.* Can cognitive models explain brain activation during word and pseudoword reading?. *Psychol Bull*, 139, 2013.

185. GLEZER, L. S. *et al.* Adding words to the brain's visual dictionary. *J Neurosci*, 35, 2015.

186. WIMMER, H. *et al.* Searching for the Orthographic Lexicon in the Visual Word Form Area. *In*: LACHMANN, T. *et al.* (ed.). *Reading and Dyslexia*. New York: Springer International Publishing, 2018.

187. *Dictionnaire de l'Académie française.* Disponível em: www.dictionnaire-academie.fr/article/A9S1117.

188. RASTLE, K. The place of morphology in learning to read in English. *Cortex*, 116, 2019.

189. *Dictionnaire de l'Académie française.* Disponível em: www.dictionnaire-academie.fr/article/A9G1257.

190. LES FRANÇAIS et l'orthographe. Pesquisa Harris Interactive para *L'Obs*. 2016. Disponível em: harris-interactive.fr.

191. The Nobel Prize. Disponível em: www.nobelprize.org/prizes/lists/all-nobel-prizes-in-literature.

192. ZIEGLER, J. *et al.* Statistical analysis of the bidirectional inconsistency of spelling and sound in French. *Behav Res Methods*, 28, 1996.

193. STONE, G. *et al.* Perception Is a Two-Way Street. *J Mem Lang*, 36, 1997.

194. SEYMOUR, P. H. *et al.* Foundation literacy acquisition in European orthographies. *Br J Psychol*, 94, 2003.

195. IEA. PIRLS 2021. 2023. Disponível em: pirls2021.org.

196. OECD. PISA 2018 Results. 2019. v. I. Disponível em: oecd.org.

197. SPENCER, L. H. *et al.* Learning a transparent orthography at five years old. *J Res Read*, 27, 2004.

198. SPENCER, L. H. *et al.* Effects of orthographic transparency on reading and phoneme awareness in children learning to read in Wales. *Br J Psychol*, 94, 2003.

199. HANLEY, R. *et al.* How long do the advantages of learning to read a transparent orthography last?. *Q J Exp Psychol A*, 57, 2004.

200. MOATS, L. How Spelling Supports Reading. *Am Educ*, 29, 2005.

201. TOURRET, L. Défendre les accents circonflexes, c'est défendre une pratique élitiste et stérile. 2016. Disponível em: slate.fr.

202. AFP. L'Avenir de l'orthographe française est dans le correcteur automatique, selon un collectif universitaire. rtbf.be, 2023.

203. *Dictionnaire de l'Académie française.* Disponível em: www.dictionnaire-academie.fr/article/A9R0143.

204. SEBALD, W. *Austerlitz*. Paris: Actes Sud, 2002.

205. CHEVALIER, J. *et al. Grammaire du français contemporain*. Paris: Larousse, 1964.

206. Citado em CAPEL, F.; DUBOIS, F. *Le Niveau baisse-t-il vraiment?* Paris: Magnard, 2009.

207. CARON, O. *Les Petites Phrases qui ont fait la grande histoire*. Paris: Vuibert, 2017.

208. WEXLER, N. *The Knowledge Gap*. New York: Avery, 2020.

209. SHANAHAN, T. *et al.* The challenge of challenging text. *Educ Leadersh*, 69, 2012.

210. OLSON, D. *et al.* Talking about text. *J Pragmat*, 14, 1990.

211. EISENSTEIN, E. *The printing press as an agent of change*. Cambridge: Cambridge University Press, 1979. v. I-II.

212. STEVENSON, V. Words. *The Evolution of Western Language*. Washington, DC: Van Nostrand Reinhold, 1983.

SEGUNDA PARTE

213. BRUNOT, F. *Histoire de la langue française*, tomo II. Paris: Armand Colin, 1906.
214. ACADEMIE FRANÇAISE. Les Missions. 2022. Disponível em: academie-francaise.fr.
215. NATION, K. *et al.* Book Language and Its Implications for Children's Language, Literacy, and Development. *Curr Dir Psychol Sci*, 31, 2022.
216. MONTAG, J. L. Differences in sentence complexity in the text of children's picture books and child-directed speech. *First Lang*, 39, 2019.
217. MONTAG, J. L. *et al.* Text exposure predicts spoken production of complex sentences in 8 – and 12-year-old children and adults. *J Exp Psychol Gen*, 144, 2015.
218. CAMERON-FAULKNER, T. *et al.* A comparison of book text and Child Directed Speech. *First Lang*, 33, 2013.
219. ROLAND, D. *et al.* Frequency of Basic English Grammatical Structures. *J Mem Lang*, 57, 2007.
220. HSIAO, Y. *et al.* The nature and frequency of relative clauses in the language children hear and the language children read. *J Child Lang*, 2022.
221. HAYES, D. *et al.* Vocabulary simplification for children. *J Child Lang*, 15, 1988.
222. MASSARO, D. Two Different Communication Genres and Implications for Vocabulary Development and Learning to Read. *J Lit Res*, 47, 2015.
223. MONTAG, J. L. *et al.* The Words Children Hear. *Psychol Sci*, 26, 2015.
224. DAWSON, N. *et al.* Features of lexical richness in children's books. *Lang Dev Res*, 1, 2021.
225. LONSDALE, D. *et al.* *A Frequency Dictionary of French*. Oxfordshire: Routledge, 2009.
226. DAVIES, M. *et al.* *A Frequency Dictionary of Contemporary American English*. Oxfordshire: Routledge, 2010.
227. NEW, B. *et al.* Lexique 2: a new French lexical database [version effectivement utilisée: lexique 3.83]. *Behav Res Methods Instrum Comput*, 36, 2004.
228. RAMOS, M, *C'est moi le plus fort (3 à 6 ans)*. Paris: L'École des Loisirs, 2002.
229. PIFFARETTI, M. *La Petite Poule rousse*. Paris: Hachette Jeunesse, 2008.
230. ANGEBAULT, E. *Hänsel et Gretel* [1812]. Paris: Hachette Jeunesse, 2008.
231. LAURENT, N. *et al. Le Cheval de troie*. Paris: L'École des Loisirs, 2009.
232. LAURENT, N. *et al. La Ruse d'Ulysse*. Paris: L'École des Loisirs, 2010.
233. BAINES, L. From Page to Screen. *J Adolesc Adult Lit*, 39, 1996.
234. BRONTË, E. *Wuthering Heights* [1847]. New York: Random House, 1950.
235. The 12th academy awards. 1940. Disponível em: www.oscars.org/oscars/ceremonies/1940. Acesso em: 20 maio 2023.
236. National Film Registry. Library of Congress. Disponível em: www.loc.gov/programs/national-film-preservation-board/film-registry/complete-national-film-registry- listing/. Acesso em: 20 maio 2023.
237. LEFEVRE, A. *et al. Hansel et Gretel* [1812]. Paris: Maxi-Livres, 2005.
238. VERNE, J. *Le Tour du monde en quatre-vingts jours* [1872]. Paris: J'ai Lu, 2013.
239. NATION, I. How Large a Vocabulary Is Needed For Reading and Listening?. *Can Mod Lang Rev*, 63, 2006.
240. HU, M. *et al.* Vocabulary density and reading comprehension. *Read Foreign Lang*, 13, 2006.
241. CARVER, R. Percentage of Unknown Vocabulary Words in Text as a Function of the Relative Difficulty of the text. *J Read Behav*, 26, 1994.
242. PERRAULT, C. *Les Contes* [1691 e seguintes]. Paris: Hetzel, 1869.
243. SCHMITT, N. *et al.* The Percentage of Words Known in a Text and Reading Comprehension. *Mod Lang J*, 95, 2011.
244. JOHNSON, J. S. *et al.* Critical period effects in second language learning. *Cogn Psychol*, 21, 1989.
245. WEBER-FOX, C. M. *et al.* Maturational Constraints on Functional Spe-

cialias for Language Processing. *J Cogn Neurosci*, 8, 1996.

246. KINTSCH, W. The role of knowledge in discourse comprehension. *Psychol Rev*, 95, 1988.

247. VAN DEN BROEK, P. *et al.* The landscape model of reading. *In*: VAN OOSTENDORP, H. *et al.* (ed.). *Models of understanding text*. London: Erlbaum, 1999.

248. ZWAAN, R. A. *et al.* Situation models in language comprehension and memory. *Psychol Bull*, 123, 1998.

249. UNE DEFAITE amère pour les Blue Jays. 2016. Disponível em: lapresse.ca.

250. RECHT, D. *et al.* Effect of prior knowledge on good and poor readers' memory of text. *J Educ Psychol*, 80, 1988.

251. BRANSFORD, J. *et al.* Contextual prerequisites for understanding. *J Verbal Learn Verbal Behav*, 11, 1972.

252. BROWN, A. *et al.* Intrusion of a Thematic Idea in Children's Comprehension and Retention of Stories. *Child Dev*, 48, 1977.

253. DOOLING, D. *et al.* Episodic and semantic aspects of memory for prose. *J Exp Psychol Hum Learn Mem*, 3, 1977.

254. SULIN, R. *et al.* Intrusion of a thematic idea in retention of prose. *J Exp Psychol*, 103, 1974.

255. DOOLING, D. *et al.* Effects of comprehension on retention of prose. *J Exp Psychol*, 88, 1971.

256. KELLER, H. *Sourde, muette, aveugle: histoire de ma vie* [1903]. Paris: Payot, 2001.

257. DAVIDSON, M. *La Métamorphose d'Helen Keller*. Paris: Folio Cadet, 1999.

258. GOUAULT, F. Verglas: la circulation des poids lourds interdite ce vendredi. 2021. Disponível em: ouest-france.fr.

259. BRANSFORD, J. *et al.* Sentence memory. *Cogn Psychol*, 3, 1972.

260. DE SAINT-EXUPÉRY, A. *Le Petit Prince* [1943]. Paris: Folio, 1999.

261. All Nobel Prizes in Literature. 2022. Disponível em: nobelprize.org.

262. FOR SALE, Baby Shoes, Never Worn. 2013. Disponível em: quoteinvestigator.com.

263. MILLER, P. *Get published! Get produced!* New York: Shapolsky Publishers, 1991.

264. SINGH, G. K. *et al.* Infant Mortality in the United States, 1915-2017. *Int J MCH AIDS*, 8, 2019.

265. ADAIR, W. Hemingway and the Poetics of Loss. *Coll Lit*, 10, 1983.

266. LIN, L.-M. *et al.* Calibration of Comprehension. *Contemp Educ Psychol*, 23, 1998.

267. DUNLOSKY, J. *et al.* Metacomprehension. *Curr Dir Psychol Sci*, 16, 2007.

268. PRINZ, A. *et al.* How accurately can learners discriminate their comprehension of texts?. *Educ Res Rev*, 31, 2020.

269. MAKI, R. H. *et al.* The relationship between comprehension and metacomprehension ability. *Psychon Bull Rev*, 1, 1994.

270. GOLKE, S. *et al.* What Makes Learners Overestimate Their Text Comprehension?. *Educ Psychol Rev*, 2022.

271. KRUGER, J. *et al.* Unskilled and unaware of it. *J Pers Soc Psychol*, 77, 1999.

272. PENNYCOOK, G. *et al.* Dunning-Kruger effects in reasoning. *Psychon Bull Rev*, 24, 2017.

273. JANSEN, R. A. *et al.* A rational model of the Dunning-Kruger effect supports insensitivity to evidence in low performers. *Nat Hum Behav*, 5, 2021.

274. LERNER, R. *Ernst Kantorowicz, une vie d'historien*. Paris: Gallimard, 2019.

275. REES, L. *Holocauste*. Paris: Albin Michel, 2018.

276. NEMBRINI, J.-L. Enseignement de la Shoah à l'école élémentaire. *Bulletin officiel*, 29, 17 jul. 2008.

277. SCHOEN CONSULTING. France Holocaust Awareness Survey. claimscon. org, 2019.

278. SCHOEN CONSULTING. Stunning Survey of French Adults Reveals Critical Gaps in Holocaust Knowledge. 2019. Disponível em: claimscon.org.

279. GREENE, R. A Shadow Over Europe. 2018. Disponível em: cnn.com.

280. FOURQUET, J. *et al.* L'Europe et les génocides: le cas français. 2018. Disponível em: ifop.com.

TERCEIRA PARTE

281. LEONHARDT, D. *et al.* Donald Trump's Racism. 2018. Disponível em: nytimes.com.

282. SCHLOSS, E. Anne Frank's Stepsister. 2016. Disponível em: newsweek.com.

283. SEIN Kampf (primeira página). *Stern*, 24 ago. 2017.

284. FRANK, A. *Le Journal d'Anne Frank* [1947]. Paris: Livre de Poche, 2022.

285. HESS, F. *Still at Risk*. Washington, DC: Common Core, 2008.

286. YouGovAmerica, Anne Frank, Historical Figure. 2022. Disponível em: yougov.com.

287. AFP. Kanye West suspendu de Twitter après avoir affiché son admiration pour Hitler. 2022. Disponível em: lepoint.fr.

288. JOLIBOIS, C. *et al. Les P'tites Poules*, album collector. Paris: PKJ, 2013.

289. JURGENS, M. *et al. Cent ans de recherches sur Molière*. Paris: SEVPEN, 1963.

290. GOSCINNY, R. *et al. Astérix chez les Belges*. Paris: Hachette, 2005.

291. HUGO, V. *Les Châtiments*. Paris: Michel Lévy Frères, 1875.

292. Modificado segundo WILLINGHAM D. *Why don't students like school*. Hoboken, NJ: Jossey-Bass, 2009.

293. NOAA. Do the Great Lakes have tides?. 2023. Disponível em: noaa.gov.

294. MAYER, M. citado em CHRISTODOULOU, D. *Teachers Vs. Tech*. Oxford: Oxford University Press, 2020.

295. BORST, G. *In*: Enquête de santé – Abus d'écrans: notre cerveau en danger?. France 5, 23 jun. 2020.

296. KIRSCHNER, P. *et al.* Do Learners Really Know Best? Urban Legends in Education. *Educ Psychol*, 48, 2013.

297. DE BRUYCKERE, P. *et al. Urban myth about learning and education*. Cambridge, MA: Academic Press, 2015.

298. OTERO, J. *et al.* Failures to Detect Contradictions in a Text. *Psychol Sci*, 3, 1992.

299. MARKMAN, E. M. Realizing that you don't understand. *Child Dev*, 50, 1979.

300. ELLEMAN, A. Examining the impact of inference instruction on the literal and inferential comprehension of skilled and less skilled readers. *J Educ Psychol*, 109, 2017.

301. WILLINGHAM, D. The Usefulness of Brief Instruction in Reading Comprehension Strategies. *Am Educ*, 30, 2006.

302. THE PACIFIC Northwest tree octopus. Disponível em: https://zapatopi.net/treeoctopus/. Acesso em: 9 jun. 2023.

303. UNGER, S. *et al.* Do not Believe Everything about Science Online. *Sci Educ Int*, 32, 2021.

304. LEU, D. *et al.* Research on instruction and assessment in the new literacies of online reading comprehension. *In*: COLLINS BLOCK, C. *et al.* (ed.). *Comprehension Instruction*. 2nd ed. New York: Guilford Press, 2008.

305. LOOS, E. *et al.* "Save the Pacific Northwest tree octopus": a hoax revisited. *Inf Learn Sci*, 119, 2018.

306. Evaluating Information. Report from the Stanford History Education Group, Stanford History Education Group, 2016.

307. STUDENT'S civic online reasoning. Report from the Stanford History Education Group, Stanford History Education Group, 2019.

308. IFOP. Génération TikTok, génération "toctoc"?. 2023. Disponível em: ifop.com.

TERCEIRA PARTE

1. DE LA FONTAINE, J. *Fables*. Paris: Auber et Cie, 1842.

2. WALLON, H. *De l'Acte à la pensée*. Paris: Flammarion, 1970.

3. PIAGET, J. *La Naissance de l'intelligence chez l'enfant*. Paris: Delachaux et Niestlé, 1936.

4. DANSET, A. *Éléments de psychologie du développement*. Paris: Armand Collin, 1983.

5. ÉDUSCOL. Mobiliser le langage dans toutes ses dimensions. 2023. Disponível em: eduscol.education.fr.

6. WILLIAMS, P. G. *et al.* School Readiness. *Pediatrics*, 144, 2019.

7. SUCHAUD, B. Temps disponible et temps nécessaire pour apprendre à lire. cafepedagogique.net, 2015.

8. BRENNER, D. *et al.* If I Follow the Teachers' Editions, Isn't That Enough?. *Elem Sch J*, 110, 2010.

9. PELATTI, C. *et al.* Language-and literacy-learning opportunities in early childhood classrooms. *Early Child Res Q*, 29, 2014.

10. BOURDIEU, P. *et al.* Les *Héritiers*. Paris: Éditions de Minuit, 1964.

11. LAHIRE, B. *Enfances de classe.* Paris: Seuil, 2019.

12. GARCIA, S. *Le Goût de l'effort.* Paris: PUF, 2018.

13. ROKICKI, S. *et al.* Heterogeneity in Early Life Investments. *Rev Income Wealth*, 66, 2020.

14. WHITEHURST, G. *et al.* Emergent literacy. *In*: NEUMAN, S. *et al.* (ed.). *Handbook of early literacy research.* New York: Guilford Press, 2001. v. 1.

15. CUNNINGHAM, A. *et al. Book Smart.* Oxford: Oxford University Press, 2014.

16. STORCH, S. *et al.* The role of family and home in literacy development of children from low-income backgrounds. *New Dir Child Adolesc Dev*, 92, 2001.

17. LANDRY, S. *et al.* The influence of parenting on emerging literacy skills. *In*: NEUMAN, S. *et al.* (ed.). *Handbook of early literacy research.* New York: Guilford Press, 2006. v. 2.

18. HOFF, E. Environmental supports for language acquisition. *In*: NEUMAN, S. *et al.* (ed.). *Handbook of early literacy research.* New York: Guilford Press, 2006. v. 2.

19. BUCKINGHAM, J. *et al.* Why poor children are more likely to become poor readers. *Educ Rev*, 66, 2014.

20. CLAY, M. *Concepts about print.* Portsmouth, NH: Heinemann, 2000.

21. PARATORE, J. *et al.* Supporting Early (and Later) Literacy Development at Home and at School. *In*: KAMIL, M. *et al.* (ed.). *Handbook of Reading Research.* Oxfordshire: Routledge, 2011. v. IV.

22. WRIGHT, T. Reading to Learn from the Start. *Am Educ*, 42, 2018.

23. NATIONAL EARLY LITERACY PANEL (NELP). *Developing Early Literacy*, National Institute for Literacy, 2008.

24. SCARBOROUGH, H. Connecting early language and literacy to later reading (dis)abilities. *In*: NEUMAN, S. *et al.* (ed.) *Handbook of early literacy research.* New York: Guilford Press, 2001. v. 1.

25. SENECHAL, M. *et al.* Differential Effects of Home Literacy Experiences on the Development of Oral and Written Language. *Read Res Q*, 33, 1998.

26. SENECHAL, M. *et al.* Parental involvement in the development of children's reading skill. *Child Dev*, 73, 2002.

27. LEVY, B. A. *et al.* Understanding print. *J Exp Child Psychol*, 93, 2006.

28. JUSTICE, L. *et al.* Pre-schoolers, print and storybooks. *J Res Read*, 28, 2005.

29. EVANS, M.A. *et al.* What children are looking at during shared storybook reading. *Psychol Sci*, 16, 2005.

30. YADEN, D. *et al.* Preschoolers' Questions about Pictures, Print Conventions, and Story Text during Reading Aloud at Home. *Read Res Q*, 24, 1989.

31. PHILLIPS, G. *et al.* The Practice of Storybook Reading to Preschool Children in Mainstream New Zealand Families. *Read Res Q*, 25, 1990.

32. EZELL, H. *et al.* Increasing the Print Focus of Adult-Child Shared Book Reading Through Observational Learning. *Am J Speech Lang Pathol*, 9, 2000.

33. VAN KLEECK, A. Preliteracy Domains and Stages. *J Child Commun Dev*, 20, 1998.

34. HINDMAN, A. *et al.* Exploring the variety of parental talk during shared book reading and its contributions to preschool language and literacy. *Read Writ*, 27, 2014.

35. DEHAENE-LAMBERTZ, G. *et al.* The Infancy of the Human Brain. *Neuron*, 88, 2015.

TERCEIRA PARTE

36. BIALYSTOK, E. Symbolic representation of letters and numbers. *Cogn Dev*, 7, 1992.
37. BIALYSTOK, E. Letters, sounds, and symbol. *Appl Psycholinguist*, 12, 1991.
38. BIALYSTOK, E. Symbolic representation across domains in preschool children. *J Exp Child Psychol*, 76, 2000.
39. BIALYSTOK, E. *et al.* Notation to symbol. *J Exp Child Psychol*, 86, 2003.
40. HIEBERT, E. Knowing about reading before reading. *Read Psychol*, 4, 1983.
41. BIALYSTOK, E., Making concepts of print symbolic. *First Lang*, 15, 1995.
42. JUSTICE, L. *et al.* Promising Interventions for Promoting Emergent Literacy Skills. *Topics Early Child Spec Educ*, 23, 2003.
43. ZUCKER, T. *et al.* Print Referencing During Read-Alouds. *Read Teach*, 63, 2009.
44. DESMURGET, M. *A fábrica de cretinos digitais: os perigos das telas para nossas crianças.* Tradução de Mauro Pinheiro. São Paulo: Vestígio, 2021.
45. WILLINGHAM, D. *Raising Kids Who read.* Hoboken, NJ: Jossey-Bass, 2015.
46. NEUMANN, M. *et al.* The role of environmental print in emergent literacy. *J Early Child Lit*, 12, 2011.
47. NEUMANN, M. *et al.* Mother-Child Referencing of Environmental Print and Its Relationship With Emergent Literacy Skills. *Early Educ Dev*, 24, 2013.
48. NEUMANN, M. Using environmental print to foster emergent literacy in children from a low-SES community. *Early Child Res Q*, 29, 2014.
49. HARSTE, J. *et al. Children, their Language and World.* Bloomington, IN: Indiana University, 1981.
50. Um exemplo entre muitos outros: www.youtube.com/watch?v=YkFXGl-HCn_o. Acesso em: 9 jun. 2023.
51. WORDEN, P. *et al.* Young Children's Acquisition of Alphabet Knowledge. *J Read Behav*, 22, 1990.
52. FOULIN, J. Why is letter-name knowledge such a good predictor of learning to read?. *Read Writ*, 18, 2005.
53. MCBRIDE-CHANG, C. The ABCs of the ABCs. *Merrill Palmer Q*, 45, 1999.
54. EVANS, M. A. *et al.* Home literacy activities and their influence on early literacy skills. *Can J Exp Psychol*, 54, 2000.
55. SENECHAL, M. *et al.* Storybook reading and parent teaching. *In*: BRITTO, P. R. *et al. The role of family literacy environments in promoting young children's emerging literacy skills.* Hoboken, NJ: Jossey-Bass, 2001.
56. SMYTHE, P. *et al.* Developmental Patterns in Elemental Skills. *J Read Behav*, 3, 1970.
57. PENCE-TURNBULL, K. *et al.* Theoretical Explanations for Preschoolers' Lowercase Alphabet Knowledge. *J Speech Lang Hear Res*, 53, 2010.
58. JUSTICE, L. *et al.* An investigation of four hypotheses concerning the order by which 4-year-old children learn the alphabet letters. *Early Child Res Q*, 21, 2006.
59. NUTTIN, J. Affective consequences of mere ownership. *Eur J Soc Psychol*, 17, 1987.
60. GROFF, P. Resolving the Letter Name Controversy. *Read Teach*, 37, 1984.
61. MONTESSORI, M. *et al. The Montessori method.* Lanham, MD: Rowman & Littlefield, 2004.
62. PIASTA, S. *et al.* Fostering alphabet knowledge development. *Read Writ*, 23, 2010.
63. PIASTA, S. *et al.* Learning letter names and sounds. *J Exp Child Psychol*, 105, 2010.
64. BLATCHFORD, P. *et al.* Pre-school Reading-related Skills and Later Reading Achievement. *Br Educ Res J*, 16, 1990.
65. SHARE, D. Knowing letter names and learning letter sounds. *J Exp Child Psychol*, 88, 2004.
66. EVANS, M. *et al.* Letter names, letter sounds and phonological awareness. *Read Writ*, 19, 2006.
67. BURGESS, S. *et al.* Bidirectional Relations of Phonological Sensitivity

and Prereading Abilities. *J Exp Child Psychol*, 70, 1998.

68. SCHATSCHNEIDER, C. *et al.* Kindergarten Prediction of Reading Skills. *J Educ Psychol*, 96, 2004.

69. TREIMAN, R. *et al.* The Foundations of Literacy. *Child Dev*, 69, 1998.

70. COURRIEU, P. *et al.* Segmental vs. dynamic analysis of letter shape by preschool children. *Cahiers de Psychologie Cognitive*, 9, 1989.

71. DEHAENE, S. *Les Neurones de la lecture*. Paris: Odile Jacob, 2007.

72. LONGCAMP, M. *et al.* Learning through hand- or typewriting influences visual recognition of new graphic shapes. *J Cogn Neurosci*, 20, 2008.

73. LONGCAMP, M. *et al.* Remembering the orientation of newly learned characters depends on the associated writing knowledge. *Hum Mov Sci*, 25, 2006.

74. LONGCAMP, M. *et al.* Contribution de la motricité graphique à la reconnaissance visuelle des lettres. *Psychol Fr*, 55, 2010.

75. LONGCAMP, M. *et al.* The influence of writing practice on letter recognition in preschool children. *Acta Psychol* (Amst), 119, 2005.

76. LI, J. X. *et al.* Handwriting generates variable visual output to facilitate symbol learning. *J Exp Psychol Gen*, 145, 2016.

77. JAMES, K. H. *et al.* The effects of handwriting experience on functional brain development in pre-literate children. *Trends Neurosci Educ*, 1, 2012.

78. ANTHONY, J. *et al.* Development of Phonological Awareness. *Curr Dir Psychol Sci*, 14, 2005.

79. PHILLIPS, B. M. *et al.* Successful phonological awareness instruction with preschool children. *Topics Early Child Spec Educ*, 28, 2008.

80. National Reading Panel, Teaching children to read, National Institute of Child Health and Human Development, 2000.

81. STANOVICH, K. Matthew Effects in Reading. *Read Res Q*, 21, 1986.

82. BUS, A. *et al.* Phonological Awareness and Early Reading. *J Educ Psychol*, 91, 1999.

83. LONIGAN, C. J. *et al.* Development of emergent literacy and early reading skills in preschool children. *Dev Psychol*, 36, 2000.

84. EHRI, L. *et al.* Phonemic Awareness Instruction Helps Children Learn to Read. *Read Res Q*, 36, 2001.

85. BURGESS, S. *et al.* Relations of the home literacy environment (HLE) to the development of reading-related abilities. *Read Res Q*, 37, 2002.

86. BURGESS, S. The Role of Shared Reading in the Development of Phonological Awareness. *Early Child Dev Care*, 127, 1997.

87. COOPER, D. *et al.* The contribution of oral language skills to the development of phonological awareness. *Appl Psycholinguist*, 23, 2002.

88. SENECHAL, M. *et al.* The misunderstood giant. *In*: DICKINSON, D. *et al.* (ed.). *Handbook of early literacy research*. New York: Guilford Press, 2006. v. 2.

89. METSALA, J. Young Children's Phonological Awareness and Nonword Repetition as a Function of Vocabulary Development. *J Educ Psychol*, 91, 1999.

90. METSALA, J. Lexical reorganization and the emergence of phonological awarness. *In*: NEUMAN, S. *et al.* (ed.). *Handbook of early literacy research*. New York: Guilford Press, 2011. v. 3.

91. DE CARA, B. *et al.* Phonological neighbourhood density. *J Child Lang*, 30, 2003.

92. FOY, J. *et al.* Home literacy environment and phonological awareness in preschool children. *Appl Psycholinguist*, 24, 2003.

93. GOMBERT, J.-E. How do illiterate adults react to metalinguistic training?. *Ann Dyslexia*, 44, 1994.

94. *Dictionnaire de l'Académie française.* Disponível em: www.dictionnaire-academie.fr/article/A9I1230.

95. BRYANT, P. It Doesn't Matter Whether Onset and Rime Predicts Reading

TERCEIRA PARTE

Better Than Phoneme Awareness Does or Vice Versa. *J Exp Child Psychol*, 82, 2002.

96. ADRIAN, J. *et al.* Metaphonological Abilities of Spanish Illiterate Adults. *Int J Psychol*, 30, 1995.

97. MORAIS, J. *et al.* Does awareness of speech as a sequence of phones arise spontaneously?. *Cognition*, 7, 1979.

98. LEWKOWICZ, N. Phonemic awareness training. *J Educ Psychol*, 72, 1980.

99. WOEHRLING C. *et al.* Identification d'accents régionaux en français. *Revue Parole*, 37, 2006.

100. HALLE, P. *et al.* Where Is the /b/ in "absurde" [apsyrd]?. *J Mem Lang*, 43, 2000.

101. FRITH, U. citado em SEIDENBERG, M. *Language at the speed of sight*, New York: Basic Books, 2017.

102. SEIDENBERG, M. *et al.* Orthographic effects on rhyme monitoring. *J Exp Psychol Hum Percept Perform*, 5, 1979.

103. EHRI, L. *et al.* The influence of orthography on readers' conceptualization of the phonemic structure of words. *Appl Psycholinguist*, 1, 1980.

104. LANDERL, K. *et al.* Intrusion of orthographic knowledge on phoneme awareness. *Appl Psycholinguist*, 17, 1996.

105. READ, C. *et al.* The ability to manipulate speech sounds depends on knowing alphabetic writing. *Cognition*, 24, 1986.

106. CASTLES, A. *et al.* Ending the Reading Wars. *Psychol Sci Public Interest*, 19, 2018.

107. RAYNER, K. *et al.* How Psychological Science Informs the Teaching of Reading. *Psychol Sci Public Interest*, 2, 2001.

108. BIEMILLER, A. Vocabulary development and instruction. *In*: DICKINSON, D. *et al.* (ed.). *Handbook of early literacy research*. New York: Guilford Press, 2006. v. 2.

109. CUNNINGHAM, A. E. *et al.* Early reading acquisition and its relation to reading experience and ability 10 years later. *Dev Psychol*, 33, 1997.

110. STANLEY, C. *et al.* A longitudinal investigation of direct and indirect links between reading skills in kindergarten and reading comprehension in tenth grade. *Read Writ*, 31, 2018.

111. PACE, A. *et al.* Measuring success. *Early Child Res Q*, 46, 2019.

112. ROULSTONE JAMES LAW, S. *et al.* Investigating the role of language in children's early educational outcomes, Department of Education (UK), Research Report DFE-RR134. 2011. Disponível em: gov.uk.

113. DUNCAN, G. J. *et al.* School readiness and later achievement. *Dev Psychol*, 43, 2007.

114. DURHAM, R. *et al.* Kindergarten oral language skill. *Res Soc Stratif Mobil*, 25, 2007.

115. GOLINKOFF, R. M. *et al.* Language Matters. *Child Dev*, 90, 2019.

116. WEISLEDER, A. *et al.* Talking to children matters. *Psychol Sci*, 24, 2013.

117. SHNEIDMAN, L. A. *et al.* What counts as effective input for word learning?. *J Child Lang*, 40, 2013.

118. GILKERSON, J. *et al.* Language Experience in the Second Year of Life and Language Outcomes in Late Childhood. *Pediatrics*, 142, 2018.

119. EWERS, C. *et al.* Kindergarteners' vocabulary acquisition as a function of active vs. passive storybook reading, prior vocabulary and working memory. *Read Psychol*, 20, 1999.

120. ZIMMERMAN, F. J. *et al.* Teaching by listening. *Pediatrics*, 124, 2009.

121. RAMIREZ-ESPARZA, N. *et al.* Look who's talking. *Dev Sci*, 17, 2014.

122. RAMIREZ-ESPARZA, N. *et al.* Look Who's Talking NOW!. *Front Psychol*, 8, 2017.

123. FERNALD, A. *et al.* Vocabulary development and instruction. *In*: Neuman S. *et al.* (ed.). *Handbook of early literacy research*. New York: Guilford Press, 2011. v. 3.

124. SCHWAB, J. F. *et al.* Language learning, socioeconomic status, and child-directed speech. *Wiley Interdiscip Rev Cogn Sci*, 7, 2016.

125. ROWE, M. Understanding Socioeconomic Differences in Parents' Speech

to Children. *Child Dev Perspect*, 12, 2018.

126. ANDERSON, N. J. *et al.* Linking Quality and Quantity of Parental Linguistic Input to Child Language Skills. *Child Dev*, 92, 2021.

127. HEAD ZAUCHE, L. *et al.* Influence of language nutrition on children's language and cognitive development. *Early Child Res Q*, 36, 2016.

128. HART, B. *et al.* American parenting of language-learning children. *Dev Psychol*, 28, 1992.

129. HART, B. *et al. Meaningful differences.* Paul H Brookes Publishing Co, 1995.

130. BORNSTEIN, M. H. *et al.* Maternal responsiveness to young children at three ages. *Dev Psychol*, 44, 2008.

131. HOFF, E. The Specificity of Environmental Influence. *Child Dev*, 74, 2003.

132. PAN, B. *et al.* Maternal Correlates of Growth in Toddler Vocabulary Production in Low-Income Families. *Child Dev*, 76, 2005.

133. CARTMILL, E. A. *et al.* Quality of early parent input predicts child vocabulary 3 years later. *Proc Natl Acad Sci USA*, 110, 2013.

134. HUTTENLOCHER, J. *et al.* Sources of variability in children's language growth. *Cogn Psychol*, 61, 2010.

135. HUTTENLOCHER, J. *et al.* Language input and child syntax. *Cogn Psychol*, 45, 2002.

136. ROWE, M. L. A longitudinal investigation of the role of quantity and quality of child-directed speech in vocabulary development. *Child Dev*, 83, 2012.

137. HSU, N. *et al.* Diversity matters. *J Child Lang*, 44, 2017.

138. LEVINE, D. *et al.* Evaluating socioeconomic gaps in preschoolers' vocabulary, syntax and language process skills with the Quick Interactive Language Screener (QUILS). *Early Child Res Q*, 50, 2020.

139. VERNON-FEAGANS, L. *et al.* How Early Maternal Language Input Varies by Race and Education and Predicts Later Child Language. *Child Dev*, 91, 2020.

140. TAMIS-LEMONDA, C. *et al.* Why Is Infant Language Learning Facilitated by Parental Responsiveness?. *Curr Dir Psychol Sci*, 23, 2014.

141. ROMEO, R. R. Socioeconomic and experiential influences on the neuro- biology of language development. *Perspect ASHA Spec Interest Groups*, 4, 2019.

142. ROMEO, R. R. *et al.* Language Exposure Relates to Structural Neural Connectivity in Childhood. *J Neurosci*, 38, 2018.

143. ROMEO, R. R. *et al.* Beyond the 30-Million-Word Gap. *Psychol Sci*, 29, 2018.

144. HUTTON, J. S. *et al.* Associations Between Screen-Based Media Use and Brain White Matter Integrity in Preschool-Aged Children. *JAMA Pediatr*, 2019.

145. TAKEUCHI, H. *et al.* Impact of frequency of internet use on development of brain structures and verbal intelligence. *Hum Brain Mapp*, 39, 2018.

146. TAKEUCHI, H. *et al.* Impact of videogame play on the brain's microstructural properties. *Mol Psychiatry*, 21, 2016.

147. TAKEUCHI, H. *et al.* The impact of television viewing on brain structures. *Cereb Cortex*, 25, 2015.

148. GREENOUGH, W. T. *et al.* Experience and brain development. *Child Dev*, 58, 1987.

149. VAN PRAAG, H. *et al.* Neural consequences of environmental enrichment. *Nat Rev Neurosci*, 1, 2000.

150. MOHAMMED, A. H. *et al.* Environmental enrichment and the brain. *Prog Brain Res*, 138, 2002.

151. WALKER, D. *et al.* Prediction of school outcomes based on early language production and socioeconomic factors. *Child Dev*, 65, 1994.

152. MARCHMAN, V. A. *et al.* Speed of word recognition and vocabulary knowledge in infancy predict cognitive and language outcomes in later childhood. *Dev Sci*, 11, 2008.

153. FRIEDMANN, N. *et al.* Critical period for first language. *Curr Opin Neurobiol*, 35, 2015.

TERCEIRA PARTE

154. BERGELSON, E. The Comprehension Boost in Early Word Learning. *Child Dev Perspect*, 14, 2020.

155. JUNGE, C. *et al.* Development of the N400 for Word Learning in the First 2 Years of Life. *Front Psychol*, 12, 2021.

156. BERGELSON, E. *et al.* Nature and origins of the lexicon in 6-mo-olds. *Proc Natl Acad Sci USA*, 114, 2017.

157. FRIEDRICH, M. *et al.* Word learning in 6-month-olds. *J Cogn Neurosci*, 23, 2011.

158. BLACK, S. *et al.* The More the Merrier?. *Q J Econ*, 120, 2005.

159. BLACK, S. *et al.* Older and Wiser?. NBER Working Paper n. 13 237, 2007.

160. KANTAREVIC, J. *et al.* Birth Order, Educational Attainment, and Earnings. *J Hum Resour*, XLI, 2006.

161. LEHMANN, J. *et al.* The Early Origins of Birth Order Differences in Children's Outcomes and Parental Behavior. *J Hum Resour*, 53, 2018.

162. PRICE, J. Parent-Child Quality Time. Does Birth Order Matter?. *J Hum Resour*, XLIII, 2008.

163. FERJAN RAMIREZ, N. *et al.* Parent coaching at 6 and 10 months improves language outcomes at 14 months. *Dev Sci*, 22, 2019.

164. FERJAN RAMIREZ, N. *et al.* Parent coaching increases conversational turns and advances infant language development. *Proc Natl Acad Sci USA*, 117, 2020.

165. DICKINSON, D. *et al.* How Reading Books Fosters Language Development around the World. *Child Dev Res*, 2012.

166. MAHLER, T. Robert Plomin: Les parents et l'école influent peu sur la réussite des enfants. *L'Express*, 12 jan. 2023.

167. JORDAN, B. Balayage du génome et repérage des personnes à risque. *Med Sci*, 34, 2018.

168. SELZAM, S. *et al.* Genome-Wide Polygenic Scores Predict Reading Performance Throughout the School Years. *Sci Stud Read*, 21, 2017.

169. BUS, A. *et al.* Joint Book Reading Makes for Success in Learning to Read. *Rev Educ Res*, 65, 1995.

170. Australian Institute of Family Studies, The Longitudinal Study of Australian Children Annual Statistical Report 2014, AIFS, 2015.

171. PRICE, J. The Effect of Parental Time Investments, BUY/NBER working paper. 2010.

172. KALB, G. *et al.* Reading to young children. *Econ Educ Rev*, 40, 2014.

173. ANDERSON, R. *et al. Becoming a nation of readers.* The report of the reading commission, NIE, 1985.

174. FLACK, Z. M. *et al.* The effects of shared storybook reading on word learning. *Dev Psychol*, 54, 2018.

175. CUNNINGHAM, A. *et al.* Tell me a story. *In*: NEUMAN, S. *et al.* (ed.). *Handbook of early literacy research.* New York: Guilford Press, 2011. v. 3.

176. MONTAG, J. L. *et al.* The Words Children Hear. *Psychol Sci*, 26, 2015.

177. HAYES, D. *et al.* Vocabulary simplification for children. *J Child Lang*, 15, 1988.

178. WASIK, B. *et al.* Book reading and vocabulary development. *Early Child Res Q*, 37, 2016.

179. BIEMILLER, A. *et al.* Estimating root word vocabulary growth in normative and advantaged populations. *J Educ Psychol*, 93, 2001.

180. GILKERSON, J. *et al.* The impact of book reading in the early years on parent-child language interaction. *J Early Child Lit*, 17, 2017.

181. CLEMENS, L. F. *et al.* Unique contribution of shared book reading on adult-child language interaction. *J Child Lang*, 48, 2021.

182. HANSON, K. G. *et al.* Parent language with toddlers during shared storybook reading compared to coviewing television. *Infant Behav Dev*, 65, 2021.

183. NATHANSON, A. *et al.* TV Viewing Compared to Book Reading and Toy Playing Reduces Responsive Maternal Communication with Toddlers and Preschoolers. *Hum Commun Res*, 37, 2011.

184. HOFF-GINSBERG, E. Mother-child conversation in different social classes and communicative settings. *Child Dev*, 62, 1991.

185. NOBLE, C. H. *et al.* Keeping it simple. *J Child Lang*, 45, 2018.

186. HUTTON, J. S. *et al.* Differences in functional brain network connectivity during stories presented in audio, illustrated, and animated format in preschool-age children. *Brain Imaging Behav*, 14, 2020.

187. FARAH, R. *et al.* Hyperconnectivity during screen-based stories listening is associated with lower narrative comprehension in preschool children exposed to screens vs dialogic reading. *PLoS One*, 14, 2019.

188. DOWDALL, N. *et al.* Book-Sharing for Parenting and Child Development in South Africa. *Child Dev*, 92, 2021.

189. MURRAY, L. *et al.* Effects of training parents in dialogic book-sharing. *Early Child Res Q*, 62, 2023.

190. VALLY, Z. *et al.* The impact of dialogic book-sharing training on infant language and attention. *J Child Psychol Psychiatry*, 56, 2015.

191. MENDELSOHN, A. L. *et al.* Reading Aloud, Play, and Social-Emotional Development. *Pediatrics*, 141, 2018.

192. MOUTON, S. *Humanité et numérique*. Apogée, 2023.

193. XIE, Q. W. *et al.* Psychosocial Effects of Parent-Child Book Reading Interventions. *Pediatrics*, 141, 2018.

194. MURRAY, L. *et al.* Randomized controlled trial of a book-sharing intervention in a deprived South African community. *J Child Psychol Psychiatry*, 57, 2016.

195. O'FARRELLY, C. *et al.* Shared reading in infancy and later development. *J Appl Dev Psychol*, 54, 2018.

196. MARTIN, K. J. *et al.* Shared Reading and Risk of Social-Emotional Problems. *Pediatrics*, 149, 2022.

197. JIMENEZ, M. E. *et al.* Early Shared Reading Is Associated with Less Harsh Parenting. *J Dev Behav Pediatr*, 40, 2019.

198. CANFIELD C.F. *et al.* Beyond language. *Dev Psychol*, 56, 2020.

199. GREGORY, A. *et al.* Positive Mother-child Interactions in Kindergarten. *School Psychol Rev*, 37, 2008.

200. MAR, R. Stories and the Promotion of Social Cognition. *Curr Dir Psychol Sci*, 27, 2018.

201. BATINI, F. *et al.* The Association Between Reading and Emotional Development. *J Educ Train Stud*, 9, 2021.

202. DRUMMOND, J. *et al.* Here, there and everywhere. *Front Psychol*, 5, 2014.

203. DUNST, C. *et al.* Relationship Between Age of Onset and Frequency of Reading and Infants' and Toddlers' Early Language and Literacy Development. *CELLreviews*, 5, 2012.

204. DEBARYSHE, B. D. Joint picture-book reading correlates of early oral language skill. *J Child Lang*, 20, 1993.

205. KARRASS, J. *et al.* Effects of shared parent–infant book reading on early language acquisition. *J Appl Dev Psychol*, 26, 2005.

206. NIKLAS, F. *et al.* The sooner, the better. *Sage Open*, 6, 2016.

207. JIMENEZ, M. E. *et al.* Shared Reading at Age 1 Year and Later Vocabulary. *J Pediatr*, 216, 2020.

208. LARIVIERE, J. *et al.* Parent picture-book reading to infants in the neonatal intensive care unit as an intervention supporting parent-infant interaction and later book reading. *J Dev Behav Pediatr*, 32, 2011.

209. DEAN, D. C. 3rd *et al.* Investigation of brain structure in the 1-month infant. *Brain Struct Funct*, 223, 2018.

210. NORBOM, L. B. *et al.* New insights into the dynamic development of the cerebral cortex in childhood and adolescence. *Prog Neurobiol*, 204, 2021.

211. CUNNINGHAM, A. Vocabulary Growth Through Independent Reading and Reading Aloud to Children. *in* Hiebert E. *et al.* (ed.). *Teaching and Learning Vocabulary*. LEA, 2005.

212. BRETT, A. *et al.* Vocabulary Acquisition from Listening to Stories and Explanations of Target Words. *Elem Sch J*, 96, 1996.

TERCEIRA PARTE

213. DOYLE, B. *et al.* Promoting Emergent Literacy and Social–Emotional Learning Through Dialogic Reading. *Read Teach*, 59, 2006.

214. WHITEHURST, G. J. *et al.* Accelerating language development through picture book reading. *Dev Psychol*, 24, 1988.

215. WASIK, B. *et al.* Beyond the pages of a book. *J Educ Psychol*, 93, 2001.

216. DOWDALL, N. *et al.* Shared Picture Book Reading Interventions for Child Language Development. *Child Dev*, 91, 2020.

217. *Dictionnaire de l'Académie française.* Disponível em: www.dictionnaire-academie.fr/article/A9D2344.

218. ZEVENBERGEN, A. *et al.* Dialogic reading. *In*: VAN KLEECK, A. *et al.* (ed.). *On reading books to children.* London: Erlbaum, 2003.

219. MURRAY, L. *et al.* Dialogic Book-Sharing as a Privileged Intersubjective Space. *Front Psychol*, 13, 2022.

220. BLYTON, E. *Jojo Lapin va à la pêche.* Paris: Hachette, 2004.

221. DEMERS, D. *La Nouvelle Maîtresse.* Paris: Folio Cadet, 2010.

222. FLETCHER, K. *et al.* Picture book reading with young children. *Dev Rev*, 25, 2005.

223. BIEMILLER, A. *et al.* An effective method for building meaning vocabulary in primary grades. *J Educ Psychol*, 98, 2006.

224. ROBBINS, C. *et al.* Reading storybooks to kindergartners helps them learn new vocabulary words. *J Educ Psychol*, 86, 1994.

225. SENECHAL, M. The differential effect of storybook reading on preschoolers' acquisition of expressive and receptive vocabulary. *J Child Lang*, 24, 1997.

226. GOODSITT, J. *et al.* Interaction Between Mothers and Preschool Children when Reading a Novel and Familiar Book. *Int J Behav Dev*, 11, 1988.

227. LEVER, R. *et al.* Discussing stories. *J Exp Child Psychol*, 108, 2011.

228. DEXTER, C. *et al.* A Preliminary Investigation of the Relationship Between Parenting, Parent-Child Shared Reading Practices, and Child Development in Low- Income Families. *J Res Child Educ*, 28, 2014.

229. CLINGENPEEL, B. *et al.* Mothers' Sensitivity and Book-reading Interactions with First Graders. *Early Educ Dev*, 18, 2007.

230. BERGIN, C. The Parent-Child Relationship during Beginning Reading. *J Lit Res*, 33, 2001.

231. OECD. Equity in Education (Pisa). 2018. Disponível em: oecd.org.

232. MATERNELLE: vers l'école obligatoire dès 3 ans. 2018. Disponível em: gouvernement.fr.

233. L'ÉCOLE dès 3 ans, premier remède aux inégalités. 2019. Disponível em: lanouvellerepublique.fr.

234. RAUDENBUSH, R. *et al.* Does Schooling Increase or Reduce Social Inequality?. *Annu Rev Sociol*, 41, 2015.

235. TOUGH, P. *How children succeed.* New York: Random House, 2013.

236. CHRISTIAN, K. *et al.* Specificity in the Nature and Timing of Cognitive Growth in Kindergarten and First Grade. *J Cogn Dev*, 1, 2000.

237. MORRISON, F. *et al.* The causal impact of schooling on children's development. *Curr Dir Psychol Sci*, 28, 2019.

238. KIM, M. *et al.* Schooling Effects on Literacy Skills During the Transition to School. *AERA Open*, 4, 2018.

239. SKIBBE, L. E. *et al.* Schooling effects on preschoolers' self-regulation, early literacy, and language growth. *Early Child Res Q*, 26, 2011.

240. STAHL, S. *et al.* The Effects of Vocabulary Instruction. *Rev Educ Res*, 56, 1986.

241. ELLEMAN, A. *et al.* The Impact of Vocabulary Instruction on Passage-Level Comprehension of School-Age Children. *J Res Educ Eff*, 2, 2009.

242. WRIGHT, T. *et al.* A Systematic Review of the Research on Vocabulary Instruction That Impacts Text Comprehension. *Read Res Q*, 52, 2017.

243. DICKINSON, D. *et al.* Why are so few interventions really effective. *In*:

NEUMAN, S. *et al.* (ed.). *Handbook of early literacy research*. New York: Guilford Press, 2011. v. 3.

244. CERVETTI, G. *et al.* Meta-Analysis Examining the Impact of Vocabulary Instruction on Vocabulary Knowledge and Skill. *Read Psychol*, 2023.

245. HART, B. *et al.* The early catastrophe. *Am Educ*, 27, 2003.

246. *La Bible de Jerusalem*. L'évangile selon Saint Matthieu, Mt 13:12. Paris: Éditions du Cerf, 2014.

247. SENECHAL, M. *et al.* Individual differences in 4-year-old children's acquisition of vocabulary during storybook reading. *J Educ Psychol*, 87, 1995.

248. BLEWITT, P. *et al.* Shared book reading. *J Educ Psychol*, 101, 2009.

249. PENNO, J. *et al.* Vocabulary acquisition from teacher explanation and repeated listening to stories. *J Educ Psychol*, 94, 2002.

250. COYNE, M. *et al.* Racing Against the Vocabulary Gap. *Except Child*, 85, 2019.

251. LAWRENCE, J. Summer Reading. *Read Psychol*, 30, 2009.

252. SMADJA, B. *et al.* La dispute. *J'aime Lire*, 202, 2001.

253. VAN OVERSCHELDE, J. P. *et al.* Learning of nondomain facts in high- and low-knowledge domains. *J Exp Psychol Learn Mem Cogn*, 27, 2001.

254. HAMBRICK, D. Z. Why are some people more knowledgeable than others?. *Mem Cognit*, 31, 2003.

255. KOLE, J. A. *et al.* Using prior knowledge to minimize interference when learning large amounts of information. *Mem Cognit*, 35, 2007.

256. REDER, L. M. *et al.* Why it's easier to remember seeing a face we already know than one we don't. *Psychol Sci*, 24, 2013.

257. WILLINGHAM, D. *Why don't students like school*. Hoboken, NJ: Jossey-Bass, 2009.

258. BEIN, O. *et al.* Prior knowledge promotes hippocampal separation but cortical assimilation in the left inferior frontal gyrus. *Nat Commun*, 11, 2020.

259. PIKETTY, T. *Le Capital au xxie siècle*. Paris: Seuil, 2013.

260. HORAIRES d'enseignement des écoles maternelles et élémentaires. education. 2015. Disponível em: gouv.fr.

261. CLAESSENS, A. *et al.* Kindergarten skills and fifth-grade achievement. *Econ Educ Rev*, 28, 2009.

262. EKLUND, K. *et al.* Early cognitive predictors of PISA reading in children with and without family risk for dyslexia. *Learn Individ Differ*, 64, 2018.

263. MANU, M. *et al.* Kindergarten pre--reading skills predict Grade 9 reading comprehension (PISA Reading) but fail to explain gender difference. *Read Writ*, 34, 2021.

264. CAMARA-COSTA, H. *et al.* Associations of language-based bedtime routines with early cognitive skills and academic achievement. *Br J Dev Psychol*, 39, 2021.

QUARTA PARTE

1. BRADBURY, R. *Fahrenheit 451* [1953]. Paris: Folio SF, 1995.

2. MINISTERE DES SOLIDARITES ET DE LA SANTE. Journal Officiel, Arrêté du 15 mars 2020. Disponível em: legifrance.gouv.fr.

3. PIQUARD, A. Reconfinement: le gouvernement embarrassé par les polémiques sur Amazon. *Le Monde*, 2 nov. 2020.

4. DELAGE, J. Confinement: les libraires en guerre contre "l'aberration". *Libération*, 30 out. 2020.

5. COLLECTIF. "Laissez nos librairies ouvertes": communiqué du SNE, du SLF et du CPE. 2020. Disponível em: sne.fr.

6. BUSNEL, F. Confinement: fermer les librairies, c'est nous "priver du meilleur bataillon pour affronter l'obscurantisme", plaide François Busnel. 2020. Disponível em: francetvinfo.fr.

7. AISSAOUI, M. La librairie, un commerce enfin reconnu essentiel à la vie!. *Le Figaro*, 1º mar. 2021.

8. LES LIBRAIRIES, désormais considérées commerces essentiels, pourront rester ouvertes en cas de confinement. *Le Figaro* com *AFP*, 26 fev. 2021.

9. LERALLUT, M.-A. Avant le reconfinement, les librairies prises d'assaut par des lecteurs en colère. *Le Figaro*, 29 out. 2020.

10. LE MARCHE du livre a connu une croissance inédite en 2021. 2022. Disponível em: lefigaro.fr.

11. CHLEMA, L. Ventes de livres: fin de "l'embellie" due aux confinements, 2022 commence mal pour les librairies. 2022. Disponível em: franceinter.fr.

12. GNANADESIKAN, A. *The Writing Revolution*. Hoboken, NJ: Wiley-Blackwell, 2009.

13. CAREY, J. *A Little History of Poetry*. New Haven, CT: Yale University Press, 2020.

14. VALLEJO, I. *L'Infini dans un roseau*. Paris: Les Belles Lettres, 2021.

15. *Dictionnaire Le Robert* online. Disponível em: https://dictionnaire.lerobert.com/definition/philologue.

16. BARBIER, F. *L'Europe de Gutenberg*. Paris: Belin, 2006.

17. MAN, J. *The Gutenberg Revolution*. New York: Bantam Books, 2009.

18. BURINGH, E. *et al.* Charting the "Rise of the West". *J Econ Hist*, 69, 2009.

19. BOORSTIN, D. *Les Découvreurs*. Paris: Robert Laffont, 1988.

20. BECHTEL, G. *Gutenberg*. Paris: Fayard, 1992.

21. CNRTL. Disponível em: www.cnrtl.fr/definition/vernaculaire.

22. KEILLOR, G. The righteous among us. 2008. Disponível em: nytimes.com.

23. DE LAMARTINE, A. *Gutenberg: inventeur de l'imprimerie*. Paris: Hachette, 1853.

24. LIESSMANN, K. *La Haine de la culture*. Paris: Armand Colin, 2020.

25. BOURDIEU, P. *et al. Les Héritiers*. Paris: Éditions de Minuit, 1964.

26. Council on Early Childhood *et al.* Literacy promotion. *Pediatrics*, 134, 2014.

27. FIESTER, L. *Early Warning*. Baltimore: Annie Casey Foundation, 2010.

28. HERNANDEZ, D. *How third-grade reading skills and poverty influence high school graduation*. Baltimore: Annie Casey Foundation, 2011.

29. LEVY, R. *et al. Attitudes to Reading and Writing and their Links with Social Mobility 1914-2014*. Booktrust, 2014.

30. BAEZ, F. *Universal History of the Destruction of Books*. Atlas & Co., 2008.

31. OVENDEN, R. *Burning the Books*. Cambridge, MA: Harvard University Press, 2020.

32. ROTH, J. *L'Autodafé de l'esprit*. Paris: Allia, 2019.

33. STEINER, G. *Le Silence des livres*. Paris: Arléa, 2006.

34. BRAYARD, F. *et al. Historiciser le mal: une édition critique de Mein Kampf*. Paris: Fayard, 2021.

35. HIRSCH, E. *The Knowledge Deficit*. Boston: Houghton Mifflin Hartcourt, 2006.

36. WILLINGHAM, D. *Why don't students like school*. Hoboken, NJ: Jossey-Bass, 2009.

37. CHRISTODOULOU, D. *Seven Myths About Education*. Oxfordshire: Routledge, 2014.

38. LE BON, G. *Psychologie des foules*. Paris: Félix Alcan, 1895.

39. KLEMPERER, V. *LTI: la langue du IIIe Reich* [1947]. Paris: Pocket, 2016.

40. ORWELL, G. *1984* [1949]. Paris: Folio, 1972.

41. HUXLEY, A. *Le Meilleur des mondes* [1932]. Paris: Pocket, 2007.

42. DESMURGET, M. *A fábrica de cretinos digitais: os perigos das telas para nossas crianças*. Tradução de Mauro Pinheiro. São Paulo: Vestígio, 2021.

43. ZUBOFF, S. *The Age of surveillance capitalismo*. London: Profile Books, 2019.

44. WYLIE, C. *Mindf*ck*. New York: Random House, 2019.

45. FOURQUET, J. *et al. La France sous nos yeux*. Paris: Seuil, 2021.

46. BABEAU, O. *La Tyrannie du divertissement*. Paris: Buchet-Chastel, 2023.

47. HUGO, V. *Les Châtiments*. Paris: Michel Lévy Frères, 1875.

48. BAUERLEIN, M. *The Dumbest Generation grows up*. Washington, DC: Regnery Gateway, 2022.

49. DESMURGET, M. *TV Lobotomie* [2011]. Paris: J'ai Lu, 2013.
50. VARGAS LLOSA, M. *La Civilisation du spectacle*. Paris: Gallimard, 2015.
51. BLANCHARD, C. Edwy Plenel: "On dit que les jeunes lisent moins: ils n'arrêtent pas de lire!". 2018. Disponível em: cahiers-pedagogiques.com.
52. EVALUATING Information. *Report from the Stanford History Education Group*. Stanford History Education Group, 2016.
53. MCLUHAN, M. *Understanding Media* [1964]. Cambridge, MA: MIT Press, 1994.
54. BOURDIEU, P. *Sur la television*. Paris: Raisons d'agir, 1996.
55. POSTMAN, N. *Se distraire à en mourir* [1985]. Paris: Pluriel, 2011.
56. DEAN, B. Here's what we learned about organic click through rates. 2022. Disponível em: backlinko.com.
57. BAILYN, E. Google Click-Through Rates (CTRs) by Ranking Position in 2023.2022. Disponível em: firstpagesage.com.
58. AZER, S. A. Is Wikipedia a reliable learning resource for medical students?. *Adv Physiol Educ*, 39, 2015.
59. AZER, S. A. *et al.* Accuracy and readability of cardiovascular entries on Wikipedia. *BMJ Open*, 5, 2015.
60. HASTY, R. T. *et al.* Wikipedia vs peer-reviewed medical literature for information about the 10 most costly medical conditions. *J Am Osteopath Assoc*, 114, 2014.
61. WILSON, A. M. *et al.* Content Volatility of Scientific Topics in Wikipedia. *PLoS One*, 10, 2015.
62. SUWANNAKHAN, A. *et al.* The Quality and Readability of English Wikipedia Anatomy Articles. *Anat Sci Educ*, 13, 2020.
63. OEBERST, A. *et al.* Collectively biased representations of the past. *Br J Soc Psychol*, 59, 2020.
64. RENOUVIN, P. *Le Traité de Versailles*. Paris: Flammarion, 1969.
65. BECKER, J.-J. *Le Traité de Versailles*. Paris: PUF, 2019.

66. AMADIEU, F. *et al.* Prior knowledge in learning from a non-linear electronic document. *Comput Hum Behav*, 25, 2009.
67. AMADIEU, F. *et al.* Comprendre des documents non-linéaires. *L'Année psychologique*, 111, 2011/2.
68. AMADIEU, F. *et al.* Effects of prior knowledge and concept-map structure on disorientation, cognitive load, and learning. *Learn Instr*, 19, 2009.
69. KALYUGA, S. Effects of Learner Prior Knowledge and Working Memory Limitations on Multimedia Learning. *Procedia Soc Behav Sci*, 83, 2013.
70. MCNAMARA, D. *et al.* Are Good Texts Always Better?. *Cognition Instruct*, 14, 1996.
71. *Dictionnaire de l'Académie française*. Disponível em: www.dictionnaire-academie.fr/article/A9R2210.
72. HAHNEL, C. *et al.* The role of reading skills in the evaluation of online information gathered from search engine environments. *Comput Hum Behav*, 78, 2018.
73. HAHNEL, C. *et al.* Effects of linear reading, basic computer skills, evaluating online information, and navigation on reading digital text. *Comput Hum Behav*, 55, 2016.
74. NAUMANN, J. *et al.* Does Navigation Always Predict Performance?. *Int Rev Res Open Dist Learn*, 17, 2016.
75. WILLINGHAM, D. The privileged status of story. *Am Educ*, 28, 2004.
76. ZWEIG, S. *Marie-Antoinette* [1932]. Paris: Livre de Poche, 1999.
77. BRITTON, B. *et al.* Use of cognitive capacity in reading. *Discourse Processes*, 6, 1983.
78. BROWN, P. *et al. Make it stick*. Cambridge, MA: Harvard University Press, 2014.
79. MAR, R. A. *et al.* Memory and comprehension of narrative versus expository texts. *Psychon Bull Rev*, 28, 2021.
80. CUNNINGHAM, A. *et al.* What reading does for the mind. *Am Educ*, 22, 1998.
81. BROCHIER, A. L'impact des modalités d'utilisation de la vidéo sur l'ef-

QUARTA PARTE

ficacité de l'apprentissage en langue vivante. 2018. Disponível em: dumas.ccsd.cnrs.fr.

82. CLINTON-LISELL, V. Listening Ears or Reading Eyes. *Rev Educ Res*, 92, 2022.

83. DIAKIDOY, I.-A. N. *et al.* The relationship between listening and reading comprehension of different types of text at increasing grade levels. *Read Psychol*, 26, 2005.

84. SINGH, A. *et al.* Audiobooks, Print, and Comprehension. *Educ Psychol Rev*, 34, 2022.

85. BARON, N. S. *How we read now.* Oxford: OUP, 2021.

86. DANIEL, D. *et al.* They Hear, But Do Not Listen. *Teach Psychol*, 37, 2010.

87. FURNHAM, A. Remembering stories as a function of the medium of presentation. *Psychol Rep*, 89, 2001.

88. SALMERON, L. *et al.* Using Internet videos to learn about controversies. *Comput Educ*, 148, 2020.

89. MESBAH, H. Reading is Remembering. *Speaker & Gavel*, 42, 2005.

90. VARAO SOUSA, T. L. *et al.* The way we encounter reading material influences how frequently we mind wander. *Front Psychol*, 4, 2013.

91. *Dictionnaire de l'Académie française.* Disponível em: www.dictionnaire-academie.fr/article/A9L1074.

92. CNL/IPSOS. Les jeunes Français et la lecture (7-25 ans). 2022. Disponível em: centrenationaldulivre.fr.

93. CNL/IPSOS. Les Français et la BD (7-75 ans). 2020. Disponível em: centrenationaldulivre.fr.

94. CNL/IPSOS. Les jeunes et la lecture (7-19 ans). 2016. Disponível em: centrenationaldulivre.fr.

95. SCHOLASTIC. Kids & Family Reading Report Canadian Edition (0-17 ans). 2017. Disponível em: scholastic.ca.

96. SCHOLASTIC. Kids & Family Reading Report Australia (0-17 ans). 2016. Disponível em: scholastic.com.

97. SCHOLASTIC. Kids & Family Reading Report United Kingdom (0-17 ans). 2015. Disponível em: scholastic.com.

98. PRENSKY, M. *Teaching Digital Natives.* Thousand Oaks, CA: Corwin, 2010.

99. TAPSCOTT, D. *Grown Up Digital.* New York: McGraw-Hill, 2009.

100. FOURGOUS, J. *Réussir à l'école avec le numérique.* Paris: Odile Jacob, 2011.

101. DE BRUYCKERE, P. *et al. Urban myth about learning and education.* Cambridge, MA: Academic Press, 2015.

102. KIRSCHNER, P. *et al.* The myths of the digital native and the multitasker. *Teach Teach Educ*, 67, 2017.

103. EDWARDS, J. Reading Beyond the Borders: Observations of Digital eBook Readers and Adolescent Reading Practices. *In*: WHITTINGHAM, J. *et al.* (cd.). *Technological Tools for the Literacy Classroom.* Hershey, Pennsylvania: IGI Global, 2013.

104. TELECHARGEMENT légal de livres numériques. 2020. Disponível em: service-public.fr.

105. KANG, Q. *et al.* Is e-reading environmentally more sustainable than conventional reading?. *Libr Inf Sci Res*, 43, 2021.

106. LIU, R. *et al.* Impacts of the digital transformation on the environment and sustainability. *Öko-Institut e.V.*, 2019.

107. ADEME. Évaluation de l'impact environnemental de la digitalisation des services culturels. 2022. Disponível em: ademe.fr.

108. THORNTON, B. *et al.* The mere presence of a cell phone may be distracting. *Soc Psychol*, 45, 2014.

109. SANA, F. *et al.* Laptop multitasking hinders classroom learning for both users and nearby peers. *Comput Educ*, 62, 2013.

110. DESTEFANO, D. *et al.* Cognitive load in hypertext reading. *Comput Human Behav*, 23, 2007.

111. JABR, F. Why the brain prefers paper. *Sci Am*, 309, 2013.

112. ALTMANN, E. M. *et al.* Momentary interruptions can derail the train of thought. *J Exp Psychol Gen*, 143, 2014.

113. HOU, J. *et al.* Cognitive map or medium materiality? Reading on paper and screen. *Comput Human Behav*, 67, 2017.

114. BARON, N. Know what? How digital technologies undermine learning and remembering. *J Pragmat*, 175, 2021.

115. DELGADO, P. *et al.* The inattentive on-screen reading. *Learn Instr*, 71, 2021.

116. MANGEN, A. *et al.* Lost in an iPad. *Sci Study Lit*, 4, 2014.

117. TAIPALE, S. The affordances of reading/writing on paper and digitally in Finland. *Telemat Inform*, 31, 2014.

118. FARINOSI, M. *et al.* Book or screen, pen or keyboard?. *Telemat Inform*, 33, 2016.

119. BARON, N. *et al.* The persistence of print among university students. *Telemat Inform*, 34, 2017.

120. MIZRACHI, D. *et al.* Academic reading format preferences and behaviors among university students worldwide. *PLoS One*, 13, 2018.

121. EVANS, M. *et al.* The effect of alphabet e-books and paper books on preschoolers' behavior. *Early Child Res Q*, 40, 2017.

122. CHIONG, C. *et al.* Learning the ABCs. *J Early Child Lit*, 13, 2013.

123. SPENCE, C. The Multisensory Experience of Handling and Reading Books. *Multisens Res*, 33, 2020.

124. SPENCE, C. *et al.* Multisensory design. *Psychol Mark*, 28, 2011.

125. BARSALOU, L. W. Grounded cognition. *Annu Rev Psychol*, 59, 2008.

126. JOSTMANN, N. B. *et al.* Weight as an embodiment of importance. *Psychol Sci*, 20, 2009.

127. ACKERMAN, J. M. *et al.* Incidental haptic sensations influence social judgments and decisions. *Science*, 328, 2010.

128. DELGADO, P. *et al.* Don't throw away your printed books. *Educ Res Rev*, 25, 2018.

129. ANNISETTE, L. *et al.* Social media, texting, and personality. *Pers Individ Differ*, 115, 2017.

130. SINGER-TRAKHMAN, L. *et al.* Effects of Processing Time on Comprehension and Calibration in Print and Digital Mediums. *J Exp Educ*, 87, 2019.

131. LENHARD, W. *et al.* Equivalence of Screen Versus Print Reading Comprehension Depends on Task Complexity and Proficiency. *Discourse Process*, 54, 2017.

132. ROTHKOPF, E. Incidental memory for location of information in text. *J Verbal Learn Verbal Behav*, 10, 1971.

133. MANGEN, A. *et al.* Comparing Comprehension of a Long Text Read in Print Book and on Kindle. *Front Psychol*, 10, 2019.

134. CHRISTIE, A. *Ils étaient dix* [*Dix petits nègres*, 1939]. Paris: Livre de Poche, 2020.

135. KONG, Y. *et al.* Comparison of reading performance on screen and on paper. *Comput Educ*, 123, 2018.

136. CLINTON, V. Reading from paper compared to screens. *J Res Read*, 42, 2019.

137. RIDEOUT, V. *et al.* The common sense census: Media use by kids age zero to eight. 2020. Disponível em: commonsensemedia.org.

138. STROUSE, G. A. *et al.* A print book preference. *Int J Child-Comput Interact*, 12, 2017.

139. STROUSE, G. A. *et al.* Toddlers' word learning and transfer from electronic and print books. *J Exp Child Psychol*, 156, 2017.

140. CHIONG, C. Comparing Parent-Child Co-Reading on Print, Basic, and Enhanced E-Book Platforms. *The Joan Ganz Cooney Center*, 2012

141. PARISH-MORRIS, J. *et al.* Once Upon a Time. *Mind, Brain Educ*, 7, 2013.

142. KRCMAR, M. *et al.* Parent-Child Joint Reading in Traditional and Electronic Formats. *Media Psychol*, 17, 2014.

143. MUNZER, T. G. *et al.* Differences in Parent-Toddler Interactions With Electronic Versus Print Books. *Pediatrics*, 143, 2019.

144. MUNZER, T. G. *et al.* Parent-Toddler Social Reciprocity During Rea-

ding From Electronic Tablets vs Print Books. *JAMA Pediatr*, 173, 2019.

145. TOMOPOULOS, S. *et al.* Electronic Children's Books. *Pediatrics*, 143, 2019.

146. JING, M. *et al.* Video Deficit in Children's Early Learning. *In*: VAN DEN BULK, J. (ed.). *The International Encyclopedia of Media Psychology*. John Wiley & Sons, 2020.

147. STROUSE, G. A. *et al.* Learning From Video. *Child Dev*, 92, 2021.

148. DELOACHE, J. S. Dual representation and young children's use of scale models. *Child Dev*, 71, 2000.

149. DELOACHE, J. S. Symbolic functioning in very young children. *Child Dev*, 62, 1991.

150. ECO, U. citado *in* "Le livre ne mourra pas": conversation entre Umberto Eco et Jean-Claude Carrière. *L'Obs*, 15 out. 2009.

QUINTA PARTE

1. DANTZIG, C. *Pourquoi lire?* [2010]. Paris: Livre de Poche, 2011.

2. MOL, S.E. *et al.* To read or not to read. *Psychol Bull*, 137, 2011.

3. PENG, P. *et al.* The Development of Academic Achievement and Cognitive Abilities. *Child Dev Perspect*, 14, 2020.

4. CUNNINGHAM, P. *et al.* Reading can make you smarter. *Principal*, 83, 2003.

5. GREGOIRE, J. Les indices du WISC-IV et leur interprétation. *Journal des psychologues*, 253, 2007.

6. WECHSLER, D. WISC-V (Manuel d'interprétation). ECPA, 2016.

7. STERNBERG, R. *et al.* The Predictive Value of IQ. *Merrill-Palmer Q*, 47, 2001.

8. ANGOFF, W. H. The nature-nurture debate, aptitudes, and group differences. *Am Psychol*, 43, 1988.

9. RAMSDEN, S. *et al.* The influence of reading ability on subsequent changes in verbal IQ in the teenage years. *Dev Cogn Neurosci*, 6, 2013.

10. FERRER, E. *et al.* Longitudinal models of developmental dynamics between reading and cognition from childhood to adolescence. *Dev Psychol*, 43, 2007.

11. FERRER, E. *et al.* Uncoupling of reading and IQ over time. *Psychol Sci*, 21, 2010.

12. LUPYAN, G. The Centrality of Language in Human Cognition. *Lang Learn*, 66, 2016.

13. SCHOBER, P. *et al.* Correlation Coefficients. *Anesth Analg*, 126, 2018.

14. WECHSLER, D. WPPSI-IV (Manuel d'interprétation). ECPA, 2014.

15. WECHSLER, D. WAIS-IV (Manuel d'interprétation). ECPA, 2011.

16. NATION, K. Nurturing a lexical legacy. *NPJ Sci Learn*, 2, 2017.

17. CUNNINGHAM, A. Vocabulary Growth Through Independent Reading and Reading Aloud to Children. *In*: HIEBERT, E. *et al.* (ed.). *Teaching and Learning Vocabulary*. Philadelphia: LEA, 2005.

18. CASTLES, A. *et al.* Ending the Reading Wars. *Psychol Sci Public Interest*, 19, 2018.

19. SULLIVAN, A. *et al.* Social inequalities in cognitive scores at age 16. CLS Working Paper 2013/10. 2013. Disponível em: cls.ioe.ac.uk.

20. NAGY, W. *et al.* Limitations of vocabulary instruction (Technical Report n. 326). Center for the Study of Reading, University of Illinois at Urbana-Champaign. eric.ed.gov, 1984.

21. BRYSBAERT, M. *et al.* How Many Words Do We Know?. *Front Psychol*, 7, 2016.

22. REY-DEBOVE, J. *et al. Le Petit Robert*. Paris: Le Robert, 2006.

23. *Dictionnaire Larousse en ligne*. Disponível em: www.larousse.fr/dictionnaires/francais/ananas/3254.

24. PERFETTI, C. Reading Ability. *Sci Stud Read*, 11, 2007.

25. CUNNINGHAM, A. E. *et al.* Early reading acquisition and its relation to reading experience and ability 10 years later. *Dev Psychol*, 33, 1997.

26. SPARKS, R. *et al.* Early reading success and its relationship to reading

achie- vement and reading volume. *Read Writ*, 27, 2014.

27. STANOVICH, K. Matthew Effects in Reading. *Read Res Q*, 21, 1986.

28. DUFF, D. *et al.* The Influence of Reading on Vocabulary Growth. *J Speech Lang Hear Res*, 58, 2015.

29. KEMPE, C. *et al.* Are There any Matthew Effects in Literacy and Cognitive Development?. *Scand J Educ Res*, 55, 2011.

30. NATION, K. *et al.* Book Language and Its Implications for Children's Language, Literacy, and Development. *Curr Dir Psychol Sci*, 31, 2022.

31. MONTAG, J. L. *et al.* Text exposure predicts spoken production of complex sentences in 8 – and 12-year-old children and adults. *J Exp Psychol Gen*, 144, 2015.

32. FAVIER, S. *et al.* Long-term written language experience affects grammaticality judgements and usage but not priming of spoken sentences. *Q J Exp Psychol* (Hove), 74, 2021.

33. JOHNSON, E. *et al.* Individual Differences in Print Exposure Predict Use of Implicit Causality in Pronoun Comprehension and Referential Prediction. *Front Psychol*, 12, 2021.

34. ARNOLD, J. *et al.* Print exposure predicts pronoun comprehension strategies in children. *J Child Lang*, 46, 2019.

35. CUNNINGHAM, A. *et al.* Orthographic Processing in Models of Word Recognition. *In*: KAMIL, M. *et al.* (ed.). *Handbook of Reading Research*. Oxfordshire: Routledge, 2011. v. IV.

36. KRASHEN, S. We Acquire Vocabulary and Spelling by Reading. *Mod Lang J*, 73, 1989.

37. LI, Y. *et al.* A systematic review of orthographic learning via self-teaching. *Educ Psychol*, 58, 2023.

38. CUNNINGHAM, A. E. *et al.* Orthographic learning during reading. *J Exp Child Psychol*, 82, 2002.

39. CUNNINGHAM, A. E. Accounting for children's orthographic learning while reading text. *J Exp Child Psychol*, 95, 2006.

40. PACTON, S. *et al.* L'apprentissage de l'orthographe lexicale. *Langue française*, 124, 1999.

41. CONRAD, N. From reading to spelling and spelling to reading. *J Educ Psychol*, 100, 2008.

42. PACTON, S. *et al.* Children benefit from morphological relatedness independently of orthographic relatedness when they learn to spell new words. *J Exp Child Psychol*, 171, 2018.

43. PACTON, S. *et al.* Children benefit from morphological relatedness when they learn to spell new words. *Front Psychol*, 4, 2013.

44. GINESTET, E. *et al.* Orthographic learning and transfer of complex words. *J Res Read*, 44, 2021.

45. TUCKER, R. *et al.* The nature of orthographic learning in self-teaching. *J Exp Child Psychol*, 145, 2016.

46. GRAHAM, S. *et al.* Does spelling instruction make students better spellers, readers, and writers?. *Read Writ*, 27, 2014.

47. GRAHAM, S. *et al.* Reading for Writing. *Rev Educ Res*, 88, 2018.

48. VASSEUR, J. Trop de manuscrits? Gallimard dit stop aux écrivains aspirants. 2021. Disponível em: huffingtonpost.fr.

49. Steven Spielberg. Academy Awards Acceptance Speech Database. Disponível em: https://aaspeechesdb.oscars.org/link/059-26/. Acesso em: 23 abr. 2023.

50. SHANAHAN, T. Relationships between Reading and Writing Development. *In*: GRAHAM, S. *et al.* (ed.). *Handbook of writing research*. New York: Guilford Press, 2016.

51. SHANAHAN, T. Nature of the reading-writing relation. *J Educ Psychol*, 76, 1984.

52. BERNINGER V. W. *et al.* Writing and reading. *J Learn Disabil*, 35, 2002.

53. AHMED, Y. *et al.* Developmental Relations between Reading and Writing at the Word, Sentence and Text Levels. *J Educ Psychol*, 106, 2014.

54. JUEL, C. Learning to read and write. *J Educ Psychol*, 80, 1988.

55. GRAHAM, S. The Sciences of Reading and Writing Must Become More Fully Integrated. *Read Res Q*, 55, 2020.
56. GRAHAM, S. *et al.* Writing to Read. *Harv Educ Rev*, 81, 2011.
57. CUNNINGHAM, A. *et al. Book Smart.* Oxford: Oxford University Press, 2014.
58. SENECHAL, M. *et al.* Individual differences in grade 4 children's written compositions. *Cogn Dev*, 45, 2018.
59. COX, B. *et al.* Good and poor elementary readers' use of cohesion in writing. *Read Res Q*, 25, 1990.
60. SPENCER, T. D. *et al.* Bridging Oral and Written Language. *Lang Speech Hear Serv Sch*, 49, 2018.
61. PINTO, G. *et al.* Development in narrative competences from oral to written stories in five- to seven-year-old children. *Early Child Res Q*, 36, 2016.
62. HAMILTON, L. *et al.* Individual differences in narrative production in late childhood. *First Lang*, 41, 2021.
63. NEUMAN, S. Books Make a Difference. *Read Res Q*, 34, 1999.
64. KUEHN, K. 60 Best Stephen King Quotes. 2022. Disponível em: rd.com.
65. *Dictionnaire de l'Académie française.* Disponível em: www.dictionnaire-academie.fr/article/A9L0497.
66. BABEAU, O. *La Tyrannie du divertissement.* Paris: Buchet-Chastel, 2023.
67. BOURDIEU, P. *et al. Les Héritiers.* Paris: Éditions de Minuit, 1964.
68. EVANS, M. *et al.* Family scholarly culture and educational success. *Res Soc Stratif Mobil*, 28, 2010.
69. TORPPA, M. *et al.* Leisure Reading (But Not Any Kind) and Reading Comprehension Support Each Other. *Child Dev*, 91, 2020.
70. ANDERSON, R. *et al.* Growth in Reading and How Children Spend Their Time Outside of School. *Read Res Q*, 23, 1988.
71. JERRIM, J. *et al.* Does it matter what children read?. *Oxf Rev Educ*, 46, 2020.
72. JERRIM, J. *et al.* The link between fiction and teenagers' reading skills. *Br Educ Res J*, 45, 2019.
73. MCGEOWN, S. *et al.* Exploring the relationship between adolescent's reading skills, reading motivation and reading habits. *Read Writ*, 28, 2015.
74. OECD. Pisa 2009 Results. 2010. v. III. Disponível em: oecd.org.
75. SPEAR-SWERLING, L. *et al.* Relationships between sixth-graders' reading comprehension and two different measures of print exposure. *Read Writ*, 23, 2010.
76. DUNCAN, L. G. *et al.* Adolescent reading skill and engagement with digital and traditional literacies as predictors of reading comprehension. *Br J Psychol*, 107, 2016.
77. PFOST, M. *et al.* Students' extracurricular reading behavior and the development of vocabulary and reading comprehension. *Learn Individ Differ*, 26, 2013.
78. LAWRENCE, J. Summer Reading. *Read Psychol*, 30, 2009.
79. OECD. PISA 2018 Results. 2019. v. I. Disponível em: oecd.org.
80. NORTON, B. The Motivating Power of Comic Books. *Read Teach*, 57, 2003.
81. VERSACI, R. How Comic Books Can Change the Way Our Students See Literature. *English J*, 91, 2001.
82. HUGHES-HASSELL, S. *et al.* The Leisure Reading Habits of Urban Adolescents. *J Adolesc Adult Lit*, 51, 2007.
83. DESMURGET, M. *L'Antirégime.* Paris: Belin, 2015.
84. KRASHEN, S. The "Decline" of reading in America, poverty, and access to books, and the use of comics in encouraging reading. *Teachers College Record*, 2005.
85. BLANCHARD, C. Edwy Plenel: "On dit que les jeunes lisent moins: ils n'arrêtent pas de lire!". 2018. Disponível em: cahiers-pedagogiques.com.
86. MANILÈVE, V. Dire que les "jeunes lisent moins qu'avant" n'a plus aucun

sens à l'heure d'internet. 2015. Disponível em: slate.fr.

87. CROM, N. Mutation de l'animal lecteur. *Télérama*, 26 dez. 2013.

88. BAUERLEIN, M. *The Dumbest Generation grows up*. Washington, DC: Regnery Gateway, 2022.

89. ALLINGTON, R. *et al*. Reading Volume and Reading Achievement. *Read Res Q*, 56, 2021.

90. RIDEOUT, V. *et al*. The common sense census: Media use by tweens and teens. 2019. Disponível em: commonsensemedia.org.

91. LEE, Y.-H. *et al*. The indirect effects of online social entertainment and information seeking activities on reading literacy. *Comput Educ*, 67, 2013.

92. DESMURGET, M. *A fábrica de cretinos digitais: os perigos das telas para nossas crianças*. Tradução de Mauro Pinheiro. São Paulo: Vestígio, 2021.

93. HART, B. *et al*. *The Social World of Children Learning to Talk*. Baltimore, MD: Paul H Brookes Publishing Co, 1999.

94. BLOOM, P. *How Children Learn the Meaning of Words*. Cambridge, MA: MIT Press, 2000.

95. NAGY, W. *et al*. Incidental vs. Instructional Approaches to Increasing Reading Vocabulary. *Educ Perspect*, 23, 1985.

96. STERNBERG, R. Most vocabulary is learned from contex. *In*: MCKEON, C. *et al*. (ed.). *The nature of vocabulary acquisition*. London: Erlbaum, 1987.

97. NAGY, W. *et al*. Learning Word Meanings From Context During Normal Reading. *Am Educ Res J*, 24, 1987.

98. Lexile Framework for reading. Disponível em: https://hub.lexile.com/find-a-book/search.

99. Lexile Framework for reading. 2019. Disponível em: lexile.com.

100. WEBB, J. The 2020 Text Complexity Continuum in Grades 1-12. 2022. Disponível em: metametricsinc.com.

101. MCQUILLAN, J. Harry Potter and the Prisoners of Vocabulary Instruction. *Read Foreign Lang*, 32, 2020.

102. SPICHTIG, A. N. *et al*. The Decline of Comprehension-Based Silent Reading Efficiency in the United States. *Read Res Q*, 51, 2016.

103. STAHL, S. *et al*. The Effects of Vocabulary Instruction. *Rev Educ Res*, 56, 1986.

104. ELLEMAN, A. *et al*. The Impact of Vocabulary Instruction on Passage-Level Comprehension of School-Age Children. *J Res Educ Eff*, 2, 2009. 391

105. WRIGHT, T. *et al*. A Systematic Review of the Research on Vocabulary Instruction That Impacts Text Comprehension. *Read Res Q*, 52, 2017.

106. CERVETTI, G. *et al*. Meta-Analysis Examining the Impact of Vocabulary Instruction on Vocabulary Knowledge and Skill. *Read Psychol*, 2023.

107. MCQUILLAN, J. Where Do We Get Our Academic Vocabulary?. *Read Matrix*, 19, 2019.

108. BORST, G. *In*: ENQUETE de santé – Abus d'écrans: notre cerveau en danger?. *France 5*, 23 jun. 2020.

109. STANOVICH, K. *et al*. The Role of Inadequate Print Exposure as a Determinant of Reading Comprehension Problems. *In*: CORNOLDI, C. *et al*. (ed.). *Reading comprehension difficulties: Processes and interventions*. London: Erlbaum, 1996.

110. STANOVICH, K. *et al*. Where does knowledge come from?. *J Educ Psychol*, 85, 1993.

111. DESMURGET, M. *TV Lobotomie* [2011]. Paris: J'ai Lu, 2013.

112. CUNNINGHAM, A. *et al*. Tracking the unique effects of print exposure in children. *J Educ Psychol*, 83, 1991.

113. STANOVICH, K. *et al*. Knowledge growth and maintenance across the life span. *Dev Psychol*, 31, 1995.

114. ERICSSON, A. *et al*. *Peak*. Boston: Houghton Mifflin Harcourt, 2016.

115. ERICSSON, A. Creative Genius. *In*: SIMONTON, D. (ed.). *The Wiley Handbook of Genius*. John Wiley, 2014.

116. HIRSCH, E. Why general knowledge should be a goal of education in a democracy. *Common Knowl*, 11, 1998.

117. WOLF, G. Steve Jobs. 1996. Disponível em: wired.com.

QUINTA PARTE

118. CHO, S. *et al.* The Relationship Between Diverse Components of Intelligence and Creativity. *J Creat Behav*, 44, 2010.

119. FRITH, E. *et al.* Intelligence and creativity share a common cognitive and neural basis. *J Exp Psychol Gen*, 150, 2021.

120. MEDNICK, S. A. The associative basis of the creative process. *Psychol Rev*, 69, 1962.

121. BATEY, M. *et al.* Intelligence and personality as predictors of divergent thinking. *Think Skills Creat*, 4, 2009.

122. ALABBASI, A. M. A. *et al.* What do educators need to know about the Torrance Tests of Creative Thinking. *Front Psychol*, 13, 2022.

123. DIEDRICH, J. *et al.* Are creative ideas novel and useful?. *Psychol Aesthet Creat Arts*, 9, 2015.

124. RUNCO, M. *et al.* The Standard Definition of Creativity. *Creat Res J*, 24, 2012.

125. SIMONTON, D. Taking the U.S. Patent Office Criteria Seriously. *Creat Res J*, 24, 2012.

126. WANG, A. Exploring the relationship of creative thinking to reading and writing. *Think Skills Creat*, 7, 2012.

127. RITCHIE, S. *et al.* The relationship of reading ability to creativity. *Learn Individ Differ*, 26, 2013.

128. MOURGUES, C. *et al.* Reading Skills, Creativity, and Insight. *Span J Psychol*, 17, 2014.

129. BELLAMY, F. *Les Déshérités*. Paris: Plon, 2014.

130. PIÉRON, H. *Vocabulaire de la psychologie* [1951]. Paris: PUF, 1987.

131. ROWLING, J. *Harry Potter à l'école des sorciers* [1998]. Paris: Folio Junior, 2017.

132. COLUMBUS, C. *Harry Potter à l'école des sorciers*. 2001. Film.

133. MANDER, J. *Four arguments for the elimination of television*. New York: Perrenial, 2002

134. BETTELHEIM, B. Parents vs television. *Redbook*, nov., 1963.

135. VALKENBURG, P. Television and Children's developing imagination. *In*:

SINGER, D. *et al.* (ed.). *Handbook of Research on Children and the Media*. Newbury Park, CA: Sage, 2000.

136. MAR, R. A. *et al.* The Function of Fiction is the Abstraction and Simulation of Social Experience. *Perspect Psychol Sci*, 3, 2008.

137. OATLEY, K. Fiction. *Trends Cogn Sci*, 20, 2016.

138. KOZAK, S. *et al.* Reading and the Development of Social Understanding. *Read Teach*, 72, 2019.

139. DODELL-FEDER, D. *et al.* Fiction reading has a small positive impact on social cognition. *J Exp Psychol Gen*, 147, 2018.

140. MUMPER, M. *et al.* Leisure reading and social cognition. *Psychol Aesthet Creat Arts*, 11, 2017.

141. BATINI, F. *et al.* The Association Between Reading and Emotional Development. *J Educ Train Stud*, 9, 2021.

142. FISKE, S. *et al. Social Cognition*. 4th ed. Sage, 2021.

143. MAR, R. Stories and the Promotion of Social Cognition. *Curr Dir Psychol Sci*, 27, 2018.

144. PROUST, M. *À la recherche du temps perdu*, tome I. Paris: Gallimard, 1919.

145. ATWOOD, M. *La Servante écarlate* [1985]. Paris: Robert Laffont, 2020. Versão com Prefácio: discurso pronunciado em 2017, por ocasião da entrega do prêmio da paz dos livreiros alemães.

146. HAKEMULDER, J. *The Moral Laboratory*. Amsterdam: Benjamins, 2000.

147. MASON, R. *et al.* The role of the theory of mind cortical network in the comprehension of narratives. *Lang Linguist Compass*, 3, 2009.

148. MAR, R. A. The neural bases of social cognition and story comprehension. *Annu Rev Psychol*, 62, 2011.

149. TAMIR, D. I. *et al.* Reading fiction and reading minds. *Soc Cogn Affect Neurosci*, 11, 2016.

150. DE ROMILLY, J. *Le Trésor des savoirs oubliés*. Paris: Éditions de Fallois, 1998.

151. PONZ, A. *et al.* Emotion processing in words. *Soc Cogn Affect Neurosci*, 9, 2014.

152. ZIEGLER, J.-C. *et al.* Do Words Stink?. *J Cogn Neurosci*, 30, 2018.

153. KIEFER, M. *et al.* The sound of concepts. *J Neurosci*, 28, 2008.

154. GONZALEZ, J. *et al.* Reading cinnamon activates olfactory brain regions. *Neuroimage*, 32, 2006.

155. BARROS-LOSCERTALES, A. *et al.* Reading salt activates gustatory brain regions. *Cereb Cortex*, 22, 2012.

156. SPEER, N. K. *et al.* Reading stories activates neural representations of visual and motor experiences. *Psychol Sci*, 20, 2009.

157. MCLUHAN, M. *Understanding Media* [1964]. Cambridge, MA: MIT Press, 1994.

158. BAINES, L. From Page to Screen. *J Adolesc Adult Lit*, 39, 1996.

159. SCHWERING, S. C. *et al.* Exploring the Relationship Between Fiction Reading and Emotion Recognition. *Affect Sci*, 2, 2021.

160. COLLINS, S. *Hunger Games*. PKJ, 2015.

161. ROSS, G. *The Hunger Games*. Santa Monica, CA: Lionsgate, 2012.

162. Box Office Mojo by IMDbPro. Disponível em: www.boxofficemojo.com/release/rl4049110529/.

163. DAVIS, M. Measuring individual differences in empathy. *J Pers Soc Psychol*, 44, 1983.

164. GILET, A.-L. *et al.* Assessing dispositional empathy in adults. *Can J Behav Sci*, 45, 2013.

165. SPINRAD, T. *et al.* The relations of parental affect and encouragement to children's moral emotions and behaviour. *J Moral Educ*, 28, 1999.

166. MURPHY, B. *et al.* Contemporaneous and longitudinal relations of dispositional sympathy to emotionality, regulation, and social functioning. *J Early Adolesc*, 19, 1999.

167. DENHAM, S. *et al.* Socialization of preschoolers' emotion understanding. *Dev Psychol*, 30, 1994.

168. STRAYER, J. Children's concordant emotions and cognitions in response to observed emotions. *Child Dev*, 64, 1993.

169. DYER, J. *et al.* Young children's storybooks as a source of mental state information. *Cogn Dev*, 15, 2000.

170. NYHOUT, A. *et al.* Mothers' complex talk when sharing books with their toddlers. *First Lang*, 33, 2013.

171. SCHAPIRA, R. *et al.* Shared book reading at home and preschoolers' socio-emotional competence. *Early Educ Dev*, 31, 2020.

172. DRUMMOND, J. *et al.* Here, there and everywhere. *Front Psychol*, 5, 2014.

173. ARAM, D. *et al.* Parent-child shared book reading and children's language, literacy, and empathy development. *Riv Ital Educ Fam*, 2, 2012.

174. VAN DER BOLT, L. *et al.* The connection between the reading of books and the development of sympathy and empathy. *Imagination Cogn Pers*, 14, 1995.

175. BATINI, F. *et al.* The effects of reading aloud in the primary school. *Psychol Educ*, 55, 2018.

176. KUMSCHICK, I. R. *et al.* Reading and Feeling. *Front Psychol*, 5, 2014.

177. ORNAGHI, V. *et al.* Enhancing social cognition by training children in emotion understanding. *J Exp Child Psychol*, 119, 2014.

178. MAR, R. *et al.* Bookworms versus nerds. *J Res Pers*, 40, 2006.

179. MAR, R. *et al.* Exploring the link between reading fiction and empathy. *Communications*, 34, 2009.

180. MAR, R. *et al.* Exposure to media and theory-of-mind development in preschoolers. *Cogn Dev*, 25, 2010.

181. ADRIAN, J. E. *et al.* Mothers' use of cognitive state verbs in picture-book reading and the development of children's understanding of mind. *Child Dev*, 78, 2007.

182. ADRIAN, J. E. *et al.* Parent-child picture-book reading, mothers' mental state language and children's theory of mind. *J Child Lang*, 32, 2005.

183. BARON-COHEN, S. *et al.* The "Reading the Mind in the Eyes" Test revised version. *J Child Psychol Psychiatry*, 42, 2001.

QUINTA PARTE

184. KIDD, D. C. *et al.* Reading literary fiction improves theory of mind. *Science*, 342, 2013.

185. KIDD, D. *et al.* On literary fiction and its effects on theory of mind. *Sci Study Lit*, 6, 2016.

186. SAMUR, D. *et al.* Does a single session of reading literary fiction prime enhanced mentalising performance?. *Cogn Emot*, 32, 2018.

187. DE MULDER, H. *et al.* Effects of exposure to literary narrative fiction. *Sci Study Lit*, 7, 2017.

188. DE VRIES, D. *et al.* Healing with books. *Ther Recreat J*, 51, 2017.

189. ROZALSKI, M. *et al.* Bibliotherapy. *Kappa Delta Pi Record*, 47, 2010.

190. MARTINEZ-CABALLERO, M. *et al.* Grief in children's story books. *J Pediatr Nurs*, 69, 2023.

191. PETERKIN, A. *et al.* Bibliotherapy. *Int J Pers Cent Med*, 7, 2018.

192. DETRIXHE, J. Souls in Jeopardy. *J. Humanist. Couns Educ Dev*, 49, 2010.

193. BATE, J. *et al.* Books do furnish a mind. *Lancet*, 387, 2016.

194. COLLECTIF. Aux États-Unis, une inquiétante vague de censure de livres (Dossier). 2022. Disponível em: actualitte.com.

195. AFP. Les Tentatives de censure de livres ont atteint un record aux États-Unis. 2023. Disponível em: ledevoir.com.

196. BRADBURY, R. *Fahrenheit 451* [1953]. Paris: Folio SF, 1995.

197. JONES, N. Je suis Noire, mère et enseignante, et je laisse mes enfants lire des livres racistes. 2021. Disponível em: huffingtonpost.fr.

198. SÉNÉCAT, A. Le Raccourcissement des textes de "Martine" contribue-t-il au "nivellement par le bas" du langage des enfants?. *Le Monde*, 12 dez. 2020.

199. FONG, K. *et al.* How exposure to literary genres relates to attitudes toward gender roles and sexual behavior. *Psychol Aesthet Creat Arts*, 9, 2015.

200. VEZZALI, L. *et al.* The greatest magic of Harry Potter. *J Appl Soc Psychol*, 45, 2015.

201. TWENGE, J. *et al.* Birth cohort increases in narcissistic personality traits among American college students, 1982-2009. *Soc Psychol Pers Sci*, 1, 2010.

202. KONRATH, S. *et al.* Changes in dispositional empathy in American college students over time. *Pers Soc Psychol Rev*, 15, 2011.

203. SIMARD, P. *et al.* The Relationship Between Narcissism and Empathy. *J Res Pers*, 2022.

204. OLLIVIER, E. *La Discorde aux cent voix.* Paris: Albin Michel, 1986.

205. HAIRRELL, A. *et al.* Independent silent reading for struggling readers. *In*: HIEBERT, E. H. *et al.* (ed.). *Revisiting silent reading.* Santa Cruz: TextProject Inc., 2014. 395

206. MAHLER, T. Robert Plomin: Les parents et l'école influent peu sur la réussite des enfants. *L'Express*, 12 jan. 2023.

207. WILSON, C. The parenting myth. 2019. Disponível em: newscientist.com.

208. MESSIAS, T. La façon dont on éduque ses enfants n'a pas tant d'impact que ça. 2018. Disponível em: slate.fr.

209. GOULD, S. J. *La Mal-mesure de l'homme.* Paris: Odile Jacob, 1997.

210. BURT, C. Ability and income. *Br J Educ Psychol*, 13, 1943.

211. GOLDENBERG, S. Why women are poor at science, by Harvard president. 2005. Disponível em: theguardian.com.

212. LE BON, G. La psychologie des femmes et les effets de leur education actuelle. *La Revue scientifique*, 46, 1890.

213. BRAYARD, F. *et al. Historiciser le mal: une édition critique de Mein Kampf.* Paris: Fayard, 2021.

214. HERRNSTEIN, R. *et al. The Bell Curve.* New York: Simon & Schuster, 1994.

215. COLLECTIF. Halte aux "fake news" génétiques. *Le Monde*, 25 abr. 2018.

216. NISBETT, R. *Intelligence and how to get it.* New York: Norton & Company, 2009.

217. TURKHEIMER, E. Still Missing. *Res Hum Dev*, 8, 2011.

218. PLOMIN, R. *et al.* Individual Differences in Television Viewing in Early Childhood. *Psychol Sci*, 1, 1990.

219. FOWLER, J. *et al.* Genetic Variation in Political Participation. *Am Polit Sci Rev*, 102, 2008.

220. MARTIN, N. G. *et al.* Transmission of social attitudes. *Proc Natl Acad Sci USA*, 83, 1986.

221. MCGUE, M. *et al.* Genetic Influence on Risk of Divorce. *Psychol Sci*, 3, 1992.

222. WESSELDIJK, L. *et al.* The heritability of pescetarianism and vegetarianism. *Food Qual Prefer*, 103, 2023.

223. POLDERMAN, T. J. *et al.* Meta-analysis of the heritability of human traits based on fifty years of twin studies. *Nat Genet*, 47, 2015.

224. ANDREOLA, C. *et al.* The heritability of reading and reading-related neuro- cognitive components. *Neurosci Biobehav Rev*, 121, 2021.

225. LITTLE, C. W. *et al.* Cross-Study Differences in the Etiology of Reading Comprehension. *Behav Genet*, 47, 2017.

226. PIETSCHNIG, J. *et al.* One Century of Global IQ Gains. *Perspect Psychol Sci*, 10, 2015.

227. HEGELUND, E. R. *et al.* The secular trend of intelligence test scores. *PLoS One,* 16, 2021.

228. RINDERMANN, H. *et al.* Survey of expert opinion on intelligence. *Pers Individ Differ*, 106, 2017.

229. NISBETT, R. E. Schooling Makes You Smarter. Am Educ, 37, 2013.

230. NISBETT, R. E. *et al.* Intelligence. *Am Psychol*, 67, 2012.

231. DUYME, M. *et al.* How can we boost IQs of "dull children"?. *Proc Natl Acad Sci USA*, 96, 1999.

232. HONZIK, M. P. *et al.* The Stability of Mental Test Performance Between Two and Eighteen Years. *J Exp Educ*, 17, 1948. 396

233. SONTAG, L. *et al.* Mental growth and personality development. *Monogr Soc Res Child Dev*, 23, 1958.

234. RAMSDEN, S. *et al.* Verbal and non--verbal intelligence changes in the teenage brain. *Nature*, 479, 2011.

235. TURKHEIMER, E. *et al.* Socioeconomic status modifies heritability of IQ in young children. *Psychol Sci*, 14, 2003.

236. TUCKER-DROB, E. M. *et al.* Emergence of a Gene x socioeconomic status interaction on infant mental ability between 10 months and 2 years. *Psychol Sci*, 22, 2011.

237. ROWE, D. C. *et al.* Genetic and environmental influences on vocabulary IQ. *Child Dev*, 70, 1999.

238. COOPER, R. M. *et al.* Effects of enriched and restricted early environments on the learning ability of bright and dull rats. *Can J Psychol*, 12, 1958.

239. HEBB, D. O. *et al.* A Method of Rating Animal Intelligence. *J Gen Psychol*, 34, 1946.

240. MATTHEWS, L. J. *et al.* Three legs of the missing heritability problem. *Stud Hist Philos Sci*, 93, 2022.

241. JOSEPH, J. *The Gene Illusion.* New York: Algora, 2004.

242. OLIVIER, G. Critique de la méthode des jumeaux appliquée à l'hérédité des tests d'intelligence. *Bull Mem Soc Anthropol Paris*, 5, 1978.

243. DALMAIJER, E. Twin studies with unmet assumptions are biased towards genetic heritability. bioRxiv, 2020.

244. VADGAMA, N. *et al.* De novo single-nucleotide and copy number variation in discordant monozygotic twins reveals disease-related genes. *Eur J Hum Genet*, 27, 2019.

245. JORDAN, B. À la recherche de l'héritabilité perdue. *Med Sci*, 26, 2010.

246. SELZMAN, S. *et al.* Genome-Wide Polygenic Scores Predict Reading Performance Throughout the School Years. *Sci Stud Read*, 21, 2017.

247. NATIONAL READING PANEL. *Teaching children to read*, National Institute of Child Health and Human Development, 2000.

248. ERBELI, F. *et al.* Unraveling the Relation Between Reading Comprehension and Print Exposure. *Child Dev*, 91, 2020.

249. VAN BERGEN, E. *et al.* Why do children read more?. *J Child Psychol Psychiatry*, 59, 2018.

250. HARLAAR, N. *et al.* Associations between reading achievement and independent reading in early elementary school. *Child Dev*, 82, 2011.

251. VAN BERGEN, E. *et al.* How Are Practice and Performance Related?. *Read Res Q*, 56, 2021.

252. TOSTE, J. *et al.* A meta-analytic review of the relations between motivation and reading achievement for K – 12 students. *Rev Educ Res*, 90, 2020.

253. SCHIEFELE, U. *et al.* Dimensions of Reading Motivation and Their Relation to Reading Behavior and Competence. *Read Res Q*, 47, 2012.

254. MORGAN, P. *et al.* Is There a Bidirectional Relationship between Children's Reading Skills and Reading Motivation?. *Except Child*, 73, 2007.

255. GOOD, R. *et al.* Effective Academic Interventions in the United States. *School Psychol Rev*, 27, 1998.

256. MORGAN, P. L. *et al.* Are reading and behavior problems risk factors for each other?. *J Learn Disabil*, 41, 2008.

257. LESNICK, J. *et al.* Reading on Grade Level in Third Grade. Report to the Annie E Casey Foundation, Chapin Hall, 2010.

258. COUNCIL ON EARLY CHILDHOOD *et al.* Literacy promotion. *Pediatrics*, 134, 2014.

259. NATIONAL RESEARCH COUNCIL (USA). *Preventing Reading Difficulties in Young Children*, National Academies Press, 1998.

260. CUNNINGHAM, A. *et al.* What reading does for the mind. *Am Educ*, 22, 1998.

261. ALLINGTON, R. *et al.* The Impact of Summer Setback on the Reading Achievement Gap. *Phi Delta Kappan*, 85, 2003.

262. ALLINGTON, R. L. *et al.* Summer Reading Loss. *In*: ALLINGTON, R. L. *et al.* (ed.). *Summer Reading*. 2nd ed. New York: Teachers College Press, 2018.

263. WHITE, T. *et al.* Can Silent Reading in the Summer Reduce Socioeconomic Differences in Reading Achievement?. *In*: HIEBERT, E.H. *et al.* (ed.). *Revisiting silent reading*. Santa Cruz: TextProject, Inc., 2014.

264. ALEXANDER, K. *et al.* Schools, Achievement, and Inequality. *Educ Eval Policy Anal*, 23, 2001.

265. ALLINGTON, R. *et al.* Addressing Summer Reading Setback Among Economically Disadvantaged Elementary Students. *Read Psychol*, 31, 2010.

266. COOPER, H. *et al.* The Effects of Summer Vacation on Achievement Test Scores. *Rev Educ Res*, 66, 1996.

267. LIDSAY, J. Interventions That Increase Children's Access to Print Material and Improve Their Reading Proficiencies. *In*: ALLINGTON, R. L. *et al.* (ed.). *Summer Reading*. 2nd ed. New York: Teachers College Press, 2018.

268. SCHUBERT, F. *et al.* Social inequality of reading literacy. *Res Soc Stratif Mobil*, 28, 2010.

269. MORNI, A. *et al.* The Impact of Living Environment on Reading Attitudes. *Procedia Soc Behav Sci*, 101, 2013.

270. HAYES, D. *et al.* Vocabulary simplification for children. *J Child Lang*, 15, 1988.

271. BAROU, J. Une angoisse très culturelle. *L'École des Parents*, 621, 2016.

272. LARONCHE, M. Élèves trop stressés: la faute aux parents?. *Le Monde*, 13 abr. 2009.

273. NELSON, M. *Parenting Out of Control*. New York: New York University Press, 2010.

274. OCDE. Regards sur l'éducation 2022. 2022. Disponível em: oecd.org.

275. INSEE. France, portrait social. 2022. Disponível em: insee.fr.

276. INSEE. Emploi, chômage, revenus du travail. 2022.

277. DWYER, R. J. *et al.* Wealth redistribution promotes happiness. *Proc Natl Acad Sci USA*, 119, 2022.

278. KILLINGSWORTH, M. A. Experienced well-being rises with income, even above $75,000 per year. *Proc Natl Acad Sci USA*, 118, 2021.

279. KILLINGSWORTH, M. A. *et al.* Income and emotional well-being. *Proc Natl Acad Sci USA*, 120, 2023.

280. OECD. Health at a Glance 2021. 2021. Disponível em: oecd-ilibrary.org.

281. PASCOE, M. *et al.* The impact of stress on students in secondary school and higher education. *Int J Adolesc Youth*, 25, 2020.

282. WU, K. *et al.* Parents' Education Anxiety and Children's Academic Burnout. *Front Psychol*, 12, 2021.

283. MURAT, F. Inequalities in Skills at the End of Education. *Econ Stat*, 528-529, 2021.

284. SAVOLAINEN, H. *et al.* Reading comprehension, word reading and spelling as predictors of school achievement and choice of secondary education. *Learn Instr*, 18, 2008.

285. ESTEBAN-CORNEJO, I. *et al.* Objectively measured and self-reported leisure-time sedentary behavior and academic performance in youth. *Prev Med*, 77, 2015.

286. MCLAUGHLIN, M. J. *et al.* Reading disability and adult attained education and income. *J Learn Disabil*, 47, 2014.

287. UNAL, Z. *et al.* What Is the Source of the Correlation Between Reading and Mathematics Achievement?. *Educ Psychol Rev*, 35, 2023.

288. OECD. Pisa 2003. Technical Report. 2005. Disponível em: oecd.org.

289. DING, H. *et al.* Interpreting mathematics performance in PISA. *Int J Educ Res*, 102, 2020.

290. ERBELI, F. *et al.* Developmental dynamics between reading and math in elementary school. *Dev Sci*, 24, 2021.

291. HUBNER, N. *et al.* Reading to learn?. *Child Dev*, 93, 2022.

292. CRUZ NERI, N. *et al.* What makes mathematics difficult for adults?. *Educ Psychol*, 41, 2021.

293. LEISS, D. *et al.* Language and Mathematics. *Math Think Learn*, 21, 2019.

294. BOONEN, A. *et al.* What underlies successful word problem solving?. *Contemp Educ Psychol*, 38, 2013.

295. HELWIG, R. *et al.* Reading as an Access to Mathematics Problem Solving on Multiple-Choice Tests for Sixth-Grade Students. *J Educ Res*, 93, 1999.

296. CUMMINS, D. *et al.* The role of understanding in solving word problems. *Cogn Psychol*, 20, 1988.

297. LEWIS, A. *et al.* Students' miscomprehension of relational statements in arithmetic word problems. *J Educ Psychol*, 79, 1987.

298. BOONEN, A. J. *et al.* Word Problem Solving in Contemporary Math Education. *Front Psychol*, 7, 2016.

299. ROTH, B. *et al.* Intelligence and school grades. *Intelligence*, 53, 2015.

300. HIRSCH, E. *The Knowledge Deficit.* Boston: Houghton Mifflin Hartcourt, 2006.

301. WEXLER, N. *The Knowledge Gap*, Avery, 2020.

302. GAJDA, A. *et al.* Creativity and academic achievement. *J Educ Psychol*, 109, 2017.

303. MACCANN C. *et al.* Emotional intelligence predicts academic performance. *Psychol Bull*, 146, 2020.

304. GARCIA, S. *Le Goût de l'effort*. Paris: PUF, 2018.

305. LAHIRE, B. *Enfances de classe*. Paris: Seuil, 2019.

306. ROKICKI, S. *et al.* Heterogeneity in Early Life Investments. *Rev Income Wealth*, 66, 2020.

EPÍLOGO

1. BABEAU, O. *La Tyrannie du divertissement*. Paris: Buchet-Chastel, 2023.

2. BERGER, M. Il jouait du piano debout. *Atlantic*, 1980.

3. *Dictionnaire Larousse en ligne.* Disponível em: www.larousse.fr/dictionnaires/francais/acculturation.

4. LIESSMANN, K. *La Haine de la culture*. Paris: Armand Colin, 2020.

5. PRESCOTT, O. *A father reads to his children*. Boston: Dutton & Co, 1965.

6. PEYRON, D. Qu'est-ce que l'identité gamer?. *Émulations*, 30, 2019.

7. FRANCE BLEU. La Nouvelle communauté des gamers. 2018. Disponível em: radiofrance.fr.

8. DURIK, A. *et al.* Task values and ability beliefs as predictors of high school literacy choices. *J Educ Psychol*, 98, 2006.

9. LOCHER, F. *et al.* Mechanisms mediating the relation between reading self-concept and reading comprehension. *Eur J Psychol Educ*, 36, 2021.

10. XIAO, X. How motivational constructs predict reading amount and reading achievement. *Power Educ*, 2022.

EPÍLOGO

11. WILLINGHAM, D. *The Reading Mind*. Hoboken, NJ: Jossey-Bass, 2017.

12. BANDURA, A. *Social learning theory*. Hoboken, NJ: Prentice Hall, 1977.

13. CUNNINGHAM, A. *et al. Book Smart*, Oxford University Press, 2014.

14. WILLINGHAM, D. *Raising Kids Who read*. Hoboken, NJ: Jossey-Bass, 2015.

15. EVANS, M. *et al.* Family scholarly culture and educational success. *Res Soc Stratif Mobil*, 28, 2010.

16. SCHUBERT, F. *et al.* Social inequality of reading literacy. *Res Soc Stratif Mobil*, 28, 2010.

17. HUANG, H. *et al.* The Correlation between Out-of-School and In-School Reading Resources with Primary School Students' Reading Attainment. *Inf Res*, 24, 2019.

18. MORNI, A. *et al.* The Impact of Living Environment on Reading Attitudes. *Procedia Soc Behav Sci*, 101, 2013.

19. BHATT, R. The impact of public library use on reading, television, and academic outcomes. *J Urban Econ*, 68, 2010.

20. CLAVEL, J. *et al.* The intergenerational effect of parental enthusiasm for reading. *Appl Econ Anal*, 28, 2020.

21. KLAUDA, S. *et al.* Relations of perceived parent and friend support for recreational reading with children's reading motivations. *J Lit Res*, 44, 2012.

22. DEBARYSHE, B. Maternal belief systems. *J Appl Dev Psychol*, 16, 1995.

23. SONNENSCHEIN, S. *et al.* The influence of home-based reading interactions on 5-year-olds' reading motivations and early literacy development. *Early Child Res* Q, 17, 2002.

24. BAKER, L. *et al.* Home and family influences on motivations for reading. *Educ Psychol*, 32, 1997.

25. BAKER, L. *et al.* Beginning Readers' Motivation for Reading in Relation to Parental Beliefs and Home Reading Experiences. *Read Psychol*, 23, 2002.

26. TOSTE, J. *et al.* A meta-analytic review of the relations between motivation and reading achievement for K–12 students. *Rev Educ Res*, 90, 2020.

27. SCHIEFELE, U. *et al.* Dimensions of Reading Motivation and Their Relation to Reading Behavior and Competence. *Read Res Q*, 47, 2012.

28. MORGAN, P. *et al.* Is There a Bidirectional Relationship between Children's Reading Skills and Reading Motivation?. *Except Child*, 73, 2007.

29. DESMURGET, M. *A fábrica de cretinos digitais: os perigos das telas para nossas crianças*. Tradução de Mauro Pinheiro. São Paulo: Vestígio, 2021.

30. TROYER, M. *et al.* Relations among intrinsic and extrinsic reading motivation, reading amount, and comprehension. *Read Writ*, 32, 2019.

31. BECKER, M. *et al.* Intrinsic and extrinsic reading motivation as predictors of reading literacy. *J Educ Psychol*, 102, 2010.

32. SCHAFFNER, E. *et al.* Reading amount as a mediator of the effects of intrinsic and extrinsic reading motivation on reading comprehension. *Read Res Q*, 48, 2013.

33. CASTLES, A. *et al.* Ending the Reading Wars. *Psychol Sci Public Interest*, 19, 2018.

34. KILLINGSWORTH, M. A. *et al.* A wandering mind is an unhappy mind. *Science*, 330, 2010.

35. KOERTH-BAKER, M. Why boredom is anything but boring. *Nature*, 529, 2016.

36. WILSON, T. D. *et al.* Just think. *Science*, 345, 2014.

37. MILYAVSKAYA, M. *et al.* Reward sensitivity following boredom and cognitive effort. *Neuropsychologia*, 2018.

38. HAVERMANS, R. C. *et al.* Eating and inflicting pain out of boredom. *Appetite*, 85, 2015.

39. ALLINGTON, R. *et al.* The Impact of Summer Setback on the Reading Achievement Gap. *Phi Delta Kappan*, 85, 2003.

40. GUTHRIE, J. *et al.* Motivating students to read. *In*: MCCARDLE, P. *et al.* (ed.). *The voice of evidence in reading research*. Baltimore: Paul Brookes, 2004.

41. RAO, Z. *et al.* The role of pretend play in supporting young children's

emotional development. *In*: WHITE-BREAD, D. (ed.). *The sage handbook of developmental psychology and early childhood education*. Sage, 2019.

42. WEISBERG, D. S. Pretend play. *Wiley Interdiscip Rev Cogn Sci*, 6, 2015.

43. THIBODEAU, R. B. *et al.* The effects of fantastical pretend-play on the development of executive functions. *J Exp Child Psychol*, 145, 2016.

44. ROMAN-CABALLERO, R. *et al.* Please don't stop the music. *Educational Research Review*, 35, 2022.

45. BIGAND, E. *et al.* Near and far transfer. *Mem Cognit*, 50, 2022.

46. LUDYGA, S. *et al.* Systematic review and meta-analysis investigating moderators of long-term effects of exercise on cognition in healthy individuals. *Nat Hum Behav*, 4, 2020.

47. TOMPOROWSKI, P. D. *et al.* Exercise, sports, and performance arts benefit cognition via a common process. *Psychol Bull*, 145, 2019.

48. DE ROMILLY, J. *Le Trésor des savoirs oubliés*. Paris: Éditions de Fallois, 1998.

49. VALLEJO, I. *L'Infini dans un roseau*. Paris: Les Belles Lettres, 2021.

50. BELLAMY, F. *Les Déshérités*. Paris: Plon, 2014.

51. OCDE. Le Coût élevé des faibles performances éducatives. 2010. Disponível em: oecd.org.

52. HANUSHEK, E.A. *et al.* Knowledge capital, growth, and the East Asian miracle. *Science*, 351, 2016.

53. HANUSHEK, E. *et al.* Education, knowledge capital, and economic growth. *In*: BRADLEY, S. *et al.* (ed.). *The Economics of Education*. 2nd ed. Cambridge, MA: Academic Press, 2020.

54. EMMANUEL Macron fait de la lecture une "grande cause nationale". *Le Monde*, 17 jun. 2021.

55. FERJAN RAMIREZ, N. *et al.* Parent coaching at 6 and 10 months improves language outcomes at 14 months. *Dev Sci*, 22, 2019.

56. FERJAN RAMIREZ, N. *et al.* Parent coaching increases conversational turns and advances infant language development. *Proc Natl Acad Sci USA*, 117, 2020.

57. MCGILLICUDDY-DELISI, A. *et al.* Parental beliefs. *In*: BORNSTEIN, M. (ed.). *Handbook of parenting*. London: Erlbaum, 1995.

58. LEUNG, C. Y. Y. *et al.* What Parents Know Matters. *J Pediatr*, 221, 2020.

59. ROWE, M. *et al.* The Role of Parent Education and Parenting Knowledge in Children's Language and Literacy Skills among White, Black, and Latino Families. *Infant Child Dev*, 25, 2016.

60. ROWE, M. L. Child-directed speech. *J Child Lang*, 35, 2008.

ANEXOS

1. REY-DEBOVE, J. *et al. Le Petit Robert*. Le Robert, 2006.

2. RAMOS, M. *C'est moi le plus fort* (3 à 6 ans). Paris: L'École des Loisirs, 2002.

3. ROCARD, A. *Le Tour du monde en 80 contes*. Paris: Litos, 2008.

4. HICKOK, G. *et al.* The cortical organization of speech processing. *Nat Rev Neurosci*, 8, 2007.

5. LOPEZ-BARROSO, D. *et al.* Word learning is mediated by the left arcuate fasciculus. *Proc Natl Acad Sci USA*, 110, 2013.

6. DONALDSON, J. *et al. Gruffalo*. Paris: Gallimard, 2013.

7. BLYTON, E. *Jojo Lapin va à la pêche*. Paris: Hachette, 2004.

8. MORPUGO, M. *Le Secret de grand-père*. Paris: Folio Cadet, 2001.

9. DEMERS, D. *La Nouvelle Maîtresse*. Paris: Folio Cadet, 2010.

10. DE SAINT-EXUPÉRY, A. *Le Petit Prince* [1943]. Paris: Folio, 1999.

Este livro foi composto com tipografia Adobe Garamond Pro e impresso em papel Off-White 70g na Artes Gráficas Formato.